Guntram Scheithauer

Zuschnitt- und Packungsoptimierung

Studienbücher

Wirtschaftsmathematik

Herausgegeben von
Prof. Dr. Bernd Luderer, Chemnitz

Die Studienbücher Wirtschaftsmathematik behandeln anschaulich, systematisch und fachlich fundiert Themen aus der Wirtschafts-, Finanz- und Versicherungsmathematik entsprechend dem aktuellen Stand der Wissenschaft.
Die Bände der Reihe wenden sich sowohl an Studierende der Wirtschafts- mathematik, der Wirtschaftswissenschaften, der Wirtschaftsinformatik und des Wirtschaftsingenieurwesens an Universitäten, Fachhochschulen und Berufsakademien als auch an Lehrende und Praktiker in den Bereichen Wirtschaft, Finanz- und Versicherungswesen.

www.viewegteubner.de

Guntram Scheithauer

Zuschnitt- und Packungsoptimierung

Problemstellungen, Modellierungstechniken,
Lösungsmethoden

STUDIUM

**VIEWEG+
TEUBNER**

Bibliografische Information Der Deutschen Nationalbibliothek
Die Deutsche Nationalbibliothek verzeichnet diese Publikation in der
Deutschen Nationalbibliografie; detaillierte bibliografische Daten sind im Internet über
<http://dnb.d-nb.de> abrufbar.

Dr. Guntram Scheithauer

Geboren 1954 in Bischofswerda. Studium der Mathematik an der Technischen Universität Dresden
von 1974 bis 1979. Promotion 1983 auf dem Gebiet der diskreten Optimierung. Seit 1983 wissen-
schaftlicher Mitarbeiter am Institut für Numerische Mathematik der Technischen Universität
Dresden. Forschungsaufenthalt im Wintersemester 1989/90 am Institute of Computer Science,
University of Wroclaw. Seit 1982 Beschäftigung mit Zuschnitt- und Packungsproblemen, Mitarbeit
an zahlreichen Praxisprojekten mit mehreren Unternehmen und Institutionen.

1. Auflage 2008

Alle Rechte vorbehalten
© Vieweg+Teubner Verlag | GWV Fachverlage GmbH, Wiesbaden 2008

Lektorat: Ulrich Sandten | Kerstin Hoffmann

Der Vieweg+Teubner Verlag ist ein Unternehmen von Springer Science+Business Media.
www.viewegteubner.de

Umschlaggestaltung: KünkelLopka Medienentwicklung, Heidelberg

Gedruckt auf säurefreiem und chlorfrei gebleichtem Papier.

ISBN 978-3-8351-0215-6

Vorwort

Die Begriffe *Anordnungs-, Packungs-* und *Zuschnittproblem* (engl. *allocation, packing* und *cutting problem*) umfassen eine Vielzahl theoretischer und praktischer Problemstellungen. Obwohl sehr verschiedenartige Formulierungen Verwendung finden, gibt es zwischen ihnen vielfach sehr enge Beziehungen, so dass Methoden zur Lösung von Zuschnittproblemen auch zur Lösung von Anordnungs- und Packungsproblemen eingesetzt werden können und umgekehrt.

Zum Beispiel kann jedes (zweidimensionale) Puzzle als Packungsproblem aufgefasst werden: *Alle Puzzleteile sind in ein gegebenes Gebiet überlappungsfrei zu packen.* Andererseits ist es aber auch als Zuschnittproblem formulierbar: *Wie ist das gegebene Gebiet zu zerschneiden, um alle Puzzleteile zu erhalten?*

Im Rahmen dieses Buches werden wir uns mit Anordnungs-, Packungs- und Zuschnittproblemen beschäftigen, bei denen eine Optimierungskomponente von Bedeutung ist. Dabei unterscheiden wir im Wesentlichen zwei Problemstellungen, die hier jeweils als Anordnungsproblem formuliert sind:

- *Ermittlung einer optimalen Anordnungsvariante*
  Gegeben sind ein Bereich (Container) B und eine Menge von kleineren, bewerteten Objekten. Man finde eine Teilmenge der Objekte, die unter Einhaltung gewisser Restriktionen in B angeordnet werden können, so dass deren Gesamtbewertung maximal ist.
- *Ermittlung einer optimalen Kombination von Anordnungsvarianten*
  Gegeben sind hinreichend viele bewertete Container und eine Menge von kleineren Objekten. Gesucht ist eine Teilmenge der Container derart, dass alle Objekte unter Einhaltung gewisser Bedingungen in diese gepackt werden können und die Gesamtbewertung der verwendeten Container minimal ist.

Probleme des ersten Typs sind in der Regel auf eine *maximale Materialausbeute* ausgerichtet, während die des zweiten Typs i. Allg. einen *minimalen Materialeinsatz* als Zielgröße besitzen.

Es ist schier unmöglich, die große Vielfalt von Fragestellungen, die als Anordnungs-, Packungs- oder Zuschnittproblem formuliert werden, im vollen Umfang erfassen zu können. Bestrebungen, durch eine Klassifikation dieser Themen einen besseren

Überblick über verwandte Aufgabenstellungen, deren Modellierung und algorithmische Behandlung zu erhalten, sind deshalb unerlässlich. An dieser Stelle sei insbesondere auf grundlegende Beiträge in [Dyc90], [DF92] und [WHS04] verwiesen.

Das Anliegen dieses Buches ist es, durch die Behandlung einiger grundlegender Zuschnitt- und Packungsprobleme einen Einstieg in diese Thematik, deren Problemstellungen, Modellierungstechniken und Ansätze für Lösungsmethoden zu vermitteln. Insbesondere werden folgende Optimierungsprobleme in den einzelnen Kapiteln näher untersucht:

- Rucksackprobleme,
- Cutting Stock- und Bin Packing-Probleme,
- Guillotine-Anordnungen von Rechtecken,
- Nicht-Guillotine-Anordnungen von Rechtecken,
- Rechteck-Packungen in Streifen,
- Behandlung von Qualitätsrestriktionen,
- Paletten- und Multi-Paletten-Beladungsprobleme,
- Container- und Multi-Container-Beladungsprobleme,
- Anordnung von Polygonen,
- Kreis- und Kugelpackungen.

Die Beschreibung der einzelnen Fragestellungen werden wir dabei wahlweise als Anordnungs- oder Packungs- oder Zuschnittproblem vornehmen. Eine Darstellung in anderer Formulierung ist in der Regel offensichtlich.

Das Buch richtet sich an alle, die sich mit Anordnungs-, Packungs- oder Zuschnittproblemen beschäftigen oder befassen werden. Insbesondere betrifft dies Studierende der Mathematik, der Optimierung, der Wirtschafts- und Technomathematik, des Operations Research, aber auch der Ingenieurwissenschaften. Gleichfalls besteht die Absicht, Anwendern in Industrie und Forschung ein gewisses Hilfsmittel in die Hand zu geben. Durch die vorgestellten Modellierungsmethoden und die zugehörigen Lösungstechniken sowie durch zahlreiche Literaturverweise auf weiterführende Untersuchungen und verwandte Problemstellungen soll es dem Leser erleichtert werden, neue auftretende Zuschnitt- oder Packungsprobleme in geeigneter Weise zu bearbeiten.

Das Buch entstand auf der Grundlage langjähriger Arbeit auf dem Gebiet der Zuschnitt- und Packungsoptimierung und mehrerer Vorlesungen zu dieser Thematik. Diese Beschäftigung umfasste sowohl mehr theoretisch orientierte Fragestellungen als auch konkrete Anwendungen in der Praxis.

Mein Dank gilt Prof. Dr. Bernd Luderer insbesondere für seine Ermutigung zu diesem Buchprojekt. Dr. Gleb Belov danke ich für viele Anregungen und Vorschläge. Mein besonderer Dank gilt Dr. Jürgen Rietz für die sehr gründliche Durchsicht des Manuskripts und seine zahlreichen Hinweise und Verbesserungsvorschläge. Nicht zuletzt danke ich meiner Frau Monika für ihr Verständnis und die tatkräftige Unterstützung.

Dresden, Dezember 2007   Guntram Scheithauer

Inhaltsverzeichnis

1 Modellierung

Zuschnitt- und Packungsprobleme können in unterschiedlicher Art und Weise modelliert werden, wodurch verschiedene Lösungsmethoden anwendbar werden.

In diesem Kapitel werden wir einige der häufig angewendeten Modelle beispielhaft vorstellen und grundlegende Aspekte diskutieren. Ein wesentlicher Aspekt bei der Modellbildung ist dabei die geeignete Repräsentation der anzuordnenden Objekte.

Obwohl in der Realität nur dreidimensionale Objekte zuzuschneiden oder anzuordnen sind, haben sich Begriffe wie *eindimensionales Zuschnittproblem* oder *zweidimensionales Packungsproblem* eingebürgert, je nachdem wie viele Parameter für die Problembeschreibung und Modellierung maßgebend sind.

1.1 Mengentheoretische Modelle

Bei eindimensionalen Zuschnitt- und Packungsproblemen sowie bei höherdimensionalen Anordnungsproblemen, bei denen die Objekte eine regelmäßige Struktur besitzen (z. B. Rechteck, Quader), ist die Beschreibung der Objekte mit wenigen Eingabedaten möglich. Demgegenüber ist dies bei Zuschnittproblemen in der Textil- oder Metallindustrie häufig nicht möglich. Aus diesem Grund betrachten wir zuerst ein sehr allgemeines Anordnungsproblem.

Der Bereich B, in welchem die Objekte anzuordnen sind, wird durch eine abgeschlossene und beschränkte Teilmenge des $\mathbb{R}^d$ ($d \in \mathbb{N} = \{1, 2, 3, \dots\}$, i. Allg. $d \in \{1, 2, 3\}$) repräsentiert. Ein anzuordnendes Objekt (Teil) T_i, $i \in I$, wird dann auch als nichtleere, kompakte Teilmenge des $\mathbb{R}^d$ beschrieben. Zur Modellierung realer Objekte setzen wir voraus, dass jedes Objekt T_i die Bedingung

$$\mathrm{cl}(\mathrm{int}(T_i)) = T_i$$

erfüllt. Hierbei bezeichnen $\mathrm{cl}(S)$ die *Abschließung* und $\mathrm{int}(S)$ das *Innere* der Menge S. Das Objekt T_i sei i. Allg. in *Normallage* gegeben, die durch

$$\min\{x_i : x = (x_1, \dots, x_d)^T \in T_i\} = 0, \quad i = 1, \dots, d,$$

charakterisiert wird. Jedem Objekt wird ein *Referenzpunkt* zugeordnet. Für ein Objekt in Normallage ist dies der Punkt $0 \in \mathbb{R}^d$, der Koordinatenursprung.

In einem Zuschnitt- bzw. Packungsproblem der maximalen Materialauslastung, bei dem Drehungen der Objekte nicht erlaubt werden, sind nun eine Teilmenge $I^* \subseteq I$ der Objekte sowie *Translationsvektoren* $u_i \in \mathbb{R}^d$, $i \in I^*$, gesucht derart, dass die Translation von T_i mit dem Vektor u_i alle Anordnungsbedingungen erfüllt für $i \in I^*$. Dabei bezeichnet

$$T_i(u_i) := u_i + T_i := \{v \in \mathbb{R}^d : v = u_i + u,\ u \in T_i\}$$

die *Translation* von T_i mit dem Vektor u_i. Der Punkt u_i ist folglich auch Referenzpunkt von $T_i(u_i)$. Die Translation eines Objektes ist in Abbildung 1.1 dargestellt.

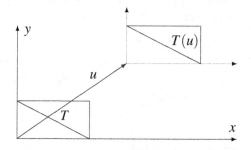

Abbildung 1.1: Translation des Dreiecks T mit Vektor u

Ist eine *Drehung* der Objekte erlaubt, werden zusätzlich $(d-1)$-dimensionale Vektoren $\theta_i \in \Theta_i \subseteq \mathbb{R}^{d-1}$ von Drehwinkeln gesucht.

Bemerkung: In vielen Fällen sind die Drehbereiche Θ_i stark eingeschränkt oder sogar endliche Mengen. Beim Rechteck-Zuschnitt werden in der Regel nur Drehungen um 90 Grad erlaubt. Bei der Anordnung von Quadern sind maximal sechs achsenparallele Drehungen möglich. Beim Textilzuschnitt ist i. Allg. die Musterung des Stoffes zu beachten.

Im zweidimensionalen Fall kann die Drehung um den Winkel θ durch eine *Drehmatrix*

$$D_\theta := \begin{pmatrix} \cos\theta & -\sin\theta \\ \sin\theta & \cos\theta \end{pmatrix}$$

beschrieben werden. Die Punktmenge, die aus $T_i(u_i)$ durch Drehung um θ_i mit Drehpunkt u_i entsteht, ist dann

$$D(T_i(u_i), \theta_i) := \{v \in \mathbb{R}^2 : v = u_i + D_{\theta_i}w,\ w \in T_i(0)\}.$$

Die Drehung und Translation eines Objektes ist in der Abbildung 1.2 dargestellt.

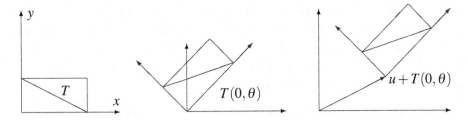

Abbildung 1.2: Drehung und Translation von T

Folgende Anordnungsrestriktionen sind, bis auf wenige Ausnahmen, in vielen Zuschnitt- und Packungsproblemen einzuhalten:

- **Enthaltenseins-Bedingung (containment condition)**
  Die Bedingung, dass die angeordneten Teile T_i, $i \in I^*$, nach Translation um u_i und Drehung um θ_i vollständig in B enthalten sind, lässt sich mengentheoretisch einfach beschreiben durch:

  $$D(T_i(u_i), \theta_i) \subseteq B, \qquad \forall\, i \in I^*.$$

- **Nichtüberlappungs-Bedingung (non-overlapping condition)**
  Bei der Anordnung der Teile T_i und T_j ist zu sichern, dass sie sich nicht gegenseitig überlappen:

  $$\mathrm{int}(D(T_i(u_i), \theta_i)) \cap D(T_j(u_j), \theta_j) = \emptyset, \qquad \forall\, i \neq j,\ i, j \in I^*.$$

Bemerkung: In manchen Anwendungsfällen ist bei der Anordnung von zwei Teilen ein Mindestabstand (z. B. Sägefuge, Aufgabe 1.1) einzuhalten. Dies wird hier i. Allg. nicht berücksichtigt.

Es bezeichne c_i die zu T_i gehörige (positive) Bewertung (z. B. Fläche bzw. Volumen). Im Fall der maximalen Materialausnutzung ergibt sich somit das folgende mengentheoretische Modell, welches auch als *verallgemeinertes 0/1-Rucksackproblem* bezeichnet wird.

Mengentheoretisches Modell der maximalen Materialauslastung

$$\sum_{i \in I^*} c_i \to \max \quad \text{bei} \tag{1.1}$$

$$D(T_i(u_i), \theta_i) \subseteq B, \quad i \in I^*, \tag{1.2}$$

$$\mathrm{int}(D(T_i(u_i), \theta_i)) \cap D(T_j(u_j), \theta_j) = \emptyset, \quad \forall i \neq j,\ i, j \in I^*, \tag{1.3}$$

$$I^* \subseteq I. \tag{1.4}$$

Gesucht ist folglich eine Teilmenge I^* der verfügbaren Objekte entsprechend der Bedingung (1.4). Durch die Restriktionen (1.2) und (1.3) können alle diese Objekte gleichzeitig überlappungsfrei im Bereich B angeordnet werden, wenn sie um θ_i Grad gedreht und mit Referenzpunkt u_i platziert werden. Auf Grund der Zielfunktion (1.1) ist der Gesamtertrag der Objekte aus I^* maximal.

Zur Formulierung eines mengentheoretischen Modells für den zweiten Typ von Zuschnitt- und Packungsproblemen, den minimalen Materialeinsatz, nehmen wir an, dass Bereiche B_j, $j \in J$, mit Bewertung c_j sowie Objekte T_i, $i \in I$, gegeben sind. Aufgabe ist es, jedes der Objekte in einem der Bereiche anzuordnen. Gesucht sind somit eine Teilmenge J^* von J und Indexmengen I_j für $j \in J^*$ mit $\cup_{j \in J^*} I_j = I$ sowie Vektoren u_i und θ_i, $i \in I$.

Mengentheoretisches Modell des minimalen Materialeinsatzes

$$\sum_{j \in J^*} c_j \to \min \qquad \text{bei} \tag{1.5}$$

$$\forall i \in I \; \exists j \in J^* : \quad D(T_i(u_i), \theta_i) \subseteq B_j, \tag{1.6}$$

$$\forall j \in J^* \; \forall i, k \in I_j : \quad \mathrm{int}(D(T_i(u_i), \theta_i)) \cap D(T_k(u_k), \theta_k) = \emptyset, \tag{1.7}$$

$$\bigcup_{j \in J^*} I_j = I, \tag{1.8}$$

$$I_j \subseteq I, \; j \in J, \quad J^* \subseteq J. \tag{1.9}$$

Entsprechend den Restriktionen (1.9) werden eine Indexmenge J^* verfügbarer Bereiche und eine Zuordnung aller Objekte zu den ausgewählten Bereichen (Bedingungen (1.6) und (1.8)) gesucht. Die Restriktion (1.7) sichert die Zulässigkeit der Anordnung, die durch die Translationsvektoren und Drehwinkel bestimmt ist.

Die beiden sehr allgemeinen Modelle (1.1) – (1.4) und (1.5) – (1.9) sind zur unmittelbaren Lösung konkreter Aufgaben wenig geeignet und bedürfen i. Allg. einer Konkretisierung. Der wesentliche Grund liegt darin, dass sowohl der (die) Bereich(e) B (B_j) als auch die Objekte T_i unhandlich sind. Zur numerischen Lösung von Zuschnitt- und Packungsproblemen ist eine geeignete Repräsentation der Objekte erforderlich.

Definition 1.1
Eine zulässige Anordnung von Teilen auf dem Bereich B heißt *Anordnungsvariante* (auch Packungs- oder Zuschnittvariante, *engl. allocation, packing, cutting pattern*).

Eine Anordnungsvariante gibt an, welche Teile wo (Referenzpunkt) und wie (Drehwinkel) angeordnet sind. Für spezielle Zuschnitt- und Packungsprobleme werden wir auch Modifikationen davon verwenden, die mit weniger Informationen versehen sind.

1.2 Repräsentation der Objekte

Bei der Beschreibung der Objekte sowie des Bereichs B werden wir i. Allg. folgende Grundsätze realisieren:

- Nichtzusammenhängende Objekte werden als Vereinigung zusammenhängender Objekte;
- nichtkonvexe Objekte als Vereinigung konvexer Objekte (falls möglich);
- polyedrische Objekte als Durchschnitt endlich vieler Halbräume (als lineares Ungleichungssystem);
- regelmäßige Objekte durch charakteristische Parameter beschrieben.

Wie üblich werden wir (zusammenhängende) eindimensionale Objekte durch ihre *Länge* charakterisieren, Rechtecke durch *Länge* und *Breite*, Quader durch *Länge*, *Breite* und *Höhe*, Kreise und Kugeln durch ihren *Radius* etc.

Für ein konvexes Objekt T verwenden wir eine Darstellung der Form

$$T = \{x \in \mathbb{R}^d : g_i(x) \leq 0,\ i \in I(T)\},$$

wobei $I(T)$ eine endliche Indexmenge und g_i, $i \in I(T)$, konvexe Funktionen sind.

Ist T eine beschränkte konvexe polyedrische Menge, also ein konvexes Polyeder (falls $d = 3$) bzw. ein konvexes Polygon (falls $d = 2$), dann kann außer der Beschreibung als Durchschnitt endlich vieler Halbräume auch eine Repräsentation mittels der Eckpunkte erfolgen. Es seien $v_j \in T$, $j \in J(T)$, die Eckpunkte von T, wobei $J(T)$ eine von T abhängige Indexmenge ist. Dann kann T auch in der Form

$$T = \text{conv}\{v_j : j \in J(T)\}$$

beschrieben werden, wobei

$$\text{conv}\{v_j : j \in J(T)\} := \{x \in \mathbb{R}^d : x = \sum_{j \in J(T)} \lambda_j v_j,\ \sum_{j \in J(T)} \lambda_j = 1, \lambda_j \geq 0, j \in J(T)\}$$

die *konvexe Hülle* der Punktmenge $\{v_j : j \in J(T)\}$ ist.

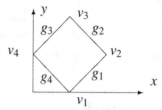

Abbildung 1.3: Repräsentation eines Polygons

Beispiel 1.1

Im $\mathbb{R}^2$ ist der Zusammenhang der beiden Repräsentationen offensichtlich. Sind v_i, $i \in I := \{1,\dots,n\}$, die fortlaufend nummerierten Ecken des konvexen Polygons T, dann können die Halbebenen $g_i(x) \leq 0$ durch $g_i(x) := a_i^T(x - v_i)$ beschrieben werden, wobei der Normalenvektor $a_i \in \mathbb{R}^2$ von g_i durch $a_i^T(v_{i+1} - v_i) = 0$ und $a_i^T(v_k - v_i) \leq 0$ für alle $k \in I$ festgelegt ist ($i = 1,\dots,n$, $v_{n+1} := v_1$). Häufig wird a_i zusätzlich normiert, d. h. die Hesse-Normalform verwendet. Umgekehrt erhält man den Eckpunkt v_i als Schnittpunkt der Geraden $g_{i-1}(x) = 0$ und $g_i(x) = 0$ ($g_0 := g_n$) bei geeigneter Nummerierung der Geraden. Abbildung 1.3 illustriert diesen Zusammenhang. $\square$

Eine weitere Beschreibungsweise konvexer Objekte ist die folgende:

$$T = \{x \in \mathbb{R}^d : f(x) \leq 0\} \quad \text{mit} \quad f(x) := \max\{g_i(x) : i \in I(T)\}.$$

Diese Form erlaubt in einfacher Weise die Repräsentation eines Objektes, welches die Vereinigung (endlich) vieler konvexer Mengen ist. Seien T_k, $k \in K$, konvexe Mengen und sei

$$T := \bigcup_{k \in K} T_k \quad \text{mit} \quad T_k = \{x \in \mathbb{R}^d : f_k(x) \leq 0\}, \ k \in K.$$

Dann gilt

$$T = \{x \in \mathbb{R}^d : f(x) \leq 0\} \quad \text{mit} \quad f(x) := \min\{f_k(x) : k \in K\}.$$

Falls das Objekt T_k ($k \in K$) durch Funktionen g_{ik}, $i \in I(T_k)$ bzw. in der Form $f_k(x) := \max\{g_{ik}(x) : i \in I(T_k)\}$ beschrieben wird, so erhalten wir folgende Repräsentation des i. Allg. nichtkonvexen Objekts T:

$$T = \{x \in \mathbb{R}^d : \min_{k \in K} \max_{i \in I(T_k)} g_{ik}(x) \leq 0\}.$$

Beispiel 1.2

Das aus den drei konvexen Bereichen

$$
\begin{aligned}
T_1 &:= \{(x,y) \in \mathbb{R}^2 : f_1(x,y) := \max\{y, 2x-y-4, -2x-y-4\} \le 0\}, \\
T_2 &:= \{(x,y) \in \mathbb{R}^2 : f_2(x,y) := \max\{-y, (x-1)^2 + y^2 - 1\} \le 0\}, \\
T_3 &:= \{(x,y) \in \mathbb{R}^2 : f_3(x,y) := \max\{-y, (x+1)^2 + y^2 - 1\} \le 0\}
\end{aligned}
$$

zusammengesetzte Objekt $T = T_1 \cup T_2 \cup T_3$ (Abb. 1.4) kann auch in der Form

$$
T := \{(x,y) \in \mathbb{R}^2 : f(x,y) := \min\{f_1(x,y), f_2(x,y), f_3(x,y)\} \le 0\}
$$

dargestellt werden. $\qquad\qquad\qquad\qquad\qquad\qquad\qquad\qquad\qquad\quad\square$

Abbildung 1.4: Beispiel 1.2

Anzumerken ist jedoch, dass derartige Funktionsbeschreibungen der Objekte in der Regel für numerische Verfahren ungünstige Eigenschaften besitzen, wie z. B. die Nichtdifferenzierbarkeit.

1.3 Repräsentation der Anordnungsvarianten

Eine Anordnungsvariante ist entsprechend der Definition 1.1 eine Anordnung von Objekten in einem Bereich. Zu ihrer eindeutigen Beschreibung sind alle sie charakterisierenden Informationen erforderlich. Dies bedeutet: Die Repräsentation der Anordnungsvariante muss i. Allg. angeben, welche Objekte angeordnet sind und für jedes angeordnete Objekt dessen Anordnungspunkt und Drehwinkel.

Bei zahlreichen Zuschnitt- und Packungsproblemen, die im Folgenden näher betrachtet werden, ist eine derartig umfassende Beschreibung nicht erforderlich und eine Anordnungsvariante kann mit erheblich geringerem Umfang ausreichend repräsentiert werden. Dies betrifft vor allem Anwendungssituationen mit homogenem Material, wie zum Beispiel beim Spanplatten- und Glas-Zuschnitt oder beim Paletten- und Container-Beladungsproblem.

Demgegenüber kann beim Zuschnitt aus nichthomogenem Material, wie etwa beim Zuschnitt aus Rohholz, nicht auf diese umfassenden Informationen verzichtet werden.

Betrachten wir zum Beispiel das klassische *eindimensionale* Rucksackproblem (Kap. 2), bei dem eine Auswahl $I^* \subseteq I$ gegebener Teile $i \in I = \{1, \ldots, m\}$ in einen Rucksack zu packen ist, so dass die Gesamtbewertung maximal wird. Die Abstraktion beim Rucksackproblem auf einen Dimensionsparameter, jedes Teil $i \in I$ wird nur durch sein Volumen v_i und der Rucksack durch dessen Volumen V charakterisiert, erlaubt die Repräsentation einer zulässigen Anordnungsvariante durch einen *nichtnegativen ganzzahligen m-dimensionalen Vektor* $a = (a_1, \ldots, a_m)^T$, wobei a_i angibt, wie oft das Teil i in den Rucksack gepackt wird. Der Vektor a repräsentiert genau dann eine zulässige Anordnung, wenn

$$\sum_{i \in I} v_i a_i \leq V \tag{1.10}$$

gilt. Durch die Reduktion auf m Daten der die Anordnungsvariante charakterisierenden Informationen ist nicht mehr eine eineindeutige Beschreibung gewährleistet. Offensichtlich ist die Reihenfolge, in der die Teile angeordnet werden, nicht mehr erkennbar. Die Anordnungspunkte sind damit nicht mehr eindeutig bestimmt.

Dieser Verlust an Information bewirkt aber andererseits die wesentliche Vereinfachung mathematischer Modelle und zugehöriger Lösungsverfahren. Ein Vektor $a \in \mathbb{Z}_+^m$ mit $\mathbb{Z}_+ = \{0, 1, 2, \ldots\}$, der die Bedingung (1.10) erfüllt, repräsentiert i. Allg. nicht nur die endlich vielen Anordnungsvarianten, die durch eine unterschiedliche Reihenfolge der angeordneten Teile bestimmt sind, sondern sogar unendlich viele, sofern $\sum_{i \in I} v_i a_i < V$ gilt, da dann die Anordnungspunkte in Intervallen der Höchstlänge $V - \sum_{i \in I} v_i a_i$ variieren können.

Durch die Verwendung *normalisierter* Anordnungen ([Her72]) und von Rasterpunkten ([TLS87], Abschnitt 2.7) kann man stets eine Modellierung mit endlich vielen Anordnungsvarianten erreichen.

Bei der Modellierung komplexerer Problemstellungen, die neben den Anordnungsrestriktionen weitere Bedingungen beinhalten, ist stets zu prüfen, inwieweit eine vereinfachte Repräsentation der Anordnungsvarianten anwendbar ist.

1.4 Approximation und interne Beschreibung der Teile

Krummlinig berandete Objekte, die z. B. in der Konfektionsindustrie durch einen Designer entworfen werden, sind zur Handhabung in einem Rechner so zu approximieren, dass zumindest funktionale Beschreibungen der Randkurven verfügbar sind.

Zur Approximation von Kurven werden dabei *Splines (spezielle Polygonzüge)* oder auch *Treppenfunktionen* verwendet. Für Details verweisen wir auf [TLS87]. Eine pixelweise Repräsentation der Objekte ist skalierungsabhängig und bei entsprechender Genauigkeit i. Allg. aufwendig.

Zu beachten ist, dass neben dem Approximationsfehler zusätzliche numerische Fehler (Rundungsfehler) bei Drehbarkeit von Teilen entstehen können, insbesondere wenn die Approximation auf einem Gitter erfolgt.

Des Weiteren hängt der numerische Aufwand bei der Durchschnitts- und Vereinigungsbildung von Objekten von der Approximation ab.

Außerdem ist Augenmerk auch darauf zu legen, dass Struktureigenschaften der Objekte wie Konvexität erhalten bleiben und dass zuzuschneidende Teile durch eine *äußere Approximation* beschrieben werden, um die Zulässigkeit des Zuschnitts zu sichern.

1.5 Nichtlineares Optimierungsmodell, Φ-Funktionen

Um aus dem mengentheoretischen Modell (1.5) – (1.9) des minimalen Materialeinsatzes ein praktikableres Modell für Zuschnitt- und Packungsprobleme (alle m Objekte T_i sind in einem Bereich B anzuordnen) zu erhalten, sind die zu beachtenden Bedingungen in analytischer Form zu formulieren. Dies sind einerseits die Nichtüberlappungs-Bedingungen und andererseits die Enthaltenseins-Bedingungen.

Im Weiteren beschreiben wir hier das Konzept der Φ-Funktionen, welches von Stoyan ([Sto83]) entwickelt wurde. Eine Φ-Funktion charakterisiert die gegenseitige Lage der Objekte $T_i(u_i)$ und $T_j(u_j)$, wobei u_i und u_j die Anordnungspunkte (Translationsvektoren) bezeichnen.

Definition 1.2
Eine überall definierte, stetige Funktion $\Phi_{ij}(u_i, u_j) : \mathbb{R}^{2d} \to \mathbb{R}$, welche die folgenden, charakteristischen Eigenschaften erfüllt, heißt Φ-*Funktion* der beiden Objekte T_i und T_j:

$$\Phi_{ij}(u_i, u_j) \begin{cases} > 0, & \text{falls } T_i(u_i) \cap T_j(u_j) = \emptyset, \\ = 0, & \text{falls } \mathrm{int} T_i(u_i) \cap T_j(u_j) = \emptyset \text{ und } T_i(u_i) \cap T_j(u_j) \neq \emptyset, \\ < 0, & \text{falls } \mathrm{int} T_i(u_i) \cap T_j(u_j) \neq \emptyset. \end{cases}$$

Eine Definition einer Φ-Funktion für zwei Objekte, die zusätzlich gedreht werden können, ist in analoger Form möglich. Offensichtlich überlappen sich die beiden Objekte $T_i(u_i)$ und $T_j(u_j)$ genau dann nicht, wenn $\Phi_{ij}(u_i, u_j) \geq 0$ gilt. Weiterhin kann die

Enthaltenseins-Bedingung, dass T_i vollständig in B liegt, gleichfalls mit Hilfe von Φ-Funktionen modelliert werden, wenn das Nichtüberlappen von T_i mit dem zu $\mathrm{int}(B)$ komplementären Bereich

$$B_0 := \mathrm{cl}(I\!R^d \setminus B) = I\!R \setminus \mathrm{int}(B)$$

betrachtet wird. Bei Problemen des minimalen Materialeinsatzes ist B_0 von einem oder mehreren (Dimensions-)Parametern $p \in I\!R^q$ abhängig. Beim Packen von Rechtecken in einen Streifen fester Breite und minimaler Länge ist p der Längenparameter. Wird ein Rechteck minimaler Fläche gesucht, in dem alle Teile angeordnet werden können, so repräsentiert $p \in I\!R^2$ die Länge und die Breite des gesuchten Rechtecks. Da das Objekt B_0 als unbeweglich angesehen werden kann, kann das Nichtüberlappen der Objekte B_0 und T_i durch eine Ungleichung der Form $\phi_i(u_i, p) := \Phi_i(u_i, 0, p) \geq 0$ modelliert werden, wobei Φ_i eine Φ-Funktion von B_0 und T_i beschreibt. Sei

$$u = (u_1, \ldots, u_m)^T \in I\!R^{d \cdot m}$$

der Vektor aller Translationsvektoren und es bezeichne $F : I\!R^{dm+q} \to I\!R$ eine passende Zielfunktion. Dann ergibt sich das folgende Modell:

Nichtlineares Modell zum minimalen Materialeinsatz

$$F(u, p) \to \min \qquad \text{bei} \quad (u, p) \in \Omega, \text{ wobei} \tag{1.11}$$

$$\Omega = \big\{ (u, p) \in I\!R^{dm+q} : \\ \Phi_{ij}(u_i, u_j) \geq 0,\ 1 \leq i < j \leq m,\ \phi_i(u_i, p) \geq 0,\ i = 1, \ldots, m \big\}. \tag{1.12}$$

Der Bereich Ω ist die Menge der zulässigen Anordnungen. Die Funktionen Φ_{ij} und ϕ_i sind i. Allg. nichtlinear. Eine Analyse der Eigenschaften von Ω, verbunden mit Untersuchungen der Φ-Funktionen, erfolgt in Kapitel 10.

Beispiel 1.3 (Packung von Kreisen in einen Kreis)

Gegeben sind m Kreise K_i mit Radius r_i, $i \in I = \{1, \ldots, m\}$. Gesucht ist ein Kreis K mit minimalem Radius R und Mittelpunkt $(0,0)$, in den alle m kleinen Kreise gepackt werden können, sowie eine zugehörige Anordnungsvariante.

Es bezeichne $\rho(u, v) := \sqrt{(u_1 - v_1)^2 + (u_2 - v_2)^2}$ den euklidischen Abstand zwischen den Punkten $u = (u_1, u_2)$ und $v = (v_1, v_2)$. Der Kreis $K_i(u_i)$ ist genau dann vollständig in K enthalten, wenn $\rho(u_i, 0) \leq R - r_i$ gilt, wobei $u_i \in I\!R^2$ den Mittelpunkt von $K_i(u_i)$ bezeichnet. Somit ist $\Phi_i(u_i, R) := R - r_i - \rho(u_i, 0)$ eine geeignete Φ-Funktion für K_i und $K_0 := \mathrm{cl}(I\!R^2 \setminus K)$.

Zwei Kreise K_i und K_j mit $i \neq j$ überlappen sich genau dann nicht, wenn $\rho(u_i, u_j) \geq r_i + r_j$ gilt. Folglich ist $\Phi_{ij}(u_i, u_j) := \rho(u_i, u_j) - r_i - r_j$ eine Φ-Funktion für K_i und K_j. Somit erhält man entsprechend (1.11) und (1.12) das nichtlineare Optimierungsmodell

$$R \rightarrow \min \quad \text{bei} \quad \phi_i(u_i, R) \geq 0, \quad i \in I, \quad \Phi_{ij}(u_i, u_j) \geq 0, \quad i, j \in I, \quad i \neq j. \qquad \square$$

Beim Problem der maximalen Materialauslastung ist der Bereich B und damit $B_0 = \mathrm{cl}(\mathbb{R}^d \setminus B)$ fest. An Stelle der Dimensionsparameter p sind nun Entscheidungsvariable $a_i \in \{0, 1\}$ für alle $i \in I$ zu definieren, die die Auswahl der Objekte modellieren. Die Bewertung des Objekts i sei wieder c_i, $i \in I$. Unter Verwendung von $a_i = 1$ genau dann, wenn $i \in I^*$ gilt, erhält man aus (1.1) – (1.4) das folgende Modell, wobei Drehungen der Objekte hier nicht betrachtet werden:

Nichtlineares Modell zur maximalen Materialauslastung

$$\sum_{i \in I^*} c_i = \sum_{i \in I} c_i a_i \rightarrow \max \quad \text{bei} \quad (u, a) \in \Omega, \text{ wobei}$$

$$\Omega = \big\{ (u, a) \in \mathbb{R}^{dm} \times \mathbb{B}^m :$$
$$\Phi_{ij}(u_i, u_j) \geq 0, \ \forall i \neq j : a_i a_j = 1, \quad \phi_i(u_i) \geq 0, \ \forall i : a_i = 1 \big\}$$

und $a = (a_1, \ldots, a_m)^T$. Neben den Anordnungsrestriktionen ergibt sich hier auf Grund der binären Variablen eine zusätzliche Schwierigkeit für Lösungsmethoden: Welche der 2^m Teilmengen $I^* \subseteq I$ ist optimal?

Zur Konstruktion einer Φ-Funktion Φ_{ij} der Objekte T_i und T_j mit $i \neq j$ nehmen wir an, dass diese durch

$$T_i = \{x \in \mathbb{R}^d : f_i(x) \leq 0\} \quad \text{bzw.} \quad T_j = \{x \in \mathbb{R}^d : f_j(x) \leq 0\}$$

beschrieben seien. Offenbar gilt $T_i(u_i) \cap \mathrm{int} T_j(u_j) = \emptyset$ genau dann, wenn aus $x \in T_i(u_i)$ stets $x \notin \mathrm{int} T_j(u_j)$ folgt, bzw. falls gilt:

$$x - u_i \in T_i \Rightarrow x - u_j \notin \mathrm{int} T_j.$$

Falls also $f_i(x - u_i) \leq 0$ ist, muss $f_j(x - u_j) \geq 0$ sein. Dieser Sachverhalt kann durch

$$\max\{f_i(x - u_i), f_j(x - u_j)\} \geq 0 \quad \forall x \in \mathbb{R}^d$$

zusammengefasst werden, da $f_i(x - u_i) > 0$ und $f_j(x - u_j) > 0$ für alle $x \notin T_i(u_i) \cup T_j(u_j)$ gilt. Folglich wird durch

$$\Phi_{ij}(u_i, u_j) := \min_{x \in \mathbb{R}^d} \max\{f_i(x - u_i), f_j(x - u_j)\}$$

eine Φ-Funktion definiert. Da die gegenseitige Lage der beiden Objekte durch den Differenzvektor $u := u_j - u_i$ bestimmt wird, kann eine Φ-Funktion auch wie folgt dargestellt werden:

$$\Phi_{ij}(u_i, u_j) := \phi_{ij}(u_j - u_i) \quad \text{mit} \quad \phi_{ij}(u) := \min_{x \in \mathbb{R}^d} \max\{f_i(x), f_j(x - u)\}.$$

Zur praktischen Auswertung der Minimumbildung über $\mathbb{R}^d$ sind Regularitätsvoraussetzungen an die Objekte nötig. Sind z. B. T_i und T_j Polygone, dann kann diese Minimumbildung auf endlich viele Testpunkte eingeschränkt werden (Kap. 10).

In analoger Weise erhält man eine Φ-Funktion von T_i und B_0. Für weitergehende Untersuchungen zu Φ-Funktionen von zwei- und dreidimensionalen Objekten verweisen wir auf [SGR$^+$00, SSGR02].

In der Fachliteratur werden auch spezielle Bezeichnungen für Mengen von Differenzvektoren $u := u_j - u_i$ verwendet. Die Menge

$$\{u \in \mathbb{R}^d : \Phi_{ij}(0, u) = 0\},$$

wobei Φ_{ij} eine Φ-Funktion zweier (realer) Objekte T_i und T_j bezeichnet, wird auch als *Hodograph* bezeichnet ([TLS87]). Die Menge

$$U_{ij} = \{u \in \mathbb{R}^d : \Phi_{ij}(0, u) \leq 0\}$$

ist kongruent zur Minkowski-Summe

$$T_i \oplus (-T_j) := \{u \in R^d : u = v - w, v \in T_i, w \in T_j\}$$

und es gilt

$$T_i \oplus (-T_j) = \{u \in \mathbb{R}^d : \phi_{ij}(u) \leq 0\}.$$

In diesem Zusammenhang wird auch der Begriff *No Fit-Polygon* verwendet. Ist $u \in \text{int}U$, dann überlappen sich die Objekte $T_i(0)$ und $T_j(u)$, bilden also keine zulässige Anordnung. Die hier definierten Bezeichnungen finden in zahlreichen Algorithmen zur Anordnung nichtregulärer Objekte ihre Anwendung.

1.6 Ganzzahlige lineare Optimierungsmodelle

Wir betrachten hier beispielhaft ein Problem der maximalen Materialauslastung und ein Problem des minimalen Materialeinsatzes beim Rundholz- bzw. Stangen-Zuschnitt, welche in den Kapiteln 2 und 3 ausführlich behandelt werden.

Es sind Rundhölzer der Längen ℓ_i, $i \in I := \{1, \dots, m\}$, aus Rundhölzern der Länge L zuzuschneiden. Beim Problem der maximalen Materialausnutzung ist eine optimale Anordnungsvariante gesucht, während beim Problem des minimalen Materialeinsatzes die minimale Anzahl derartiger Rundhölzer zu ermitteln ist (sowie zugehörige Zuschnittvarianten), die benötigt wird, um b_i Teile der Länge ℓ_i, $i \in I$, zu erhalten.

Ein ganzzahliges lineares Optimierungsmodell zum eindimensionalen Zuschnittproblem der maximalen Materialausnutzung ist das folgende Modell: Es bezeichne c_i den Ertrag (den Profit), falls ein Teil der Länge ℓ_i, $i \in I$, aus dem Ausgangsmaterial zugeschnitten wird. Im (eindimensionalen) Rundholz-Zuschnitt repräsentiert ein Vektor $a = (a_1, \dots, a_m)^T \in \mathbb{Z}_+^m$ genau dann eine zulässige Zuschnittvariante, wenn

$$\sum_{i \in I} \ell_i a_i \leq L$$

gilt, d. h., wenn die Summe der Längen der zuzuschneidenden Teile die Materiallänge nicht übersteigt. Um den maximalen Ertrag aus einer Ausgangslänge zu erhalten, ist zu ermitteln, welche Teile wie oft zuzuschneiden sind. Bezeichnen wir mit $a_i \in \mathbb{Z}_+$ diese Anzahl für den i-ten Teiletyp, so erhalten wir das folgende Modell beim Stangenzuschnitt:

Ganzzahliges lineares Modell zur maximalen Materialauslastung

$$\sum_{i \in I} c_i a_i \longrightarrow \max \qquad \text{bei}$$

$$\sum_{i \in I} \ell_i a_i \leq L, \qquad a_i \in \mathbb{Z}_+, \ i \in I.$$

Die maximale Materialauslastung bedeutet hierbei eine bezüglich der Bewertungen c_i beste Auslastung. Eine maximale Materialauslastung im eigentlichen Sinn wird durch $c_i = \ell_i$ für $i \in I$ erreicht. Methoden zur Lösung dieses Problems, eines (klassischen) Rucksackproblems, werden im Kapitel 2 vorgestellt.

Zur Modellierung des Problems des minimalen Materialeinsatzes, welches auch als *eindimensionales Cutting Stock-Problem* oder *eindimensionales Bin Packing-Problem* bezeichnet wird, sind alle zulässigen Anordnungsvarianten zu erfassen. Eine Anordnungsvariante wird durch einen nichtnegativen ganzzahligen Vektor $a^j = (a_{1j}, \dots, a_{mj})^T \in \mathbb{Z}_+^m$ repräsentiert. Der Koeffizient a_{ij} gibt dabei an, wie oft Teil i (die Länge ℓ_i) in der Anordnungsvariante j enthalten ist. Bezeichne nun J die Menge aller im Modell vorkommenden Anordnungsvarianten.

Zur Modellbildung sind *nichtnegative ganzzahlige Variable* x_j zu definieren, die angeben, wie oft die Zuschnittvariante a^j zur Auftragserfüllung verwendet wird. Damit erhält man beim Stangenzuschnitt folgendes

Ganzzahliges lineares Modell des minimalen Materialeinsatzes

$$\sum_{j \in J} x_j \rightarrow \min$$

$$\text{bei} \qquad \sum_{j \in J} a_{ij} x_j \geq b_i, \ i \in I, \quad x_j \in \mathbb{Z}_+, \ j \in J.$$

Die prinzipiellen Schwierigkeiten bei der Lösung dieses Problems resultieren nicht nur aus der Ganzzahligkeit der Variablen x_j, sondern auch aus der i. Allg. extrem großen Anzahl der unterschiedlichen Zuschnittvarianten. Genauere Untersuchungen erfolgen im Kapitel 3.

1.7 Weitere Modellierungsvarianten

Neben den in den vorhergehenden Abschnitten vorgestellten Modellierungsmöglichkeiten von Zuschnitt- und Packungsproblemen gibt es weitere, von denen wir nur das sog. *Permutationsmodell* näher betrachten.

Das Problem, alle n gegebenen Rechtecke in einen Streifen fester Breite und minimaler Höhe zu packen, ist bekanntermaßen ein *NP-schwieriges* Problem [GJ79], d. h., es ist sehr wahrscheinlich kein exakter Algorithmus verfügbar, der mit polynomialem Aufwand eine optimale Lösung ermittelt. Wie aus Kapitel 6 ersichtlich wird, sind deshalb zahlreiche Heuristiken entwickelt worden. Einige davon konstruieren für eine feste vorgegebene Reihenfolge mit geringem Aufwand eine zulässige Anordnungsvariante. Damit ist das folgende Optimierungsproblem von Interesse:

Permutationsmodell beim Streifen-Packungsproblem

Finde eine solche Permutation π^* aus der Menge aller Permutationen von $\{1, \ldots, m\}$, für die die betrachtete Heuristik eine minimale Höhe liefert.

Strategien zur (näherungsweisen) Lösung derartiger Probleme, häufig als *Metaheuristiken* bezeichnet, werden im Kapitel 6 vorgestellt.

Neben der Frage, wie π^* zu finden ist, ergeben sich weitere, die Güte der Heuristik betreffende Problemstellungen. Zum Beispiel ist für die BL-Heuristik (Abschnitt 6.3.3) bekannt, dass es Instanzen gibt, für die auch bei bester Reihenfolge der Rechtecke keine optimale Anordnungsvariante erhalten werden kann.

Anzumerken ist, dass auch *graphentheoretische Modelle* bei der Behandlung von Zuschnitt- und Packungsproblemen Anwendung finden. Beispiele dafür werden wir in den Abschnitten 2.3 und 3.7 geben.

1.8 Aufgaben

Aufgabe 1.1
Wie kann beim Rundholz-Zuschnitt eine (positive) Schnittfuge bei der Modellierung berücksichtigt werden?

Aufgabe 1.2
Man zeige: $D(T_i(u_i), \theta_i) = D(T_i(0), \theta_i)(u_i)$.

Aufgabe 1.3
Für den Fall $d = 1$ und fehlerfreies, homogenes Ausgangsmaterial konkretisiere man das allgemeine Modell der maximalen Materialauslastung. Wie erhält man das klassische 0/1-Rucksackproblem?

Aufgabe 1.4
Welche Zuschnittvariante ist zu wählen, wenn Teile der Längen $\ell_1 = 17$ und $\ell_2 = 21$ aus Ausgangsmaterial der Länge $L = 136$ zuzuschneiden sind und eine maximale Materialauslastung realisiert werden soll? Welche Lösung ergibt sich, wenn zusätzlich Teile der Längen $\ell_3 = 23$ und $\ell_4 = 24$ zuschneidbar sind?

Aufgabe 1.5
Welches Objekt wird durch $\{(x_1, x_2) : x_1^2 + x_2^2 - 25 \leq 0, -4(x_1 + 1)^2 - 9x_2^2 + 36 \leq 0,$ $(x_1 - 2)^2 + x_2^2 - 16 \leq 0\}$ beschrieben?

Aufgabe 1.6
Eine weitere Beschreibungsmöglichkeit bieten logische Operatoren. Welches nichtkonvexe Objekt wird durch den Ausdruck $(f_1 \wedge f_2 \wedge f_3) \vee (f_1 \wedge f_2 \wedge f_4)$ beschrieben, wobei $f_1(x, y) = (x - 3)^2 + y^2 \leq 36, f_2(x, y) = (x + 3)^2 + y^2 \leq 36, f_3(x, y) = (x - 1)^2 + (y + 3)^2 \leq 25, f_4(x, y) = (x + 1)^2 + (y + 3)^2 \leq 25$ gilt?

Aufgabe 1.7
Unter Verwendung der Konvention, dass das Objekt stets *links* der Strecke $\overline{PQ}$ liegt, wenn diese von P nach Q durchlaufen wird, ermittle man das durch die Folge $(0,0)$, $(1,1)$, $(2,0)$, $(2,3)$, $(1,2)$, $(0,3)$, $(0,0)$ von Eckpunkten definierte Objekt. Man gebe eine Darstellung mittels konvexer Teilmengen an.

Aufgabe 1.8

Für die Objekte $T_1 = \{(x,y) : 0 \le x \le 2, 0 \le y \le 3\}$ und $T_2 = \{(x,y) : y \ge 0, y \le 2x, y \le 4 - 2x\}$ ermittle man die Minkowski-Summe.

Aufgabe 1.9

Es sei B ein Quader mit gegebener Länge L und Breite W. Welche minimale Höhe H des Quaders ist erforderlich, um Kartons der Abmessungen $\ell_i \times w_i \times h_i$, $i \in I := \{1, \dots, m\}$ zu verstauen? Zur Vereinfachung setzen wir voraus, dass die Kartons nicht gedreht werden dürfen und in der gegebenen Orientierung anzuordnen sind. Weiterhin vereinbaren wir, dass

$$B(H) := \{(x,y,z) : 0 \le x \le L, 0 \le y \le W, 0 \le z \le H\},$$

$$T_i := \{(x,y,z) : 0 \le x \le \ell_i, 0 \le y \le w_i, 0 \le z \le h_i\}, \qquad i \in I.$$

Man bestimme Funktionen $f_{ik}(u_i, h) : \mathbb{R}^4 \to \mathbb{R}$, $k = 1, \dots, 6$, $i \in I$ derart, dass

$$\Phi_i(u_i, h) := \min\{f_{ik}(u_i, h) : k = 1, \dots, 6\}$$

eine Φ-Funktion für T_i und $\mathrm{cl}(\mathbb{R}^3 \setminus B(H))$ ist. Man bestimme eine Φ-Funktion für T_i und T_j, $i, j \in I$, $i \ne j$.

1.9 Lösungen

Zu Aufgabe 1.1. Es seien L die Materiallänge, ℓ_i, $i \in I$, die Teilelängen und $\Delta > 0$ die Breite der Schnittfuge. Werden in einer Zuschnittvariante $a = (a_1, \dots, a_m)^T$ genau $k = \sum_{i \in I} a_i$ Teile zugeschnitten, dann entsteht Abfall der Größe $(k-1)\Delta$, d. h., a muss die Bedingung $\sum_{i \in I} \ell_i a_i \le L - (k-1)\Delta$ erfüllen, um zulässig zu sein. Diese Ungleichung ist genau dann erfüllt, wenn $\sum_{i \in I} (\ell_i + \Delta) a_i \le L + \Delta$ erfüllt ist.

Ersetzt man also die Materiallänge L durch $L + \Delta$ sowie die Teilelängen ℓ_i durch $\ell_i + \Delta$, $i \in I$, dann wird in der modifizierten Instanz des eindimensionalen Cutting Stock-Problems die Schnittfuge Δ berücksichtigt.

Zu Aufgabe 1.2. Da Drehpunkt und Referenzpunkt übereinstimmen, sind Translation und Drehung in dem angegebenen Sinne kommutativ.

Zu Aufgabe 1.3. Im eindimensionalen Fall kann jedes Teil T_i durch ein Intervall $[0, \ell_i]$ und der Bereich B durch $[0, b]$ beschrieben werden. Drehungen entfallen.

$$\sum_{i \in I^*} c_i \to \max \qquad \text{bei}$$

$$T_i(u_i) \subseteq B \quad \Leftrightarrow \quad 0 \leq u_i, \ u_i + \ell_i \leq b, \quad i \in I^*,$$

$$\text{int}(T_i(u_i)) \cap T_j(u_j) = \emptyset \quad \Leftrightarrow \quad (u_i + \ell_i \leq u_j) \vee (u_j + \ell_j \leq u_i), \quad \forall i \neq j, \ i, j \in I^*,$$

$$I^* \subseteq I.$$

Da fehlerfreies, homogenes Ausgangsmaterial vorausgesetzt wird, sind die konkreten Positionen u_i von untergeordnetem Interesse. Definiert man 0/1-Variablen durch $x_i := 1$, falls $i \in I^*$ und $x_i := 0$ für $i \in I \setminus I^*$, dann gibt es zu jeder Lösung $(u_i, i \in I^*)$ eine Lösung des 0/1-Rucksackproblems

$$\sum_{i \in I} c_i x_i \to \max \quad \text{bei} \quad \sum_{i \in I} \ell_i x_i \leq b, \ x_i \in \{0,1\}, \ i \in I.$$

Durch indirekten Beweis kann gezeigt werden, dass eine Lösung des 0/1-Rucksackproblems auch Lösung des obigen Problems ist.

Zu Aufgabe 1.4. Optimale Zuschnittvariante bei zwei Teiletypen: $a = (8,0)^T$, optimale Varianten bei vier Teiletypen: $a^1 = (8,0,0,0)^T$, $a^2 = (4,1,1,1)^T$, $a^3 = (1,0,1,4)^T$, $a^4 = (0,2,2,2)^T$, $a^5 = (0,1,5,0)^T$

Zu Aufgabe 1.5. Durchschnitt von zwei Kreisen und Komplement einer Ellipse

Zu Aufgabe 1.6. Vereinigung des Durchschnitts von jeweils drei Kreisen

Zu Aufgabe 1.7.

$$\begin{aligned} T &= \{(x,y) : x \geq 0, \ x \leq y \leq 3 - x\} \\ &\quad \cup \{(x,y) : x \leq 2, \ 2 - x \leq y \leq 1 + x\} \\ &= \{(x,y) : 0 \leq x \leq 1, \ x \leq y \leq 3 - x\} \\ &\quad \cup \{(x,y) : 1 \leq x \leq 2, \ 2 - x \leq y \leq 1 + x\} \end{aligned}$$

Zu Aufgabe 1.8.

 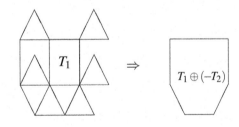

Zu Aufgabe 1.9. Es seien $u_i = (x_i, y_i, z_i)^T$, $i \in I$, und $u = (x, y, z)^T$. Wegen

$$T_i(u_i) \subseteq B(h) \quad \Leftrightarrow \quad x_i \geq 0, \ y_i \geq 0, \ z_i \geq 0, \ x_i + \ell_i \leq L, \ y_i + w_i \leq W, \ z_i + h_i \leq h$$

erhält man mit

$$f_{i1}(u,h) := x, \ f_{i2}(u,h) := y, \ f_{i3}(u,h) := z,$$

$$f_{i4}(u,h) := L - x - \ell_i, \ f_{i5}(u,h) := W - y - w_i, \ f_{i6}(u,h) := h - z - h_i$$

die gesuchte Φ-Funktion für T_i und $\mathrm{cl}(\mathbb{R}^3 \setminus B(h))$. Wegen

$$T_i(u_i) \cap \mathrm{int}\, T_j(u_j) = \emptyset \quad \Leftrightarrow$$

$$(x_i + \ell_i \leq x_j) \vee (y_i + w_i \leq y_j) \vee (z_i + h_i \leq z_j)$$

$$\vee (x_j + \ell_j \leq x_i) \vee (y_j + w_j \leq y_i) \vee (z_j + h_j \leq z_i)$$

erhält man mit

$$g_1^{ij}(u_i,u_j) := x_j - x_i - \ell_i, \ g_2^{ij}(u_i,u_j) := y_j - y_i - w_i, \ g_3^{ij}(u_i,u_j) := z_j - z_i - h_i,$$

$$g_4^{ij}(u_i,u_j) := x_i - x_j - \ell_j, \ g_5^{ij}(u_i,u_j) := y_i - y_j - w_j, \ g_6^{ij}(u_i,u_j) := z_i - z_j - h_j,$$

die gesuchte Φ-Funktion für T_i und T_j, $i \neq j$, $i,j \in I$.

2 Das Rucksackproblem

Das Rucksackproblem ist als lineares ganzzahliges Optimierungsproblem mit nur einer Nebenbedingung, die eine Beziehung zwischen den Variablen herstellt, in einem gewissen Sinne das „einfachste" ganzzahlige Optimierungsproblem. Da dem Rucksackproblem bereits wesentliche Schwierigkeiten der ganzzahligen Optimierung innewohnen, ist es Gegenstand zahlreicher Untersuchungen. Es gehört zur Klasse der *NP-schwierigen* Probleme, d. h., es gibt mit großer Wahrscheinlichkeit keinen Algorithmus zur Lösung des Rucksackproblems, der mit polynomialem Aufwand auskommt. Für weiterführende Untersuchungen verweisen wir insbesondere auf [MT90] und [KPP04].

Die in diesem Kapitel vorgestellten Techniken zur Lösung des Rucksackproblems sind oft die Grundlage von Algorithmen zur Lösung anderer Zuschnitt- und Packungsprobleme.

2.1 Problemstellung

In einer verbalen Formulierung des (klassischen) *Rucksackproblems* (engl. *Knapsack Problem*) sind ein Rucksack mit dem Volumen b und m Typen von Gegenständen mit Volumen a_i und Bewertung c_i, $i \in I = \{1, \ldots, m\}$, gegeben. Gesucht ist eine solche Menge der Gegenstände, deren Gesamtvolumen b nicht übersteigt und deren Gesamtbewertung maximal ist. Analoge Formulierungen erhält man, wenn z. B. die Koeffizienten a_i das Gewicht und b die maximale Traglast angeben.

Im Zusammenhang mit Zuschnitt- und Packungsproblemen führt die in Abschnitt 1.6 betrachtete Aufgabe des Stangenzuschnitts, aus einer Länge b kleinere, mit c_i bewertete Teile der Längen a_i, $i \in I$, so zuzuschneiden, dass ein maximaler Ertrag erreicht wird, auf das gleiche mathematische Modell.

Bezeichnen wir mit der nichtnegativen, ganzzahligen Variablen x_i (d. h. $x_i \in \mathbb{Z}_+$) die Anzahl, wie oft Gegenstände vom Typ i verwendet werden, so erhalten wir die folgende Formulierung des Rucksackproblems:

$$f(b) := \max\left\{ \sum_{i \in I} c_i x_i : \sum_{i \in I} a_i x_i \leq b,\ x_i \in \mathbb{Z}_+,\ i \in I \right\}. \tag{2.1}$$

Dabei setzen wir stets voraus, dass $c_i > 0$, $0 < a_i \leq b$, $a_i \neq a_j$ für $i \neq j$, $i, j \in I$ gilt und alle Eingabedaten ganzzahlig sind (s. Aufgabe 2.1). Durch die Bezeichnung $f(b)$ beschreiben wir einerseits den Optimalwert und gleichzeitig das Rucksackproblem in Abhängigkeit vom Parameter b. Die Koeffizienten a_i und c_i, $i \in I$, werden als fest angesehen.

Unter Verwendung von $a = (a_1, \ldots, a_m)^T$, $c = (c_1, \ldots, c_m)^T$ und $x = (x_1, \ldots, x_m)^T$ kann das Rucksackproblem (2.1) auch kurz wie folgt geschrieben werden:

$$f(b) := \max\{c^T x : a^T x \leq b, \ x \in \mathbb{Z}_+^m\}.$$

Als wichtiger Spezialfall wird oftmals das sogenannte *0/1-Rucksackproblem* betrachtet, bei dem $x_i \in \{0, 1\}$ für alle i gefordert wird. Effiziente Algorithmen für das klassische und das 0/1-Rucksackproblem sowie für verwandte Probleme findet man insbesondere in [MT90] und [KPP04].

Im Folgenden werden wir einige wichtige Algorithmen zur Lösung des klassischen Rucksackproblems vorstellen.

2.2 Der Algorithmus von Gilmore und Gomory

Der von Gilmore und Gomory [GG66] angegebene Algorithmus basiert auf dem Prinzip der *dynamischen Optimierung* (s. z. B. [NM93, GT97]). Dazu definieren wir den Optimalwert $F(k, y)$ des reduzierten Rucksackproblems mit Teiletypen $1, \ldots, k$, wobei $k \in \{1, \ldots, m\}$, und dem Rucksackvolumen y mit $y \in \{0, 1, \ldots, b\}$:

$$F(k, y) := \max\left\{\sum_{i=1}^{k} c_i x_i : \sum_{i=1}^{k} a_i x_i \leq y, \ x_i \in \mathbb{Z}_+, \ i \in I_k\right\},$$

wobei $I_k := \{1, \ldots, k\}$. Für $k = 1$ gilt offenbar $F(1, y) = c_1 \lfloor y/a_1 \rfloor$ für $y = 0, 1, \ldots, b$, wobei $\lfloor . \rfloor$ die Rundung nach unten bezeichnet, sowie $F(k, 0) = 0$ für $k = 1, \ldots, m$. Zur Lösung des Rucksackproblems (2.1) ist folglich $F(m, b)$ zu ermitteln, denn es gilt $f(b) = F(m, b)$. Zum reduzierten Rucksackproblem $F(k, y)$ sei $\alpha_k = \alpha_k(y) := \lfloor y/a_k \rfloor$ definiert. Wir betrachten die $\alpha_k + 1$ Werte, die die Variable x_k in einer zulässigen Lösung von $F(k, y)$ annehmen kann, und erhalten wegen der Linearität der Zielfunktion und der Nebenbedingung

$$
\begin{aligned}
F(k, y) &= \max_{j=0,\ldots,\alpha_k}\left\{jc_k + \sum_{i=1}^{k-1} c_i x_i : \sum_{i=1}^{k-1} a_i x_i \leq y - ja_k, \ x_i \in \mathbb{Z}_+, \ i \in I_{k-1}\right\} \\
&= \max_{j=0,\ldots,\alpha_k}\left\{jc_k + \max\left\{\sum_{i=1}^{k-1} c_i x_i : \sum_{i=1}^{k-1} a_i x_i \leq y - ja_k, \ x_i \in \mathbb{Z}_+, \ i \in I_{k-1}\right\}\right\}.
\end{aligned}
$$

Damit folgt für $y = 0, 1, \ldots, b$ und $k = 2, \ldots, m$ eine erste Rekursionsformel:

$$F(k,y) = \max\left\{ jc_k + F(k-1, y - ja_k) : j = 0, \ldots, \lfloor y/a_k \rfloor \right\}.$$

Betrachten wir andererseits die beiden Fälle

$$x_k = 0 \qquad \vee \qquad x_k \geq 1,$$

dann ergibt sich in analoger Weise für $y \geq a_k$ die Rekursion

$$F(k,y) = \max\left\{ F(k-1,y), \; c_k + F(k, y - a_k) \right\}, \tag{2.2}$$

die die Grundlage des Algorithmus von Gilmore und Gomory bildet.

Algorithmus von Gilmore/Gomory

S1: Setze $F(1,y) := c_1 \lfloor y/a_1 \rfloor$ für $y = 0, 1, \ldots, b$.

S2: Für $k = 2, \ldots, m$:

für $y = 0, \ldots, a_k - 1$ setze $F(k,y) := F(k-1,y)$,

für $y = a_k, \ldots, b$ setze

$F(k,y) := \max\left\{ F(k-1,y), \; F(k, y - a_k) + c_k \right\}$.

Der numerische Aufwand zur Berechnung von $F(m,b)$ kann offenbar durch $O(mb)$ Rechenoperationen abgeschätzt werden ($O(.) \ldots$ Landau-Symbol, [GT97]). Dies bedeutet: Es gibt eine von den Eingabedaten unabhängige Konstante ρ so, dass die Anzahl der Rechenoperationen nicht größer als ρmb ist. Algorithmen, deren Rechenaufwand in dieser Form abgeschätzt werden kann, werden *pseudo-polynomial* genannt (s. z. B. [Bor01, GT97]).

Beispiel 2.1

Gegeben sei das Rucksackproblem

$$5x_1 + 10x_2 + 12x_3 + 6x_4 \rightarrow \max \qquad \text{bei}$$
$$4x_1 + 7x_2 + 9x_3 + 5x_4 \leq 15, \; x_i \in \mathbb{Z}_+, \; i = 1, 2, 3, 4.$$

Die Berechnung von $F(k,y)$ geben wir in Form der Tabelle 2.1 an, bei der die Optimalwerte $F(k,y)$ zeilenweise erhalten werden. Der Optimalwert ist also $f(15) = F(3,15) = 20$. $\qquad\qquad\qquad\qquad\qquad\qquad\qquad\qquad\qquad\qquad\qquad\qquad\qquad\square$

Da der Algorithmus von Gilmore/Gomory auf dem Prinzip der *dynamischen Optimierung* basiert, ist jeder Funktionswert $F(k,y)$ der Optimalwert des reduzierten Rucksackproblems $F(k,y)$. Ist man nur an einer Lösung von $F(m,b)$ interessiert, dann ist keine Tabelle (Matrix) mit m Zeilen und b Spalten zu speichern. Da zur Ermittlung von $F(k,y)$

Tabelle 2.1: Gilmore/Gomory-Algorithmus: Optimalwerte $F(k,y)$ zum Beispiel 2.1

$k \backslash y$	0	1	2	3	4	5	6	7	8	9	10	11	12	13	14	15
1	0	0	0	0	5	5	5	5	10	10	10	10	15	15	15	15
2	0	0	0	0	5	5	5	10	10	10	10	15	15	15	20	20
3	0	0	0	0	5	5	5	10	10	12	12	15	15	17	20	20
4	0	0	0	0	5	6	6	10	10	12	12	15	16	17	20	20

für $k > 1$ entsprechend Formel (2.2) nur ein Funktionswert aus der vorherigen Stufe (Zeile) $k-1$, und zwar $F(k-1,y)$, und einer aus der Stufe k verwendet werden, brauchen Informationen aus den Stufen $j = 1, \ldots, k-2$ nicht mehr verfügbar zu sein. Darüber hinaus kann der neu ermittelte Wert $F(k,y)$ auf den Speicherplatz von $F(k-1,y)$ geschrieben werden, da diese Information im Weiteren nicht mehr benötigt wird. Insgesamt kann damit die Rechnung auf einem Vektor der Länge b durchgeführt werden – nur $f(y)$ ist für alle y zu merken.

Neben der Berechnung des Optimalwertes $F(m,y)$ ist zumeist die Ermittlung einer zugehörigen Lösung $x \in \mathbb{Z}_+^m$ von Interesse. Dies kann durch die Speicherung von Index-Informationen erfolgen. Es bezeichne $i(y) \in I$ den Index derjenigen Variablen, durch welche der Funktionswert $F(k,y)$ erhalten wird. Man erhält die nachfolgend angegebene Modifikation des Gilmore/Gomory-Algorithmus, mit der auch eine Lösung x des Rucksackproblems ermittelt wird.

Algorithmus von Gilmore/Gomory mit Index-Informationen

S1: Setze $F(1,y) := c_1 \lfloor y/a_1 \rfloor$ für $y = 0, 1, \ldots, b$.
 Setze $i(y) := 0$ für $y = 1, \ldots, a_1 - 1$ und $i(y) := 1$ für $y = a_1, \ldots, b$.

S2: Für $k = 2, \ldots, m$:
 für $y = 0, \ldots, a_k - 1$ setze $F(k,y) := F(k-1,y)$,
 für $y = a_k, \ldots, b$:
 falls $F(k-1,y) < F(k,y-a_k) + c_k$, dann setze
 $F(k,y) := F(k,y-a_k) + c_k, \quad i(y) := k$,
 andernfalls setze $F(k,y) := F(k-1,y)$.

S3: Setze $x_i := 0$ für $i = 1, \ldots, m$ und $y := b$.
 Solange $i(y) > 0$: setze $i := i(y), x_i := x_i + 1, y := y - a_i$.

Eine alternative Ermittlung einer Lösung x zu $F(m,b)$ erfordert keine Index-Speicherungen. Die sogenannte *Rückrechnung* (zweite Phase der dynamischen Optimierung) ist nachfolgend als Schritt S3 angegeben, der im Anschluss an den Algorithmus von Gilmore/Gomory auszuführen ist.

> **Schritt S3 zum Algorithmus von Gilmore/Gomory**
> S3: Setze $y := b$, $x_i := 0$, $i = 1, \ldots, m$, $i := 1$.
> Solange $F(m, y) > 0$: falls $F(m, y - a_i) + c_i = F(m, y)$, dann setze
> $x_i := x_i + 1$, $y := y - a_i$, sonst $i := i + 1$.

Im Beispiel 2.1 erhält man $x_1 = 2$, $x_2 = 1$, $x_3 = 0$, $x_4 = 0$. Weitere bzw. alle Lösungen können durch eine einfache Modifikation dieser Vorgehensweise ermittelt werden, s. Aufgabe 2.2.

2.3 Die Längste-Wege-Methode

Diese Lösungsmethode entspricht der Ermittlung eines längsten Weges in einem zugeordneten gerichteten Graphen, die ebenfalls auf dem Prinzip der *dynamischen Optimierung* basiert.

Es sei $G = (V, E)$ ein *gerichteter Graph* (s. z. B. [Vol91, GT97]) mit der *Knotenmenge* $V = \{0, 1, \ldots, b\}$. Die *Bogenmenge E* ist definiert durch

$$E := \{(j, k) \in V \times V : \exists i \in I \text{ mit } j + a_i = k\}.$$

Ein Bogen $(j, k) \in E$ erhält die Bewertung (Bogenlänge) c_i, falls $j + a_i = k$ gilt.

Falls $\min\{a_i : i \in I\} > 1$ gilt, können zusätzlich die Bögen $(y, y+1)$ für $y = 0, 1, \ldots, b-1$ definiert werden, deren Bewertung jeweils 0 ist, um zu sichern, dass ein Weg vom Knoten 0 zum Knoten b existiert. An entsprechender Stelle werden wir darauf hinweisen, wenn dies erforderlich ist. Zunächst verzichten wir jedoch darauf.

Zur Lösung des Rucksackproblems ist nun ein *längster Weg* in G gesucht, d. h. ein Weg mit maximaler Bewertung.

Entsprechend dem Algorithmus von Ford/Moore zur Ermittlung eines längsten Weges (s. z. B. [GT97], [KLS75]) bezeichne $v(y)$ die Länge (den Wert) des längsten, bisher ermittelten Weges vom Knoten 0 zum Knoten y. Nach Abbruch des Verfahrens liefert $v(y)$ die Optimalwerte und es gilt $v(y) = f(y)$ für alle y.

Ausgehend von einem Knoten y, zu dem bereits die Länge eines maximalen Weges bekannt ist, d. h., es gilt $v(y) = f(y)$, wird auf Wegverlängerung getestet. Die Hinzunahme eines Bogens der Bewertung (Länge) c_k ergibt einen Weg vom Knoten 0 über den Knoten y zum Knoten $y + a_k$ mit Länge $v(y) + c_k$. Ist diese Weglänge größer als die der bereits betrachteten und in $y + a_k$ endenden Wege, so wird der neue Weg gemerkt. Da in G nur Bögen (j, k) mit $j < k$ vorhanden sind, kann nach Betrachtung aller von y

ausgehenden Wegverlängerungen ein minimales y' mit $y' > y$ identifiziert werden, für welches $v(y') = f(y')$ gilt. Dies ist dadurch begründet, dass alle noch zu betrachtenden Wege bei Knoten $\bar{y}$ mit $\bar{y} > y'$ enden. Damit folgt außerdem, dass $v(y) = f(y)$ für alle $y \leq y'$ gilt. Die nachfolgend angegebene *Längste-Wege-Methode* stellt eine Anpassung des Ford/Moore-Algorithmus an die Voraussetzung, es gibt nur Bögen (j,k) mit $j < k$ in G, dar.

Längste-Wege-Methode

S1: Setze $v(y) := 0$ für $y = 0, \ldots, b$, setze $y := 0$.

S2: Solange $y + \min\{a_i : i \in I\} \leq b$:

Für $i = 1, \ldots, m$: falls $y + a_i \leq b$,

setze $v(y + a_i) := \max\{v(y + a_i), v(y) + c_i\}$.

Setze $y := \min\{t : v(t) > v(y)\}$.

S3: Bestimme $v^* := \max_y\{v(y) : b - \min_{i \in I} a_i < y \leq b\}$.

Der numerische Aufwand zur Berechnung von $v^* = F(m, b)$ kann wieder durch $O(mb)$ Operationen abgeschätzt werden. Zur Begründung der Aktualisierung von y gemäß $y := \min\{t : v(t) > v(y)\}$ siehe Aufgabe 2.3.

Beispiel 2.2

Wir lösen das Rucksackproblem aus Beispiel 2.1. Die Rechnung erfolgt wieder zur besseren Übersicht in einer Tabelle. In der Tabelle 2.2 werden die y-Werte $0, 4, 7, 9, 11$ als Ausgangsknoten für neue Wege ermittelt; y markiert die jeweilige Iteration. Zur besseren Übersicht sind nur die neu ermittelten Werte angegeben. Bei einer Implementierung ist offenbar nur ein Vektor der Länge b zur Rechnung erforderlich. Eine zugehörige Lösung erhält man wie beim Gilmore/Gomory-Algorithmus. □

Tabelle 2.2: Längste-Wege-Methode: Optimalwerte $f(y) = v(y)$ zum Beispiel 2.2

y	0	1	2	3	4	5	6	7	8	9	10	11	12	13	14	15
$v(y)$	0				5	6		10		12						
$v(y)$					y							15		17		
$v(y)$						y							16		18	
$v(y)$								y							20	
$v(y)$										y						
$v(y)$												y				20
$v(y)$	0				5	6		10		12		15	16	17	20	

2.4 Branch-and-Bound-Algorithmen

Das grundlegende Prinzip der *Branch-and-Bound*-Methode (s. z. B. [Bor01, GT97]) besteht darin, dass das „schwierig zu lösende" Ausgangsproblem durch eine Folge „einfacher zu lösender" Teilprobleme ersetzt wird (*branch* = sich verzweigen). Durch geeignete Abschätzungen bzw. durch Schrankenberechnung (*bound* = Schranke) für den Optimalwert eines Teilproblems sowie durch Dominanzbetrachtungen versucht man weiterhin, dessen exakte Lösung zu vermeiden.

Um die Branch-and-Bound-Methode zur Lösung von Rucksackproblemen anzuwenden, setzen wir ohne Beschränkung der Allgemeinheit voraus, dass eine Sortierung gemäß

$$\frac{c_i}{a_i} \geq \frac{c_{i+1}}{a_{i+1}}, \quad i = 1, \dots, m-1, \tag{2.3}$$

vorliegt. Weiterhin definieren wir durch

$$R(k,y) := \max\left\{ \sum_{i=k}^{m} c_i x_i : \sum_{i=k}^{m} a_i x_i \leq y,\ x_i \in \mathbb{Z}_+,\ i = k, \dots, m \right\}$$

den Optimalwert und das Problem $R(k,y)$, das sogenannte *Restproblem*, welches durch das Fixieren der Variablen $x_1, \dots, x_{k-1}$ entsteht. Es gilt dann $y = b - \sum_{i=1}^{k-1} a_i x_i$.

Zur *Verzweigung* im Branch-and-Bound-Verfahren und damit zur Definition der Teilprobleme verwenden wir die Variablen in der durch die Sortierung (2.3) gegebenen Reihenfolge. Die Teilprobleme definieren wir wie folgt:

Das aktuell betrachtete Problem $R(k,y)$ wird (in der ersten Verzweigungsstrategie) durch $\alpha_k + 1$ Teilprobleme ersetzt, wobei $\alpha_k := \lfloor y/a_k \rfloor$ eine obere Schranke für x_k darstellt. Die Teilprobleme von $R(k,y)$ sind in Abbildung 2.1 schematisch dargestellt. Dabei symbolisiert $R(k,y) \wedge x_k = j$ mit $j \in \{0, \dots, \alpha_k\}$ ein resultierendes Teilproblem gemäß

$$R(k+1, y - ja_k) \quad := \quad R(k,y) \ \wedge \ x_k = j.$$

Eine erste obere Schranke $B_0(k,y)$ für $R(k,y)$ mit $k \in \{1, \dots, m-1\}$ und $y \in \{1, \dots, b\}$ erhalten wir aus der zugehörigen *stetigen Relaxation*

$$B_0(k,y) := \left\lfloor \max\left\{ \sum_{i=k}^{m} c_i x_i : \sum_{i=k}^{m} a_i x_i \leq y,\ x_i \in \mathbb{R}_+,\ i = k, \dots, m \right\} \right\rfloor,$$

die durch Vernachlässigung der Ganzzahligkeitsforderung entsteht. Es gilt (Aufgabe 2.6)

$$R(k,y) \leq B_0(k,y) = \left\lfloor \frac{c_k}{a_k} \cdot y \right\rfloor.$$

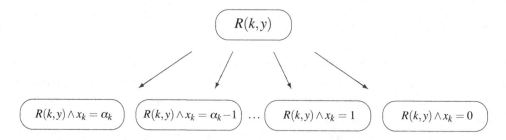

Abbildung 2.1: Zerlegung in Teilprobleme

Nutzt man zusätzlich die Ganzzahligkeit von x_k aus, denn es gilt $x_k \leq \alpha_k := \lfloor y/a_k \rfloor$ in jeder zulässigen Lösung von $R(k,y)$, so erhält man für $k < m$ eine weitere Schranke

$$B_1(k,y) := c_k \alpha_k + \left\lfloor \frac{c_{k+1}}{a_{k+1}} \cdot (y - a_k \alpha_k) \right\rfloor .$$

Offenbar gilt $B_1(k,y) \leq B_0(k,y)$. Für k mit $1 \leq k \leq m-2$ erhält man eine weitere, verbesserte obere Schranke durch Übertragung der von Martello/Toth [MT90] für das 0/1-Rucksackproblem angegebenen Schranke. Für $\alpha_{k+1} := \lfloor (y - a_k \alpha_k)/a_{k+1} \rfloor$ werden die beiden Fälle

$$x_{k+1} \leq \alpha_{k+1} \quad \vee \quad x_{k+1} \geq \alpha_{k+1} + 1$$

betrachtet. Mit den Abkürzungen $\bar{c} := c_k \alpha_k + c_{k+1} \alpha_{k+1}$ und $\bar{a} := a_k \alpha_k + a_{k+1} \alpha_{k+1}$ und mit

$$B_2(k,y) \quad := \quad \bar{c} + \left\lfloor (y - \bar{a}) \frac{c_{k+2}}{a_{k+2}} \right\rfloor ,$$

$$B_3(k,y) \quad := \quad \begin{cases} \bar{c} + c_{k+1} - \left\lceil (\bar{a} + a_{k+1} - y) \frac{c_k}{a_k} \right\rceil , & \text{falls } a_{k+1}(\alpha_{k+1} + 1) \leq y, \\ -\infty & \text{sonst} \end{cases}$$

($\lceil . \rceil$ ist die Rundung nach oben) gilt dann die Abschätzung

$$R(k,y) \leq \max \left\{ B_2(k,y), B_3(k,y) \right\} \leq B_1(k,y) \leq B_0(k,y).$$

Beweis: Wegen $x_k \leq \alpha_k$ in jeder zulässigen Lösung gilt

$$\begin{aligned} R(k,y) &\leq c_k \alpha_k + \lfloor \tfrac{c_{k+1}}{a_{k+1}} (y - a_k \alpha_k) \rfloor = B_1(k,y) \\ &\leq c_k \alpha_k + \lfloor \tfrac{c_k}{a_k} (y - a_k \alpha_k) \rfloor = B_0(k,y). \end{aligned}$$

Weiterhin gilt:

$$B_1(k,y) = c_k\alpha_k + \lfloor \tfrac{c_{k+1}}{a_{k+1}}(y + a_{k+1}\alpha_{k+1} - \bar{a})\rfloor \geq \bar{c} + \lfloor \tfrac{c_{k+2}}{a_{k+2}}(y - \bar{a})\rfloor = B_2(k,y),$$

$$\begin{aligned}
B_1(k,y) &= c_k\alpha_k + \lfloor \tfrac{c_{k+1}}{a_{k+1}}(y - a_k\alpha_k) + \tfrac{c_{k+1}}{a_{k+1}}(\bar{a} + a_{k+1} - y) - \tfrac{c_{k+1}}{a_{k+1}}(\bar{a} + a_{k+1} - y)\rfloor \\
&= \bar{c} + c_{k+1} + \lfloor -\tfrac{c_{k+1}}{a_{k+1}}(\bar{a} + a_{k+1} - y)\rfloor = \bar{c} + c_{k+1} - \lceil \tfrac{c_{k+1}}{a_{k+1}}(\bar{a} + a_{k+1} - y)\rceil \\
&\geq \bar{c} + c_{k+1} - \lceil \tfrac{c_k}{a_k}(\bar{a} + a_{k+1} - y)\rceil = B_3(k,y) \quad \text{(falls } B_3(k,y) > -\infty\text{)}.
\end{aligned}$$

B_2 und B_3 sind Optimalwerte der stetigen Relaxation zu $R(k,y) \wedge x_{k+1} \leq \alpha_{k+1}$ bzw. $R(k,y) \wedge x_{k+1} \geq \alpha_{k+1} + 1$. Da jede zulässige Lösung von $R(k,y)$ genau einem der beiden Fälle zugeordnet werden kann, folgt $R(k,y) \leq \max\{B_2(k,y), B_3(k,y)\}$. ∎

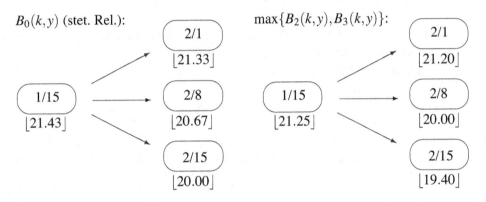

Abbildung 2.2: Verzweigungsbaum: Die Einträge in den Ovalen entsprechen k/y.
Die Schrankenwerte sind bez. des Ausgangsproblems angegeben.

Beispiel 2.3

Wir betrachten wieder das Rucksackproblem aus Beispiel 2.1, aber nun entsprechend den Ungleichungen (2.3) umsortiert und umnummeriert:

$$R(1,15) := \max\{10x_1 + 12x_2 + 5x_3 + 6x_4 : 7x_1 + 9x_2 + 4x_3 + 5x_4 \leq 15, \; x \in \mathbb{Z}_+^4\}.$$

Bei der Rechnung mit der B_0-Schranke sowie bei Verwendung der schärferen Schranke $\max\{B_2(k,y), B_3(k,y)\}$ ergeben sich die in Abbildung 2.2 dargestellten Entwicklungen. Wie das (kleine) Beispiel zeigt, kann bei Verwendung schärferer Schranken eine Reduzierung der Anzahl zu untersuchender Teilprobleme erreicht werden. Falls z. B. der Optimalwert 20 bereits bekannt ist (zugehörig zur Lösung $x^* = (2,0,0,0)^T$) und alle Lösungen zu bestimmen sind, dann sind im ersten Fall noch drei, im zweiten nur zwei Teilprobleme weiter zu bearbeiten. □

Wie bei jedem Branch-and-Bound-Verfahren, bei dem mehrere Schranken einsetzbar sind, ist zu prüfen, inwieweit ein erhöhter Aufwand zur Berechnung schärferer Schranken auch eine entsprechende Verringerung der Anzahl zu bearbeitender Teilprobleme bewirkt und damit den Gesamtlösungsaufwand verringert.

Im folgenden Branch-and-Bound-Algorithmus wird eine Schrankenfunktion $B(k,y)$ für das Restproblem $R(k,y)$ verwendet.

Branch-and-Bound-Algorithmus

S1: Setze $x_i := 0$ und $x_i^* := 0$ für $i = 1,\ldots,m$, $y := b$. $v := 0$, $v^* := 0$, $k := 1$.

S2: *Bound:* Falls $v + B(k,y) \leq v^*$, dann gehe zu S4.

S3: *Branch:* Setze $x_k := \lfloor y/a_k \rfloor$, $v := v + c_k x_k$, $y := y - a_k x_k$, $k := k+1$.

 Falls $k = m$, setze $x_m := \lfloor y/a_m \rfloor$, $v := v + c_m x_m$, $y := y - a_m x_m$.

 Falls $k < m$ und $y \geq \min\{a_i : i \geq k\}$, dann gehe zu S2.

 Falls $v > v^*$, dann setze $v^* := v$, $x_i^* := x_i$ für alle $i = 1,\ldots,m$.

S4: *Back track:* Setze $v := v - c_m x_m$, $y := y + a_m x_m$, $x_m := 0$.

 Solange $k > 0$ und $x_k = 0$, setze $k := k-1$.

 Falls $k = 0$, dann Stopp.

 Setze $x_k := x_k - 1$, $v := v - c_k$, $y := y + a_k$, $k := k+1$ und gehe zu S2.

Eine zweite Möglichkeit zur Definition von Teilproblemen bietet das *Alternativkonzept*, bei dem jeweils genau zwei Teilprobleme für das aktuelle Problem $R(k,y)$ definiert werden:

$$(R(k,y) \wedge x_k = \alpha_k) \quad \text{und} \quad (R(k,y) \wedge x_k \leq \alpha_k - 1).$$

Hierbei ist x_k die Variable, die den größten relativen Ertrag c_k/a_k liefert. Das Verzweigungsschema ist in Abbildung 2.3 skizziert. Angepasste obere Schranken erhält man wieder durch die zugehörige stetige Relaxation.

2.5 Periodizität der Lösung, Dominanz

Innerhalb dieses Abschnitts untersuchen wir insbesondere Aussagen in Abhängigkeit von der rechten Seite b bei ungeänderten c_i- und a_i-Werten. Wir setzen wieder voraus, dass $c_i/a_i \geq c_{i+1}/a_{i+1}$ für $i = 1,\ldots,m-1$ gilt, und es sei wieder $f(b) := \max\{c^T x : a^T x \leq b, x \in \mathbb{Z}_+^m\}$.

Definition 2.1

Falls $a_j \geq ka_i$ und $c_j \leq kc_i$ für ein $k \in \mathbb{Z}_+$ gilt, dann wird die Variable x_j durch x_i $(i \neq j)$ *dominiert*, d. h., zu jeder zulässigen Lösung x des Rucksackproblems mit $x_j > 0$ existiert eine zulässige Lösung $\bar{x}$ mit $\bar{x}_j = 0$ und $c^T x \leq c^T \bar{x}$.

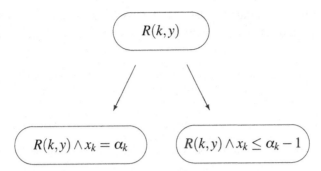

Abbildung 2.3: Alternativkonzept: Zerlegung in Teilprobleme

Analog verwendet man den Begriff *Dominanz* auch bei Vektoren. Der Vektor $x \in \mathbb{Z}_+^m$ wird durch den Vektor $\bar{x}$ *dominiert* (bez. des Rucksackproblems), falls $c^T x \leq c^T \bar{x}$ und $a^T x \geq a^T \bar{x}$ gilt.

Durch eine Dominanz-Untersuchung können gegebenenfalls gewisse Variablen beim Rucksackproblem a priori auf null gesetzt werden. Dominanz von Vektoren kann bei Branch-and-Bound-Verfahren und Algorithmen der dynamischen Optimierung ausgenutzt werden.

Satz 2.1 (Gilmore/Gomory)
Für ein hinreichend großes b ist $x_1 > 0$ in einer Lösung des Rucksackproblems $f(b)$, d. h., es existiert eine Konstante $b^* \geq 0$, so dass

$$f(b) = c_1 + f(b - a_1) \quad \forall\, b \geq b^*.$$

Beweis: Es sei b^* definiert durch $b^* := (a_1 - 1) \sum_{i=2}^m a_i + \min\{a_2, \dots, a_m\}$.
Für ein $b \geq b^*$ sei $x = (x_1, \dots, x_m)^T$ eine Lösung des Rucksackproblems. Gilt $x_1 = 0$, so muss auf Grund der Optimalität von x und der Definition von b^* ein $x_k \geq a_1$ mit $k \geq 2$ existieren. Durch die Transformation $x_1' := a_k$, $x_k' := x_k - a_1$, $x_j' := x_j, j \neq 1, k$, wird eine zulässige Lösung x' mit nichtkleinerem Funktionswert als für x erhalten. Also ist x' eine Lösung für $f(b)$ mit $x_1' > 0$. ∎

Satz 2.2
Es sei x eine Lösung des Rucksackproblems $f(b)$, dann ist y mit $0 \leq y \leq x$ (d. h. $y_i \leq x_i \forall i$) eine Lösung des Rucksackproblems $f(\bar{b})$ mit $\bar{b} := b - a^T(x - y)$.

Beweis: Die Annahme, y' sei eine bessere Lösung für $f(\bar{b})$ als y, führt auf einen Widerspruch zur Optimalität von x für $f(b)$. ∎

Die Bestimmung eines minimalen b^* ist i. Allg. schwierig. Eine hinreichende Bedingung für das Auftreten periodischer Lösungen wird im nächsten Satz angegeben.

Satz 2.3
Es sei $A := \max\{a_1, \ldots, a_m\}$. Gilt

$$f(b) = c_1 + f(b - a_1) \tag{2.4}$$

für alle b mit $b^* \leq b < b^* + A$, dann gilt die Gleichung (2.4) für alle $b \geq b^*$.

Beweis: Für $\bar{b} \geq b^* + A$ gelte $f(\bar{b}) = c^T x$. Aufgrund der Definition von A existiert x' mit $0 \leq x' \leq x$ und $b^* \leq \bar{b} - a^T x' < b^* + A$ und es gilt $f(\bar{b}) = f(\bar{b} - a^T x') + c^T x'$. Für $b := \bar{b} - a^T x'$ ist aber (2.4) erfüllt, und damit existiert eine Lösung mit $x_1 > 0$. ∎

Im Folgenden wird eine Längste-Wege-Methode entwickelt, die die Periodizität der Lösung ausnutzt, indem eine lexikographische Ordnung der zulässigen Lösungen realisiert wird.

Definition 2.2
Es seien $x, y \in \mathbb{R}^m$. Der Vektor x heißt *lexikographisch größer* als der Vektor y, falls $x_i = y_i$ für $i = 1, \ldots, p - 1$, und $x_p > y_p$ für ein $p \in \{1, \ldots, m\}$ gilt.

Entsprechend der Modellierung als Längste-Wege-Problem ergeben sich viele gleichwertige Wege. Zum Beispiel wird die zulässige Lösung $x_1 = x_2 = 1$ durch die Wege $0 \to a_1 \to a_1 + a_2$ und $0 \to a_2 \to a_1 + a_2$ modelliert. In einem effizienten Verfahren sollte nur einer davon auf Wegverlängerung untersucht werden. Zur Identifikation eines Repräsentanten aller optimalen Wege vom Knoten 0 zum Knoten y definieren wir

$$\mu(y) := \begin{cases} m + 1, & \text{falls } y < \min\{a_i : i \in I\}, \\ \min\{i \in I : f(y) = c_i + f(y - a_i)\} & \text{sonst.} \end{cases}$$

Der Index $\mu(y)$ repräsentiert die Variable mit größtem Verhältnis von Nutzen zu Aufwand, welche in einer Lösung von $f(y)$ einen positiven Wert hat.

Aussage 2.4
Zum Rucksackproblem $f(b)$ wird wie folgt eine Lösung x identifiziert:

- Setze $x_i := 0$ für $i = 1, \ldots, m$ und $y := b$.
- Solange $\mu(y) \leq m$: setze $x_{\mu(y)} := x_{\mu(y)} + 1$, $y := y - a_{\mu(y)}$.

Der ermittelte Vektor x ist die lexikographisch größte Lösung zu $f(b)$.

Beweis: Angenommen, x' sei Lösung zu $f(b)$ und lexikographisch größer als x. Dann gibt es ein $p \in I$ mit $x'_i = x_i$ für $i = 1, \ldots, p-1$ und $x'_p > x_p$. Wegen

$$f(b) = \sum_{i=1}^{p} c_i x_i + \sum_{i=p+1}^{m} c_i x_i = \sum_{i=1}^{p} c_i x_i + c_p(x'_p - x_p) + \sum_{i=p+1}^{m} c_i x'_i$$

sind $(0, \ldots, 0, x_{p+1}, \ldots, x_m)^T$ und $(0, \ldots, 0, x'_p - x_p, x'_{p+1}, \ldots, x'_m)^T$ Lösungen zum Rucksackproblem $f(b')$ mit $b' = b - \sum_{i=1}^{p} a_i x_i$. Nach Definition von μ gilt damit $\mu(b) \leq p$, da wegen x' auch $f(b') = f(b' - a_p) + c_p$ gilt. Dies steht im Widerspruch zur Konstruktion von x. ∎

Lexikographische Längste-Wege-Methode

S1: Setze $v(y) := 0$ für $y = 0, \ldots, b$, $\mu(0) := m$ und $y := 0$.

S2: Solange $y + \min_{i=1,\ldots,m} a_i \leq b$:

    Für alle $i \in \{1, \ldots, \mu(y)\}$ mit $y + a_i \leq b$:

        falls $v(y+a_i) = v(y) + c_i$ und $i < \mu(y+a_i)$, setze $\mu(y+a_i) := i$;

        falls $v(y+a_i) < v(y) + c_i$, setze

            $v(y+a_i) := v(y) + c_i$, $\mu(y+a_i) := i$.

    Setze $y := \min\{t : v(t) > v(y)\}$.

S3: Bestimme $v^* := \max_y \{v(y) : b - \min_{i=1,\ldots,m} a_i < y \leq b\}$ und

    $y^* := \min\{y : v(y) = v^*\}$.

    Setze $x_i := 0$ für $i = 1, \ldots, m$ und $y := y^*$.

    Solange $y > 0$: setze $i := \mu(y)$, $x_i := x_i + 1$, $y := y - a_i$.

Ausgehend von y werden nun nur noch Bögen $(y, y+a_i)$ mit $i \leq \mu(y)$ betrachtet. Ein durch den Bogen $(y, y+a_i)$ mit $i > \mu(y)$ resultierender Weg von 0 nach $y' := y+a_i$ wird nicht betrachtet. Die Vertauschung der beiden Bögen mit Knotendifferenz a_i und $a_{\mu(y)}$ in ihrer Reihenfolge ergibt einen Weg mit gleicher Bewertung.

Satz 2.5

Der Algorithmus ermittelt die lexikographisch größte Lösung des Problems $f(b)$.

Beweis: (durch vollständige Induktion über b)

Dazu ergänzen wir die Funktionen v und μ wie folgt: Für alle $y \in \{1, \ldots, b\}$, für die nach Abbruch des Algorithmus $v(y) < v(y-1)$ gilt, setzen wir $v(y) := v(y-1)$ und $\mu(y) := \mu(y-1)$. Es sei $A := \min\{a_1, \ldots, a_m\}$. Dann gilt $v(y) = 0$ für $y \leq A - 1$.

Sei nun $b \geq A$ und für alle $y < b$ gelte $f(y) = v(y)$. Gilt $f(b) = f(b-1)$, dann wird $y = b$ im Algorithmus nicht auf Wegverlängerung untersucht. Deshalb sei $f(b) > f(b-1)$.

Weiterhin sei $\bar{x} \in \mathbb{Z}_+^m$ die lexikographisch größte Lösung des Problems $f(b)$, d. h. $c^T\bar{x} = f(b)$ und $a^T\bar{x} \leq b$, und es sei $j \in I$ der kleinste Index mit $x_j > 0$. Wegen Satz 2.2 ist $\tilde{x} := \bar{x} - e^j$ (wobei e^j der j-te Einheitsvektor ist) eine Lösung von $f(b - a_j)$. Wegen $f(b - a_j) = v(b - a_j)$ und wegen $\mu(b - a_j) \geq j$ folgt im Algorithmus $v(b) \geq v(b - a_j) + c_j = f(b)$, also gilt auch $f(b) = v(b)$.

Der Nachweis, dass die lexikographisch größte Lösung gefunden wird, ergibt sich in der Aussage 2.4. ∎

Die Strategie der Lexikographischen Längste-Wege-Methode wird in der Aufgabe 2.13 deutlich sichtbar.

2.6 Rucksackprobleme mit oberen Schranken

In zahlreichen Anwendungsfällen ist die Verfügbarkeit der zu packenden Gegenstände eingeschränkt. Dies führt auf das Problem

$$f(b,u) \quad := \quad \max \left\{ \sum_{i \in I} c_i x_i : \sum_{i \in I} a_i x_i \leq b, x_i \in \mathbb{Z}_+, x_i \leq u_i, i \in I \right\},$$

wobei $u = (u_1, \ldots, u_m)^T \in \mathbb{Z}_+^m$ vorgegeben ist. Wir setzen wieder $c_i > 0$, $0 < a_i \leq b$ für alle $i \in I$ sowie $c_1/a_1 \geq \cdots \geq c_m/a_m$ voraus. Weiterhin nehmen wir ohne Beschränkung der Allgemeinheit an, dass $0 < u_i \leq b/a_i$ für alle $i \in I$ sowie $\sum_{i \in I} a_i u_i > b$ gilt. Zugehörige Lösungsalgorithmen erhalten wir durch Modifikation der Rucksackproblem-Algorithmen.

Beim Branch-and-Bound-Algorithmus wird einfach die Anzahl der Teilprobleme bei der Verzweigung nach x_i zusätzlich durch u_i eingeschränkt. Um zu sichern, dass $x_k \leq u_k$ in der Modifikation des Gilmore/Gomory-Algorithmus eingehalten wird, greifen wir nur auf $F(k-1, y)$-Werte zurück, wobei wir die gleiche Bezeichnungsweise wie in Abschnitt 2.2 verwenden:

$$F(1,y) := c_1 \cdot \min\{u_1, \lfloor y/a_1 \rfloor\}, \quad y = 0, 1, \ldots, b,$$

$$F(k,y) := \max_{0 \leq j \leq \min\{u_k, \lfloor y/a_k \rfloor\}} \{F(k-1, y-ja_k) + jc_k\}, \quad y = 0, \ldots, b, \; k = 2, \ldots, m.$$

Bei der Bestimmung einer Lösung zu $F(m,b)$ sind gleichfalls die Bedingungen $x_i \leq u_i$, $i \in I$, zu beachten.

Um eine Vorwärts-Rekursion für das Rucksackproblem mit oberen Schranken zu erhalten, ist eine erhebliche Modifikation der Längste-Wege-Methode erforderlich. Dazu definieren wir einen gerichteten $(m+2)$-partiten Graphen $G = (V,E)$. Die Knotenmenge V besteht aus $m+2$ disjunkten Teilmengen V_k, wobei $V_0 := \{0\}$, $V_{m+1} := \{b\}$ sowie $V_k \subseteq \{0,1,\ldots,b\}$ für $k \in I$ gilt. Die Knotenmengen V_k werden für $k = 1,\ldots,m$ rekursiv gemäß

$$V_k := \left\{ y : y = y' + j \cdot a_k, \; j = 0,\ldots,\min\{u_k, \lfloor (b-y')/a_k \rfloor\}, \; y' \in V_{k-1} \right\}$$

definiert. Für die Bogenmenge E gilt $E = \cup_{k=1}^{m+1} E_k$ mit $E_k \subseteq V_{k-1} \times V_k$ für $k = 1,\ldots,m+1$. Entsprechend der Festlegung von V_k definieren wir für $k = 1,\ldots,m$:

$$E_k := \left\{ (y',y) : y' \in V_{k-1}, \; y = y' + j \cdot a_k, \; j = 0,\ldots,\min\{u_k, \lfloor (b-y')/a_k \rfloor\} \right\}.$$

Weiterhin sei $E_{m+1} := \{(y,b) : y \in V_m\}$. Der Bogen $(y, y + j \cdot a_k) \in E_k$ erhält die Bewertung (Länge) $j \cdot c_k$. Er repräsentiert die Fixierung der k-ten Variable gemäß $x_k := j$. Die Bögen in E_{m+1} haben die Bewertung 0. Jeder Weg in G von $0 \in V_0$ nach $b \in V_{m+1}$ modelliert eine zulässige Lösung des Rucksackproblems und umgekehrt. Zur Ermittlung von $f(b,u)$ ist folglich ein längster Weg in G zu bestimmen. Diese Vorgehensweise ist in dem folgenden Algorithmus zusammengefasst:

Modifizierte Längste-Wege-Methode

S1: Für $y = 0,\ldots,b$ setze $h(1,y) := c_1 \cdot \min\{u_1, \lfloor y/a_1 \rfloor\}$.

S2: Für $k = 2,\ldots,m$:

    für $y = 0,\ldots,b$ setze $h(k,y) := 0$;

    für $y = 0$ und alle $y \in V_{k-1}$ mit $y > 0$ und

    $h(k-1,y) > \max\{h(k-1,y') : y' \in V_{k-1}, \; y' < y\}$:

        für $j = 0,\ldots,\min\{u_k, \lfloor (b-y)/a_k \rfloor\}$ setze

        $h(k,y + j \cdot a_k) := \max\{h(k, y + j \cdot a_k), h(k-1,y) + j \cdot c_k\}$.

S3: Ermittle $f(b,u) = \max\{h(m,y) : 0 < y \leq b\}$.

Nach Abschluss des k-ten Schrittes in S2 gilt $\max\{h(k,y') : y' \leq y\} = F(k,y)$ für alle $y \in \{0,\ldots,b\}$. Eine aufwandsgünstigere Realisierung findet man in [KPP04].

2.7 Rasterpunktmengen

Die Tatsache, dass sich der Optimalwert des Rucksackproblems bei wachsendem Rucksackvolumen b nur an diskreten Punkten ändert, kann in zahlreichen Fällen zur Aufwandseinsparung ausgenutzt werden. Die Sprungstellen der Optimalwertfunktion sind eine Teilmenge der Punkte, die nichtnegative, ganzzahlige Linearkombinationen der Aufwandskoeffizienten darstellen.

Es sei $\ell = (\ell_1, \ldots, \ell_m)^T \in \mathbb{Z}_+^m$ mit $\ell_i > 0$ für alle $i \in I = \{1, \ldots, m\}$ gegeben. Dann heißt die Menge

$$S(\ell) := \left\{ r : r = \sum_{i \in I} \ell_i x_i, \ x_i \in \mathbb{Z}_+, \ i \in I \right\}$$

Rasterpunktmenge bzw. Menge von *Rasterpunkten* zu ℓ. Falls zusätzlich eine Zahl L fixiert ist, dann sei

$$S(\ell, L) := \{ r \in S(\ell) : r \leq L \}.$$

Die Menge $S(\ell, L) \setminus \{0\}$ beschreibt genau die Menge der Sprungstellen der Optimalwertfunktion $f(y)$ $(y \in \mathbb{R}_+, y \leq L)$ des Rucksackproblems

$$f(L) = \max \left\{ \sum_{i \in I} \ell_i x_i : \sum_{i \in I} \ell_i x_i \leq L, \ x_i \in \mathbb{Z}_+, \ i \in I \right\}.$$

Für $\ell \in \mathbb{Z}_+^m$ mit $\min_{i \in I} \ell_i > 0$ und $x \in \mathbb{R}_+$ bezeichne

$$\langle x \rangle_\ell := \max \{ r \in S(\ell) : r \leq x \}$$

den größten Rasterpunkt kleiner gleich x. Offenbar gilt

$$x - \min_{i \in I} \ell_i < \langle x \rangle_\ell \leq x \quad \text{für alle } x \geq 0 \quad \text{sowie}$$

$$\langle x \rangle_\ell + \langle L - x \rangle_\ell \leq \langle L \rangle_\ell \quad \text{für } \quad 0 \leq x \leq L.$$

Für nachfolgende Dominanzüberlegungen nehmen wir an, dass $L > \max_{i \in I} \ell_i$ gilt. Wegen der *Separabilität* der f-Funktion gilt

$$f(L) = \max_{0 < x < L} \{ f(x) + f(L - x) \}.$$

Da f eine Treppenfunktion mit Sprungstellen in $S(\ell)$ ist, gilt sogar

$$f(L) = \max_{0 < x < L} \{ f(\langle x \rangle_\ell) + f(\langle L - x \rangle_\ell) \} = \max_{r \in S(\ell), 0 < r < L} \{ f(r) + f(\langle L - r \rangle_\ell) \}.$$

Wegen $\langle r \rangle_\ell \leq \langle L - \langle L - r \rangle_\ell \rangle_\ell$ erhalten wir weiterhin

$$f(L) = \max_{r \in S(\ell, L), \, 0 < r < L} \{ f(\langle L - \langle L - r \rangle_\ell \rangle_\ell) + f(\langle L - r \rangle_\ell) \}. \tag{2.5}$$

Die Formel (2.5) motiviert die Definition der *reduzierten (eingeschränkten) Menge von Rasterpunkten*:

$$\widetilde{S}(\ell,L) := \{\langle L - r\rangle_\ell : r \in S(\ell,L)\}.$$

Folglich gilt mit $\langle x\rangle_\ell^{red} := \max\{r \in \widetilde{S}(\ell,L) : r \leq x\}$ die Beziehung

$$f(L) = \max_{r \in \widetilde{S}(\ell,L),\, 0 < r < L} \{f(r) + f(\langle L - r\rangle_\ell^{red})\}. \tag{2.6}$$

Wegen $\widetilde{S}(\ell,L) \subset S(\ell,L)$ ist die Rekursion (2.6) i. Allg. aufwandsgünstiger als (2.5).

Beispiel 2.4
Wir betrachten ein Rucksackproblem mit $\ell = (9,7,4)^T$ und $L = 15$. Die Elemente der beiden Rasterpunktmengen sind in der Tabelle 2.3 angegeben und mit x gekennzeichnet. Zum Vergleich sind die Funktionswerte der Optimalwertfunktion f mit $c = (12,10,5)^T$ in den Sprungstellen angegeben. $\qquad\square$

Tabelle 2.3: Beispiele von Rasterpunktmengen

y	0	1	2	3	4	5	6	7	8	9	10	11	12	13	14	15
$S(\ell,15)$	x			x				x	x	x		x	x	x	x	x
$\widetilde{S}(\ell,15)$	x			x				x	x				x			x
f	0			5				10		12			15		17	20

2.8 Aufgaben

Aufgabe 2.1
Man zeige, dass Rucksackprobleme, deren Eingabedaten rational sind und nicht die Voraussetzungen $c_i > 0$, $0 < a_i \leq b$, $i \in I$, $b > 0$, $a_i \neq a_j$ für $i \neq j$ erfüllen, auf den Standardfall zurückgeführt werden können oder dass Aussagen zur Lösbarkeit angebbar sind.

Anhand eines Beispiels zeige man, dass die Rationalität der Eingabedaten eine wesentliche Voraussetzung ist.

Aufgabe 2.2
Man entwickle eine Strategie zur Ermittlung *aller* Lösungen und berechne diese im Beispiel 2.1.

Aufgabe 2.3

Während beim Algorithmus von Gilmore/Gomory die Variable y alle Werte von 0 bis b durchläuft, wird in der Längste-Wege-Methode die Aufdatierung $y := \min\{t : f(t) > f(y)\}$ angewendet. Man zeige die Korrektheit dieser Vorgehensweise.

Aufgabe 2.4

Man löse das Rucksackproblem

$5x_1 + 9x_2 + 11x_3 + 8x_4 \to \max$ bei $4x_1 + 7x_2 + 9x_3 + 6x_4 \leq 20$, $x_i \in \mathbb{Z}_+$, $i = 1, \dots, 4$

   a) mit dem Algorithmus von Gilmore/Gomory,
   b) mit der Längste-Wege-Methode,
   c) mit einem Branch-and-Bound-Algorithmus.

Aufgabe 2.5

Wie ändert sich der Aufwand, wenn die Eingabedaten a_i, $i \in I$, und b mit einem ganzzahligen Faktor k größer 1 multipliziert werden:

   a) beim Algorithmus von Gilmore/Gomory,
   b) bei der Längste-Wege-Methode?

Aufgabe 2.6

Man zeige: Ist die Bedingung (2.3) erfüllt, dann gilt $B_0(k, y) = \lfloor c_k \cdot y/a_k \rfloor$ für alle $k \leq m$ und $y \geq 0$.

Aufgabe 2.7

Welche obere Schranke erhält man durch die stetige Relaxation, falls für das Problem $R(k, y)$ zusätzlich die Bedingung $x_k \leq \bar{x}_k$ gestellt wird? Hierbei bezeichnet $\bar{x}_k \in \mathbb{Z}_+$ eine Schranke für x_k mit $\bar{x}_k \leq y/a_k$.

Aufgabe 2.8

Man zeige: Ist $x \in \mathbb{Z}_+^m$ eine lexikographisch größte Lösung des Rucksackproblems $f(b)$ und ist $y \in \mathbb{Z}_+^m$ beliebig mit $0 \leq y \leq x$, dann gilt $\mu(b) \leq \mu(b - a^T y)$.

Aufgabe 2.9

Man zeige: Es sei $y \geq a_k u_k$ und es gelte $f(b) > f(b - a_k u_k) + c_k u_k$ für ein $k \in I$. Dann gilt $x_k < u_k$ in jeder Lösung x des Rucksackproblems $f(b, u)$.

Aufgabe 2.10

Man zeige: Falls $c_i/a_i \geq c_{i+1}/a_{i+1}$ für $i = 1, \dots, m-1$ gilt, dann ist

$$\sum_{i=1}^{k} c_i u_i + \frac{c_{k+1}}{a_{k+1}} \left(b - \sum_{i=1}^{k} a_i u_i \right)$$

der Optimalwert der stetigen Relaxation des Rucksackproblems $f(b, u)$, wobei k durch $\sum_{i=1}^{k} a_i u_i \leq b < \sum_{i=1}^{k+1} a_i u_i$ definiert ist.

Aufgabe 2.11

Man zeige: $\langle L - x \rangle_\ell + \langle L - \langle L - x \rangle_\ell \rangle_\ell \leq L$ für $x \in [0, L]$.

Aufgabe 2.12

Man zeige: $\langle x \rangle_\ell \leq \langle L - \langle L - x \rangle_\ell \rangle_\ell$ für $x \in [0, L]$.

Aufgabe 2.13

Man löse das Rucksackproblem $10x_1 + 12x_2 + 5x_3 \to \max$ bei $7x_1 + 9x_2 + 4x_3 \leq 30$, $x_i \in \mathbb{Z}_+$, $i = 1, 2, 3$, mit der modifizierten Längste-Wege-Methode.

2.9 Lösungen

Zu Aufgabe 2.1.   Betrachtet werden Rucksackprobleme der Form

$$f(b) \quad := \max\{c^T x \; : \; a^T x \leq b, \, x \in \mathbb{Z}_+^m\},$$

wobei nun die Standardannahme $c_i > 0, 0 < a_i \leq b, a_i \neq a_j$ für $i \neq j, i, j \in I = \{1, \ldots, m\}$, und alle Eingabedaten ganzzahlig nicht vorausgesetzt wird. Da nach Voraussetzung alle Eingabedaten rational sind, kann die Ganzzahligkeit aller Eingabedaten durch Multiplikation mit dem Hauptnenner erreicht werden. Es seien nun $c_i, a_i \in \mathbb{Z}$ für alle i sowie $b \in \mathbb{Z}$.

Zuerst sei $a_i = 0$ für ein i und $c_i \neq 0$. Falls $c_i > 0$, dann ist z nach oben unbeschränkt, also $f(b)$ nicht lösbar. Gilt $c_i < 0$, dann ist $x_i = 0$ in jeder Lösung. Weiterhin gilt: Falls $c_i < 0$ und $a_i > 0$, dann ist $x_i = 0$ in jeder Lösung. Falls $c_i > 0$ und $a_i < 0$ für ein i, dann ist z nach oben unbeschränkt.

Bezeichne nun $I^+ := \{i \in I : c_i \geq 0, a_i > 0\}$ und $I^- := \{i \in I : c_i < 0, a_i < 0\}$ und es sei $I^+ \neq \emptyset$, $I^- \neq \emptyset$. Die duale Aufgabe zur stetigen Relaxation von $f(b)$, die wir mit (P) bezeichnen, ist

$$(D) \qquad w = bu \to \min \quad \text{bei} \quad a_i u \geq c_i, \, i \in I, \, u \in \mathbb{R}_+.$$

Das Problem (D) ist genau dann lösbar, wenn (P) lösbar ist, und (P) ist genau dann lösbar, wenn $f(b)$ lösbar ist.

Für I^+ ergibt sich die Bedingung $u \geq \max_{i \in I^+} \dfrac{c_i}{a_i}$, aus I^- erhält man $u \leq \min_{i \in I^-} \dfrac{c_i}{a_i}$. Das Problem $f(b)$ ist also genau dann lösbar, wenn

$$\max_{i \in I^+} \frac{c_i}{a_i} \leq \min_{i \in I^-} \frac{c_i}{a_i}.$$

Im Fall der Lösbarkeit folgt, dass die x_i für $i \in I^-$ beschränkt werden können, ohne eine Lösung zu verlieren: $u := \min\{a_i : i \in I^+\}$ ist eine solche Schranke. Durch die Substitutionen $x_i' := u - x_i$, $i \in I^+$, erhält man ein äquivalentes Rucksackproblem mit positiven Eingabedaten. (Man vergleiche z. B. mit $z = -3x_1 + 4x_2 \to \max$ bei $-3x_1 + 5x_2 \leq 2$, $x_i \in \mathbb{Z}_+$.) Die Diskussion der Fälle mit $c_i a_i < 0$ kann auch anhand dieser Bedingung erfolgen.

Das Beispiel $z = \pi x_1 - x_2 \to \max$ bei $\pi x_1 - x_2 \leq 1$, $x_1, x_2 \in \mathbb{Z}_+$, welches irrationale Eingabedaten enthält, besitzt keine Lösung. Einerseits ist der einzige ganzzahlige Punkt mit $z = 1$, der Punkt $(0, -1)$, unzulässig, andererseits kann die obere Schranke 1 durch zulässige Punkte beliebig genau angenähert werden.

Zu Aufgabe 2.2. Zur Ermittlung *aller* Lösungen ist ein Verzweigungsbaum zu realisieren. Hier werden die Lösungen in lexikographisch fallender Reihenfolge ermittelt. Zur Vereinfachung der Beschreibung sei $F(m, y) := -\infty$, falls $y < 0$.

Ermittlung aller Lösungen

S0: $y := b$, $x_i := 0$, $i = 1, \ldots, m$, $k := 0$, $i := 1$.

S1: Solange $i \leq m$ und $F(m, y) > 0$, setze:
falls $F(m, y - a_i) + c_i = F(m, y)$, dann $x_i := x_i + 1$, $y := y - a_i$,
sonst $i := i + 1$.

S2: Falls $i \leq m$ und $F(m, y) = 0$, setze
$k := k + 1$, $x_i^k := x_i$, $i = 1, \ldots, m$. (k-te Lösung)

S3: Setze $y := y + a_m x_m$, $x_m := 0$.
Falls $x_i = 0$, $i = 1, \ldots, m$, dann Stopp.
Setze $i := \max\{j : x_j > 0\}$, $x_i := x_i - 1$, $y := y + a_i$, $i := i + 1$
und gehe zu S1.

Im Beispiel 2.1 erhält man $x^1 = (2, 1, 0, 0)^T$, $x^2 = (0, 2, 0, 0)^T$.

Zu Aufgabe 2.3. Für $y \in V$, $y < b$, gelte $f(y) = f(y+1)$.
Nach Definition des Graphen G gibt es zu jedem Weg vom Knoten $y + 1$ nach b einen Weg mit gleicher Bogenfolge vom Knoten y nach $b - 1$. Somit können vom Knoten $y + 1$ keine besser bewerteten Wege existieren als die, die vom Knoten y ausgehen. Damit ist die Untersuchung der von $y + 1$ ausgehenden Wege unnötig.

Zu Aufgabe 2.4. Der Rechengang beim Verfahren von Gilmore/Gomory sowie bei der Längste-Wege-Methode ist in den Tabellen 2.4 und 2.5 ersichtlich. In der Tabelle 2.5 markiert y die jeweilige Iteration. Offenbar ist jeweils nur ein Vektor der Länge b zur Rechnung erforderlich.

Branch-and-Bound: Die Umsortierung und Umbenennung ergibt das Problem
$z = 8a_1 + 9a_2 + 5a_3 + 11a_4 \to \max$ bei $6a_1 + 7a_2 + 4a_3 + 9a_4 \leq 20$, $a_i \in \mathbb{Z}_+ \; \forall i$.

Tabelle 2.4: Gilmore/Gomory-Algorithmus: Optimalwerte $F(k,y)$ zur Aufgabe 2.4

y	0	1	2	3	4	5	6	7	8	9	10	11	12	13	14	15	16	17	18	19	20
$v(y)$	0				5				10				15				20				25
$v(y)$								9				14			18	19			23	24	
$v(y)$										11				16				21			
$v(y)$							8				13		16	17			21	22	24	25	26
$v(y)$					5		8	9	10	11	13	14	16	17	18	19	21	22	24	25	26

Das Teilproblem mit $a_1 = 3$ liefert $z = 24$, das Teilproblem mit $a_1 = 2$, $a_2 = 1$ ergibt $z = 25$ und das Teilproblem mit $a_1 = 2$, $a_2 = 0$, $a_3 = 2$ führt zu $z = 26$. Wegen $8 + \frac{9}{7} \cdot 14 = 26$ ist 26 der Optimalwert.

Tabelle 2.5: Längste-Wege-Methode zur Aufgabe 2.4

y	0	1	2	3	4	5	6	7	8	9	10	11	12	13	14	15	16	17	18	19	20
$v(y)$	y				5		8	9		11											
$v(y)$					y				10		13	14		16							
$v(y)$							y						16	17		19					
$v(y)$								y							18		20				
$v(y)$									y									21			
$v(y)$										y									22		
$v(y)$											y						21	22		24	
$v(y)$												y							23		25
$v(y)$													y						24	25	
$v(y)$														y							26
$v(y)$															y						
$v(y)$																y					
$v(y)$																	y				
$v(y)$					5		8	9	10	11	13	14	16	17	18	19	21	22	24	25	26

Zu Aufgabe 2.5. Der Aufwand beim Algorithmus von Gilmore/Gomory vergrößert sich (im Prinzip) um den Faktor k, da nun $y = 1, \ldots, kb$ zu betrachten ist.
Der Aufwand bei der Längste-Wege-Methode bleibt (im Prinzip) gleich, da die Sprungstellen y mit $f(y) > f(y-1)$ in ky übergehen und deren Anzahl ungeändert bleibt.

Zu Aufgabe 2.6. Es gelte $\sum_{i=k}^m a_i x_i \le y$, $x_i \ge 0$, ganz, $i = k, \ldots, m$. Dann gilt

$$\sum_{i=k}^m c_i x_i = \sum_{i=k}^m \frac{c_i}{a_i} a_i x_i \le \frac{c_k}{a_k} \sum_{i=k}^m a_i x_i \le \frac{c_k}{a_k} y.$$

Da $\sum_{i=k}^m c_i x_i$ ganzzahlig ist, folgt die Behauptung.

Zu Aufgabe 2.7.   Man erhält $B_1(k,y)$.

Zu Aufgabe 2.8. $x - y$ ist Lösung von $f(b - a^T y)$. Wegen $0 \leq x_i - y_i \leq x_i$ für alle i folgt $\mu(b) = \min\{i \in I : f(b) = c_i + f(b - a_i)\} \leq \min\{i \in I : f(b - a^T y) = c_i + f(b - a^T y - a_i)\} = \mu(b - a^T y)$.

Zu Aufgabe 2.9.   Es sei x eine Lösung von $f(b,u)$ mit $x_k \geq u_k$. Dann ist $y := x - u_k e^k$ Lösung von $f(b - a_k u_k, u - u_k e^k)$, da sonst ein Widerspruch zur Optimalität von x entsteht. Andererseits gilt damit $f(b) = f(b - a_k u_k) + c_k u_k$ im Widerspruch zur Voraussetzung. Also muss $x_k < u_k$ gelten.

Zu Aufgabe 2.10.   Es sei $\bar{x} = (\alpha_1, \ldots, \alpha_m)^T$ definiert durch $\alpha_i = u_i, i = 1, \ldots, k$, $\alpha_{k+1} = (b - \sum_{i=1}^k a_i u_i)/a_{k+1}$ und $\alpha_i = 0$ für $i > k+1$. Dann ist $\bar{x}$ zulässige Lösung der stetigen Relaxation von $f(b,u)$. Noch zu zeigen ist, dass $\bar{x}$ Lösung ist. Weiter sei x eine Lösung der stetigen Relaxation von $f(b,u)$ mit $x_i < \alpha_i$ für ein $i \leq k$. Somit gilt $c^T x \geq c^T \bar{x}$. Wegen der Optimalität von x gilt $a^T x = b$ (da $c_i > 0$ für alle i) und damit existiert ein $j \geq k+1$ mit $x_j > \alpha_j$.

Ferner sei x' definiert durch $x_j' := x_j - \varepsilon$, $x_i' := x_i + \frac{a_j}{a_i}\varepsilon$, $x_r' := x_r$ für $r \neq i, j$ mit $\varepsilon := \min\{x_j, (u_i - x_i)\frac{a_i}{a_j}\} > 0$. Dann ist x' zulässig, denn $x_i' \leq x_i + \frac{a_j}{a_i}(u_i - x_i)\frac{a_i}{a_j} \leq u_i$, $a^T x' = a^T x + a_i \frac{a_j}{a_i}\varepsilon - a_j\varepsilon = a^T x \leq b$, $x_j' \geq x_j - x_j = 0$ und $0 \leq x' \leq u$. Weiterhin gilt $c^T x \geq c^T x' = c^T x + c_i \frac{a_j}{a_i}\varepsilon - c_j\varepsilon = c^T x + a_j(\frac{c_i}{a_i} - \frac{c_j}{a_j})\varepsilon \geq c^T x$, also gilt $c^T x = c^T x'$. x' ist somit Lösung der stetigen Relaxation von $f(b,u)$. Durch diese Konstruktion erhält man $x' = \bar{x}$.

Zu Aufgabe 2.11.   Wegen $\langle x \rangle_\ell \leq x$ folgt $\langle L - x \rangle_\ell + \langle L - \langle L - x \rangle_\ell \rangle_\ell \leq \langle L - x \rangle_\ell + L - \langle L - x \rangle_\ell = L$ für $x \in [0, L]$.

Zu Aufgabe 2.12.   Da $\langle \cdot \rangle_\ell$ monoton wachsend ist, gilt $\langle x \rangle_\ell = \langle L - (L - x) \rangle_\ell \leq \langle L - \langle L - x \rangle_\ell \rangle_\ell$ für $x \in [0, L]$.

Zu Aufgabe 2.13.   Der Rechengang bei der Lexikographischen Längste-Wege-Methode ist in der Tabelle 2.6 angegeben.

Tabelle 2.6: Lexikographische Längste-Wege-Methode zur Aufgabe 2.13

j	0	1	2	3	4	5	6	7	8	9	10	11	12	13	14	15	16	17	18	19	20	21	22	23	24	25	26	27	28	29	30
$v(j)$	0			5			10		12		15		17	20		22		25		27	30		32		35		37	40		42	
$\mu(y)$	3			3			1		2		1		2	1		1		1		1	1		1		1		1	1		1	

3 Das Cutting Stock- und das Bin Packing-Problem

In vielen Anwendungsfeldern, wie z. B. beim Stangenzuschnitt oder beim Zuschnitt von rechteckigen Teilen aus Metallplatten, ist es nicht möglich, alle geforderten Teile aus einem Stück Ausgangsmaterial zu fertigen. Bei großen Bedarfszahlen ist dann eine erhebliche Anzahl eines oder mehrerer Typen des Ausgangsmaterials erforderlich. Ein Optimierungsziel hierbei ist, mit minimalem Materialeinsatz den Gesamtauftrag zu realisieren. Eine derartige Aufgabenstellung, die im Englischen als *Cutting Stock-Problem* (kurz: CSP) bezeichnet wird, nennen wir in Analogie zu [TLS87] auch *Problem der Auftragsoptimierung*.

An Stelle des Begriffs *Cutting Stock-Problem* wird in der Fachliteratur häufig auch die Bezeichnung *Bin Packing-Problem* verwendet, insbesondere dann, wenn die Bedarfszahlen klein oder sogar gleich 1 für alle Teile sind und die Anzahl unterschiedlicher Teiletypen sehr groß ist. In diesem Sinne werden wir Cutting Stock-Probleme und Bin Packing-Probleme unterscheiden.

Obwohl alle in der Realität auftretenden Zuschnitt- und Packungsprobleme physisch dreidimensionale Objekte betreffen, werden wir in der Modellierung auch ein- und zweidimensionale Cutting Stock- und Bin Packing-Probleme betrachten.

Zunächst untersuchen wir Lösungsmethoden für das Cutting Stock-Problem, anschließend für das Bin Packing-Problem.

3.1 Problemstellungen

In diesem Abschnitt untersuchen wir zunächst das Problem der Auftragsoptimierung (das Cutting Stock-Problem) anhand eines eindimensionalen Zuschnittproblems, wie es z. B. beim Rundholz- bzw. Stangen-Zuschnitt auftritt. Die vorgestellte Lösungstechnik ist in gleicher Weise auf analoge mehrdimensionale Problemstellungen, wie z. B. den Zuschnitt rechteckiger Teile in der Möbelindustrie, anwendbar.

Eine typische Aufgabenstellung, die als eindimensionales Cutting Stock- oder Bin Packing-Problem bezeichnet wird, liegt vor, wenn b_i ($b_i > 0$) Rundhölzer (Teile) der Länge ℓ_i, $i \in I := \{1, \ldots, m\}$ aus Rundhölzern der Länge L zuzuschneiden sind. Welche minimale

Anzahl von Rundhölzern der Länge L wird benötigt, um diesen Auftrag zu erfüllen? Nach welchen Varianten sind diese zuzuschneiden?

Bei einem zweidimensionalen Cutting Stock-Problem sind zum Beispiel rechteckförmige Teile der Maße $\ell_i \times w_i$ und Bedarfszahl b_i, $i \in I$, aus einer minimalen Anzahl von rechteckigen Glasscheiben des Formats $L \times W$ zuzuschneiden. In analoger Weise formuliert man dreidimensionale Cutting Stock- bzw. Bin Packing-Probleme.

Innerhalb dieser Beschreibung sprechen wir im Weiteren von einem *Cutting Stock-Problem*, falls die Bedarfszahlen b_i der meisten Teiletypen i so groß sind, dass die Teile eines Typs nicht aus einem Stück Ausgangsmaterial erhalten werden können. Bei einem *Bin Packing-Problem* geht man i. Allg. davon aus, dass die Bedarfszahlen b_i klein oder sogar alle gleich 1 sind. Eine weitere Differenzierung zwischen Cutting Stock- und Bin Packing-Problemen diskutieren wir im Abschnitt 3.9.

Einige mit dem Cutting Stock- bzw. Bin Packing-Problem verwandte Problemstellungen betrachten wir im Abschnitt 3.7. Ohne Beschränkung der Allgemeinheit nehmen wir an, dass alle Eingabedaten positive ganze Zahlen sind.

3.2 Das Gilmore/Gomory-Modell

Wie üblich nennen wir eine zulässige Anordnung von Teilen auf einem Stück Ausgangsmaterial Anordnungs- oder Zuschnittvariante. Eine Anordnungsvariante repräsentieren wir durch einen nichtnegativen ganzzahligen Vektor

$$a = (a_1, \ldots, a_m)^T \in \mathbb{Z}_+^m,$$

den wir auch als *Anordnungsvektor* bezeichnen. Die i-te Komponente a_i gibt an, wie oft Teil i in der Anordnungsvariante enthalten ist bzw. wie oft das Teil i beim Zuschnitt nach dieser Variante erhalten wird. Die konkrete Position eines angeordneten Teiles ist jedoch in dieser Repräsentation nicht erkennbar. Zur Unterscheidung verschiedener Anordnungsvarianten verwenden wir den Index j. Die Menge J beschreibt alle verwendeten Anordnungsvarianten $a^j = (a_{1j}, \ldots, a_{mj})^T \in \mathbb{Z}_+^m$, $j \in J$, im jeweiligen Modell.

Beim Rundholzzuschnitt sowie allgemein beim eindimensionalen Cutting Stock-Problem repräsentiert ein Vektor $a^j \in \mathbb{Z}_+^m$ genau dann eine zulässige Zuschnittvariante (eine Anordnungsvariante), wenn

$$\sum_{i \in I} \ell_i a_{ij} \leq L$$

gilt. (Die Berücksichtigung einer realen Schnittfuge wird in Aufgabe 1.1 betrachtet.) Da hier nur an eine Dimension eine Bedingung gestellt wird, spricht man üblicherweise von einem *eindimensionalen* Zuschnittproblem.

Insbesondere beim Bin Packing-Problem, bei dem i. Allg. $b_i < L/\ell_i$ für $i \in I$ gilt, kann die Menge der zulässigen Zuschnittvarianten durch die Forderung

$$a_{ij} \leq b_i, \quad i \in I, \tag{3.1}$$

eingeschränkt werden. Beim Cutting Stock-Problem wird diese Bedingung außer Acht gelassen.

Zur Formulierung eines Modells definieren wir für jede Anordnungsvariante a^j eine *nichtnegative ganzzahlige Variable* x_j, die angibt, wie oft die Variante a^j zur Auftragserfüllung verwendet wird. Wir erhalten damit das nach den grundlegenden Arbeiten [GG61] und [GG63] benannte

Gilmore/Gomory-Modell des Cutting Stock-Problems

$$z^{CSP} = \min \sum_{j \in J} x_j \quad \text{bei} \tag{3.2}$$

$$\sum_{j \in J} a_{ij} x_j \geq b_i, \quad i \in I, \tag{3.3}$$

$$x_j \in \mathbb{Z}_+, \ j \in J. \tag{3.4}$$

Durch die Restriktionen wird insbesondere gesichert, dass von jedem Teiletyp i mindestens die geforderte Anzahl b_i erhalten wird. Das Modell (3.2) – (3.4) ist natürlich auch ein Modell des Bin Packing-Problems. Durch Einbeziehung der Einschränkung (3.1) erhält man jedoch ein besser angepasstes Modell. Die Minimierung der Anzahl der benötigten Ausgangslängen in (3.2) ist dabei gleichwertig zur Minimierung des Abfalls, sofern überzählig zugeschnittene Teile auch als Abfall angesehen werden (s. Aufgabe 3.1).

Es bezeichne n die Anzahl der Anordnungsvarianten im Modell, d. h. $n := |J|$. Bei Verwendung der Matrix $A = (a^j)_{j \in J}$ und der Vektoren $e = (1, \dots, 1)^T \in \mathbb{R}^n, x = (x_1, \dots, x_n)^T$ und $b = (b_1, \dots, b_m)^T$ kann das Modell (3.2) – (3.4) kurz wie folgt geschrieben werden:

$$z = e^T x \to \min \quad \text{bei} \quad Ax \geq b, x \in \mathbb{Z}_+^n. \tag{3.5}$$

Unter der Voraussetzung, dass durch J *alle* zulässigen Zuschnittvarianten erfasst werden, ist das Modell (3.2) – (3.4) äquivalent zu

$$z = e^T x \to \min \quad \text{bei} \quad Ax = b, x \in \mathbb{Z}_+^n. \tag{3.6}$$

Diese Äquivalenz (s. Aufgabe 3.2) der beiden linearen ganzzahligen Optimierungsproblem besteht bezüglich ihrer Lösbarkeit und der Gleichheit der Optimalwerte. Offenbar ist jede Lösung von (3.6) auch Lösung von (3.5), aber nicht umgekehrt.

Das Cutting Stock-Problem ist als linear-ganzzahliges Optimierungsproblem mit i. Allg. exponentiell wachsender Variablenanzahl ein NP-schwieriges Problem ([GJ79]), d. h., es gibt mit großer Wahrscheinlichkeit keine effizienten exakten Lösungsalgorithmen. Branch-and-Bound-Algorithmen oder auch Schnittebenenverfahren sind auf Grund des nicht abschätzbaren Zeitbedarfs nur bedingt einsetzbar. Häufig muss man sich deshalb bei der Lösung von Cutting Stock-Problemen von praktischer Relevanz mit Näherungslösungen zufrieden geben. Aus diesem Grund wird beim Cutting Stock-Problem meist durch eine geeignete Heuristik eine ganzzahlige Näherungslösung aus einer Lösung der zum Modell (3.2) – (3.4) zugehörigen *stetigen Relaxation* (auch LP-Relaxation genannt)

$$z = e^T x \rightarrow \min \quad \text{bei} \quad Ax \geq b, \ x \in \mathbb{R}_+^n \tag{3.7}$$

konstruiert. Für die erhaltene Näherungslösung hat man somit durch den Optimalwert der stetigen Relaxation auch eine gute Gütebewertung. Wie wir im Abschnitt 3.8 genauer untersuchen werden, ist die Differenz zwischen den Optimalwerten von (3.5) und (3.7) insbesondere beim eindimensionalen Cutting Stock-Problem sehr klein.

Beim Rundholzzuschnitt und bei vielen anderen Cutting Stock-Problemen ist die Anzahl n aller zulässigen Zuschnittvarianten i. Allg. sehr groß und praktisch nicht handhabbar. Allein das Aufschreiben (Abspeichern) aller Anordnungsvarianten würde zu viel Zeit und Platz in Anspruch nehmen. Falls für alle Teilelängen ℓ_i und die Ausgangslänge L die Größenproportionen durch $L/10 \leq \ell_i \leq L/5$ für alle $i \in I$ charakterisiert sind, so gibt es im Mittel bereits für $m = 40$ mehr als 10^6 und für $m = 60$ mehr als 10^8 Zuschnittvarianten. Eine rekursive Ermittlung der Anzahl aller Zuschnittvarianten beschreiben wir in der Aufgabe 3.3. Dieses exponentielle Anwachsen der Anzahl der Zuschnittvarianten und damit der Anzahl der Variablen veranlasst, eventuell nur mit einer Teilmenge der Zuschnittvarianten zu arbeiten. Das Beispiel 3.1 zeigt, dass dies sehr problematisch sein kann.

Zur Illustration der Effekte, die bei der Verwendung einer eingeschränkten Menge von Zuschnittvarianten auftreten können, und der von uns vorgesehenen Vorgehensweise zur näherungsweisen Lösung von Cutting Stock-Problemen betrachten wir das folgende Beispiel.

Beispiel 3.1

Aus möglichst wenigen Stäben der Länge $L = 70$ sind Teile T_i, $i = 1, \ldots, 4$, mit den Längen $\ell_1 = 20$, $\ell_2 = 22$, $\ell_3 = 25$ und $\ell_4 = 26$ in den Stückzahlen $b_1 = 30$, $b_2 = 30$, $b_3 = 30$ und $b_4 = 120$ zuzuschneiden. Wir beschränken uns hier auf die Zuschnittvarianten

$a^1, a^2, \ldots a^{11}$, die mindestens 80 % Materialausnutzung besitzen. Diese Zuschnittvarianten definieren die Indexmenge $J = \{1, \ldots, 11\}$ sowie die Matrix A:

						Zuschnittvarianten					
$L = 70$	x_1	x_2	x_3	x_4	x_5	x_6	x_7	x_8	x_9	x_{10}	x_{11}
$\ell_1 = 20$	1	0	0	1	1	2	0	2	1	2	3
$\ell_2 = 22$	0	2	2	1	1	0	3	0	2	1	0
$\ell_3 = 25$	2	0	1	0	1	0	0	1	0	0	0
$\ell_4 = 26$	0	1	0	1	0	1	0	0	0	0	0

$$= A$$

Die Lösung dieses Beispiels setzen wir nach Beschreibung der Lösungsmethode im nächsten Abschnitt fort. □

Zur näherungsweisen Lösung von Cutting Stock-Problemen der Form (3.5) verwenden wir Informationen, die wir aus der Lösung der zugehörigen stetigen Relaxation (3.7) erhalten. Eine zulässige und damit ganzzahlige Lösung des Cutting Stock-Problems konstruieren wir dann durch geschicktes Runden der Lösung der stetigen Relaxation. Eine systematische Methode dafür ist z. B. in [TLS87] angegeben.

Zur Lösung der LP-Relaxation (3.7) wenden wir das *revidierte Simplex-Verfahren* an, welches zur Lösung linearer Optimierungsprobleme mit Gleichungsrestriktionen geeignet ist. Um vom Problem (3.7) zu einem Problem mit Gleichungsrestriktionen zu gelangen, definiert man nichtnegative *Schlupfvariablen* s_i, $i \in I$. Mit $s = (s_1, \ldots, s_m)^T$ erhält man ein Problem der Form

$$z = e^T x \to \min \ \text{ bei } Ax - Es = b, \ x \in \mathbb{R}_+^n, \ s \in \mathbb{R}_+^m, \tag{3.8}$$

wobei E die Einheitsmatrix der Dimension m bezeichnet.

3.3 Das revidierte Simplex-Verfahren

Das *revidierte Simplex-Verfahren* dient zur Lösung *linearer Optimierungsprobleme*. Es wurde erstmals von Dantzig und Wolfe [DW60] beschrieben. Wir betrachten nun das allgemeine lineare Optimierungsproblem mit Gleichungsrestriktionen

$$z = c^T x \to \min \quad \text{bei} \quad Ax = b, \ x \geq 0 \tag{3.9}$$

mit $c, x \in \mathbb{R}^n$, $b \in \mathbb{R}^m$ und $A \in \mathbb{R}^{m \times n}$. Ohne Beschränkung der Allgemeinheit sei $b \geq 0$. Zur Vereinfachung der Beschreibung setzen wir voraus, dass die Matrix A *Vollrang* besitzt, d. h., dass die Zeilen von A *linear unabhängig* sind. In den von uns betrachteten Zuschnittproblemen ist diese Voraussetzung stets erfüllt. Das Problem (3.8) hat offenbar die Form (3.9) mit der Koeffizientenmatrix $(A | - E)$ und den Variablen (x, s).

Auf Grund der Vollrangbedingung existieren m linear unabhängige Spaltenvektoren in A, die wir in der Matrix A_B zusammenfassen. A_B heißt *Basismatrix*, da ihre Spalten eine *Basis* im $\mathbb{R}^m$ bilden. Die Matrix A_B ist damit invertierbar. Fassen wir die Spalten von A, die nicht zu A_B gehören, in der Matrix A_N zusammen und definieren entsprechend die (Teil-)Vektoren $x_B, c_B \in \mathbb{R}^m$, $x_N, c_N \in \mathbb{R}^{n-m}$, dann können wir das Problem (3.9) wie folgt schreiben:

$$z = c^T x = c_B^T x_B + c_N^T x_N \rightarrow \min \quad \text{bei}$$

$$Ax = A_B x_B + A_N x_N = b, \quad x_B \geq 0, \ x_N \geq 0. \tag{3.10}$$

Der Vektor x_B enthält die zu A_B gehörigen *Basisvariablen*, x_N die *Nichtbasisvariablen*. Da A_B invertierbar ist, erhalten wir aus (3.10) durch Auflösen

$$x_B = -A_B^{-1} A_N x_N + A_B^{-1} b \tag{3.11}$$

sowie nach Ersetzen von x_B in der Zielfunktion

$$z = (c_N^T - c_B^T A_B^{-1} A_N) x_N + c_B^T A_B^{-1} b.$$

Gilt $A_B^{-1} b \geq 0$, so erhält man aus (3.11) durch Setzen von $x_N := 0$ eine zulässige Lösung des Problems (3.9) in der Form

$$x \leftrightarrow \begin{pmatrix} x_B \\ x_N \end{pmatrix} = \begin{pmatrix} A_B^{-1} b \\ 0 \end{pmatrix}.$$

Es sei nun A_B eine Basismatrix und $\bar{x}_B$ der zugehörige Vektor der Basisvariablen. Dann gilt das folgende Optimalitätskriterium:

Satz 3.1 (Optimalitätskriterium)
Gilt $\quad A_B^{-1} b \geq 0$ sowie $c_N^T - c_B^T A_B^{-1} A_N \geq 0$, so ist $\bar{x} \leftrightarrow \begin{pmatrix} \bar{x}_B \\ \bar{x}_N \end{pmatrix} = \begin{pmatrix} A_B^{-1} b \\ 0 \end{pmatrix}$ eine
Lösung von (3.9).

Die Matrix A_B wird dann auch als *optimale Basismatrix* bezeichnet.

Beweis: $\bar{x} \leftrightarrow \begin{pmatrix} \bar{x}_B \\ \bar{x}_N \end{pmatrix}$ ist eine zulässige Lösung, da $A\bar{x} = A_B \cdot A_B^{-1} b + A_N \cdot 0 = b$ und

$\bar{x} \geq 0$. Wegen $c_N^T - c_B^T A_B^{-1} A_N \geq 0$ folgt für jede zulässige Lösung $x \leftrightarrow \begin{pmatrix} x_B \\ x_N \end{pmatrix}$ mit

$x_B = -A_B^{-1} A_N x_N + A_B^{-1} b$ und $x_N \geq 0$:

$$z(x) = c_B^T x_B + c_N^T x_N = c_B^T A_B^{-1} b + (c_N^T - c_B^T A_B^{-1} A_N) x_N \geq c_B^T A_B^{-1} b = z(\bar{x}).$$

Somit ist $\bar{x}$ eine zulässige Lösung mit minimalem Funktionswert. $\blacksquare$

Zur Beschreibung des revidierten Simplex-Verfahrens bezeichne a^j die j-te Spalte von A, $J = \{1, \dots, n\}$ die Menge aller Spaltenindizes sowie B und N die durch A_B bzw. A_N definierten Indexmengen.

Das revidierte Simplex-Verfahren ist ein sogenanntes *primales Simplex-Verfahren*, d. h. stets gilt $A_B^{-1} b \geq 0$ (s. [GT97, Bor01]). Zur Überprüfung auf Optimalität einer gewählten (ermittelten) Basismatrix A_B ist

$$\bar{c} := \min_{j \in N} \{ c_j - d^T a^j \} \quad \text{mit} \quad d^T := c_B^T A_B^{-1} \tag{3.12}$$

zu ermitteln, wobei d der Vektor der *Simplex-Multiplikatoren* ist. Gilt $\bar{c} \geq 0$, dann liegt Optimalität vor, anderenfalls ist eine neue Basismatrix entsprechend den Simplexregeln zu ermitteln.

Zur Beschreibung eines allgemeinen Schritts des revidierten Simplex-Verfahrens nehmen wir an, dass eine zulässige Basislösung als Startlösung bekannt ist, d. h. eine Aufteilung von A entsprechend (3.10) in A_B und A_N ist vorhanden und es gilt $A_B^{-1} b \geq 0$.

Allgemeiner Schritt des revidierten Simplex-Verfahrens:

S1: Berechne $d^T = c_B^T A_B^{-1}$ und $\bar{c} := c_\tau - d^T a^\tau := \min\{ c_j - d^T a^j : j \in N \}$.
  Falls $\bar{c} \geq 0$, dann Stopp (optimale Lösung gefunden).

S2: Berechne die transformierte Pivotspalte $\bar{a} := -A_B^{-1} a^\tau$.
  Falls $\bar{a}_i \geq 0$ für alle $i \in I$, dann Stopp (z nach unten unbeschränkt).

S3: Berechne die transformierte rechte Seite $\bar{b} := A_B^{-1} b$.

S4: Ermittle eine Pivotzeile σ gemäß $\dfrac{\bar{b}_\sigma}{-\bar{a}_\sigma} := \min\left\{ \dfrac{\bar{b}_i}{-\bar{a}_i} : \bar{a}_i < 0, i \in I \right\}$.

S5: Ersetze Spalte a^σ durch a^τ in A_B und aktualisiere entsprechend x_B, x_N, c_B und c_N.

Wir merken hier an, dass der Abbruch in Schritt 2 bei korrekter Modellierung von Zuschnitt- und Packungsproblemen, bei denen maximale Materialauslastung oder minimaler Materialeinsatz als Optimierungsziel auftritt, nicht möglich ist.

Zur Implementierung können unterschiedliche Techniken angewendet werden. Eine Berechnung der Inversen der durch eine Spalte geänderten Basismatrix ist mittels der Sherman/Morrison-Formel möglich (s. z. B. [GT97]). Im Allgemeinen kann die Berechnung der inversen Matrizen durch das Lösen linearer Gleichungssysteme vermieden werden, wofür gleichfalls effiziente Varianten existieren. Zur übersichtlichen Darstellung und für Handrechnungen ist die Verwendung des sogenannten *revidierten Simplextableaus* zweckmäßig:

x_B	A_B^{-1}	$\bar{b} = A_B^{-1} b$	$\bar{a} = -A_B^{-1} a^{\tau}$
	$d^T = c_B^T A_B^{-1}$	$z_0 = d^T b$	$\bar{c} = c_{\tau} - d^T a^{\tau}$

Ein *Austauschschritt* mit dem *Pivotelement* $\bar{a}_{\sigma} = [-A_B^{-1} a^{\tau}]_{\sigma}$, d. h. das Auflösen nach x_{τ} in der Gleichung σ und Ersetzen von x_{τ} in den anderen Gleichungen, liefert die aktualisierten Größen für den nächsten Iterationsschritt. Ein derartiger Austauschschritt kann wie folgt formalisiert werden: Die Größen A_B^{-1}, $\bar{b}$, d^T und z_0 fassen wir als Elemente einer Matrix $D = (D_{ij})$ mit $D = \begin{pmatrix} A_B & \bar{b} \\ d^T & z_0 \end{pmatrix}$ auf. Dann liefert der Algorithmus

---

Austauschschritt mit Pivotzeile σ

$D_{\sigma j} := -D_{\sigma j} / \bar{a}_{\sigma}, \quad j = 1, \dots, m+1,$

$D_{ij} := D_{ij} + \bar{a}_i D_{\sigma j}, \quad i, j = 1, \dots, m+1, \ i \neq \sigma,$

---

die aktualisierten Größen A_B^{-1}, $\bar{b}$, d^T und z_0. Es sei hier darauf hingewiesen, dass zu einer guten Implementierung nicht nur die effiziente Bestimmung von $\bar{b}$, d, $\bar{c}$ und $\bar{a}$ gehört, sondern auch Aspekte wie das Anwachsen der Rundungsfehler und Zyklenvermeidung zu beachten sind. Zur Vermeidung von Zyklen beim Simplex-Verfahren gibt es mehrere Methoden, u. a. die *Pivot-Regel von Bland* ([Sch86]). Auf Details gehen wir hier jedoch nicht ein.

Beispiel 3.2

Wir betrachten erneut das Zuschnittproblem aus Beispiel 3.1 mit den Eingabe-Daten $m = 4$, $\ell = (20, 22, 25, 26)^T$, $b = (30, 30, 30, 120)^T$ und $L = 70$. Die Analyse der Eingabedaten ergibt die Zuschnittvarianten $a^1, \dots, a^{11}$ mit mindestens 80 % Materialausnutzung, auf die wir uns hier beschränken wollen. Diese Zuschnittvarianten werden in der Problemmatrix A zusammengefasst. Damit liegt das folgende Optimierungsproblem vor:

$$z = c^T x \to \min \quad \text{bei} \quad Ax \geq b, \ x \geq 0, \quad \text{ganzzahlig.}$$

Durch die Vernachlässigung der Ganzzahligkeitsforderungen und mit der Einführung von Schlupfvariablen s_i, $i \in I$, erhalten wir das Problem

$$z = c^T x \to \min \quad \text{bei} \quad Ax - Es = b, \quad x \geq 0, \quad s \geq 0,$$

wobei $c = (1, \ldots, 1)^T \in \mathbb{R}^{11}$ und E die Einheitsmatrix sind.

	Zuschnittvarianten											Schlupfvariable				
$L = 70$	x_1	x_2	x_3	x_4	x_5	x_6	x_7	x_8	x_9	x_{10}	x_{11}	s_1	s_2	s_3	s_4	b_i
$\ell_1 = 20$	1	0	0	1	1	2	0	2	1	2	3	-1	0	0	0	30
$\ell_2 = 22$	0	2	2	1	1	0	3	0	2	1	0	0	-1	0	0	30
$\ell_3 = 25$	2	0	1	0	1	0	0	1	0	0	0	0	0	-1	0	30
$\ell_4 = 26$	0	1	0	1	0	1	0	0	0	0	0	0	0	0	-1	120

Die Matrix $A_B = \begin{pmatrix} 1 & 0 & 0 & 0 \\ 0 & -1 & 0 & 2 \\ 2 & 0 & -1 & 0 \\ 0 & 0 & 0 & 1 \end{pmatrix}$ definiert eine erste zulässige Lösung (30-mal a^1

und 120-mal a^2), die nur verschnittlose Zuschnittvarianten benutzt. Unter Berücksichtigung der Schlupfvariablen s_2 und s_3 für die zu viel zugeschnittenen Teile T_2 und T_3 sind $x_B = (x_1, s_2, s_3, x_2)^T$ der Vektor der Basisvariablen und $c_B = (1, 0, 0, 1)^T$ der Vektor der Zielfunktionskoeffizienten. Zusammengefasst im revidierten Simplexschema erhalten wir das Tableau ST_1 (zunächst ohne Spalte $-A_B^{-1} a^6$):

ST_1	A_B^{-1}				$A_B^{-1} b$	$-A_B^{-1} a^6$
x_1	1	0	0	0	30	-2
s_2	0	-1	0	2	210	-2
s_3	2	0	-1	0	30	$\boxed{-4}$
x_2	0	0	0	1	120	-1
d^T	1	0	0	1	150	$\bar{c}_6 = -2$

Entsprechend dem Optimalitätskriterium ist zu überprüfen, ob eine Spalte a^τ von A bzw. $-E$ existiert, die nicht in A_B enthalten ist und für die $\bar{c}_\tau := c_\tau - d^T a^\tau < 0$ beziehungsweise $d^T a^\tau > c_\tau$ gilt. Für die Zuschnittvarianten ergeben sich die transformierten Zielfunktionskoeffizienten $\bar{c}_3 = \bar{c}_7 = 1$, $\bar{c}_4 = \bar{c}_8 = \bar{c}_{10} = -1$, $\bar{c}_5 = \bar{c}_9 = 0$, $\bar{c}_6 = \bar{c}_{11} = -2$. Die transformierten Koeffizienten der Schlupfvariablen s_1 und s_4 sind jeweils 1. Somit ist die Spalte $a^6 = (2, 0, 0, 1)^T$ eine mit minimalem transformiertem Zielfunktionskoeffizienten $\bar{c}_6 = -2$, d.h. $\tau = 6$. Es werden der Vektor $\bar{a} = -A_B^{-1} a^6$ berechnet (s. Tableau ST_1) und die dritte Zeile als Pivotzeile ermittelt. Durch den Austauschschritt erhalten wir das Tableau ST_2:

ST_2		A_B^{-1}			$A_B^{-1}b$
x_1	0	0	1/2	0	15
s_2	−1	−1	1/2	2	195
x_6	1/2	0	−1/4	0	15/2
x_2	−1/2	0	1/4	1	225/2
d^T	0	0	1/2	1	135

$$\text{mit} \quad A_B = \begin{pmatrix} 1 & 0 & 2 & 0 \\ 0 & -1 & 0 & 2 \\ 2 & 0 & 0 & 0 \\ 0 & 0 & 1 & 1 \end{pmatrix}$$

Damit werden die betreffenden Größen A_B^{-1} etc. erhalten, die nach dem Austausch der Spalte $-e^3$ und a^6 in A_B zu ermitteln sind. Der zugehörige Zielfunktionswert $z = 135$ kann durch die vorgegebenen Zuschnittvarianten nicht mehr verbessert werden, da nun alle transformierten Zielfunktionskoeffizienten größer gleich Null sind. Durch (geeignete) Rundung erhalten wir die zulässige Lösung 15-mal a^1, 112-mal a^2 und 8-mal a^6. Es sind somit 135 Stäbe zu zerschneiden. Die erreichte Materialausnutzung beträgt 54.29 %. Dabei werden 31 Teile T_1, 224 Teile T_2, 30 Teile T_3 und 120 Teile T_4 zugeschnitten. Obwohl nur abfallgünstige Varianten in die Optimierung einbezogen wurden, beträgt die Materialausnutzung nur 54.29 %, da auf Grund der betrachteten Zuschnittvarianten und der geforderten Stückzahlrelationen entsprechend der Lösung 194 Teile T_2 zu viel zugeschnitten werden. Da diese als Verschnitt anzusehen sind, ergibt sich die angegebene schlechte Materialauslastung. Die Ursache für diesen Sachverhalt besteht darin, dass in den ausgewählten Zuschnittvarianten neben einem Teil T_4 stets auch zwei andere Teile erhalten werden. Wie wir im nächsten Abschnitt sehen werden, ist der Zuschnitt der geforderten Teile auch aus nur 87 Ausgangslängen möglich. □

Als wichtige Folgerung aus diesem Beispiel ergibt sich: Eine Modellierung von Zuschnittproblemen mit einer eingeschränkten Menge von Zuschnittvarianten, auch wenn diese für sich als günstig erscheinen, sollte nur mit Sorgfalt und genauer Abschätzung der Erhöhung des Optimalwertes im Vergleich zur Verwendung aller Zuschnittvarianten erfolgen. Wie wir im Abschnitt 3.5 sehen werden, ist eine derartige Einschränkung auch nicht erforderlich.

3.4 Die Farley-Schranke

Auf Grund der Vielzahl der Variablen, die insbesondere bei Cutting Stock-Problemen auftritt, ist bei der Berechnung von $\bar{c}$ gemäß (3.12) zur Auswertung des Optimalitätskriteriums mit Rundungsfehlern zu rechnen. Das Abbruchkriterium im Simplex-Verfahren ist deshalb geeignet zu modifizieren. Hilfreich dabei kann eine auf Farley ([Far90]) zurückgehende untere Schranke für den Optimalwert sein.

Aussage 3.2

Es sei z^* der Optimalwert des linearen Optimierungsproblems (3.9). Weiterhin sei $x^0 = (x_B^0, x_N^0)^T$ eine zulässige Basislösung von (3.9) und $d \in \mathbb{R}^m$ der zugehörige Vektor der Simplex-Multiplikatoren.

Ferner seien $c_j > 0$ für alle $j \in J$ und $\widetilde{c} := \max\{d^T a^j / c_j : j \in J\}$, dann gilt

$$z^* \geq d^T b / \widetilde{c}.$$

Beweis: Da x^0 eine Basislösung von (3.9) ist, gilt für alle x mit $Ax = b$ die Darstellung

$$z(x) = z_0 + \sum_{j \in J}(c_j - d^T a^j)x_j \quad \text{mit } d^T = c_B^T A_B^{-1} \text{ und } z_0 = d^T b = z(x^0),$$

wobei die Matrix A_B die Spalten a^j von A zu den Basisvariablen x_B enthält. Insbesondere gilt dann für eine optimale Lösung x^* von (3.9):

$$z(x^*) = z^* = z_0 + \sum_{j \in J} c_j(1 - \frac{d^T a^j}{c_j})x_j^* \geq z_0 + \sum_{j \in J} c_j(1 - \widetilde{c})x_j^* = z_0 + (1 - \widetilde{c})z^*.$$

Offenbar ist $\widetilde{c} \geq 1$, da $d^T a^j = c_j$ für alle Basisvariablen gilt. Durch Auflösen nach z^* erhält man $z^* \geq z_0 / \widetilde{c}$. ∎

Die Aussage 3.2 kann auch wie folgt begründet werden. Das Optimierungsproblem

$$b^T u \to \max \quad \text{bei} \quad A^T u \leq c, \ u \in \mathbb{R}^m, \tag{3.13}$$

ist das *duale Problem* zu (3.9). Der Vektor $u^0 := d/\widetilde{c}$ ist eine zulässige Lösung von (3.13), da $(u^0)^T a^j = d^T a^j / \widetilde{c} \leq c_j$ für $j \in J$ gilt. Aus der Dualitätstheorie der linearen Optimierung ist bekannt, dass der Funktionswert $b^T u^0$ einer zulässigen Lösung von (3.13) eine untere Schranke für z^* liefert.

Verallgemeinert man die Aussage 3.2 dahingehend, dass nur $c_j \geq 0$ für alle $j \in J$ gefordert wird, dann gilt mit $\widetilde{c} := \max\{d^T a^j / c_j : j \in J, c_j > 0\}$ die gleiche Abschätzung wie in Aussage 3.2, sofern $d^T a^j \leq 0$ für alle $j \in J$ mit $c_j = 0$ erfüllt ist.

Die durch die Aussage 3.2 gegebene untere Schranke des Optimalwertes eines linearen Minimierungsproblems ist insbesondere wegen $c_j = 1$ für alle Zuschnittvarianten a^j bei der Lösung der stetigen Relaxation der Modelle (3.5) und (3.6) anwendbar. Gilt also für eine Basislösung x^0 mit dem Zielfunktionswert z_0 die Beziehung $\lceil z_0 \rceil = \lceil z_0 / \widetilde{c} \rceil$, dann folgt $\lceil z_0 \rceil = \lceil z^* \rceil$.

3.5 Spaltengenerierung

Wir erläutern hier die sogenannte *Technik der Spaltengenerierung* (engl. *column generation*) anhand des eindimensionalen Cutting Stock-Problems. Die Anwendbarkeit geht aber weit darüber hinaus und wird an entsprechender Stelle deutlich.

Betrachten wir wieder die obige Aufgabe, aus Stäben der Länge L Teile mit Längen ℓ_i, $i \in I = \{1, \ldots, m\}$, zuzuschneiden. Jede Spalte $a = (a_1, \ldots, a_m)^T$ von A, die eine Zuschnittvariante repräsentiert, genügt den folgenden Bedingungen:

$$\sum_{i=1}^{m} \ell_i a_i \leq L, \quad a_i \geq 0, \quad \text{ganzzahlig}, \quad i \in I.$$

Die Bestimmung einer Zuschnittvariante mit minimalem transformierten Zielfunktionskoeffizienten, d. h. die Ermittlung einer neuen Pivotspalte, ist damit äquivalent zur Lösung des folgenden Optimierungsproblems:

Ermittle nichtnegative ganze Zahlen a_i, $i \in I$, die der Bedingung $\sum_{i=1}^{m} \ell_i a_i \leq L$ genügen und für die der transformierte Zielfunktionskoeffizient $\bar{c} = 1 - \sum_{i=1}^{m} d_i a_i$ minimal ist.

(Man beachte hierbei die Aufgabe 3.4 sowie $c_j = 1$ für alle Zuschnittvarianten.) Das hierzu äquivalente Rucksackproblem

$$w = \sum_{i=1}^{m} d_i a_i \rightarrow \max \quad \text{bei} \quad \sum_{i=1}^{m} \ell_i a_i \leq L, \, a_i \in \mathbb{Z}_+, \, i \in I \tag{3.14}$$

kann mit geeigneten Algorithmen effizient gelöst werden (s. Kap. 2).

Die Spaltengenerierungstechnik besteht somit darin, die Ermittlung eines minimalen transformierten Zielfunktionskoeffizienten gemäß (3.12) durch die Lösung eines *Spaltengenerierungsproblems* zu ersetzen. Beim eindimensionalen Cutting Stock-Problem führt dies auf ein Rucksackproblem der Form (3.14). Die Anwendbarkeit der Spaltengenerierungstechnik ergibt sich also dann, wenn die Spalten der Koeffizientenmatrix A durch eine gewisse Systematik charakterisiert sind, die durch ein mathematisches Modell erfassbar ist. Bei ein- und höherdimensionalen Cutting Stock-Problemen ist dies die Charakterisierung einer einzelnen Zuschnittvariante.

Zur Illustration der Spaltengenerierungstechnik betrachten wir noch einmal die Lösung des eindimensionalen Cutting Stock-Problems in Beispiel 3.1.

Beispiel 3.3

Es sind $L = 70$ und $\ell = (20, 22, 25, 26)^T$. Wir wählen als erste zulässige Basismatrix A_B solche Zuschnittvarianten a^j, $j = 1, \ldots, 4$, in denen jeweils ein Teil (möglichst oft) zugeschnitten wird, da sich die zugehörige Basisinverse A_B^{-1} unmittelbar angeben lässt:

$$a^1 = (3,0,0,0)^T,\ a^2 = (0,3,0,0)^T,\ a^3 = (0,0,2,0)^T,\ a^4 = (0,0,0,2)^T.$$

Damit erhält man das Tableau ST_1 (zunächst ohne die Spalte $-A_B^{-1}a^5$.

ST_1	A_B^{-1}				$A_B^{-1}b$	$-A_B^{-1}a^5$
x_1	1/3				10	$-1/3$
x_2		1/3			10	0
x_3			1/2		15	$\boxed{-1}$
x_4				1/2	60	0
d^T	1/3	1/3	1/2	1/2	95	$-1/3$

$$\text{mit} \quad A_B = \begin{pmatrix} 3 & 0 & 0 & 0 \\ 0 & 3 & 0 & 0 \\ 0 & 0 & 2 & 0 \\ 0 & 0 & 0 & 2 \end{pmatrix}$$

Nun ist zu überprüfen, ob die gewählte Basis optimal ist beziehungsweise ob eine Zuschnittvariante existiert, die eine Verbesserung des Zielfunktionswertes ergibt. Dazu wird das Rucksackproblem (3.14) gelöst, wobei $G := \{a = (a_1, \ldots, a_4) \in \mathbb{Z}_+^4 : 20a_1 + 22a_2 + 25a_3 + 26a_4 \leq 70\}$ die Menge der zulässigen Zuschnittvarianten bezeichnet:

$$w = \max\left\{ \frac{1}{3}a_1 + \frac{1}{3}a_2 + \frac{1}{2}a_3 + \frac{1}{2}a_4 : a \in G \right\}.$$

Wegen $d_1 \geq d_2$ und $\ell_1 < \ell_2$ kann $a_2 = 0$ und wegen $d_3 \geq d_4$ und $\ell_3 < \ell_4$ kann $a_4 = 0$ gesetzt werden. Damit reduziert sich das Problem zu

$$w = \max\left\{ \frac{1}{6}(2a_1 + 3a_3) : 20a_1 + 25a_3 \leq 70,\ a_1, a_3 \in \mathbb{Z}_+ \right\}.$$

Wir erhalten die Lösung $a_1 = 1$, $a_3 = 2$ mit dem Optimalwert $4/3$. Wegen $4/3 > 1$ ist die zugehörige Zuschnittvariante $a^5 = (1,0,2,0)^T$ eine Zuschnittvariante, die in die Basis einzutauschen ist. Nach der Berechnung von $\bar{a} = -A_B^{-1}a^5$ und $\bar{c}_5 = -1/3$ (vgl. ST_1) ergibt sich entsprechend den Austauschregeln das Tableau ST_2:

ST_2	A_B^{-1}				$A_B^{-1}b$	$-A_B^{-1}a^6$
x_1	1/3		$-1/6$		5	$\boxed{-2/3}$
x_2		1/3			10	0
x_5			1/2		15	0
x_4				1/2	60	$-1/2$
d^T	1/3	1/3	1/3	1/2	90	$-1/6$

$$\text{mit} \quad A_B = \begin{pmatrix} 3 & 0 & 1 & 0 \\ 0 & 3 & 0 & 0 \\ 0 & 0 & 2 & 0 \\ 0 & 0 & 0 & 2 \end{pmatrix}$$

Die Überprüfung des Optimalitätskriteriums führt auf das Rucksackproblem

$$w = \max\left\{\frac{1}{3}a_1 + \frac{1}{3}a_2 + \frac{1}{3}a_3 + \frac{1}{2}a_4 \ : \ a \in G\right\}.$$

Wir erhalten die neue Zuschnittvariante $a^6 = (2,0,0,1)^T$ und können damit das Tableau ST_3 berechnen:

ST_3	A_B^{-1}				$A_B^{-1}b$	$-A_B^{-1}a^7$
x_6	$1/2$	$-1/4$			$15/2$	0
x_2		$1/3$			10	$\boxed{-2/3}$
x_5			$1/2$		15	0
x_4	$-1/4$		$1/8$	$1/2$	$225/4$	$-1/2$
d^T	$1/4$	$1/3$	$3/8$	$1/2$	$355/4$	$-1/6$

$$\text{mit} \quad A_B = \begin{pmatrix} 2 & 0 & 1 & 0 \\ 0 & 3 & 0 & 0 \\ 0 & 0 & 2 & 0 \\ 1 & 0 & 0 & 2 \end{pmatrix}$$

Das zugehörige Rucksackproblem lautet jetzt

$$w = \max\left\{\frac{1}{24}\left(6a_1 + 8a_2 + 9a_3 + 12a_4\right) \ : \ a \in G\right\}.$$

Hieraus ergibt sich $a^7 = (0,2,0,1)^T$ und somit ST_4.

ST_4	A_B^{-1}				$A_B^{-1}b$
x_6	$1/2$		$-1/4$		$15/2$
x_7		$1/2$			15
x_5			$1/2$		15
x_4	$-1/4$	$-1/4$	$1/8$	$1/2$	$195/4$
d^T	$1/4$	$1/4$	$3/8$	$1/2$	$345/4$

$$\text{mit} \quad A_B = \begin{pmatrix} 2 & 0 & 1 & 0 \\ 0 & 2 & 0 & 0 \\ 0 & 0 & 2 & 0 \\ 1 & 1 & 0 & 2 \end{pmatrix}.$$

Das aus ST_4 resultierende Rucksackproblem

$$w = \max\left\{\frac{1}{8}\left(2a_1 + 2a_2 + 3a_3 + 4a_4\right) \ : \ a \in G\right\}$$

besitzt den Optimalwert $w = 1$. Damit gibt es keine weitere Zuschnittvariante, die eine Verbesserung bewirken würde.

In Analogie zu den Zuschnittvarianten ist zu überprüfen, ob eine der negativen Einheitsspalten $-e^i$ in die Basismatrix aufzunehmen ist. Der zugehörige transformierte Zielfunktionskoeffizient $\bar{c}_i$ berechnet sich gemäß $\bar{c}_i = 0 - d^T(-e^i) = d^T e^i = d_i$, $i \in I$. Da

$d_i \geq 0$ für $i \in I$ gilt, ist ST_4 ein optimales Simplextableau, aus dem eine Lösung der stetigen Relaxation des eindimensionalen Cutting Stock-Problems abgelesen werden kann: $x_4 = 48.75$, $x_5 = 15$, $x_6 = 7.5$, $x_7 = 15$ und $z_{LP}^{CSP} = 86.25$.

Somit sind mindestens 87 Stäbe zu zerschneiden. Durch Rundung der Lösung der stetigen Relaxation nach oben erhalten wir eine ganzzahlige Lösung mit dem Zielfunktionswert 87. Damit ist eine Lösung der vorliegenden Aufgabe gefunden. Es sind 49 Stäbe nach Zuschnittvariante $a^4 = (0,0,0,2)^T$, 15 Stäbe nach $a^5 = (1,0,2,0)^T$, 8 Stäbe nach $a^6 = (2,0,0,1)^T$ und 15 Stäbe nach der Variante $a^7 = (0,2,0,1)^T$ zuzuschneiden. Die Materialauslastung beträgt nun 84.24 %. Die Verbesserung gegenüber dem Ergebnis von Beispiel 3.2 resultiert daraus, dass durch die Spaltengenerierungstechnik die Zuschnittvariante a^4 mit 74.29 % Materialauslastung in die Optimierung einbezogen wird. □

Wir weisen hier darauf hin, dass eine simple Rundung der Lösung der stetigen Relaxation i. Allg. nicht zu einer Lösung oder guten Näherungslösung führt. Die Anwendung geeigneter Heuristiken ist stattdessen ratsam (s. z. B. [TLS87]). Ist die Anzahl unterschiedlicher Zuschnittvarianten in der Lösung von untergeordneter Bedeutung, so kann die im Abschnitt 3.8 betrachtete Konstruktion einer *Residual-Instanz* genutzt werden, um dann mit Hilfe von Heuristiken für das Bin Packing-Problem (Abschnitt 3.9) gute ganzzahlige Lösungen des Cutting Stock-Problems zu erhalten.

Auf eine Darstellung von Lösungsmethoden (Branch-and-Bound, Schnittebenen-Verfahren) zur exakten Lösung des ganzzahligen Problems wird an dieser Stelle verzichtet. Wir verweisen hier auf [BS02] und [BS06].

Wie bereits angemerkt, ist die Anwendbarkeit der Spaltengenerierungstechnik nicht auf das eindimensionale Cutting Stock-Problem beschränkt. Die bei der Lösung von zweidimensionalen Cutting Stock-Problemen entstehenden Teilprobleme zur Generierung einer neuen Zuschnittvariante sind Probleme der Art, wie sie in den Kapiteln 4 und 5 betrachtet werden. Die Simplex-Multiplikatoren liefern in diesem Fall die Bewertungen der Teile.

Bei der Umsetzung des revidierten Simplex-Verfahrens mit Spaltengenerierung zur Lösung von Cutting Stock-Problemen sind zahlreiche Modifikationen möglich. Zum Beispiel kann mit einem *Pool* (einer Teilmenge) von Zuschnittvarianten gestartet werden. Dabei wird das LP-Problem bezüglich dieser Spaltenmenge gelöst. Werden beim Optimalitätstest, also beim Spaltengenerierungsproblem, eine oder mehrere Spalten mit negativen transformierten Zielfunktionskoeffizienten gefunden, dann nimmt man eine oder auch mehrere Spalten zum Spalten-Pool hinzu und iteriert erneut etc.

Zusammengefasst ergibt sich, dass die Anwendung der Methode der Spaltengenerierung zur Lösung von Zuschnittproblemen insbesondere die folgenden Vorteile besitzt:

Alle möglichen Zuschnittvarianten werden gleichberechtigt in die Rechnung einbezogen, ohne dass sie vorher explizit ermittelt werden müssen, und der Speicherplatzbedarf ist nur von der Anzahl der ermittelten Zuschnittvarianten abhängig. Es ist jedoch stets zu beachten, dass der Aufwand zur Lösung der Spaltengenerierungsprobleme direkt den Gesamtaufwand beeinflusst.

Obwohl die hier vorgestellte Lösungsstrategie für Cutting Stock-Probleme nur eine Heuristik darstellt, ist es jedoch bemerkenswert, dass beim eindimensionalen Cutting Stock-Problem fast immer Optimallösungen aus der Lösung der stetigen Relaxation erhalten werden. Bisher ist kein Beispiel eines eindimensionalen Cutting Stock-Problems bekannt, für welches die Differenz zwischen Optimalwert und unterer Schranke aus der stetigen Relaxation größer als 1.2 ist ([Rie03]). Diesen Sachverhalt untersuchen wir im Abschnitt 3.8 genauer.

Anzumerken ist weiterhin, dass diese Lösungsstrategie zwar gut geeignet für Cutting Stock-Probleme (relativ wenige Teiletypen, relativ große Bedarfszahlen) ist, jedoch weniger für *Bin Packing-Probleme* (Abschnitt 3.9), bei denen relativ viele Teiletypen und relativ kleine Bedarfszahlen vorkommen. Für diese Probleme existieren zahlreiche Heuristiken, die in Analogie zu denen beim Streifen-Packproblem (Kap. 6) arbeiten.

3.6 Das Cutting Stock-Problem mit mehreren Ausgangslängen

Aus der Vielzahl der verwandten Aufgabenstellungen, die sich aus dem eindimensionalen Cutting Stock-Problem ergeben, untersuchen wir hier folgende Zuschnittsituation: Zuzuschneiden sind wieder Rundhölzer (Teile) der Längen ℓ_i, $i \in I = \{1, \ldots, m\}$. Als Ausgangsmaterial stehen Rundhölzer der Längen $L_1, \ldots, L_q$ zur Verfügung, wobei von den Typen L_1 bis L_p ($1 \leq p < q$) jeweils nur eine beschränkte Anzahl u_k, $k = 1, \ldots, p$, vorhanden ist. Die restlichen Ausgangslängen L_k, $k = p + 1, \ldots, q$, sind jeweils in unbeschränkter Menge verfügbar. Um die Lösbarkeit des Zuschnittproblems zu sichern, nehmen wir an, dass $\max_{i \in I} \ell_i \leq \max_{k \in K_q \setminus K_p} L_k$ gilt mit $K_q = \{1, \ldots, q\}$ und $K_p = \{1, \ldots, p\}$.

Entsprechend der gewählten Zielstellung sind Bewertungskoeffizienten c_k, $k \in K_q$, zu definieren. Ist ein Zuschnitt mit minimalem Abfall gesucht, ist $c_k := L_k$ zu setzen. Durch andere Festsetzungen können Prioritäten realisiert werden.

Bei der folgenden Modellierung gehen wir davon aus, dass ein minimaler Materialeinsatz angestrebt wird. Für jede Ausgangslänge L_k, $k \in K_q$, wird durch

$$a^{jk} = (a_{1jk}, \ldots, a_{mjk})^T \in \mathbb{Z}_+^m \quad \text{mit} \quad \sum_{i \in I} \ell_i a_{ijk} \leq L_k$$

eine zulässige Zuschnittvariante charakterisiert. Die Indexmenge J_k repräsentiere die Menge aller derartigen Vektoren ($k \in K_q$). Die i-te Komponente a_{ijk} gibt wieder an, wie oft das Teil i beim Zuschnitt aus L_k nach der Variante a^{jk} erhalten wird. Beim eindimensionalen Bin Packing-Problem mit unterschiedlichen Bin-Größen kann analog zu (3.1) die Zusatzbedingung

$$a_{ijk} \leq b_i, \quad i \in I,$$

berücksichtigt werden. Die Anzahl, wie oft die Zuschnittvariante a^{jk} verwendet wird, bezeichnen wir mit x_{jk}.

Modell des Cutting Stock-Problems mit mehreren Ausgangslängen

$$z^{qCSP} = \min \sum_{k \in K_q} c_k \sum_{j \in J_k} x_{jk} \quad \text{bei} \tag{3.15}$$

$$\sum_{k \in K_q} \sum_{j \in J_k} a_{ijk} x_{jk} \geq b_i, \quad i \in I, \tag{3.16}$$

$$\sum_{j \in J_k} x_{jk} \leq u_k, \quad k \in K_p, \tag{3.17}$$

$$x_{jk} \in \mathbb{Z}_+, \quad j \in J_k, k \in K_q. \tag{3.18}$$

Zur näherungsweisen Lösung des linear-ganzzahligen Modells verwenden wir in Analogie zu Abschnitt 3.3 die stetige Relaxation. Aus deren Lösung wird dann durch eine passende Heuristik eine zulässige Lösung von (3.15) – (3.18) konstruiert. Es ist anzumerken, dass die Verwendung von Gleichungsrestriktionen in (3.17), die gegebenenfalls erwünscht ist, zu Lösbarkeitsproblemen sowie zu zusätzlichen Schwierigkeiten bei der Konstruktion ganzzahliger Lösungen führen kann. Dies wird hier nicht näher betrachtet.

Die stetige Relaxation zu (3.15) – (3.18) kann wieder mit der Spaltengenerierungstechnik gelöst werden. Ausgehend von einer Umformulierung mit Gleichungsrestriktionen durch Einführung von $m + p$ Schlupfvariablen und der Ermittlung einer zulässigen Startlösung sind dann folgende Spaltengenerierungsprobleme je Schritt des Simplex-Verfahrens zu lösen:

$$\bar{c}_k := \min\{c_k - \sum_{i \in I} d_i a_i - d_{m+k} : \sum_{i \in I} \ell_i a_i \leq L_k, a_i \in \mathbb{Z}_+, i \in I\}, \quad k \in K_p, \tag{3.19}$$

$$\bar{c}_k := \min\{c_k - \sum_{i \in I} d_i a_i : \sum_{i \in I} \ell_i a_i \leq L_k, a_i \in \mathbb{Z}_+, i \in I\}, \quad k \in K_q \setminus K_p, \tag{3.20}$$

$$\bar{c}_0 := \min\{\min_{i \in I} d_i, -\max_{k \in K_p} d_{m+k}\}. \tag{3.21}$$

Der Vektor $d = (d_1, \ldots, d_{m+p})^T$ bezeichnet wieder den Vektor der Simplex-Multiplikatoren.

Die Lösung der p Generierungsprobleme in (3.19) und der $q - p$ Generierungsprobleme in (3.20) erfordert jeweils die Lösung eines Rucksackproblems. Bei Verwendung einer Methode, die auf der Dynamischen Optimierung basiert, kann dies durch Lösen eines Rucksackproblems mit rechter Seite $\max_{k \in K_q} L_k$ geschehen. Die transformierten Zielfunktionskoeffizienten der zu den Schlupfvariablen zugehörigen Spalten ergeben den Wert $\bar{c}_0$ in (3.21). Gilt $\min\{\bar{c}_k : k = 0, \ldots, q\} \geq 0$, dann liegt Optimalität vor. Andernfalls gibt es mindestens eine Spalte (Zuschnittvariante oder Spalte zu einer Schlupfvariable), die in die Basismatrix zu tauschen ist.

3.7 Alternative Modelle und angrenzende Problemstellungen

Ein mathematisches Modell des Cutting Stock-Problems wurde erstmals 1939 von Kantorovich ([Kan39]) angegeben. Es sei K eine obere Schranke des Optimalwertes, z. B. die Anzahl der Ausgangslängen einer zulässigen Lösung. Unter Verwendung von Entscheidungsvariablen y_k, $k = 1, \ldots, K$, die modellieren, ob die k-te Ausgangslänge genommen wird, und Variablen x_{ik}, die die Koeffizienten der k-ten Zuschnittvariante repräsentieren, erhält man das folgende lineare ganzzahlige Modell des Cutting Stock-Problems:

Kantorovich-Modell des Cutting Stock-Problems

$$z^{Kant} = \min \sum_{k=1}^{K} y_k \quad \text{bei}$$

$$\sum_{i \in I} \ell_i x_{ik} \leq L y_k, \quad k = 1, \ldots, K,$$

$$\sum_{k=1}^{K} x_{ik} \geq b_i, \quad i \in I,$$

$$y_k \in \{0,1\}, \; x_{ik} \in \mathbb{Z}_+, \quad i \in I, \; k = 1, \ldots, K. \tag{3.22}$$

Die stetige Relaxation zum Kantorovich-Modell erhält man, wenn (3.22) durch $0 \leq y_k \leq 1$, $x_{ik} \geq 0$ für alle i und k ersetzt wird. Die aus der stetigen Relaxation resultierende untere Schranke $\lceil z_{LP}^{Kant} \rceil$ ist i. Allg. schwächer als die, die man aus der LP-Relaxation des Gilmore/Gomory-Modells erhält. Insbesondere gilt $z_{LP}^{Kant} = \sum_{i \in I} \ell_i / L$.

Auf Grund der i. Allg. sehr großen Anzahl von Variablen im Gilmore/Gomory-Modell des eindimensionalen Cutting Stock-Problems sind andere Modelle entwickelt worden mit geringerer Variablenzahl. In dem in [Dyc81] angegebenen *One Cut-Modell* und in dem *Fluss-Modell* (*arc flow model*, [dC98]) werden $O(mL)$ Variablen verwendet. Die Reduktion der Variablenanzahl führt allerdings zu einer wesentlichen Erhöhung der Anzahl der Restriktionen auf $m + L$. Eine ausführliche Zusammenstellung von Modellen zum Cutting Stock-Problem findet man in [dC02]. Zur Formulierung des Fluss-Modells nehmen wir nun an, dass die Teilelängen monoton fallend sortiert sind, d. h., es gilt

$$L \geq \ell_1 > \cdots > \ell_m > 0.$$

Wir definieren einen gerichteten Graphen $G = (V, E)$ mit der Knotenmenge $V := \{0, 1, \ldots, L\}$ und der Bogenmenge

$$E := E_1 \cup E_2 \quad \text{mit}$$

$$E_1 := \{(p, q) : p, q \in V, \exists i \in I \text{ mit } q - p = \ell_i\},$$

$$E_2 := \{(p, L) : p \in V \setminus \{L\}, p > L - \ell_m\}.$$

Die Bögen in E_1 repräsentieren durch ihre Bogenlänge (= Differenz der Knotennummern) die zuzuschneidenden Teile. Durch die Bögen in E_2 wird der Abfall in einer Zuschnittvariante modelliert. Zu jedem Bogen $(p, q) \in E$ definieren wir eine Variable x_{pq}. Jeder Weg vom Knoten 0 zum Knoten L repräsentiert eine zulässige Zuschnittvariante. Interpretiert man die Häufigkeit x_j, wie oft die Variante a^j verwendet wird, als einen Fluss in G, so erhält jede Bogenvariable des zu a^j gehörigen Weges diesen Flusswert. Dabei kann eine Zuschnittvariante a^j i. Allg. durch mehrere Wege, die durch eine unterschiedliche Reihenfolge der Teile bedingt sind, repräsentiert werden.

Fluss-Modell des Cutting Stock-Problems

$$z^{CSP} = \min \sum_{(0,q) \in E} x_{0q} \quad \text{bei} \tag{3.23}$$

$$\sum_{(p,q) \in E} x_{pq} = \sum_{(q,r) \in E} x_{qr}, \quad q \in V \setminus \{0, L\}, \tag{3.24}$$

$$\sum_{p \in V, p \leq L - \ell_i} x_{p,p+\ell_i} \geq b_i, \ i \in I, \tag{3.25}$$

$$x_{pq} \in \mathbb{Z}_+, \ (p, q) \in E.$$

Die Summation über die leere Menge ergibt vereinbarungsgemäß den Wert Null. Die Zielfunktion (3.23) minimiert die Gesamtflussstärke und damit die Anzahl der benötigten Ausgangslängen. Die Flusserhaltungsbedingungen (3.24) sichern, dass aus einer

Lösung des Fluss-Modells wieder Zuschnittvarianten und zugehörige Häufigkeiten der Anwendung herauskristallisiert werden können. Die Bedingung (3.25) sichert die Bedarfserfüllung. Die Äquivalenz des Fluss-Modells zum Gilmore/Gomory-Modell wird ausführlich in [dC98] beschrieben.

Im Hinblick auf die Konstruktion von Algorithmen zur exakten Lösung des ganzzahligen Problems sind Symmetrien in der Lösung nach Möglichkeit auszuschließen. Diese resultieren zum Beispiel aus der Nichteindeutigkeit der Zuordnung eines Weges in G zu einer Zuschnittvariante. Um diese Mehrdeutigkeit auszuschließen, ordnen wir jeder Zuschnittvariante den eindeutig bestimmten Weg in G zu, der sich durch nichtwachsende Bogenlänge ergibt. Durch diese Einschränkung kann die Anzahl der Variablen reduziert werden. Entsprechend der Definition von Rasterpunktmengen im Abschnitt 2.7 definieren wir

$$S(\ell, L) := \left\{ p : p = \sum_{i \in I} \ell_i a_i \leq L, \ a_i \in \mathbb{Z}_+, \ i \in I \right\} \quad \text{und}$$

$$\mu(p) := \begin{cases} 0 & \text{für } p = 0, \\ \min\{i \in I : p - \ell_i \in S(\ell, L), \ i \geq \mu(p - \ell_i)\} & \text{für } p \in S(\ell, L) \setminus \{0\}. \end{cases}$$

Durch den Index $\mu(p)$ sichern wir, dass in jedem Weg in dem reduzierten Graphen $G' = (V, E')$, der vom Knoten 0 beginnt, nur Bögen aufeinander folgen, deren Länge nicht größer als die des Vorgängerbogens ist. Die Bogenmenge E' wird dann definiert durch

$$E' := E'_1 \cup E_2 \quad \text{mit}$$

$$E'_1 := \{(p, q) : p, q \in V, \ \exists i \in I \text{ mit } i \geq \mu(p), \ q - p = \ell_i\}.$$

Ein Beispiel für den reduzierten Graphen G' wird in der Aufgabe 3.17 betrachtet.

Neben der Materialminimierung gibt es in der Anwendung häufig weitere Kostenfaktoren und technologische Restriktionen zu beachten. Beispielhaft verweisen wir hier auf Kosten, die sogenannten *Umrüstkosten* (auch *Setup-Kosten* genannt), die durch die Umrüstung der Zuschnittanlage entstehen (Übergang von einer Zuschnittvariante zu einer anderen). Die Anzahl der Umrüstungen ist mitunter sehr gering zu halten, auch wenn dadurch die Materialausbeute geringfügig verringert wird. Eine effiziente Heuristik, die auf der *Sequential Value Correction-Methode* (Abschnitt 6.4.2) basiert, findet man in [BS07].

Eine technologische Restriktion, die nicht aus der Zuschnittsituation resultiert, aber oftmals in der Anwendung zu beachten ist, entsteht durch den beschränkten Platz, der im

Umkreis der Zuschnittanlage verfügbar ist. Die Anzahl der Stapelplätze, auf denen jeweils die Teile eines Typs gesammelt werden, bis alle produziert sind, ist zumeist klein im Vergleich zu m, der Anzahl unterschiedlicher zuzuschneidender Typen. Gesucht wird somit eine Menge von Zuschnittvarianten mit entsprechender Reihenfolge, mit der der Gesamtbedarf mit möglichst geringem Materialeinsatz unter Einhaltung der *open stack*-Bedingung zugeschnitten werden kann. Eine effiziente Heuristik ist in [BS07] beschrieben.

3.8 Die Eigenschaften IRUP und MIRUP

3.8.1 Definition von IRUP und MIRUP

Wir betrachten nun Instanzen (Aufgaben, Beispiele) $E = (m, \ell, L, b)$ des eindimensionalen Cutting Stock-Problems, wobei m die Anzahl der Teiletypen, L die Materiallänge, $\ell = (\ell_1, \ldots, \ell_m)^T \in \mathbb{Z}_+^m$ der Vektor der Teilelängen und $b = (b_1, \ldots, b_m)^T \in \mathbb{Z}_+^m$ der Bedarfsvektor sind. Es sei wieder $I = \{1, \ldots, m\}$. Ein Vektor $a^j = (a_{1j}, \ldots, a_{mj})^T \in \mathbb{Z}_+^m$ repräsentiert eine Zuschnittvariante, falls $\sum_{i=1}^m \ell_i a_{ij} \leq L$ gilt. Die Indexmenge $J = \{1, \ldots, n\}$ beschreibe die Menge aller Zuschnittvarianten. Wird mit x_j die Anzahl bezeichnet, wie oft die Zuschnittvariante a^j verwendet wird, dann erhalten wir das bekannte Modell des eindimensionalen Cutting Stock-Problems:

$$z^*(E) = \min \left\{ \sum_{j \in J} x_j : \quad \sum_{j \in J} a_{ij} x_j \geq b_i, \ i \in I, \quad x_j \in \mathbb{Z}_+, \ j \in J \right\}. \qquad (3.26)$$

Die zugehörige *stetige (LP-) Relaxation* ist dann

$$z_c(E) = \min \left\{ \sum_{j \in J} x_j : \quad \sum_{j \in J} a_{ij} x_j \geq b_i, \ i \in I, \quad x_j \in \mathbb{R}_+, \ j \in J \right\}. \qquad (3.27)$$

Bei Verwendung der Matrixschreibweise kann (3.26) wie folgt geschrieben werden:

$$z^*(E) = \min\{e^T x : Ax \geq b, \ x \in \mathbb{Z}_+^n\}, \qquad (3.28)$$

wobei $e = (1, \ldots, 1)^T \in \mathbb{R}^n$. Durch die Instanz (m, ℓ, L, b) ist die Instanz (m, n, A, c, b) für das Modell (3.28) eindeutig bestimmt. Die Umkehrung gilt jedoch nicht. Ohne Beschränkung der Allgemeinheit setzen wir wieder $b_i \geq 1$ für alle $i \in I$ und $L \geq \ell_1 > \ell_2 > \cdots > \ell_m > 0$ voraus.

Das Modell (3.26) ist ein Spezialfall des allgemeinen Modells der linearen ganzzahligen Optimierung

$$z^*(E) = \min\{c^T x \,:\, Ax \geq b,\ x \geq 0,\ x \in \mathbb{Z}^n\}.$$

Die zugehörige *stetige* (bzw. *LP-*) *Relaxation* ist dann

$$z_c(E) = \min\{c^T x \,:\, Ax \geq b,\ x \geq 0,\ x \in \mathbb{R}^n\}.$$

Definition 3.1

Ein lineares ganzzahliges Minimierungsproblem P besitzt die Eigenschaft

- *Integer Property (IP)*, falls $z^*(E) = z_c(E)$ für alle Instanzen $E \in P$;
- *Integer Round-Up Property (IRUP)*, falls $z^*(E) = \lceil z_c(E) \rceil$ für alle $E \in P$;
- *Modified Integer Round-Up Property (MIRUP)*, falls $z^*(E) \leq \lceil z_c(E) \rceil + 1$ für alle $E \in P$.

Es ist bekannt, dass ein Problem P die Eigenschaft IP genau dann hat, wenn für jede Instanz E von P die Koeffizientenmatrix *total unimodular* ist (s. z. B. [NW88]). Beispiele von Problemen, die die IP-Eigenschaft besitzen, sind das *Problem des maximalen Flusses in einem Netzwerk* sowie das *Transportproblem*.

Alle (zahlreichen) numerischen Tests zum eindimensionalen Cutting Stock-Problem zeigen, dass die Differenz der Optimalwerte $z^*(E)$ von (3.26) und $z_c(E)$ von (3.27) stets kleiner 2 ist. In [ST92] wurde erstmals folgende Vermutung formuliert, die eine Reihe von Untersuchungen initiierte:

Vermutung:
Das eindimensionale Cutting Stock-Problem besitzt die Eigenschaft MIRUP.

Für die Instanz $E = (m, \ell, L, b)$ des Cutting Stock-Problems definieren wir

$$\Delta(E) := z^*(E) - z_c(E).$$

Die Instanz E besitzt damit die Eigenschaft IRUP, falls $\Delta(E) < 1$ gilt, und E besitzt die Eigenschaft MIRUP, falls $\Delta(E) < 2$ gilt.

Während der Nachweis der Optimalität einer Lösung x^* einer Instanz $E := (m, \ell, L, b)$ mit IRUP relativ einfach ist, da in diesem Fall $z^*(E) = \lceil z_c(E) \rceil$ gilt, ist die stetige Relaxation nicht erfolgreich, falls E die Eigenschaft IRUP nicht besitzt. Um nun die Optimalität nachzuweisen, sind entweder Branch-and-Bound-Methoden oder Schnittebenenverfahren oder deren Kombination anzuwenden ([BS02, BS08a]).

Im Folgenden werden wir einige Ergebnisse zum eindimensionalen Cutting Stock-Problem vorstellen. Es bezeichne $\mathscr{P}$ die Menge aller Instanzen des Cutting Stock-Problems sowie $\mathscr{M}^*$ und $\mathscr{M}$ die Menge der Instanzen des Cutting Stock-Problems, die die Eigenschaft IRUP bzw. MIRUP besitzen. Ein (für diese Untersuchungen) wichtiges Teilproblem des Cutting Stock-Problems bilden die Aufgaben des *Teilbarkeitsfalls* (*divisible case*). Bei diesen Instanzen gilt $L/\ell_i \in \mathbb{Z}$ für alle i. Eine Zuschnittvariante a^j heißt *maximal*, falls $0 \le L - \ell^T a < \ell_m$ gilt. Eine Variante a^j nennen wir *elementar*, falls durch a^j nur Teile eines Typs erhalten werden. Eine Zuschnittvariante a^j heißt *eigentlich (proper)* bezüglich eines gegebenen Bedarfsvektors b, falls $a_{ij} \le b_i$, $i \in I$, gilt.

3.8.2 Transformationen

Bekanntlich ist das Problem (3.28) des eindimensionalen Cutting Stock-Problems äquivalent zu

$$z^* = \min\{e^T x \,:\, Ax = b, \, x \in \mathbb{Z}_+^n\},$$

falls A alle zulässigen Zuschnittvarianten enthält (Aufgabe 3.2). Sehr hilfreich bei den Untersuchungen hinsichtlich IRUP und MIRUP ist die Konstruktion einer *Residual-Instanz*. Es seien $E = (m, \ell, L, b)$ eine Instanz des eindimensionalen Cutting Stock-Problems und x^c eine Lösung der zugehörigen *stetigen Relaxation*

$$z_c = \min\{e^T x \,:\, Ax = b, \, x \in \mathbb{R}_+^n\}. \tag{3.29}$$

Dann ist $\overline{E} = (m, \ell, L, b - A\lfloor x^c \rfloor)$ eine *Residual-Instanz* zu E.

Definition 3.2
Eine Instanz $E = (m, \ell, L, b)$ des Cutting Stock-Problems heißt *Residual-Instanz*, falls es eine Lösung x^c von (3.29) gibt mit $0 \le x^c < e$, d. h. mit $0 \le x_j < 1$ für alle $j \in J$.

Eine Residual-Instanz ist typischerweise eine Instanz des Bin Packing-Problems. Sie kann damit näherungsweise durch entsprechende Heuristiken (Abschnitt 3.9) oder auch exakt gelöst werden. Im Folgenden bezeichne $\mathscr{P}_{res}$ die Menge der Residual-Instanzen.

Aussage 3.3
Es seien $E \in \mathscr{P}$ und $\overline{E}$ eine zugehörige Residual-Instanz. Dann gilt:

(a) $\overline{E} \in \mathscr{M}^* \;\Rightarrow\; E \in \mathscr{M}^*$,
(b) $\overline{E} \in \mathscr{M} \;\Rightarrow\; E \in \mathscr{M}$.

Den Beweis stellen wir als Aufgabe 3.10.

Folgerung 3.4
Um die Eigenschaft MIRUP für ein Problem P zu zeigen, ist es folglich ausreichend, MIRUP für die Residual-Instanzen von P zu zeigen.

3.8.3 Teilprobleme mit MIRUP

Ohne Beschränkung der Allgemeinheit nehmen wir im Folgenden an, dass jede Lösung der stetigen Relaxation einer reduzierten Instanz nur Werte kleiner 1 hat. Für die Instanz $E = (m, \ell, L, b)$ des Cutting Stock-Problems und eine Zuschnittvariante a^j definieren wir

$$k_i := \left\lfloor \frac{L}{\ell_i} \right\rfloor,\ i \in I, \quad \kappa := \left(\frac{1}{k_1}, \ldots, \frac{1}{k_m} \right)^T, \quad \gamma := \kappa^T b, \quad \omega_j := \kappa^T a^j, \quad \rho_j := \frac{\ell^T a^j}{L}.$$

Der Zielfunktionswert des Cutting Stock-Problems ist gleich γ, falls nur elementare Zuschnittvarianten mit maximaler Teilezahl verwendet werden. Im Allgemeinen gilt $z_c(E) \leq \gamma$. Die Zahl ω_j ist die *Dichte* und ρ_j die *Auslastung (-srate)* einer Zuschnittvariante.

Aussage 3.5

Gegeben seien (beliebige) positive ganze Zahlen k_i und b_i, $i \in I$, mit $b_i \leq k_i$, $i \in I$. Dann existieren $\lceil \gamma \rceil + 1$ nichtnegative ganzzahlige Vektoren $a^j = (a_{1j}, \ldots, a_{mj})^T$ mit

$$\sum_{j=1}^{\lceil \gamma \rceil+1} a_{ij} = b_i, \quad i = 1, \ldots, m, \quad \sum_{i=1}^m \frac{a_{ij}}{k_i} \leq 1, \quad j = 1, \ldots, \lceil \gamma \rceil + 1, \quad \gamma = \sum_{i=1}^m \frac{b_i}{k_i}.$$

Beweis: Wir führen den Beweis durch Induktion über $n = 1, \ldots, m$. Die Aussage ist für $n = 1$ mit $a_{11} = b_1$, $a_{12} = 0$ erfüllt. Es sei $\gamma_n = \lceil \sum_{i=1}^n b_i/k_i \rceil$, $n \in \{1, \ldots, m\}$.

Induktionsschritt „$n \Rightarrow n+1$“:

Fall a): Es sei $k_{n+1} = k_r$ für ein r mit $1 \leq r \leq n$. Dann kann man $b_r^{(1)} = b_r + b_{n+1}$ setzen. Falls $b_r^{(1)} \leq k_r$, dann gilt die Aussage. Andererseits gilt $b_r^{(1)} \leq 2k_r$ und mit $b_r^{(2)} := b_r^{(1)} - k_r$, $b_r^{(2)} \leq k_r$ folgt $\lceil \sum_{i=1, i \neq r}^n b_i/k_i + b_r^{(2)}/k_r \rceil = \gamma_{n+1} - 1$. Wegen $b_i \leq k_i$ für alle $i \neq r$ und $b_r^{(2)} \leq k_r$ gibt es γ_{n+1} nichtnegative ganzzahlige Vektoren a^j für die Instanz $(m, \ell, L, b - k_r e^r)$ und mit $a_{r,\gamma_{n+1}+1} := k_r$, $a_{i,\gamma_{n+1}+1} := 0$, $i \neq r$ folgt die Behauptung.

Fall b): Wegen Fall a) können wir annehmen, dass $1 \leq k_1 < k_2 < \cdots < k_{n+1}$ gilt. Folglich gilt $k_{n+1} \geq n+1$. Wegen $\gamma_n \leq \gamma_{n+1}$ gibt es $\gamma_{n+1} + 1$ nichtnegative n-dimensionale ganzzahlige Vektoren $a^j = (a_{1j}, \ldots, a_{nj})^T$ mit

$$\sum_{j=1}^{\gamma_{n+1}+1} a_{ij} = b_i, \quad i = 1, \ldots, n, \quad \sum_{i=1}^n \frac{a_{ij}}{k_i} \leq 1, \quad j = 1, \ldots, \gamma_{n+1} + 1.$$

Jetzt betrachten wir diese Vektoren als $(n+1)$-dimensionale Vektoren, wobei $a_{n+1,j} := \lfloor (1 - \sum_{i=1}^n a_{ij}/k_i)k_{n+1} \rfloor$ gesetzt wird. Folglich gilt

$$1 - \frac{1}{k_{n+1}} < \sum_{i=1}^{n+1} \frac{a_{ij}}{k_i} \leq 1,\ j = 1, \ldots, \gamma_{n+1} + 1, \quad b_{n+1} \leq k_{n+1} \left(\gamma_{n+1} - \sum_{i=1}^n \frac{b_i}{k_i} \right).$$

Weiterhin gilt

$$
\begin{aligned}
b_{n+1} - \sum_{j=1}^{\gamma_{n+1}+1} a_{n+1,j} \; &\leq \; k_{n+1}\left(\gamma_{n+1} - \frac{1}{k_{n+1}}\sum_{j=1}^{\gamma_{n+1}+1} a_{n+1,j} - \sum_{i=1}^{n}\frac{b_i}{k_i}\right) \\
&= \; k_{n+1}\left(\gamma_{n+1} - \frac{1}{k_{n+1}}\sum_{j=1}^{\gamma_{n+1}+1} a_{n+1,j} - \sum_{i=1}^{n}\left(\frac{1}{k_i}\sum_{j=1}^{\gamma_{n+1}+1} a_{ij}\right)\right) \\
&= \; k_{n+1}\left(\gamma_{n+1} - \sum_{j=1}^{\gamma_{n+1}+1}\sum_{i=1}^{n+1}\frac{a_{ij}}{k_i}\right) \\
&< \; k_{n+1}\left(\gamma_{n+1} - (\gamma_{n+1}+1)\left(1 - \frac{1}{k_{n+1}}\right)\right) \\
&= \; k_{n+1}\left(-1 + \frac{\gamma_{n+1}}{k_{n+1}} + \frac{1}{k_{n+1}}\right) \\
&\leq \; 1.
\end{aligned}
$$

Wegen der Ganzzahligkeit von b_{n+1} und $a_{n+1,j}$ folgt $\sum_{j=1}^{\gamma_{n+1}+1} a_{n+1,j} \geq b_{n+1}$ und wir können geeignete nichtnegative ganze Zahlen $a'_{n+1,j}$, $j = 1,\ldots,\gamma_{n+1}+1$ wählen mit $a'_{n+1,j} \leq a_{n+1,j}$ und $\sum_{j=1}^{\gamma_{n+1}+1} a'_{n+1,j} = b_{n+1}$. ∎

Eine Verallgemeinerung dieser Aussage für $b_i > k_i$, $i = 1,\ldots,m$, wird in Aufgabe 3.9 betrachtet. Als Verschärfung der Aussage 3.5 wird in [Rie03] $\Delta(E) < 7/5$ für alle Instanzen E des Teilbarkeitsfalls gezeigt. Weiterhin wird in [RST02b] angegeben, dass für beliebige Instanzen E gilt:

$$\Delta(E) < \max\{2, (m+2)/4\}.$$

Wir geben nun einige Aussagen aus [ST97], [RST02b] und [Rie03] an. Wir verzichten hier auf die Beweisführung einzelner Aussagen, da die notwendige Argumentation zum Teil wegen umfangreicher Fallunterscheidungen platzaufwendig ist.

Aussage 3.6
Es sei E eine Instanz des Cutting Stock-Problems und γ sei wie oben definiert. Falls $\lceil z_c(E) \rceil = \lceil \gamma \rceil$, dann hat E die Eigenschaft MIRUP, d. h. es gilt $E \in \mathcal{M}$.

Beweis: Es seien $\alpha_i := \lfloor b_i/k_i \rfloor$ und $\bar{b}_i := b_i - \alpha_i k_i$. Dann gilt
$$\lceil z_c(E) \rceil = \lceil \gamma \rceil = \lceil \kappa^T b \rceil = \lceil \textstyle\sum_{i=1}^{m} b_i/k_i \rceil = \sum_{i=1}^{m}\alpha_i + \lceil \textstyle\sum_{i=1}^{m}\bar{b}_i/k_i \rceil =: \Gamma_1 + \Gamma_2.$$
Nach Konstruktion existieren wegen Aussage 3.5 $\lceil \Gamma_2 \rceil + 1$ nichtnegative ganzzahlige Vektoren a^j mit $\sum_{j=1}^{\lceil \Gamma_2 \rceil + 1} a_{ij} = \bar{b}_i$, $i \in I$, und $\sum_{i=1}^{m} a_{ij}/k_i \leq 1$, $j = 1,\ldots,\lceil \Gamma_2 \rceil + 1$. Die Verwendung von α_i zugehörigen elementaren Varianten liefert die Aussage. ∎

Für eine Instanz $E = (m, \ell, L, b)$ des Cutting Stock-Problems liefert $\ell^T b$ die Mindestlänge, die an Material benötigt wird. Folglich gilt $z_M(E) := \ell^T b / L \leq z_c(E)$, wobei $z_M(E)$ die Materialschranke bezeichnet.

Aussage 3.7

Es sei $E \in \mathscr{P}$. Falls $z_M(E) \in [0, 7/4] \cup (2, 5/2] \cup (3, 13/4]$, dann gilt $E \in \mathscr{M}^*$.

Den Beweis für $z_M(E) \leq 3/2$ führen wir in Aufgabe 3.11.

Folgerung 3.8

Falls E eine Residual-Instanz $\overline{E} = (m, \ell, L, \overline{b})$ hat, die die Voraussetzungen der Aussage 3.7 erfüllt, dann gilt $E \in \mathscr{M}^*$.

Aussage 3.9

Es sei $E \in \mathscr{P}$. Falls $m \leq 6$ oder $z_M(E) \in [0, 19/4] \cup (5, 11/2] \cup (6, 25/4]$, dann besitzt E die Eigenschaft MIRUP, d. h., es gilt $E \in \mathscr{M}$.

Es sei $v = v(x) := \sum_j \text{sign}(x_j)$, wobei $\text{sign}(t) = 1$ für $t > 0$ und $\text{sign}(t) = 0$ für $t = 0$ gilt. Falls x eine Basislösung der stetigen Relaxation ist (erhalten mit der Simplex-Methode), dann gilt offenbar $v \leq m$.

Aussage 3.10

Es sei $E \in \mathscr{P}$. Falls $\lceil z_c(E) \rceil \geq v(x^c) - 1$, dann gilt $E \in \mathscr{M}$.

Den Beweis stellen wir als Aufgabe 3.12. Allgemein gilt mit $\omega_j = \kappa^T a^j$ und $x \in \mathbb{R}_+^n$ mit $e^T x = z_c(E)$:

$$\gamma - z_c(E) \leq \sum_{i \in I} \frac{1}{k_i} \sum_{j \in J} a_{ij} x_j^c - \sum_{j \in J} x_j^c = \sum_{j \in J} x_j^c (\omega_j - 1).$$

Weiterhin gilt $\mu = \mu(E) := \max \{ \omega_j : j = 1, \ldots, n \} \leq 1.7$ (Aufgabe 3.13).

Aussage 3.11

Es sei $E \in \mathscr{P}$. Falls $\mu(E) \leq 1$, dann gilt $E \in \mathscr{M}$ sowie $z_c(E) = \gamma$.

In der Aufgabe 3.14 wird diese Aussage bewiesen.

Untere Schranken für $z^*(E)$ für eine Instanz $E = (m, \ell, L, b)$ können auch durch *Aggregation* erhalten werden. Es sei $\lambda \in R_+^m$. Dann ist

$$z_\lambda = \min \{ e^T x \, : \, \lambda^T A x \geq \lambda^T b, \, x \geq 0 \} \tag{3.30}$$

eine Relaxation des Cutting Stock-Problems (Aufgabe 3.15) und $\lceil z_\lambda \rceil$ eine Schranke für $z^*(E)$. Wählt man $\lambda := \ell/L$, dann erhält man mit $l^T A \leq L e^T$ die Materialschranke

$$B_1(E) := z_M(E) = \ell^T b/L.$$

Für $\lambda := \kappa/\mu$ erhält man eine weitere Schranke

$$B_2(E) := \gamma/\mu \quad \text{mit } \gamma = \kappa^T b.$$

Beispiel 3.4
Für die Instanz $E = (2, (44, 33)^T, 142, (2, 3)^T)$ gilt $z_C(E) \geq B_1(E) = 187/142 \approx 1.317$, $\mu = 1$ und $z_C(E) \geq B_2(E) = 17/12 \approx 1.417$. Für die Instanz $E' = (2, (44, 33)^T, 142, (20, 30)^T)$ erhält man damit $z^*(E') \geq \max\{14, 15\}$. $\qquad\square$

Aussage 3.12
Es sei $E \in \mathscr{P}$. Falls $\lceil \max\{B_1(E), B_2(E)\} \rceil = \lceil \gamma \rceil$, dann gilt $E \in \mathscr{M}$.

Den Beweis stellen wir als Aufgabe 3.16. Zugehörig zu $E = (m, \ell, L, b) \in \mathscr{P}$ und $z \in \mathbb{R}$ mit $z \geq k_1$ definieren wir $\theta(z) := \max\{i : k_i \leq \lceil z \rceil, i \in I\}$.

Aussage 3.13
Es seien $E = (m, (\ell_1, \ldots, \ell_m)^T, L, (b_1, \ldots, b_m)^T) \in \mathscr{P}_{res}$ und x^s eine zulässige Lösung der zugehörigen LP-Relaxation mit Wert z und $z \geq k_1$. Weiterhin sei $\sum_{i=\theta(z)+1}^m b_i > 0$. Dann gilt: $E \in \mathscr{M} \iff \overline{E} := (\theta(z), (\ell_1, \ldots, \ell_{\theta(z)})^T, L, (b_1, \ldots, b_{\theta(z)})^T) \in \mathscr{M}$.

Es seien $E = (m, \ell, L, b)$ und $\overline{E} = (\theta(z), \overline{\ell}, L, \overline{b})$ Instanzen des Cutting Stock-Problems, definiert in Aussage 3.13, und sei z der Wert der zulässigen Lösung x^s der LP-Relaxation von E. Als Folgerung der Aussagen 3.10 und 3.13 erhalten wir:

Folgerung 3.14
Bei der Untersuchung des eindimensionalen Cutting Stock-Problems bez. der Eigenschaft MIRUP sind nur Residual-Instanzen zu betrachten mit $k_i \leq \lceil z \rceil \leq m - 2$ für alle i sowie die Instanzen mit $k_1 > z_c(E)$.

3.8.4 Weitere Relaxationen

Neben der stetigen Relaxation des eindimensionalen Cutting Stock-Problems können stärkere Relaxationen durch Hinzunahme von Restriktionen gewonnen werden. Dies sind die Relaxation, in der nur eigentliche Zuschnittvarianten verwendet werden, und die Relaxation, in der obere Schranken berücksichtigt werden. Für eine Zuschnittvarian-te $a^j = (a_{1j}, \ldots, a_{mj})^T$ von $E = (m, \ell, L, b)$ definieren wir

$$u_j := \min\left\{ \lfloor b_i/a_{ij} \rfloor : a_{ij} > 0, \ i = 1, \ldots, m \right\}, \quad j = 1, \ldots, n.$$

Somit wird $u_j = 0$ genau dann, wenn $a^j \not\leq b$ gilt. Insbesondere, falls E Residual-Instanz ist, trifft dies für einige Zuschnittvarianten zu. Da $u_j > 0$ genau dann, wenn a^j eigentliche Zuschnittvariante ist, wird das folgende Problem *Relaxation mit eigentlichen Varianten* (engl. *proper relaxation*) des Cutting Stock-Problems genannt:

$$z_p = \min\left\{ e^T x \ : \ \sum_{j \in J} a^j x_j = b, \ x_j \geq 0, \ a^j \not\leq b \Rightarrow x_j = 0, \ j \in J \right\}. \tag{3.31}$$

Problem (3.31) ist gleichfalls ein LP-Problem. Somit kann (3.31) mit der Simplex-Methode und Spaltengenerierung gelöst werden. In den Spaltengenerierungsproblemen ist $a^j \leq b$ zu beachten. Es sei $z_p(E)$ der Optimalwert von (3.31). Offensichtlich gilt $z_c(E) \leq z_p(E)$ für alle Instanzen und $z_c(E) = z_p(E)$, falls alle Zuschnittvarianten eigent-lich sind. Für $E = (m, \ell, L, b)$ sei

$$\delta := L - \max\{\ell^T a : \ell^T a \leq L, \ a \leq b, \ a \in \mathbb{Z}_+^m\}$$

und sei a^* eine eigentliche Zuschnittvariante mit $\delta = L - \ell^T a^*$. Weiterhin sei x^p eine Lösung von (3.31), d. h. $z_p(E) = e^T x^p$.

Aussage 3.15
Es sei $z_0 := \lceil z_c(E) \rceil$. Falls $\ell^T(b - a^*) > (z_0 - 1)L$, dann gilt $z_p(E) > z_0$.

Ein Beweis ist in [NST99] angegeben. Die *Obere-Schranken-Relaxation (upper bound relaxation)*

$$z_u = \min\{e^T x \ : \ Ax = b, \ 0 \leq x \leq u\} \tag{3.32}$$

ist ein LP-Problem mit oberen Schranken an alle Variablen. Deshalb kann wieder die Spaltengenerierungstechnik angewendet werden. Die oberen Schranken werden durch eine Modifikation des Simplex-Verfahrens (*upper bound technique*, s. [GT97]) effizient berücksichtigt. Offenbar gilt:

$$z_c(E) \leq z_p(E) \leq z_u(E) \leq z^*(E).$$

Um diese Relaxationen zu illustrieren, betrachten wir das

Beispiel 3.5

Es sei $E = (3, (15, 10, 6)^T, 30, (1, 2, 4)^T)$. Es gilt
$z_c(E) = 59/30 < 2 < z_p(E) = z_u(E) = 2.2$ und $\lceil z_u(E) \rceil = 3 = z^*(E)$.

Die modifizierte Instanz $E(b')$ mit $b' = (3, 5, 9)^T$ ergibt
$z_c(E) = 149/30 = z_p(E) < 5 < z_u(E) = 5.2$ und $\lceil z_u(E) \rceil = 6 = z^*(E)$.

Andererseits verbleiben Instanzen $E \notin \mathscr{M}^*$, für die auch die Obere-Schranken-Relaxation nicht den Optimalitätsnachweis liefert. So eine Instanz ist $E = (4, (150, 100, 60, 1)^T, 302, (3, 5, 9, 3)^T)$ mit $z_u(E) < 5$ und $z^*(E) = 6$. □

Insgesamt muss man einschätzen, dass noch viele Fragen in diesem Zusammenhang offen sind. Die größte bekannte Differenz $\Delta(E) = z^*(E) - z_c(E)$ bei Instanzen des Teibarkeitsfalls (*divisible case*) tritt für die Instanz $E = (3, (44, 33, 12)^T, 132, (2, 3, 6)^T)$ auf und ist wegen $z^*(E) = 3$ und $z_c(E) = 259/132$ gleich $137/132 < 1.0379$.

Instanzen mit größerer Lücke und Methoden zu deren Konstruktion werden in [RST02a, RST02b, Rie03] angegeben. Für das eindimensionale Cutting Stock-Problem ist keine Instanz E bekannt, deren Differenz $z^*(E) - z_c(E) > 1.2$ ist. Eine Instanz mit $\Delta(E) = 1.2$ (aus [Rie03]) ist die folgende:

$m = 32$, $\quad L = 1500$, $\quad b_{12} = 2, b_{21} = 5, b_i = 1$ sonst,
$\ell = (1214, 1210, 1208, 910, 906, 904, 774, 770, 768, 504, 503, 500, 498, 494, 368,$
$366, 365, 364, 363, 362, 300, 298, 297, 296, 295, 294, 148, 146, 145, 144, 143, 142)^T$.

3.8.5 Höherdimensionale Cutting Stock-Probleme

Für das zwei- und dreidimensionale Cutting Stock-Problem gibt es bisher nur wenige Untersuchungen.

Für das 2-stufige zweidimensionale Guillotine-Zuschnittproblem (Abschnitt 4.3, exakter Fall, kurz: E2–CSP), bei dem zusätzlich die Streifen der ersten Stufe entweder alle horizontal oder alle vertikal sein müssen (kurz: RE2-CSP), wird in [Sch94a] gezeigt, dass

$$\Delta(\text{RE2-CSP}) > m/3$$

gilt. Das heißt, für das RE2-CSP gibt es eine Folge von Instanzen derart, dass die Differenz Δ mit der Anzahl m der Teile (affin-)linear wächst.

Für den nicht-exakten Fall beim 2-stufigen Guillotine-Zuschnitt (N2-CSP) werden in [Sch94a] auch Instanzen mit Differenz größer als 2, aber kleiner als 3 angegeben.

Betrachtet man das 2-stufige zweidimensionale Cutting Stock-Problem als Kombination zweier unabhängiger eindimensionaler Cutting Stock-Probleme, für welche keine Instanz mit $\Delta > 1.2$ bekannt ist, so kann die folgende Vermutung formuliert werden:

Vermutung: *Für jede Instanz E des N2-CSP gilt:* $z^*(E) \leq \lceil z_c(E) \rceil + 2$.

Entsprechende Untersuchungen zu dieser und verwandten Fragestellungen sind offen.

3.9 Das Bin Packing-Problem

Im Unterschied zu Zuschnitt- und Packungsproblemen, bei denen relativ wenig verschiedene Teiletypen in relativ großen Bedarfszahlen b_i anzuordnen sind, wie z. B. dem Cutting Stock-Problem, kann die Anzahl m unterschiedlicher Teiletypen beim Bin Packing-Problem sehr groß sein, während die Bedarfszahlen klein sind. Ein weiteres Unterscheidungsmerkmal von Bin Packing- und Cutting Stock-Problemen liefert der Optimalwert z^* des Gilmore/Gomory-Modells (3.2) – (3.4). Ist z^* klein gegenüber m, so spricht man von Bin Packing-, andernfalls von Cutting Stock-Problemen.

Die für das Cutting Stock-Problem vorgestellte Lösungsstrategie (Lösung der LP-Relaxation und anschließende Konstruktion einer ganzzahligen Lösung) liefert i. Allg. m Zuschnittvarianten in der Lösung der LP-Relaxation. Beim Bin Packing-Problem werden jedoch relativ wenige Varianten im Vergleich zu m gesucht, so dass die obige Vorgehensweise in der Regel keine guten Ergebnisse liefert. Aus diesem Grund verfolgt man bei Bin Packing-Problemen andere Strategien zur Ermittlung von Näherungslösungen. Neben Methoden zur Reduktion der Problemgröße betrachten wir einige untere Schranken, um die Güte heuristischer Lösungen zu bewerten.

Wir betrachten das zweidimensionale Bin Packing-Problem, bei dem rechteckige Teile der Breite w_i, Höhe h_i und Bedarfszahl $b_i = 1$, $i \in I$, in identische rechteckige Bins (Regale) der Breite W und Höhe H einzuordnen sind. Alle Eingabedaten seien positiv und ganzzahlig.

3.9.1 Reduktionsmethoden

In der *Reduktionsmethode* nach Boschetti und Mingozzi ([BM03]) werden sukzessive einzelne Teilebreiten w_i vergrößert, so dass der Abfall in jeder Variante, die w_i enthält, reduziert wird. Dazu bestimmt man für $i \in I$

$$W_i^* := w_i + \max\left\{ \sum_{j \in I \setminus \{i\}} w_j a_j : \sum_{j \in I \setminus \{i\}} w_j a_j \leq W - w_i, \, a_j \in \{0,1\}, j \in I \setminus \{i\} \right\}.$$

Da W_i^* der Optimalwert eines 0/1-Rucksackproblems mit der Zusatzbedingung $a_i = 1$ ist, kann dieser Wert mit pseudo-polynomialem Aufwand $O(mW)$ ermittelt werden. Gilt $W_i^* < W$, so ist die Differenz $W - W_i^*$ der Mindestabfall in jeder Anordnungsvariante mit $a_i = 1$. Man kann also w_i durch

$$w_i' := w_i + W - W_i^*$$

ersetzen, ohne die Zulässigkeit der Anordnungsvarianten zu verletzen. Nach der Vergrö-ßerung eines Wertes kann erneut versucht werden, eine weitere Vergrößerung zu finden. Welche Strategie bei der Wahl von i anzuwenden ist, ist offen. Beim zweidimensiona-len Problem kann man sich z. B. an der Fläche orientieren: wähle das Rechteck i, für welches $h_i(W - W_i^*)$ maximal ist.

Eine analoge Vorgehensweise kann gleichfalls bezüglich der Höhenwerte h_i angewendet werden, oder in Kombination.

Weitere Reduktionsmethoden findet man z. B. in [CCM07a]. Durch die Vergrößerung der Eingabedaten bei ungeändertem Optimalwert kann die Güte unterer Schranken, die wir im Folgenden betrachten, verbessert werden.

3.9.2 Untere Schranken

Zunächst gelte $h_i = H$ für alle $i \in I$, d. h., das vorliegende Problem kann als eindimen-sionales Bin Packing-Problem angesehen werden.

Eine erste, triviale untere Schranke $L_1(I)$ für den Optimalwert z^* ist die Materialschranke

$$L_1(I) := \left\lceil \sum_{i \in I} w_i/W \right\rceil.$$

Eine weitere untere Schranke wurde von Martello und Toth ([MT90]) angegeben. Für eine beliebige ganze Zahl $w \in [0, W/2]$ definieren wir Indexmengen $I_1(w)$, $I_2(w)$ und $I_3(w)$ durch

$$I_1(w) := \{i \in I : W - w < w_i\},$$

$$I_2(w) := \{i \in I : W/2 < w_i \leq W - w\},$$

$$I_3(w) := \{i \in I : w \leq w_i \leq W/2\}.$$

Die Martello/Toth-Schranke $L_{MT}(I, w)$ ist dann definiert durch

$$L_{MT}(I, w) := |I_1(w)| + |I_2(w)| + \max\left\{0, \left\lceil \left(\sum_{i \in I_3} w_i - (|I_2(w)|W - \sum_{i \in I_2} w_i) \right) /W \right\rceil \right\}.$$

Durch Maximumbildung über w erhält man eine weitere untere Schranke:

$$L_2(I) := \max_{w \in [0, W/2]} L_{MT}(I, w).$$

Wie bereits in [MT90] angegeben, sind nur die $w \in \{w_i : i \in I, w_i \leq W/2\}$ zur Berechnung von $L_2(I)$ relevant, da sich die Indexmengen nur für diese Werte ändern.

In Analogie zum Konzept der *reduzierten Rasterpunktmengen* (Abschnitt 2.7) kann der Aufwand zur Bestimmung von $L_2(I)$ weiter reduziert werden. In [HG05] wird die folgende Aussage angegeben:

Aussage 3.16

Es seien w_1 und w_2 zwei benachbarte Teilebreiten mit $W/2 < w_1 < w_2$ und es existiere $w_0 := \min_j\{w_j : W - w_2 < w_j \leq W - w_1\}$. Dann gilt:

$$L_{MT}(I, w_0) = \max_w \{L_{MT}(I, w) : W - w_2 < w \leq W - w_1\}.$$

Beweis: Für alle w mit $W - w_2 < w \leq W - w_1$ gilt $I_1(w) = I_1(w_0)$, $I_2(w) = I_2(w_0)$ und $I_3(w) \subseteq I_3(w_0)$. ∎

Die Teilebreiten seien nun in nichtfallender Folge geordnet, d. h. es gilt $w_1 \leq w_2 \leq \cdots \leq w_m$. Wir definieren die Menge V in Analogie zur Definition der reduzierten Rasterpunktmenge durch

$$V := \left\{ w_j : w_1 < w_j \leq \frac{W}{2}, \exists w_i > \frac{W}{2} \text{ mit } w_j + w_i > W, w_{j-1} + w_i \leq W \right\} \cup \{w_1\}.$$

Folgerung 3.17

Es gilt: $L_2(I) = \max\{L_{MT}(I, w) : w \in V\}$.

Wir betrachten ein Beispiel aus [HG05].

Beispiel 3.6

Gegeben ist eine Instanz des Bin Packing-Problems mit $m = 12$, $W = 32$ und den Teilebreiten $w_i \in \{2, 3, 6, 7, 8, 10, 11, 15, 19, 21, 25, 28\}$. Wir erhalten $V = \{2, 6, 8, 15\}$. Für $w = 2$ ergeben sich die Indexmengen $I_1(2) = \emptyset$, $I_2(2) = \{19, \ldots, 28\}$, $I_3(2) = \{2, \ldots, 15\}$ Mit $I_1(3) = I_1(2)$, $I_2(3) = I_2(2)$ und $I_1(3) \subset I_1(2)$ gilt $L_{MT}(I, 2) \geq L_{MT}(I, 3)$. Für $w = 6$ erhält man $I_1(6) = \{28\}$, $I_2(6) = \{19, \ldots, 25\}$ und $I_3(6) = \{6, \ldots, 15\}$. Für $w = 7$ gilt $I_1(7) = I_1(6)$, $I_2(7) = I_2(6)$, $I_3(7) \subset I_3(6)$, woraus $L_{MT}(I, 7) \geq L_{MT}(I, 6)$ folgt. Weiterhin sind $I_1(8) = \{25, 28\}$, $I_2(8) = \{19, 21\}$ und $I_3(8) = \{8, \ldots, 15\}$ sowie $I_1(15) = \{19, \ldots, 28\}$, $I_2(15) = \emptyset$ und $I_3(8) = \{15\}$.

Als Schranke erhält man schließlich $L_2(I) = 5$. $\square$

Die Schranke $L_2(I)$ kann mit einem Aufwand proportional zu m bei vorsortierten Teilebreiten ermittelt werden. Der *Worst Case*-Gütefaktor ist 2/3 ([MT90]).

Die Schranke $L_{MT}(I,w)$ ist an der Anzahl der *großen* und *mittleren* Teile, d. h. an $|I_1(w)|$ und $|I_2(w)|$, orientiert und die *kleinen* Teile in $I_3(w)$ werden volumenmäßig verteilt. Stellt man die Mindestgröße w der Teile in den Vordergrund, erhält man eine weitere Schranke $L_3(I)$ gemäß

$$L_3(I,w) := |I_1(w)| + |I_2(w)| + \max\left\{0, \left\lceil \frac{|I_3(w)| - \sum_{i \in I_2} \lfloor (W - w_i)/w \rfloor}{\lfloor W/w \rfloor} \right\rceil \right\},$$

$$L_3(I) := \max_{w \in (0, W/2]} L_3(I,w).$$

Eine andere Form der Schrankendefinition geht auf Fekete und Schepers ([FS04]) zurück.

Definition 3.3
Eine Funktion $u : [0,1] \to [0,1]$ heißt *dual zulässige Funktion* (*dual feasible function*, DF-Funktion), falls für jede endliche Menge S positiver Zahlen gilt:

$$\sum_{x \in S} x \le 1 \quad \Rightarrow \quad \sum_{x \in S} u(x) \le 1. \tag{3.33}$$

Eine Normierung der Eingabedaten des Bin Packing-Problems durch $W' := 1$, $x_i := w_i/W$ für alle $i \in I$ erlaubt nun die Anwendung von DF-Funktionen. Dieser (normierten) Instanz, die wir mit I^* bezeichnen, wird durch eine DF-Funktion u eine Instanz $u(I^*)$ mit Teilebreiten $u(x_i)$ zugeordnet. Jede zulässige Anordnungsvariante für I^* ist wegen (3.33) auch eine zulässige Variante für $u(I^*)$.

In [FS04] werden zwei DF-Funktionen $u^{(h)}$ mit $h \in \mathbb{N}$ und $U^{(\varepsilon)}$ mit $\varepsilon \in [0, \frac{1}{2}]$ angegeben:

$$u^{(h)}(x) := \begin{cases} x, & \text{falls } x(h+1) \in \mathbb{N}, \\ \lfloor x(h+1) \rfloor / h & \text{sonst,} \end{cases}$$

$$U^{(\varepsilon)}(x) := \begin{cases} 1 & \text{für } x > 1 - \varepsilon, \\ x & \text{für } \varepsilon \le x \le 1 - \varepsilon, \\ 0 & \text{für } x < \varepsilon. \end{cases}$$

Eine Anwendung der DF-Funktion $U^{(\varepsilon)}$ erfolgt in der

Aussage 3.18
Es sei I^* die normierte Instanz zur Instanz I des Bin Packing-Problems. Dann gilt

$$L_2(I) = \max\{L_1(U^{(\varepsilon)}(I^*)) : \varepsilon \in [0, \frac{1}{2}]\}.$$

Unter Verwendung der Folgerung 3.17 erhält man aus Aussage 3.18:

$$L_2(I) = \max\{L_1(U^{(\varepsilon)}(I^*)) : \varepsilon \in V'\} \quad \text{mit} \quad V' := \left\{\frac{v}{W} : v \in V\right\} \cup \left\{\frac{1}{2}\right\}.$$

In [FS04, HG05] wird auch die verbesserte untere Schranke $L_*^{(p)}(I)$ für $p \geq 2$ angegeben, wobei

$$L_*^{(p)}(I) := \max\left\{L_2(I), \max_{2 \leq h \leq p} L_2^{(h)}(I)\right\} \quad \text{mit}$$

$$L_2^{(h)}(I) := \max\left\{L_1(u^{(h)}(U^{(\varepsilon)}(I^*))) : \varepsilon \in [0, \frac{1}{2}]\right\}$$

gilt. Darüber hinaus wird gezeigt, dass die Schranke $L_*^{(p)}(I)$ für beliebiges $p \geq 2$ mit $O(m)$ Operationen bei sortierten Breiten w_i ermittelt werden kann. Der asymptotische *Worst Case*-Gütefaktor ist 3/4.

Ein ähnliches Konzept, welches ohne Normierung der Daten auskommt, wird in [CN00] verfolgt. Dabei wird der Begriff *diskrete dual zulässige Funktion* verwendet.

Definition 3.4
Eine Abbildung $f : [0, W] \to [0, W']$ mit $W, W' \in I\!N$ heißt *diskrete dual zulässige Funktion (discrete dual feasible function*, DDF-Funktion), falls für jede endliche Menge S positiver Zahlen gilt:

$$\sum_{x \in S} x \leq W \quad \Rightarrow \quad \sum_{x \in S} f(x) \leq f(W) = W'.$$

Der Zusammenhang mit DF-Funktionen ist offensichtlich. Analoge Schranken können somit mittels DDF-Funktionen erhalten werden. Weitere auf der Formulierung von DDF-Funktionen basierende untere Schranken speziell für zweidimensionale Bin Packing-Probleme werden in [BM03] und [CCM07a] untersucht.

3.9.3 Heuristiken und exakte Algorithmen

Für das eindimensionale Bin Packing-Problem sind die im Abschnitt 6.3 angegebenen Heuristiken *First Fit* und *Next Fit* unmittelbar anwendbar. Eine anfängliche Sortierung der Teile ergibt die *First Fit Decreasing*- und die *Next Fit Decreasing*-Heuristik (FFD- bzw. NFD-Heuristik).

Bei der *Minimum Bin Slack*-Heuristik wird je Iterationsschritt ein Bin (Regal) mit den noch nicht angeordneten Teilen bestmöglich gepackt ([GH99]). Modifikationen davon werden in [FH02] untersucht.

Zur Ermittlung einer zulässigen Anordnung beim zweidimensionalen Bin Packing-Problem kann die von Chung et al. ([CGJ82]) untersuchte hybride Heuristik verwendet werden. In der ersten Phase der *Hybrid First Fit*-Heuristik (HFF-Heuristik) werden alle Rechtecke entsprechend der NFDH-Heuristik (*Next Fit Decreasing Height*) in einen Streifen der Breite W gepackt. Die in dieser NFDH-Packung verwendeten Regalhöhen definieren ein eindimensionales Bin Packing-Problem mit Bin-Kapazität H, welches in der zweiten Phase (näherungsweise) mit der FFD-Heuristik gelöst wird.

Diese Hybridtechnik kann in analoger Weise in der zweiten Phase mit der NFDH- oder der FFDH-Heuristik durchgeführt werden. Für die *HNF-Heuristik* wird in [FG87] die folgende asymptotische Worst-Case-Abschätzung angegeben:

$$HNF(I) \leq 3.382 \cdot \text{OPT}(I) + 9,$$

wobei $\text{OPT}(I)$ den Optimalwert zur Instanz I bezeichnet. Die HNF- und HFF-Heuristiken benötigen jeweils $O(m \log m)$ Rechenoperationen.

In der *Floor Ceiling-Heuristik* (FC-Heuristik), die unter anderem in [LMV98, LMV99a, LMV99b] angewendet wird, füllt man zunächst das aktuelle Bin entlang der unteren Seite von links nach rechts. Dasjenige Teil mit größtem h-Wert definiert die Höhe das Regals. Anschließend werden weitere Rechtecke von rechts beginnend mit ihrer oberen Kante an der oberen Regalkante anliegend angeordnet. Durch die so erhaltenen Regalhöhen wird ein eindimensionales Bin Packing-Problem definiert, welches exakt oder mit Hilfe von Heuristiken behandelt werden kann.

Weitere Heuristiken, Anwendungen von Metaheuristiken sowie Ansätze für exakte Verfahren sind in [LMM02] zusammengestellt.

Einen Branch-and-Bound-Algorithmus zur exakten Lösung des Bin Packing-Problems und weitere Literaturangaben findet man in [MT90]. Der in [PS07] vorgestellte exakte Algorithmus basiert auf einer Dekompositionstechnik und der sukzessiven Einschränkung der Bereiche der Werte, die eine Variable annehmen kann. Ein ähnlicher Algorithmus, in dem andere Schranken zum Einsatz kommen, ist in [CCM07b] angegeben.

3.10 Aufgaben

Aufgabe 3.1

Man zeige für das eindimensionale Cutting Stock-Problem: Die Minimierung der Anzahl der benötigten Ausgangslängen in (3.2) ist gleichwertig zur Minimierung des Abfalls, sofern überzählig zugeschnittene Teile auch als Abfall angesehen werden.

Aufgabe 3.2

Man zeige die Äquivalenz der Modelle (3.5) und (3.6), falls J alle Zuschnittvarianten repräsentiert, und konstruiere ein Beispiel, welches zeigt, dass diese Äquivalenz nicht gilt, falls diese Voraussetzung nicht erfüllt ist.

Aufgabe 3.3

Man entwickle eine Rekursionsformel zur Ermittlung der Anzahl aller Zuschnittvarianten beim eindimensionalen Cutting Stock-Problem.

Aufgabe 3.4

Man zeige, dass im Fall $\bar{c} = \min_{j \in N}\{c_j - d^T a^j\} \leq 0$ gilt: $\bar{c} = \min_{j \in J}\{c_j - d^T a^j\}$.

Aufgabe 3.5

In Erweiterung des Beispiels 3.2 (s. S. 48) ermittle man alle Zuschnittvarianten und löse die erweiterte Aufgabe mit dem revidierten Simplex-Verfahren. Hinweis: Als Startbasismatrix kann die im Beispiel erhaltene optimale Basismatrix gewählt werden.

Aufgabe 3.6

Man zeige, dass die Instanz (m, ℓ, L, b) des eindimensionalen Zuschnittproblemn genau dann lösbar ist, wenn $\ell_i \leq L$ für $i = 1, \ldots, m$ gilt.

Aufgabe 3.7

Man weise nach, dass das Cutting Stock-Problem mit den Eingabeparametern $L = 30$, $m = 3$, $\ell = (15, 10, 6)^T$ und $b = (1, 2, 4)^T$ keine Lösung hat, die nur zwei Ausgangslängen benötigt. Welchen Optimalwert hat die stetige Relaxation?

Aufgabe 3.8

Man löse das Cutting Stock-Problem (Stangenzuschnitt) mit den Eingabeparametern $L = 132$, $m = 3$, $\ell = (44, 33, 12)^T$ und $b = (2, 3, 6)^T$.

Aufgabe 3.9

Man beweise: Gegeben seien (beliebige) positive ganze Zahlen k_i und b_i, $i = 1, \ldots, m$. Dann existieren $\lceil \gamma \rceil + 1$ nichtnegative ganzzahlige Vektoren $a^j = (a_{1j}, \ldots, a_{mj})^T$ mit

$$\sum_{j=1}^{\lceil \gamma \rceil + 1} a_{ij} = b_i, \ i = 1, \ldots, m, \quad \sum_{i=1}^{m} \frac{a_{ij}}{k_i} \leq 1, \ j = 1, \ldots, \lceil \gamma \rceil + 1, \quad \gamma = \sum_{i=1}^{m} \frac{b_i}{k_i}.$$

Aufgabe 3.10

Man beweise die Aussage 3.3 (s. S. 63).

Aufgabe 3.11

Man beweise die Aussage 3.7 (s. S. 66) für $z_M(E) \leq 3/2$.

Aufgabe 3.12

Man beweise die Aussage 3.10 (s. S. 66).

Aufgabe 3.13

Man zeige: $\max\left\{\omega_j : j = 1, \ldots, n\right\} \leq 1.7$.

Aufgabe 3.14

Man beweise die Aussage 3.11 (s. S. 66).

Aufgabe 3.15

Man zeige, dass das Problem (3.30) für $\lambda \geq 0$ eine Relaxation des Cutting Stock-Problems ist (s. S. 66).

Aufgabe 3.16

Man beweise die Aussage 3.12 (s. S. 67).

Aufgabe 3.17

Man erstelle den Graphen G' des Fluss-Modells zum Beispiel 3.1 und ermittle die Flussstärke jedes Bogens in einer optimalen Lösung des Cutting Stock-Problems.

Aufgabe 3.18

Man bestimme die Schranke $L_3(I)$ für das Beispiel 3.6 (s. S. 72).

3.11 Lösungen

Zu Aufgabe 3.1   Es sei $\bar{x}$ eine Lösung von (3.2) – (3.4), d. h., es gilt $\sum_{j \in J} \bar{x}_j \leq \sum_{j \in J} x_j$ für alle zulässigen Lösungen x sowie $\sum_{j \in J} a_{ij} \bar{x}_j \geq b_i$ für $i \in I$. Betrachten wir nun die Zielfunktion $z_A(x)$ zur Abfallminimierung (einschließlich überzählig zugeschnittener Teile). Dann gilt:

$$z_A(x) = \sum_{j \in J}(L - \sum_{i \in I}\ell_i a_{ij})x_j + \sum_{i \in I}\ell_i\left(\sum_{j \in J}a_{ij}x_j - b_i\right) = L\sum_{j \in J}x_j - \sum_{i \in I}\ell_i b_i$$

$$\geq L\sum_{j \in J}\bar{x}_j - \sum_{i \in I}\ell_i b_i = z_A(\bar{x}).$$

Der Vektor $\bar{x}$ ist somit auch Lösung bei Abfallminimierung. Dies gilt i. Allg. nicht, falls die überzählig zugeschnittenen Teile nicht als Abfall gelten.

Zu Aufgabe 3.2   Ist das Problem $(P_=)$, welches durch (3.6) definiert wird, lösbar (dies ist genau dann der Fall, wenn $\ell_i \leq L$ für alle $i \in I$ gilt), dann ist auch $(P_\geq)$, definiert durch (3.5), lösbar. Sei umgekehrt x zulässige Lösung von $(P_\geq)$. Dann kann durch folgende Konstruktion eine zulässige Lösung $\bar{x}$ von $(P_=)$ erhalten werden. Falls $Ax \neq b$

gilt, dann existiert ein $k \in I$ mit $[Ax]_k \geq b_k + 1$ sowie ein $p \in J$ mit $a_{kp}x_p \geq 1$. (J repräsentiert die Spalten von A.) Da A alle Zuschnittvarianten enthält, gibt es ein $q \in J$ mit $a^q = a^p - e^k$, wobei e^k der k-te Einheitsvektor ist.

Durch die Festlegungen $\bar{x}_q := x_q + 1, \bar{x}_p := x_p - 1, \bar{x}_j := x_j$ für $j \in J \setminus \{p, q\}$ erhält man eine zulässige Lösung von $(P_\geq)$ mit $[A\bar{x}]_i = [Ax]_i \geq b_i$ für $i \neq k$ und $[A\bar{x}]_k = [Ax]_k - 1 \geq b_k$. Durch endlich viele derartige Schritte erhält man schließlich eine Lösung $\bar{x}$ mit $[A\bar{x}]_i = b_i$ für $i \in I$. Also ist auch $(P_=)$ lösbar. Die Gleichheit der Optimalwerte ist damit offensichtlich. Es seien nun $L = 10, \ell = (9,1)^T$ und $b = (1,2)^T$.

Bei $A = \begin{pmatrix} 1 & 0 \\ 1 & 10 \end{pmatrix}$ ist $(P_=)$ nicht lösbar, während $(P_\geq)$ den Optimalwert 2 hat.

Zu Aufgabe 3.3 Es seien $\ell_1, \ldots, \ell_m$ und L gegeben. Wir bezeichnen mit $A_i(y)$ die Anzahl aller nichtnegativen ganzzahligen Vektoren a mit $\ell^T a \leq y$ und $a_j = 0$ für $j > i, i \in I$, $y = 0, 1, \ldots, L$, also einschließlich des Nullvektors.

Offensichtlich gilt $A_1(y) = \lfloor y/\ell_1 \rfloor + 1, y = 0, 1, \ldots, L$. Durch Setzen von $a_i := j$ mit $j = 0, \ldots, \lfloor y/\ell_i \rfloor$ erhalten wir unterschiedliche Zuschnittvarianten.

Also gilt $A_i(y) = \sum_{j=0}^{\lfloor y/\ell_i \rfloor} A_{i-1}(y - j\ell_i), y = 0, 1, \ldots, L, i = 2, \ldots, m$.

Zu Aufgabe 3.4 Ohne Beschränkung der Allgemeinheit sei $A_B = (a^j)_{j=1,\ldots,m}$ (Umnummerierung der Spalten). Für jede Spalte a^j aus A_B, d. h. $j \in J \setminus N$, gilt $A_B^{-1}a^j = e^j$, wobei e^j der j-te Einheitsvektor ist. Für den transformierten Zielfunktionskoeffizienten von a^j erhält man $\bar{c}_j = c_j - c_B^T A_B^{-1} a^j = c_j - c_B^T e^j = c_j - c_j = 0 \geq \bar{c}$.

Zu Aufgabe 3.5 Zusätzlich erhält man die Zuschnittvarianten $a^{12} = (0,0,0,2)^T$ und $a^{13} = (0,0,1,1)^T$ sowie weitere nichtmaximale Varianten. Deren transformierte Zielfunktionswerte sind $\bar{c}_{12} = -1$ und $\bar{c}_{13} = -1/2$.

ST_2	A_B^{-1}				$A_B^{-1}b$	$-A_B^{-1}a^{12}$
x_1	0	0	1/2	0	15	0
s_2	-1	-1	1/2	2	195	-4
x_6	1/2	0	$-1/4$	0	15/2	0
x_2	$-1/2$	0	1/4	1	225/2	-2
d^T	0	0	1/2	1	135	-1

ST_3	A_B^{-1}				$A_B^{-1}b$
x_1			1/2		15
x_{12}	$-1/4$	$-1/4$	1/8	1/2	195/4
x_6	1/2		$-1/4$		15/2
x_2		1/2			15
d^T	1/4	1/4	3/8	1/2	345/4

Zu Aufgabe 3.6 Falls das eindimensionale Zuschnittproblem lösbar ist, dann gibt es für jedes Teil mindestens eine zulässige Zuschnittvariante, also gilt $\ell_i \leq L, i = 1, \ldots, m$. Gilt andererseits $\ell_i \leq L$ für $i = 1, \ldots, m$, dann gibt es zulässige Lösungen des Zuschnittproblems, z. B. indem jedes Teil i durch die Variante e^i zugeschnitten wird (also $x_i = b_i$). Da die Zielfunktion nach unten beschränkt ist und nur ganzzahlige Werte annimmt, folgt die Lösbarkeit des Problems.

Zu Aufgabe 3.7 Wegen $\sum_{i=1}^{3} \ell_i b_i = 59$ folgt $z^* \geq 2$.

Nimmt man an, dass eine Lösung mit $z = 2$ existiert, so muss diese eine Zuschnittvariante enthalten, deren Abfall 0 ist, sowie eine mit Abfall 1. Wie man leicht überprüft, gibt es keine Zuschnittvariante $a \in \mathbb{Z}_+^3$ mit $29 \leq l^T a \leq 30 = L$ und $a \leq b$. Also sind mehr als zwei Zuschnittvarianten notwendig, d. h. $z^* \geq 3$.

In der stetigen Relaxation werden auch die Zuschnittvarianten $(2,0,0)^T$, $(0,3,0)^T$ und $(0,0,5)^T$ betrachtet, die deren Lösung mit Wert $\frac{1}{2} + \frac{2}{3} + \frac{4}{5} = 59/30 < 2$ bilden.

Für $b' = b + k(2,3,5)^T$, $k \in \mathbb{Z}_+$, ergibt sich die gleiche Differenz zwischen $z^*(b') = 3 + 3k$ und der Schranke $\sum_{i=1}^3 \ell_i b_i'/L = 59/30 + 3k$ aus der stetigen Relaxation.

Zu Aufgabe 3.8

Die Matrix $A_B = \begin{pmatrix} 3 & 0 & 0 \\ 0 & 4 & 0 \\ 0 & 0 & 11 \end{pmatrix}$ ist optimale Basismatrix, da das Rucksackproblem

$z = \max\{\frac{1}{132}(44a_1 + 33a_2 + 12a_3) : 44a_1 + 33a_2 + 12a_3 \leq 132, \ a_i \in \mathbb{Z}_+, i \in I\}$ den Optimalwert 1 hat (damit $\bar{c} = 0$). Es gilt $z = c_B^T A_B^{-1} b = 259/132$. Somit sind mindestens 2 Ausgangslängen notwendig.

Wegen $2L - l^T b = 5$ hat eine Lösung mit $z = 2$ genau 5 Abfalleinheiten. Da es keine Zuschnittvariante $a \in \mathbb{Z}_+^3$ mit $l^T a \leq L$, $a \leq b$ und $L - l^T a \leq 5$ gibt, folgt $z^* \geq 3$.

Zu Aufgabe 3.9 Wegen $b_i = \lfloor b_i/k_i \rfloor k_i + \bar{b}_i$ mit $\bar{b}_i < k_i$ sind die Voraussetzungen der Aussage 3.5 für $\bar{b}_1, \ldots, \bar{b}_m$ erfüllt. Damit existieren $\lceil \bar{\gamma} \rceil + 1$ nichtnegative ganzzahlige Vektoren $a^j = (a_{1j}, \ldots, a_{mj})^T$ mit $\sum_{j=1}^{\lceil \bar{\gamma} \rceil + 1} a_{ij} = \bar{b}_i$, $i = 1, \ldots, m$ und $\sum_{i=1}^m a_{ij}/k_i \leq 1$, $j = 1, \ldots, \lceil \bar{\gamma} \rceil + 1$, wobei $\bar{\gamma} = \sum_{i=1}^m \bar{b}_i/k_i$. Wegen $\lceil \gamma \rceil = \sum_{i=1}^m \lfloor b_i/k_i \rfloor + \lceil \bar{\gamma} \rceil$ folgt die Behauptung.

Zu Aufgabe 3.10 Es sei x^c eine Lösung der stetigen Relaxation zu E und es seien $\underline{x} := \lfloor x^c \rfloor$, $e = (1, \ldots, 1)^T$. Dann gilt

$$z^*(E) \leq e^T \underline{x} + z^*(\bar{E}) \leq e^T \underline{x} + \lceil z_c(\bar{E}) \rceil + 1 = \lceil e^T \underline{x} + z_c(\bar{E}) \rceil + 1 = \lceil z_c(E) \rceil + 1.$$

Zu Aufgabe 3.11 Falls es ein Teil i mit $\ell_i \geq L/2$ gibt, dann definiert dies die erste Zuschnittvariante und die restlichen Teile bilden die zweite. Andernfalls können gewisse Teile so kombiniert werden, dass ihre Gesamtlänge größer gleich $L/2$ ist. Diese definieren die erste, die restlichen Teile bilden die zweite Zuschnittvariante. Da mehr als eine Ausgangslänge gebraucht wird, ist 2 der Optimalwert.

Zu Aufgabe 3.12 Man erhält eine ganzzahlige Lösung einfach durch Aufrundung der Variablen.

Zu Aufgabe 3.13 Für $k = 1, 2, \ldots$ sei $I_k := \{i \in I : \lfloor L/\ell_i \rfloor = k\}$. Für $i \in I_k$ gilt somit $L/(k+1) < \ell_i \leq L/k$. Wir betrachten nun die Optimierungsaufgabe

$$\omega = \sum_{k=1}^\infty \sum_{i \in I_k} \frac{a_i}{k} \to \max \quad \text{bei} \quad \sum_{k=1}^\infty \sum_{i \in I_k} \ell_i a_i \leq L, \ a_i \in \mathbb{Z}_+ \ \forall i.$$

Im Fall $\sum_{i\in I_1} a_i = \sum_{i\in I_2} a_i = 1$ gilt $a_i = 0$ für $i \in I_3 \cup I_4 \cup I_5 \cup I_6$ und

$$\omega = 1 + \frac{1}{2} + \sum_{k=7}^{\infty}\sum_{i\in I_k} \frac{a_i}{k} \to \max \quad \text{bei} \quad \sum_{k=7}^{\infty}\sum_{i\in I_k} \ell_i a_i < L - \frac{L}{2} - \frac{L}{3} = \frac{L}{6}, \; a_i \in \mathbb{Z}_+ \; \forall i.$$

$$\frac{L}{6} > \sum_{k=7}^{\infty}\sum_{i\in I_k} \ell_i a_i = L \sum_{k=7}^{\infty}\sum_{i\in I_k} \frac{a_i}{L/\ell_i} > L \sum_{k=7}^{\infty}\sum_{i\in I_k} \frac{a_i}{k+1} = L \sum_{k=7}^{\infty}\sum_{i\in I_k} \frac{a_i}{k}\frac{k}{k+1}$$

$$\geq L \sum_{k=7}^{\infty}\sum_{i\in I_k} \frac{a_i}{k}\cdot\frac{7}{8} \quad \Rightarrow \quad \sum_{k=7}^{\infty}\sum_{i\in I_k} \frac{a_i}{k} < \frac{1}{6}\cdot\frac{8}{7} < 0.2.$$

Damit folgt $\omega < 1.7$ für diesen Fall. Analog zeigt man diese Aussage für die beiden Fälle $\sum_{i\in I_1} a_i = 1$, $\sum_{i\in I_2} a_i = 0$ und $\sum_{i\in I_1} a_i = 0$.

Hinweis: Man vergleiche diese Aussage mit den Aussagen zur *Salzer-Folge*, die im Abschnitt 6.6.1 untersucht werden.

Zu Aufgabe 3.14   Wegen

$$\gamma - z_c(E) \leq \sum_i \frac{1}{k_i}\sum_j a_{ij}x_j^c - \sum_j x_j^c = \sum_j x_j^c\left(\sum_i \frac{a_{ij}}{k_i} - 1\right) = \sum_j x_j^c(\omega_j - 1)$$

gilt $\gamma - z_c(E) \leq 0$. Mit $z_c(E) \leq \gamma$ sind die Voraussetzungen der Aussage 3.6 erfüllt.

Zu Aufgabe 3.15   Wegen $x \geq 0$, $A \geq 0$ gilt $Ax \geq 0$, womit aus $Ax \geq b$, $\lambda \geq 0$ folgt, dass jede zulässige Lösung x des Cutting Stock-Problems die Ungleichung $\lambda^T Ax \geq \lambda^T b$ erfüllt.

Zu Aufgabe 3.16   Wählt man $\lambda := \ell/L$, dann erhält man mit $\ell^T A \leq Le^T$ die Materialschranke $B_1(E) := \ell^T b/L$. Wählt man $\lambda := \kappa/\mu$, dann erhält man die Schranke $B_2(E) := \gamma/\mu$ mit $\gamma = \kappa^T b$. Damit sind die Voraussetzungen der Aussage 3.6 erfüllt.

Zu Aufgabe 3.17   In der Tabelle sind alle Knoten $p \in V$ (alle Rasterpunkte) sowie alle Bögen $(p,q) \in E'$ angegeben, wobei ein Eintrag die Flussstärke auf dem jeweiligen Bogen angibt. Kein Eintrag bedeutet, dass der Bogen nicht in E' enthalten ist.

k	0	1	2	3	4	5	6	7	8	9	10	11	12	13	14	15	16	17	18	19	20	21	22	23
p	0	20	22	25	26	40	42	44	45	46	47	48	50	51	52	60	62	64	65	66	67	68	69	70
$\mu(p)$	0	4	3	2	1	4	4	3	4	4	3	3	2	2	1	4	4	4	4	3	4	4	3	3
26	72				49																			
25	15			15	0																			
22	0		0	0	15			0				0	15											
20	0	0	0	0	8	0	0	0	0	8	0	0	15											
E_2										0	49	0	0	0	0	8	0	0	0					

Zu Aufgabe 3.18   Es gilt $L_3(I) = 5 = L_3(I,6)$.

4 Optimaler Guillotine-Zuschnitt

In diesem Kapitel untersuchen wir zweidimensionale Zuschnitt- und Packungsprobleme, bei denen rechteckige Teile auf einem größeren Rechteck so angeordnet werden sollen, dass ein maximaler Ertrag erzielt wird. Wesentliche Spezifika in den Lösungsmethoden ergeben sich dabei aus der Forderung, dass *Guillotine-Schnitte* anzuwenden sind. Optimale Rechteck-Anordnungen, bei denen Guillotine-Schnitte nicht anwendbar sind, untersuchen wir im Kapitel 5.

4.1 Problemstellung

Zahlreiche Zuschnitt- und Packungsprobleme, wie z. B. in der Möbelindustrie oder beim Glaszuschnitt, können als zweidimensionale Zuschnitt- und Packungsprobleme wie folgt formuliert werden:

Auf einem gegebenen Rechteck der Länge L und der Breite W sind kleinere Rechtecke unterschiedlicher Typen anzuordnen. Der Rechtecktyp R_i ist durch die Länge ℓ_i, die Breite w_i und die Bewertung c_i, $i \in I = \{1, \ldots, m\}$ charakterisiert. Gesucht ist eine kantenparallele Anordnungsvariante mit maximaler Bewertung. Mit anderen Worten: Welche Rechtecktypen und wie viele Rechtecke eines Typs werden angeordnet und in welcher Weise?

Wählen wir $c_i = \ell_i w_i$, so wird eine Zuschnittvariante mit minimalem Abfall gesucht. Durch andere Werte von c_i können zum Beispiel Prioritäten realisiert werden. Wir nehmen wieder ohne Beschränkung der Allgemeinheit an, dass alle Eingabedaten ganzzahlig sind.

Aus technologischen Gründen werden zwei wesentliche Anordnungssituationen unterschieden: *Guillotine-Anordnungen* und Anordnungen, die nicht durch Guillotine-Schnitte realisierbar sind. Durch einen *Guillotine-Schnitt* wird ein Rechteck in zwei kleinere Rechtecke geteilt. Diese werden durch weitere Guillotine-Schnitte gleichfalls partitioniert, bis die gewünschten Rechteckteile erhalten werden. Eine Guillotine-Anordnungsvariante und eine, die nicht durch Guillotine-Schnitte realisiert werden kann, sind in Abbildung 4.1 dargestellt.

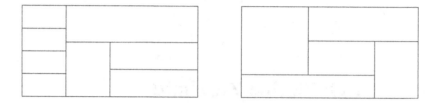

Abbildung 4.1: Guillotine- und Nicht-Guillotine-Zuschnitt

Guillotine-Anordnungen finden in zahlreichen Bereichen Anwendung, wie zum Beispiel in der holzverarbeitenden Industrie, beim Spanplattenzuschnitt, in der Metallindustrie bei der Verwendung von Schlagscheren sowie beim Glaszuschnitt.

Die Anzahl der Richtungsänderungen der Guillotine-Schnitte, die als *Stufen* bezeichnet werden ([GG65]), ist beim *Guillotine-Zuschnittproblem* (Abschnitt 4.2) unbeschränkt im Unterschied zum 2- oder 3-stufigen Guillotine-Zuschnitt (Abschnitte 4.3 und 4.4). Weitere Guillotine-Anordnungen betrachten wir in Abschnitt 4.5. Zuschnitt- und Packungsprobleme mit rechteckigen Objekten, bei denen Guillotine-Schnitte nicht zu beachten sind, werden im Kapitel 5 behandelt.

4.2 Guillotine-Zuschnitt

Wir nehmen zur Vereinfachung der Darstellung an, dass die rechteckigen Teile nicht gedreht werden dürfen. Dies ist in zahlreichen Anwendungen auch der Fall, falls z. B. das Muster des Materials zu beachten ist. Die Behandlung der Drehbarkeit um 90° untersuchen wir dann in Aufgabe 4.2.

Eine zulässige Zuschnittvariante, d. h. eine Variante, die alle Bedingungen erfüllt, charakterisieren wir durch einen m-dimensionalen nichtnegativen ganzzahligen Vektor $a = (a_1, \ldots, a_m)^T$, d. h. $a \in \mathbb{Z}_+^m$, wobei a_i angibt, wie oft das Rechteck i beim Zuschnitt erhalten witd. Zur Formulierung von Rekursionsformeln bezeichnen wir mit

$$ v(L', W') := \max \left\{ \sum_{i \in I} c_i a_i : a = (a_1, \ldots, a_m)^T \text{ ist zulässige Zuschnittvariante} \right\} $$

die Summe der Bewertungen der angeordneten Rechtecke in einer optimalen Zuschnittvariante eines Rechtecks mit den Maßen L' und W', $L' \in \{0, \ldots, L\}$, $W' \in \{0, \ldots, W\}$.

Durch einen *Guillotine-Schnitt* kann das Rechteck $L' \times W'$ in zwei Teilrechtecke mit den Maßen $r \times W'$ und $(L' - r) \times W'$ beziehungsweise in zwei Teilrechtecke mit den Maßen $L' \times s$ und $L' \times (W' - s)$ wie in der Abbildung 4.2 aufgeteilt werden.

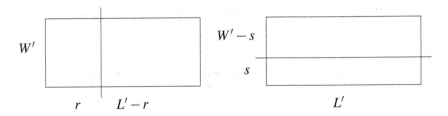

Abbildung 4.2: Aufteilungen durch einen Guillotine-Schnitt

Damit ergibt sich für den Optimalwert $v(L', W')$ die Abschätzung

$$v(L', W') \geq \max\left\{g(L', W'), h(L', W')\right\},$$

wobei

$$g(L', W') := \max\{v(r, W') + v(L' - r, W') : r \in \{1, \ldots, \lfloor L'/2 \rfloor\}\}$$

den maximalen Ertrag bei einem vertikalen Guillotine-Schnitt und

$$h(L', W') := \max\{v(L', s) + v(L', W' - s) : s \in \{1, \ldots, \lfloor W'/2 \rfloor\}\}$$

den maximalen Ertrag bei einem horizontalen Guillotine-Schnitt bezeichnen. Offensichtlich gilt $v(L', W') = 0$, falls $0 \leq L' < \min\{\ell_i : i \in I\}$ oder $0 \leq W' < \min\{w_i : i \in I\}$ gilt. Damit erhalten wir eine erste Rekursion zur Berechnung von $v(L', W')$ für $L' \in \{0, \ldots, L\}$, $W' \in \{0, \ldots, W\}$:

$$v(L', W') := \max\left\{g(L', W'), \ h(L', W'), \ e(L', W')\right\}. \tag{4.1}$$

Hierbei stellt $e(L', W')$ eine Initialisierung dar:

$$e(L', W') := \max\{0, \ \max\{c_i : \ell_i \leq L', w_i \leq W', i \in I\}\}.$$

Die Auswertung der Formel (4.1) müsste für alle ganzzahligen Tupel (L', W') mit $0 < L' \leq L$ und $0 < W' \leq W$ erfolgen. Wie aber schon bei Verfahren zur Lösung von Rucksackproblemen gezeigt, kann hier eine bemerkenswerte Reduktion vorgenommen werden. Die Funktion $v(L', W')$ ist ebenfalls eine Treppenfunktion mit charakteristischen Sprungstellen. Zur Formulierung einer Rekursion mit Rasterpunktmengen (Abschnitt 2.7) seien

$$S(\ell, L) = \{r_j : j = 0, \ldots, \alpha\} \quad \text{mit } 0 = r_0 < r_1 < \ldots < r_\alpha \leq L \quad \text{und}$$

$$S(w, W) = \{s_k : k = 0, \ldots, \beta\} \quad \text{mit } 0 = s_0 < s_1 < \ldots < s_\beta \leq W$$

die Rasterpunktmengen in L- und W-Richtung. Mit den Abkürzungen

$$\langle x \rangle_\ell := \max\{r \in S(\ell, L) : r \leq x\} \quad \text{und} \quad \langle x \rangle_w := \max\{r \in S(w, W) : r \leq x\}$$

erhalten wir für das Guillotine-Zuschnittproblem die folgende Rekursion:

$$
\begin{aligned}
v(r_j, s_k) := \max\{ & e(r_j, s_k), v(r_{j-1}, s_k), v(r_j, s_{k-1}), \\
& \max\{v(r, s_k) + v(\langle r_j - r \rangle_\ell, s_k) : r \in S(\ell, L) \text{ mit } r \leq r_j/2\}, \\
& \max\{v(r_j, s) + v(r_j, \langle s_k - s \rangle_w) : s \in S(w, W) \text{ mit } s \leq s_k/2\}\}, \\
j = 1, & \dots, \alpha, \; k = 1, \dots, \beta.
\end{aligned}
\tag{4.2}
$$

Die explizite Ermittlung von $e(r_j, s_k)$ für alle j und k kann durch eine geeignete Anfangsbelegung und eine geringfügige Änderung der Rekursionsformel (4.2) leicht umgangen werden:

- Setze $v(r_j, s_k) := 0$, $j = 0, \dots, \alpha$, $k = 0, \dots, \beta$.
- Für $i = 1, \dots, m$ setze $v(\ell_i, w_i) := c_i$.

Dann liefert die Rekursion

$$
\begin{aligned}
v(r_j, s_k) := \max\{ & v(r_{j-1}, s_k), v(r_j, s_{k-1}), \\
& \max\{v(r, s_k) + v(\langle r_j - r \rangle_\ell, s_k) : r \in S(\ell, L) \text{ mit } r \leq r_j/2\}, \\
& \max\{v(r_j, s) + v(r_j, \langle s_k - s \rangle_w) : s \in S(w, W) \text{ mit } s \leq s_k/2\}\}, \\
j = 1, & \dots, \alpha, \; k = 1, \dots, \beta
\end{aligned}
\tag{4.3}
$$

das gleiche Ergebnis wie die Rekursion (4.2).

Beispiel 4.1

Es seien Rechtecke mit den Maßen $\ell_i \times w_i$ und der Bewertung c_i gegeben. Diese seien aus einem Ausgangsrechteck mit $L = 160$ und $W = 105$ zuzuschneiden. Bei der Anordnung ist zu berücksichtigen, dass die ℓ_i-Kanten parallel zur L-Kante verlaufen.

	ℓ_i	w_i	c_i
T_1	71	31	8
T_2	31	41	5
T_3	81	51	16

Die Tabelle 4.1 enthält die Bewertungen $v(r_j, s_k)$. Ab Zeile 5 sind in der Tabelle nur noch die v-Werte in den Sprungstellen angegeben. Die restlichen Werte ergeben sich aus $v(r_j, s_k) := \max\{v(r_{j-1}, s_k), v(r_j, s_{k-1})\}$. Der Optimalwert ist $v(160, 105) = 58$. Der zugehörige Zuschnittplan ergibt sich wie folgt:

Da $v(160, 105) = v(152, 103)$ gilt, sind Abfallstreifen am Rand mit den Breiten 8 bzw. 2 durch Guillotine-Schnitte abzutrennen. Der Wert $v(152, 103)$ ergibt sich als Summe von $v(71, 103)$ und $v(81, 103)$. Verfolgen wir nun weiter, wie $v(71, 103)$ und $v(81, 103)$ berechnet wurden, so erhalten wir das in Abbildung 4.3 gezeigte optimale Guillotine-Zuschnittschema. Ändern sich die Werte der Ausgangsplatte zu L' und W' mit $L' \leq L$ und $W' \leq W$, so können optimale Zuschnittschemata gleichfalls aus der Tabelle 4.1 erhalten werden. Zum Beispiel ergeben sich für $L' = 160$ und $W' = 100$ der Optimalwert $v(160, 100) = v(155, 92) = 51$ und das in Abbildung 4.3 gezeigte Zuschnittschema. □

Tabelle 4.1: Auswertung der Rekursion (4.3)

$r_j \setminus s_k$	31	41	51	62	72	82	92	93	102	103
31	0	5	5	5	5	10	10	10	10	10
62	0	10	10	10	10	20	20	20	20	20
71	8	10	10	16	18	20	20	24	24	26
81	8	10	16	16	18	24	26	26	32	32
93		15			23	30	31			
102				21				34		36
112			21			34	36		42	
124		20			28	40	41			
133				26				44		46
142	16			32	36			48		52
143			26			44	46		52	
152								50	56	58
155		25			41	50	51			

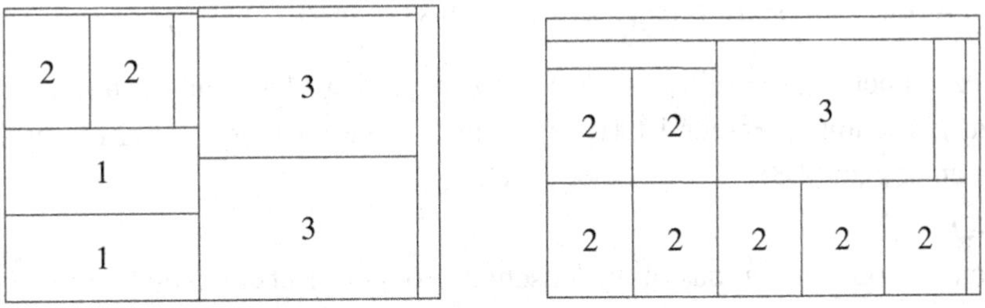

Abbildung 4.3: Optimale Zuschnittvarianten für $L \times W = 160 \times 105$ und $L \times W = 160 \times 100$

Die Anwendung der Rekursionen (4.2) bzw. (4.3) setzt im Allgemeinen großen Speicherplatz voraus, der für $v(r_j, s_k)$ und gegebenenfalls zugehörige Indexinformationen für alle $j = 1, \ldots, \alpha$ und $k = 1, \ldots, \beta$ gleichzeitig benötigt wird.

Ist man nicht an optimalen Zuschnittschemata für alle L' mit $0 < L' \leq L$ und W' mit $0 < W' \leq W$ interessiert, sondern nur an solchen für L und W, so können die reduzierten

Rasterpunktmengen ausgenutzt werden. Zur Übertragung der in Abschnitt 2.7 gemachten Überlegungen auf zweidimensionale Zuschnittprobleme definieren wir die folgenden Teilmengen der Rasterpunktmengen:

$$\widetilde{S}(\ell,L) = \{\widetilde{r}_0, \widetilde{r}_1, \ldots, \widetilde{r}_{\widetilde{\alpha}}\} := \{\langle L-r\rangle_\ell : r \in S(\ell,L)\} \quad \text{und}$$

$$\widetilde{S}(w,W) = \{\widetilde{s}_0, \widetilde{s}_1, \ldots, \widetilde{s}_{\widetilde{\beta}}\} := \{\langle W-s\rangle_w : s \in S(w,W)\}.$$

Hierbei gilt $\widetilde{r}_0 = 0 < \widetilde{r}_1 < \cdots < \widetilde{r}_{\widetilde{\alpha}} = r_\alpha \leq L$ und $\widetilde{s}_0 = 0 < \widetilde{s}_1 < \cdots < \widetilde{s}_{\widetilde{\beta}} = s_\beta \leq W$. Weiterhin bezeichnen wir mit

$$\langle x\rangle_\ell^{red} := \max\{r \in \widetilde{S}(\ell,L) : r \leq x\} \quad \text{und} \quad \langle x\rangle_w^{red} := \max\{s \in \widetilde{S}(w,W) : s \leq x\}$$

die maximal nutzbare Länge bez. $\widetilde{S}(\ell,L)$ bzw. Breite bez. $\widetilde{S}(w,W)$ kleiner gleich x. Damit entsteht die folgende Rekursion, die nur Rasterpunkte aus den Teilmengen $\widetilde{S}(\ell,L)$ und $\widetilde{S}(w,W)$ verwendet:

$$
\begin{aligned}
v(\widetilde{r}_j,\widetilde{s}_k) := \max\Big\{ & e(\widetilde{r}_j,\widetilde{s}_k), v(\widetilde{r}_{j-1},\widetilde{s}_k), v(\widetilde{r}_j,\widetilde{s}_{k-1}), \\
& \max\{v(r,\widetilde{s}_k) + v(\langle\widetilde{r}_j - r\rangle_\ell^{red},\widetilde{s}_k) : r \in \widetilde{S}(\ell,L) \text{ mit } r \leq \widetilde{r}_j/2\}, \\
& \max\{v(\widetilde{r}_j,s) + v(\widetilde{r}_j,\langle\widetilde{s}_k - s\rangle_w^{red}) : s \in \widetilde{S}(w,W) \text{ mit } s \leq \widetilde{s}_k/2\}\Big\}, \\
& j = 1,\ldots,\widetilde{\alpha}, \; k = 1,\ldots,\widetilde{\beta}.
\end{aligned}
\tag{4.4}
$$

Die explizite Ermittlung von $e(\widetilde{r}_j,\widetilde{s}_k)$ kann wieder vermieden werden, nun durch:

- Setze $v(\widetilde{r}_j,\widetilde{s}_k) := 0$, $j = 0,\ldots,\widetilde{\alpha}$, $k = 0,\ldots,\widetilde{\beta}$.
- Für $i = 1,\ldots,m$ setze $v([\ell_i]_\ell,[w_i]_w) := \max\{c_i, v([\ell_i]_\ell,[w_i]_w)\}$.

Hierbei bezeichnet $[x]_\ell := \min\{r \in \widetilde{S}(\ell,L) : r \geq x\}$ den kleinsten Rasterpunkt größer gleich x in L-Richtung. Ferner ist $[x]_w := \min\{s \in \widetilde{S}(w,W) : s \geq x\}$. Man erhält eine Rekursion analog zu (4.3).

Beispiel 4.2

Wir betrachten noch einmal das obige Zuschnittproblem. Entsprechend den Überlegungen zu reduzierten Rasterpunktmengen erhalten wir $\widetilde{S}(\ell,L)$ und $\widetilde{S}(w,W)$ und die in der Tabelle 4.2 angegebene Auswertung der Rekursion (4.4). Die Indizes geben dabei einen Term aus (4.4) an, für den das Maximum realisiert wird.

Die in diesem Beispiel erreichte Reduzierung der Anzahl zu betrachtender Rasterpunkte von $\alpha = 13$ auf $\widetilde{\alpha} = 7$ und von $\beta = 10$ auf $\widetilde{\beta} = 6$ zieht eine Speicherplatzreduzierung von $\alpha\beta = 130$ Plätzen auf $\widetilde{\alpha}\widetilde{\beta} = 42$ Plätze und damit eine Reduzierung des Rechenaufwandes nach sich. Aus der verdichteten Tabelle 4.2 kann die optimale Zuschnittvariante für $L' = 160$, $W' = 100$ nicht mehr abgelesen werden. $\qquad\square$

Tabelle 4.2: Auswertung der Rekursion (4.4)

$\tilde{r}_j \setminus \tilde{s}_k$	31	41	51	62	72	103
31	0_1	5_1	5_1	5_1	5_1	10_3
62	0_1	10_2	10_2	10_2	10_2	20_2
71	8_1	10_2	10_2	16_3	18_3	26_3
81	8_1	10_2	16_1	16_3	18_3	32_3
93	8_1	15_2	16_1	16_3	23_3	32_3
124	8_1	20_2	20_2	20_2	28_3	42_2
155	16_2	25_2	26_2	32_2	41_3	58_2

Die Wirksamkeit der vorgeschlagenen Reduzierung der Anzahl der Rasterpunkte ist stark abhängig von den Eingangsdaten. Die Verwendung von Rasterpunktmengen ist von Fall zu Fall zu untersuchen. Im Sinne einer Analyse des schlechtesten Falles (*worst-case-Analyse*) ist der numerische Aufwand der Rekursionen (4.2) und (4.3) durch $O(\alpha^2\beta^2)$ Rechenoperationen abschätzbar. Der Aufwand der Rekursion (4.4) ist durch $O(\tilde{\alpha}^2\tilde{\beta}^2)$ Rechenoperationen beschränkt.

4.3 Zweistufiger Guillotine-Zuschnitt

Wir betrachten nun die gleiche Aufgabenstellung wie beim Guillotine-Zuschnittproblem. Zur Vereinfachung der Beschreibung ist die Drehbarkeit der Teile wieder nicht erlaubt. Beim *2-stufigen Guillotine-Zuschnitt* wird das Ausgangsrechteck durch horizontale Guillotine-Schnitte in Streifen zerteilt, aus denen dann durch vertikale Guillotine-Schnitte die gewünschten Teile erhalten werden; oder es erfolgen erst vertikale und dann horizontale Guillotine-Schnitte. Bei der Beschreibung beschränken wir uns auf die erste Variante.

Beim 2-stufigen Guillotine-Zuschnitt unterscheidet man zwischen dem *unexakten* und dem *exakten Fall* ([GG65]). Im exakten Fall müssen alle Teile, die aus einem Streifen erhalten werden, dessen Breite besitzen, d. h. Besäumungsschnitte sind nicht zulässig. Im unexakten Fall sind jedoch Besäumungsschnitte erlaubt (s. Abb. 4.4).

Wir setzen nun voraus, dass die Teile gemäß $w_1 \leq w_2 \leq \ldots \leq w_m$ geordnet sind. Weiterhin definieren wir die *unterschiedlichen* Breitenwerte $\overline{w}_j$, $j = 1, \ldots, \overline{m}$, mit $\overline{w}_1 = w_1 < \cdots < \overline{w}_{\overline{m}} = w_m$ und zugehörige Indexmengen $I_j = \{i \in I : w_i = \overline{w}_j\}$ für $j = 1, \ldots, \overline{m}$. Folglich gilt $I = \cup_{j=1}^{\overline{m}} I_j$ und $I_j \neq \emptyset$ für $j = 1, \ldots, \overline{m}$.

Zur Ermittlung einer optimalen 2-stufigen Guillotine-Zuschnittvariante mit Längsstreifen (d. h. horizontale Guillotine-Schnitte in der ersten Stufe) ist für jede unterschiedliche

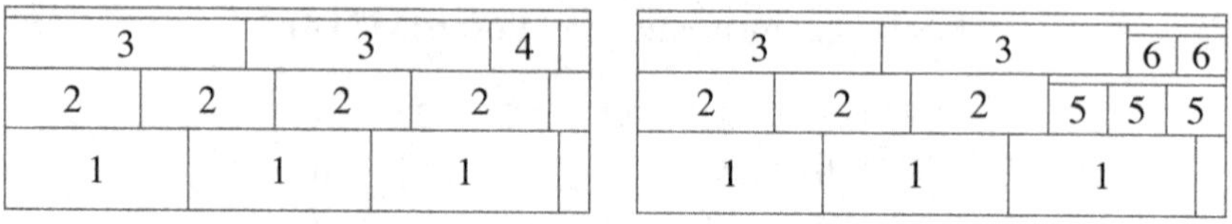

Abbildung 4.4: Exakter und unexakter 2-stufiger Guillotine-Zuschnitt

Breite $\overline{w}_j$, $j = 1,\ldots,\overline{m}$, ein Rucksackproblem zu lösen, wodurch eine optimale Streifen-variante ermittelt wird. Im unexakten Fall sind dies die Rucksackprobleme

$$F_j(L) := \max\left\{ \sum_{k=1}^{j} \sum_{i\in I_k} c_i x_i : \sum_{k=1}^{j} \sum_{i\in I_k} \ell_i x_i \leq L, \; x_i \in \mathbb{Z}_+ \right\}, \quad j = 1,\ldots,\overline{m}. \tag{4.5}$$

Im exakten Fall sind einfachere Rucksackprobleme zu lösen:

$$F_j(L) := \max\left\{ \sum_{i\in I_j} c_i x_i : \sum_{i\in I_j} \ell_i x_i \leq L, \; x_i \in \mathbb{Z}_+ \right\}, \quad j = 1,\ldots,\overline{m}. \tag{4.6}$$

Wir bezeichnen mit y_j, $j = 1,\ldots,\overline{m}$, die Anzahl, wie oft Streifen der Breite $\overline{w}_j$ und die zugehörige Streifenvariante verwendet werden. Eine optimale Kombination der Längs-streifen kann nun durch Lösen eines weiteren Rucksackproblems erhalten werden:

$$G(W) := \max\left\{ \sum_{j=1}^{\overline{m}} F_j(L) y_j : \sum_{j=1}^{\overline{m}} \overline{w}_j y_j \leq W, \; y_j \in \mathbb{Z}_+ \right\}.$$

Zur Berechnung der $\overline{m}$ Werte $F_j(L)$ kann im unexakten Fall eine Rekursion analog dem Algorithmus von Gilmore und Gomory verwendet werden. Der Aufwand ist somit durch $O(mL)$ abschätzbar. Dies entspricht der Lösung *eines* Rucksackproblems mit m Variablen.

Im exakten Fall sind $\overline{m}$ Rucksackprobleme zu lösen. Da die Gesamtzahl der Variablen m ist, ist der Gesamtaufwand gleichfalls durch $O(mL)$ beschränkt. Bei Anwendung der Längste-Wege-Methode ist der Gesamtaufwand sogar geringer im Vergleich zum unex-akten Fall.

Insgesamt sind damit zur Ermittlung einer optimalen 2-stufigen Guillotine-Zuschnittva-riante mit Längsstreifen zwei Rucksackprobleme zu lösen.

Zur Ermittlung einer optimalen 2-stufigen Guillotine-Zuschnittvariante (mit beliebiger Schnittrichtung in der ersten Stufe) sind somit höchstens vier Rucksackprobleme zu lö-sen. Der Gesamtaufwand ist damit durch $O(m(L+W))$ abschätzbar.

4.4 Dreistufiger Guillotine-Zuschnitt

In der Abbildung 4.5 ist eine 3-stufige Guillotine-Zuschnittvariante mit vertikalen Guillotine-Schnitten in der ersten Stufe angegeben. Die Schnitte der zweiten Stufe sind dann horizontal, die der dritten wieder vertikal. Horizontale Guillotine-Schnitte in der ersten Stufe sowie der exakte als auch der unexakte Fall werden ebenfalls betrachtet.

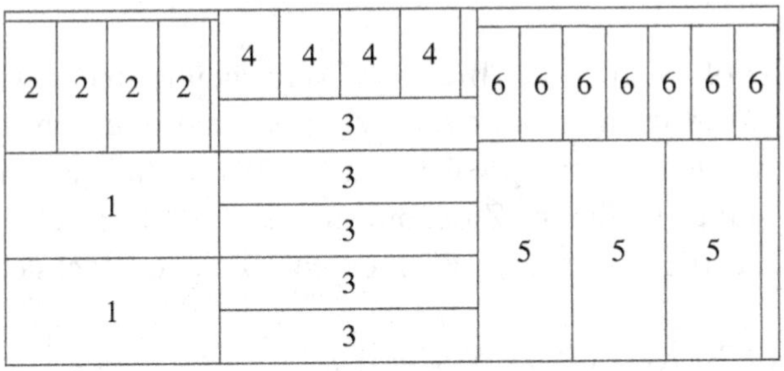

Abbildung 4.5: Exakte 3-stufige Guillotine-Zuschnittvariante

In einer 3-stufigen Guillotine-Zuschnittvariante mit vertikalen Guillotine-Schnitten in der ersten Stufe (Abb. 4.5) werden 2-stufige Guillotine-Zuschnittvarianten mit horizontalen Guillotine-Schnitten in der ersten Stufe kombiniert. Zur Berechnung einer optimalen 3-stufigen Guillotine-Zuschnittvariante mit vertikalen Guillotine-Schnitten in der ersten Stufe können wir somit folgende Vorgehensweise wählen:

Wir setzen wieder voraus, dass die Teile gemäß $w_1 \leq w_2 \leq \ldots \leq w_m$ geordnet sind. Weiterhin definieren wir die *unterschiedlichen* Breitenwerte $\overline{w}_j$, $j \in \overline{J} := \{1, \ldots, \overline{m}\}$, mit $\overline{w}_1 = w_1 < \cdots < \overline{w}_{\overline{m}} = w_m$ und zugehörige Indexmengen $I_j = \{i \in I : w_i = \overline{w}_j\}$ für $j = 1, \ldots, \overline{m}$. Folglich gilt wieder $I = \cup_{j=1}^{\overline{m}} I_j$ und $I_j \neq \emptyset$ für $j \in \overline{J}$.

Zur Ermittlung einer optimalen 2-stufigen Guillotine-Zuschnittvariante für ein Rechteck $r \times W$ $(r \leq L)$ mit horizontalen Guillotine-Schnitten in der ersten Stufe ist für jede unterschiedliche Breite $\overline{w}_j$, $j = 1, \ldots, \overline{m}$, ein Rucksackproblem mit „rechter Seite" r analog zu (4.5) bzw. (4.6) zu lösen, wodurch eine optimale Streifenvariante ermittelt wird. Im unexakten Fall sind dies die Rucksackprobleme

$$F_j(r) := \max\left\{ \sum_{k=1}^{j} \sum_{i \in I_k} c_i x_i : \sum_{k=1}^{j} \sum_{i \in I_k} \ell_i x_i \leq r, \ x_i \in \mathbb{Z}_+, \ \forall i \right\}, \quad \forall r \leq L, \ j \in \overline{J} \quad (4.7)$$

und im exakten Fall

$$F_j(r) := \max\left\{ \sum_{i \in I_j} c_i x_i : \sum_{i \in I_j} \ell_i x_i \leq r, \ x_i \in \mathbb{Z}_+, \ \forall i \right\}, \quad \forall r \leq L, \ j \in \overline{J}. \quad (4.8)$$

Die Variable x_i gibt somit an, wie oft Teile vom Typ i in der Streifenvariante angeordnet werden. Für festes r ($r \leq L$) kann eine optimale Kombination der Längsstreifen, also eine 2-stufige Guillotine-Zuschnittvariante für das Rechteck $r \times W$, durch Lösen eines weiteren Rucksackproblems erhalten werden:

$$G(r,W) := \max\left\{ \sum_{j=1}^{\overline{m}} F_j(r)y_j : \sum_{j=1}^{\overline{m}} \overline{w}_j y_j \leq W, \ y_j \in \mathbb{Z}_+, \ j = 1,\ldots,\overline{m} \right\}. \qquad (4.9)$$

Hier gibt y_j an, wie oft Streifen der Breite $\overline{w}_j$ Verwendung finden. Offensichtlich ist $G(r,W)$ als Optimalwertfunktion stückweise konstant und monoton nichtfallend. Wir bezeichnen mit r_k, $k \in K$, die Sprungstellen von $G(r,W)$. Definieren wir mit z_k die Anzahl, wie oft die 2-stufige Guillotine-Zuschnittvariante zum Rechteck $r_k \times W$ angewendet werden soll, dann erhalten wir schließlich durch Lösen des Rucksackproblems

$$H(L) := \max\left\{ \sum_{k \in K} G(r_k,W)z_k : \sum_{k \in K} r_k z_k \leq L, \ z_k \in \mathbb{Z}_+, \ k \in K \right\} \qquad (4.10)$$

den Wert einer optimalen 3-stufigen Guillotine-Zuschnittvariante mit vertikalen Guillotine-Schnitten in der ersten Stufe. Eine zugehörige Zuschnittvariante bestimmen wir durch Auswertung der entsprechenden Lösungen der Rucksackprobleme.

Zur Berechnung der Werte $F_j(r)$ für alle r kann eine Rekursion analog dem Gilmore/ Gomory-Algorithmus oder der Längste-Wege-Methode verwendet werden. Der Aufwand ist wegen $r \leq L$ durch $O(mL)$ abschätzbar, was also der Lösung eines Rucksackproblems entspricht. Durch eine implizite Anwendung der Rasterpunktmengen kann die Berechnung der $G(r,W)$-Werte erheblich effizienter werden. Dazu identifizieren wir eine Teilmenge der Rasterpunktmenge $S(\ell,L) = \{r_0,\ldots,r_\alpha\}$ mit $r_0 = 0 < r_1 < \cdots < r_\alpha \leq L$ wie folgt: Es sei

$$J_p := \{ j \in \{1,\ldots,\overline{m}\} : F_j(r_p) > \max\{F_j(r_{p-1}), F_{j-1}(r_p)\} \}, \quad p = 1,\ldots,\alpha,$$

wobei $F_0(r_p) := 0$ für alle p. Gilt $|J_p| = 0$ für ein p, dann hat keine eindimensionale Streifenvariante für ein Rechteck $r_p \times \overline{w}_j$ ($j \in \{1,\ldots,\overline{m}\}$) einen größeren Wert als $F_j(r_{p-1})$. Damit folgt $G(r_p,W) = G(r_{p-1},W)$. Das Rucksackproblem zur Berechnung von $G(r_p,W)$ braucht also nicht gelöst zu werden. Gilt $F_j(r_p) = F_{j-1}(r_p)$, dann kann aus Dominanzgründen $y_j := 0$ gesetzt werden.

Ist andererseits $|J_p| > 0$, dann ist $G(r_p,W)$ zu berechnen, wobei die gemäß (4.9) bereits ermittelten Werte $G(r_{p-1},s)$ ausgenutzt werden können. Bezeichnen wir mit

$$G_p(s) := \max\left\{ \sum_{j \in J_p} F_j(r_p)y_j : \sum_{j \in J_p} \overline{w}_j y_j \leq s, \ y_j \in \mathbb{Z}_+ \right\}, \quad s \leq W,$$

den Ertrag einer maximalen 2-stufigen Guillotine-Zuschnittvariante mit horizontalen Schnitten in der ersten Stufe für das Rechteck $r_p \times s$, welche nur eindimensionale Streifenvarianten mit voll ausgenutzter Länge r_p verwendet, dann gilt:

$$G(r_p, W) = \max_{s \leq W} \{ G(r_{p-1}, s) + G_p(W - s) \}.$$

Bei dieser Maximumbildung sind höchstens alle Rasterpunkte aus $S(\overline{w}, W) = S(w, W)$ zu betrachten. Die Funktion $G_p(s)$ hat i. Allg. jedoch weniger Sprungstellen, z. B. falls $|J_p| = 1$ gilt.

Die Berechnung einer optimalen 3-stufigen Guillotine-Zuschnittvariante mit horizontalen Guillotine-Schnitten in der ersten Stufe erfolgt in analoger Weise. Der Gesamtaufwand ist durch $O(mLW)$ abschätzbar. Da der numerische Aufwand zur Ermittlung einer optimalen 3-stufigen Guillotine-Zuschnittvariante erheblich größer als zur Berechnung von optimalen 2-stufigen Zuschnittvarianten ist, werden in der Anwendung häufig Einschränkungen der Vielfalt der 3-stufigen Guillotine-Zuschnittvarianten betrachtet. Dies sind u. a. die Einschränkung auf den exakten Fall in den eindimensionalen Streifenvarianten, d. h. die Definition von $F_j(r)$ gemäß (4.8). Eine noch stärkere Vereinfachung (wie z. B. in Abbildung 4.5 zu sehen) ergibt sich bei der ausschließlichen Verwendung von homogenen eindimensionalen Streifenvarianten gemäß

$$F_j(r) := \max \left\{ \max_{i \in I_j} c_i \lfloor r/w_i \rfloor \right\}, \quad \forall r \leq L, \ j = 1, \dots, \overline{m}.$$

Einschränkungen werden zum Teil auch an die Lage und Anzahl der Guillotine-Schnitte der ersten Stufe gemacht (s. auch 3-Format-Zuschnitt im folgenden Abschnitt). Die Notwendigkeit solcher Modifikationen und Anpassungen resultiert aus den konkreten technologischen Bedingungen der Zuschnittanlage.

Beispiel 4.3

Aus einem Rechteck mit $L = 100$ und $W = 80$ sind nichtdrehbare rechteckige Teile, die in der Tabelle angegeben sind, durch dreistufigen unexakten Guillotine-Zuschnitt zuzuschneiden, wobei die Schnitte der ersten Stufe in vertikaler Richtung verlaufen sollen.

Zuerst ermitteln wir alle Werte $F_j(r)$ für alle $r \in S(\ell, L)$ und alle $j \in \{1, \dots, 4\}$ gemäß der Definition in (4.7). Diese Werte sind in der Tabelle 4.3 zusammengestellt. In der letzten Zeile sind die Werte $G(r, W)$ angegeben, die entsprechend der Formel (4.9) erhalten werden. Es sind wieder nur die vergrößerten Werte angegeben.

i	1	2	3	4
ℓ_i	30	12	40	14
w_i	20	25	30	50
c_i	6	3	12	7

Schließlich erhält man mit (4.10) den Optimalwert $H(L) = 77$. Zugehörigen Zuschnittvarianten sind in der Abbildung 4.6 dargestellt. Die Anordnung eines weiteren Teiles

Tabelle 4.3: Auswertung der Rekursionen (4.7) und (4.9)

$j\backslash r$	0	12	14	24	26	28	30	36	38	40	42	44	48	50	52	54	56	58	60
$F_1(r)$	0					6													12
$F_2(r)$	3		6				9					12							15
$F_3(r)$								12						15					
$F_4(r)$		7		10	14			17	21							24	28		
$G(r,W)$	0	9	10	18		20	24	27		29		33	36			39	43		48

$j\backslash r$	62	64	66	68	70	72	74	76	78	80	82	84	86	88	90	92	94	96	98	100
$F_1(r)$														18						
$F_2(r)$					18						21						24			
$F_3(r)$	18								21	24					27					
$F_4(r)$				31	35						38	42						45	49	
$G(r,W)$				49	53	54		57		60	62	66			72			75	76	

des Typs 2 in der linken Variante ist nicht zulässig, da dann eine 4-stufige Guillotine-Variante erhalten wird. Im Beispiel wird offensichtlich, dass die Berechnung zahlreicher G-Werte vermieden werden kann. Weiterhin wird deutlich, dass durch eine Einschränkung der Positionen der Guillotine-Schnitte der ersten Stufe, z. B. auf $\{\ell_i : i \in I\}$ oder auf $r \in S(\ell, L)$ mit $r \leq \max_{i \in I} \ell_i$, der Rechenaufwand erheblich gesenkt werden kann. $\square$

Abbildung 4.6: Optimale 3-stufige Guillotine-Zuschnittvarianten im Beispiel 4.3

4.5 Weitere Schemata

In verschiedenen Anwendungsbereichen werden weitere Zuschnittschemata verwendet, die durch die verfügbaren Zuschnittanlagen bedingt sind. Beim Zuschnitt von z. B. rechteckigen Granitplatten aus (näherungsweise) rechteckigen Ausgangsplatten wird der sog. *1-Gruppen-Zuschnitt* verwendet (s. Abb. 4.7). In einer *Gruppe* sind alle Schnitte durchgängig (außer den Besäumungsschnitten im unexakten Fall). Für den 1-Gruppen-Zuschnitt sind keine Rekursionsformeln bekannt. Stattdessen ist die Branch-and-Bound-

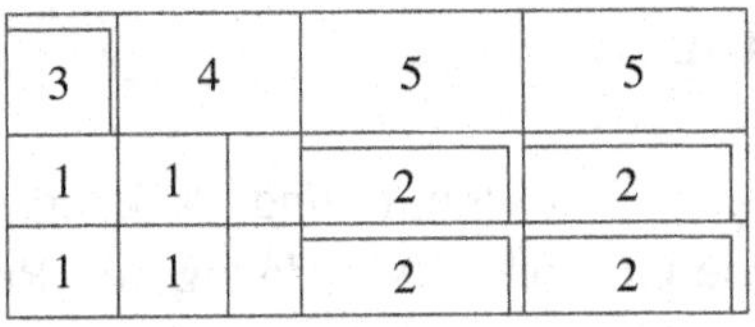

3	4	5	5
1	1	2	2
1	1	2	2

Abbildung 4.7: 1-Gruppen-Zuschnitt

Methode anzuwenden, um optimale Anordnungen zu erhalten. Beim Spanplattenzuschnitt wird häufig der *2-* und *3-Format-(Gruppen-)Zuschnitt* verwendet. Hierbei wird zusätzlich je Gruppe verlangt, dass nur gleiche Teile zugeschnitten werden (sog. *homogene* Anordnung). Abbildung 4.8 zeigt zwei Beispiele. Für diese Schemata sind Rekursionsformeln verfügbar.

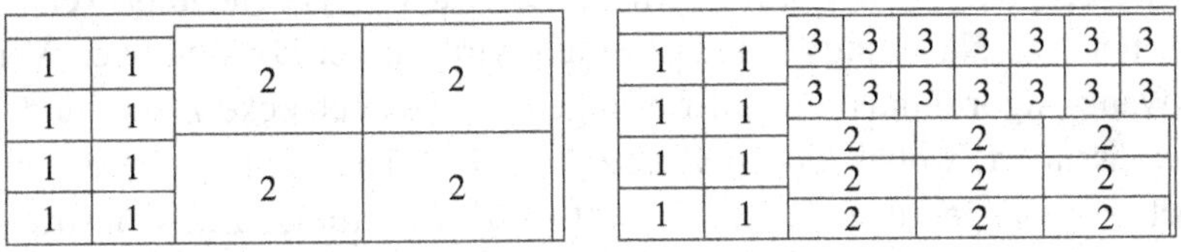

Abbildung 4.8: 2- und 3-Format-Zuschnitt beim Spanplattenzuschnitt

Zur Vereinfachung seien zunächst die Rechtecke nicht drehbar. Für den Optimalwert $v(r,s)$ beim homogenen Zuschnitt aus einem Rechteck $r \times s$ gilt dann

$$v(r,s) = \max_{i \in I}\{c_i \lfloor r/\ell_i \rfloor \lfloor s/w_i \rfloor\}.$$

Der Optimalwert $v_{2F}(L,W)$ beim 2-Format-Zuschnitt mit vertikaler Teilung wird durch

$$v_{2F}(L,W) = \max_{0 \le r \le L/2}\{v(r,W) + v(L-r,W)\}$$

berechnet. Für den Optimalwert $v_{3F}(L,W)$ beim 3-Format-Zuschnitt mit vertikaler und anschließender horizontaler Teilung von $(L-r) \times W$ ergibt sich:

$$v_{3F}(L,W) = \max_{0 \le r \le L}\left\{v(r,W) + \max_{0 \le s \le W/2}\{v(L-r,s) + v(L-r,W-s)\}\right\}.$$

Falls die Drehung der Rechtecke zugelassen ist, dann gilt für den Optimalwert $v(r,s)$ beim homogenen Zuschnitt aus einem Rechteck $r \times s$:

$$v(r,s) = \max_{i \in I}\{c_i \cdot \max\{\lfloor r/\ell_i \rfloor \lfloor s/w_i \rfloor, \lfloor r/w_i \rfloor \lfloor s/\ell_i \rfloor\}\}.$$

4.6 Teilebeschränkungen

Wir betrachten nun das folgende Zuschnitt- und Packungsproblem: Ermittle für ein Rechteck $L \times W$ eine optimale Guillotine-Anordnung von Rechtecktypen $R_i = \ell_i \times w_i$, die mit c_i bewertet sind, unter den zusätzlichen Bedingungen, dass Rechtecke des Typs R_i höchstens u_i-mal angeordnet werden, $i \in I$. Für dieses Problem sind sowohl im Nicht-Guillotine- als auch im Guillotine-Fall keine brauchbaren Rekursionsformeln bekannt. Dies ist durch die wesentlich größere Anzahl der *Zustände* (bez. der dynamischen Optimierung) bedingt, da außer dem Optimalwert für ein Teilrechteck auch die angeordneten Rechtecke selbst Bedeutung haben.

Ein Algorithmus, der die Längste-Wege-Methode auf das zweidimensionale Problem überträgt, wurde von Wang [Wan83] angegeben. Im nachfolgend vorgestellten Algorithmus werden erzeugte zulässige Lösungen bewertet und gegebenenfalls verworfen, so dass i. Allg. nur eine Näherungslösung ermittelt wird. In der konstruktiven Vorgehensweise des Wang-Algorithmus werden Lösungen für Teilrechtecke $r \times s$ durch 4-Tupel (r,s,v,a) repräsentiert, wobei $a = (a_1, \ldots, a_m)^T \in \mathbb{Z}_+^m$. Die Zahl a_i gibt an, wie oft R_i im Rechteck $r \times s$ angeordnet ist; v ist die Gesamtbewertung. Zur Konstruktion von Guillotine-Zuschnittvarianten, die nicht mehr als u_i Rechtecke vom Typ R_i enthalten, werden horizontale und vertikale Kombinationen von zulässigen Lösungen betrachtet. Es seien (r,s,v,a) und (r',s',v',a') zwei zulässige Lösungen. Die *horizontale Kombination* ergibt dann die Anordnung $(r+r', \max\{s,s'\}, v+v', a+a')$, während die *vertikale Kombination* die Anordnung $(\max\{r,r'\}, s+s', v+v', a+a')$ ergibt. Zulässigkeit der konstruierten Lösung liegt vor, falls deren Länge und Breite L bzw. W nicht überschreiten und $a+a' \leq u$ gilt. Zur Beschreibung des Algorithmus bezeichne Ω_k die Menge der in der k-ten Iteration ($k = 1, 2, \ldots$) konstruierten zulässigen Lösungen und e^i den i-ten Einheitsvektor im $\mathbb{R}^m$.

Algorithmus von Wang

S0: $k := 1, \Omega_k := \emptyset$. Für $i \in I$ setze $\Omega_k := \Omega_k \cup \{(\ell_i, w_i, c_i, e^i)\}$.

S1: Setze $\Omega_{k+1} := \emptyset$. Kombiniere jede Lösung $(r,s,v,a) \in \Omega_k$ horizontal mit jeder Lösung $(r',s',v',a') \in \cup_{j=1}^{k} \Omega_j$ und füge die neue Lösung, falls zulässig, zu Ω_{k+1} hinzu.

S2: Kombiniere jedes $(r,s,v,a) \in \Omega_k$ vertikal mit jeder Lösung $(r',s',v',a') \in \cup_{j=1}^{k} \Omega_j$ und füge die neue Lösung, falls zulässig, zu Ω_{k+1} hinzu.

S3: Abbruch: Falls $\Omega_{k+1} = \emptyset$, dann Stopp.

S4: Entferne entsprechend einer vorgegebenen Regel zulässige Lösungen aus Ω_{k+1}. Setze $k := k+1$ und gehe zu S1.

Als Verwerfkriterium in S4 kann z. B. die Kardinalzahl von Q_{k+1} genommen werden: es wird nur eine Anzahl der (relativ) besten Anordnungen gespeichert. Ein Beispiel wird in der Aufgabe 4.5 betrachtet.

4.7 Aufgaben

Aufgabe 4.1
Man ermittle eine optimale Zuschnittvariante für $L' = 150$, $W' = 105$ für Beispiel 4.1 unter Verwendung der Tabelle 4.1 (Rekursion (4.3)) und vergleiche diese mit der Variante, die man aus Tabelle 4.2 (Rekursion (4.4)) für $L' = 150$ und $W' = 105$ erhält.

Aufgabe 4.2
Wie ist die Drehbarkeit der Rechtecke um 90 Grad zu berücksichtigen?

Aufgabe 4.3
Welche Rucksackprobleme sind unter der Voraussetzung „alle T_i sind drehbar" zu lösen, um eine optimale 2-stufige Guillotine-Zuschnittvariante mit Längs- oder Quer-Schnitten in der ersten Stufe zu erhalten?
Man ermittle eine optimale 2-stufige Guillotine-Zuschnittvariante für folgende Eingabedaten: $L = 32$, $W = 27$, $m = 3$, $\ell = (6,7,5)^T$, $w = (4,4,5)^T$ und $c = (4,5,4)^T$.

Aufgabe 4.4
Welche Rucksackprobleme sind im exakten Fall zur Ermittlung einer optimalen 2-stufigen Guillotine-Zuschnittvariante zu lösen?

Aufgabe 4.5
Man ermittle mit dem Wang-Algorithmus eine optimale Guillotine-Zuschnittvariante für das Rechteck $L \times W = 10 \times 8$, wenn $m = 3$, $R_1 = 6 \times 4$, $u_1 = 2$, $R_2 = 5 \times 5$, $u_2 = 2$ und $R_3 = 2 \times 3$, $u_3 = 3$ vorgegeben sind. Dabei sei $c_i := \ell_i w_i$ für alle i.

Aufgabe 4.6
Gegeben seien die folgenden Quadrate: zwei mit Seitenlänge 6, zwei mit Seitenlänge 5, drei mit Seitenlänge 4 und vier mit Seitenlänge 3. Welche Guillotine-Anordnung ist flächenmaximal für ein Rechteck mit $L = 15$ und $W = 11$? Man zeige, dass keine optimale Anordnung erhalten werden kann, wenn alle zulässigen Lösungen (r, s, v, a) mit $rs - v \geq 4$ verworfen werd

4.8 Lösungen

Zu Aufgabe 4.1.   Die Rekursion über Rasterpunktmengen ergibt:
$v(150, 105) = v(143, 102) = 52$ mit $v(143, 102) = v(62, 102) + v(81, 102) = 20 + 32$,

$v(62,102) = v(62,82) = 2v(62,41) = 4v(31,41)$, $v(81,102) = 2v(81,51)$.

Die Rekursion über reduzierte Rasterpunktmengen ergibt:

$v(150,105) = v(124,103) = 42$ mit $v(124,103) = v(31,103) + v(93,103) = 10 + 32$, $v(93,103) = 2v(93,51) = 2v(81,51)$, $v(31,103) = 2v(31,41)$.

Zu Aufgabe 4.2.   Ohne Beschränkung der Allgemeinheit seien $\ell_i \neq w_i$ für $i = 1, \ldots, m'$ mit $m' \leq m$ und $\ell_i = w_i$ für $i = m' + 1, \ldots, m$. Dann definiert man für jedes nichtquadratische Teil T_i ein weiteres Teil T_{m+i} mit der Länge $\ell_{m+i} := w_i$ und der Breite $w_{m+i} := \ell_i$, $i = 1, \ldots, m'$. Sind obere Schranken u_i zu beachten, dann ist die Gesamtzahl der angeordneten Teile T_i und T_{m+i} durch u_i zu beschränken.

Zu Aufgabe 4.3.   Nach Hinzufügen der gedrehten Teile und der Umsortierung erhält man die folgenden Eingabedaten: $m = 5$, $\ell = (6,7,5,4,4)^T$, $w = (4,4,5,6,7)^T$, $c = (4,5,4,4,5)^T$ und $(L,W) = (32,27)$ oder $(L,W) = (27,32)$. Zu lösende Rucksackprobleme sind ($z_1 = F_j(27)$, $z_2 = F_j(32)$):

j	$\overline{w}_j$	$F_j(L)$	z_1	z_2
1	4	$\max\{4a_1 + 5a_2 : 6a_1 + 7a_2 \leq L, a_i \in \mathbb{Z}_+\}$	19	22
2	5	$\max\{5a_2 + 4a_3 : 7a_2 + 5a_3 \leq L, a_i \in \mathbb{Z}_+\}$	21	25
3	6	$\max\{5a_2 + 4a_4 : 7a_2 + 4a_4 \leq L, a_i \in \mathbb{Z}_+\}$	25	32
4	7	$\max\{5a_5 : 4a_5 \leq L, a_i \in \mathbb{Z}_+\}$	30	40

(Dominierte Variable wurden weggelassen.)

Mit $G(W) := \max\{\sum_{j=1}^4 F_j(L)y_j : \sum_{j=1}^4 \overline{w}_j y_j \leq W, y_j \in \mathbb{Z}_+\}$ erhält man $G(27) = 3F_4(32) + F_3(32) = 152$ sowie $G(32) = 8F_1(27) = 152$.

In diesem Beispiel stimmen (zufällig) optimale vertikale und horizontale 2-stufige Guillotine-Zuschnittvariante überein.

Zu Aufgabe 4.4.   Beim 2-stufigen Guillotine-Zuschnitt vereinfacht sich im exakten Fall die Berechnung von $F_j(L)$ auf $F_j(L) := \max\{\sum_{i \in I_j} c_i x_i : \sum_{i \in I_j} \ell_i x_i \leq L, x_i \in \mathbb{Z}_+\}$. Analoge Rucksackprobleme ergeben sich, falls die Guillotine-Schnitte der ersten Stufe in vertikaler Richtung verlaufen.

Zu Aufgabe 4.5.   Der Optimalwert ist 68. Es werden zwei Rechtecke des Typs R_2 und drei des Typs R_3 angeordnet.

Zu Aufgabe 4.6.   Der Optimalwert ist 156. Es werden je zwei Quadrate der Seitenlänge 6, 5 und 3 und eins mit Seitenlänge 4 angeordnet. Diese Guillotine-Zuschnittvariante ist aus Varianten für die Rechtecke 15×6 und 15×5 zusammengesetzt. Da die Anordnungsvariante für 15×5 aus einer für 14×5 resultiert, die vier Abfalleinheiten hat, kann diese Lösung im Wang-Algorithmus nicht erhalten werden.

5 Optimale Rechteck-Anordnungen

In diesem Kapitel wenden wir uns dem allgemeinen Fall von achsenparallelen Rechteck-Anordnungen zu. Die Forderung, dass der Zuschnitt durch Guillotine-Schnitte realisiert werden kann, tritt hier also nicht auf.

Zunächst untersuchen wir lineare ganzzahlige Modelle und leiten daraus untere Schranken für den Maximalwert ab. Des Weiteren werden wir einen Algorithmus betrachten, der schrittweise zulässige Anordnungsvarianten konstruiert.

5.1 Lineare ganzzahlige Modelle

5.1.1 Das Modell vom Beasley-Typ

Wir betrachten nun eine gegenüber dem Abschnitt 4.1 etwas geänderte Aufgabenstellung: Auf einem Rechteck der Länge L und der Breite W sind kleinere Rechtecke R_i, die die Länge ℓ_i, die Breite w_i und die Bewertung c_i, $i \in I = \{1, \dots, m\}$ besitzen, so kantenparallel anzuordnen, dass die Gesamtbewertung maximal ist. Im Unterschied zum Kapitel 4 gehen wir nun davon aus, dass das Rechteck R_i höchstens einmal verwendet wird. Die Drehbarkeit der Rechtecke ist wieder zur Vereinfachung der Darstellung ausgeschlossen. Es seien

$$S(\ell, L) := \{r_0, \dots, r_\alpha\} = \{r : r = \sum_{i \in I} \ell_i a_i \leq L,\ a_i \in \{0, 1\},\ i \in I\}$$

mit $0 = r_0 < r_1 < \cdots < r_\alpha \leq L$ und

$$S(w, W) := \{s_0, \dots, s_\beta\} = \{s : s = \sum_{i \in I} w_i a_i \leq W,\ a_i \in \{0, 1\},\ i \in I\}$$

mit $0 = s_0 < s_1 < \cdots < s_\beta \leq W$ die zu $\ell = (\ell_1, \dots, \ell_m)^T$ und $w = (w_1, \dots, w_m)^T$ gehörigen Rasterpunktmengen (Abschnitt 2.7). Weiterhin seien $J := \{0, \dots, \alpha - 1\}$ und $K := \{0, \dots, \beta - 1\}$ zugehörige Indexmengen. Wir bezeichnen mit

$$R_i(x, y) := \{(r, s) \in \mathbb{R}^2 : x \leq r < x + \ell_i,\ y \leq s < y + w_i\}$$

die durch das Rechteck R_i überdeckte Fläche, falls R_i mit dem *Anordnungspunkt* (x,y) angeordnet wird. Zugehörig zu den Anordnungspunkten (x_i,y_i), $i \in \widetilde{I} \subseteq I$, definieren wir die *Anordnungsvariante* $A(\widetilde{I}) = \{R_i(x_i,y_i) : i \in \widetilde{I}\}$. Entsprechend der Vorgehensweise von Beasley ([Bea85]) definieren wir für alle $i \in I$, für alle $p \in J_i := \{j \in J : r_j \leq L - \ell_i\}$ und für alle $q \in K_i := \{k \in K : s_k \leq W - w_i\}$ eine 0/1-Variable x_{ipq} wie folgt:

$$x_{ipq} := \begin{cases} 1, & \text{falls das Rechteck } R_i \text{ den Anordnungspunkt } (x_i,y_i) = (r_p,s_q) \text{ hat,} \\ 0 & \text{sonst.} \end{cases}$$

Während in [Bea85] jeder Punkt (p,q) mit $p \in \{0,\dots,L-1\}$ und $q \in \{0,\dots,W-1\}$ als Anordnungspunkt verwendet wird, nutzen wir bei unserer Modellierung durch die Beschränkung auf die Rasterpunkte aus, dass zu jeder Anordnungsvariante $A(\widetilde{I})$ eine Variante $\widetilde{A}(\widetilde{I})$ existiert, in der die gleichen Teile angeordnet und alle Anordnungspunkte $(\widetilde{x}_i,\widetilde{y}_i)$ aus $S(\ell,L) \times S(w,W)$ sind. Eine solche Anordnungsvariante $\widetilde{A}(\widetilde{I})$ erhält man aus $A(\widetilde{I})$ durch „Verschieben nach links-unten".

Anordnungsvarianten, deren Anordnungspunkte Paare von Rasterpunkten sind, nennen wir *normalisiert*. In der englischsprachigen Literatur wird in diesem Zusammenhang häufig der Begriff *bottom left justified* verwendet. Eine Anordnungsvariante heißt *links-unten-bündig*, falls jedes angeordnete Teil mit seiner linken und unteren Kante den Rand des Rechtecks $L \times W$ oder ein anderes angeordnetes Teil berührt. Falls das Rechteck R_i den Anordnungspunkt (r_p,s_q) hat, dann überdeckt es die Fläche

$$R_i(r_p,s_q) = \{(r,s) : r_p \leq r < r_p + \ell_i, \; s_q \leq s < s_q + w_i\}.$$

Zur Modellierung der Nicht-Überlappung von angeordneten Teilen definieren wir deshalb folgende Koeffizienten a_{ipqjk} durch

$$a_{ipqjk} := \begin{cases} 1, & \text{falls } x_{ipq} = 1, \; (r_j,s_k) \in R_i(r_p,s_q), \\ 0 & \text{sonst,} \end{cases} \qquad i \in I, \; p,j \in J, \; q,k \in K.$$

Damit erhalten wir das folgende Modell:

Lineares 0/1-Optimierungsmodell vom Beasley-Typ

$$z = \sum_{i \in I} \sum_{p \in J_i} \sum_{q \in K_i} c_i x_{ipq} \to \max \quad \text{bei} \tag{5.1}$$

$$\sum_{i \in I} \sum_{p \in J_i} \sum_{q \in K_i} a_{ipqjk} x_{ipq} \leq 1, \quad j \in J, \; k \in K, \tag{5.2}$$

$$\sum_{p \in J_i} \sum_{q \in K_i} x_{ipq} \leq 1, \quad i \in I, \tag{5.3}$$

$$x_{ipq} \in \{0,1\}, \quad i \in I, \; p \in J_i, \; q \in K_i.$$

Die Bedingungen (5.2) sichern, dass höchstens ein angeordnetes Rechteck den Punkt (r_j, s_k) überdeckt. Wegen (5.3) wird Teil i höchstens einmal angeordnet. Entsprechend der Zielfunktion (5.1) wird eine Anordnungsvariante mit maximaler Bewertung gesucht.

Die Formulierung der Nichtüberlappungs-Bedingungen kann auch ohne die Koeffizienten a_{ipqjk} erfolgen:

$$\sum_{i \in I} \sum_{p:r_j - \ell_i < r_p \leq r_j} \sum_{q:s_k - w_i < q \leq s_k} x_{ipq} \leq 1, \quad j \in J, \ k \in K.$$

Durch die Einschränkung auf die Rasterpunkte und die Verwendung normalisierter Anordnungen wird die Anzahl der 0/1-Variablen (maximal $m\alpha\beta$) i. Allg. wesentlich reduziert im Vergleich zu einer Modellierung ohne diese, bei der mLW 0/1-Variablen nötig sind. Allerdings ist die Anzahl der 0/1-Variablen und die der Restriktionen $\alpha\beta + m$ für praxisrelevante Aufgaben zumeist zu groß, so dass andere Zugänge benötigt werden. Das obige Modell ist aber gut geeignet, obere Schranken für den Maximalwert abzuleiten. Darauf werden wir im Abschnitt 5.2 näher eingehen.

Eine weitere Verringerung der Anzahl der 0/1-Variablen ist i. Allg. erreichbar, falls an Stelle der Rasterpunkte die reduzierten Mengen der Rasterpunkte (s. Abschnitt 2.7) betrachtet werden. Die Modellierung ist völlig analog.

5.1.2 Ein lineares gemischt-ganzzahliges Modell

Um die Anzahl der Variablen zu reduzieren, definieren wir Entscheidungsvariable

$$\delta_i := \sum_{p \in J_i} \sum_{q \in K_i} x_{ipq}, \quad i \in I.$$

Damit gilt $\delta_i = 1$ genau dann, wenn das Teil i angeordnet wird. Falls $\delta_i = 1$, dann ist der Anordnungspunkt (x_i, y_i) für das Teil i durch

$$x_i := \sum_{p \in J_i} r_p \sum_{q \in K_i} x_{ipq}, \quad y_i := \sum_{q \in K_i} s_q \sum_{p \in J_i} x_{ipq}$$

bestimmt. Weiterhin definieren wir die 0/1-Variablen u_{ij} und v_{ij} für $i, j \in I, i \neq j$ gemäß

$$u_{ij} = 1 \quad \Rightarrow \quad x_j \geq x_i + \ell_i,$$

$$v_{ij} = 1 \quad \Rightarrow \quad y_j \geq y_i + w_i,$$

um die Nichtüberlappung der Teile i und j zu modellieren. Wir erhalten damit das folgende Modell:

Lineares gemischt-ganzzahliges Modell des Rechteck-Packungsproblems

$$z = \sum_{i \in I} c_i \delta_i \to \max \quad \text{bei} \tag{5.4}$$

$$0 \le x_i, \quad x_i - (L - \ell_i)\delta_i \le 0, \quad i \in I, \tag{5.5}$$

$$0 \le y_i, \quad y_i - (W - w_i)\delta_i \le 0, \quad i \in I, \tag{5.6}$$

$$x_i + \ell_i \delta_i \le x_j + L(\delta_i - u_{ij}), \quad i, j \in I, i \ne j, \tag{5.7}$$

$$y_i + w_i \delta_i \le y_j + W(\delta_i - v_{ij}), \quad i, j \in I, i \ne j, \tag{5.8}$$

$$u_{ij} + u_{ji} + v_{ij} + v_{ji} \le \delta_i, \quad i, j \in I, i \ne j, \tag{5.9}$$

$$\delta_i + \delta_j \le 1 + u_{ij} + u_{ji} + v_{ij} + v_{ji}, \quad i, j \in I, i \ne j, \tag{5.10}$$

$$\delta_i, u_{ij}, v_{ij} \in \{0, 1\}, \quad i, j \in I, i \ne j.$$

In der Zielfunktion (5.4) werden die Bewertungen der angeordneten Rechtecke summiert. Die Restriktionen (5.5) und (5.6) sichern, dass das Rechteck i im Fall der Anordnung ($\delta_i = 1$) vollständig im Ausgangsrechteck enthalten ist. Für $\delta_i = 0$ folgt $x_i = y_i = 0$.

Die Bedingungen (5.7) und (5.8) modellieren die Nichtüberlappung zweier angeordneter Rechtecke. Falls $\delta_i = 1$ und $\delta_j = 1$, dann muss wegen (5.10) mindestens eine der Variablen u_{ij}, u_{ji}, v_{ij} und v_{ji} den Wert 1 annehmen. Gilt z. B. $u_{ij} = 1$, dann folgt mit (5.7) die Bedingung $x_i + \ell_i \le x_j$. Die beiden Rechtecke überlappen sich also nicht. Analoges folgt für $v_{ij} = 1$.

Wegen (5.9) sind für $\delta_i = 0$ alle u- und v-Variablen zu i gleich 0. Andernfalls nimmt genau eine Variable den Wert 1 an (wegen (5.10)). Ist $\delta_i = 0$, dann folgt also $u_{ij} = 0$ und $x_i = 0$ und (5.7) liefert die Forderung $x_j \ge 0$.

Zur Lösung dieses Optimierungsproblems kann Standardsoftware verwendet werden, die i. Allg. einen Branch-and-Bound-Algorithmus realisiert, wobei die stetige Relaxation zur Schrankenberechnung verwendet wird.

5.2 Obere Schranken

Die Kenntnis guter oberer Schranken für den Maximalwert einer Anordnungsvariante ist nicht nur innerhalb von Branch-and-Bound-Algorithmen notwendig. Zur Beurteilung der Güte einer z. B. mit einer Heuristik gefundenen Anordnung können Schranken sehr nützlich sein.

Falls beim Rechteck-Anordnungsproblem die Flächenauslastung maximiert wird, ist offensichtlich LW eine *triviale* obere Schranke. Falls andere Bewertungen vorliegen, erhalten wir durch

$$\max_{i \in I} \frac{c_i}{\ell_i w_i} LW$$

die entsprechende triviale obere Schranke. Diese triviale Schranke kann stets durch

$$\max_{i \in I} \frac{c_i}{\ell_i w_i} r_\alpha s_\beta$$

ersetzt werden.

Eine verbesserte obere Schranke erhalten wir, wenn wir beachten, dass jede zulässige Anordnung gleichzeitig eine Kombination der Flächeninhalte der Teiletypen liefert, die die nutzbare Gesamtfläche nicht übersteigt. Somit liefert uns das Rucksackproblem

$$\max\{\sum_{i \in I} c_i a_i : \sum_{i \in I} \ell_i w_i a_i \leq r_\alpha s_\beta,\ a_i \in \{0,1\},\ i \in I\}$$

die sogenannte *Flächenschranke*.

Zur Herleitung einer weiteren Relaxation betrachten wir wieder das Modell nach Beasley [Bea85], wobei wir jetzt annehmen, dass $J = \{0, \ldots, L-1\}$ und $K = \{0, \ldots, W-1\}$ gilt, jeder ganzzahlige Gitterpunkt also als Anordnungspunkt in Frage kommt. Eine Aggregation der Restriktionen (5.2) ergibt nun Restriktionen der Form

$$\sum_{i \in I} \sum_{p \in J_i} \sum_{q \in K_i} \sum_{j \in J} a_{ipqjk} x_{ipq} \leq L, \quad k \in K. \tag{5.11}$$

Durch die Substitution

$$a_{i,k+1} := \frac{1}{\ell_i} \sum_{p \in J_i} \sum_{q \in K_i} \sum_{j \in J} a_{ipqjk} x_{ipq}, \quad k \in K,$$

erhalten wir aus (5.11) die neuen (abgeschwächten) Restriktionen

$$\sum_{i \in I} \ell_i a_{i,k+1} \leq L, \quad k \in K.$$

Offenbar gilt im Fall $x_{ipq} = 1$:

$$a_{ik} = \begin{cases} 1, & \text{für } k = q+1, \ldots, q+w_i, \\ 0 & \text{sonst.} \end{cases}$$

Zur Veranschaulichung, was praktisch durch diese Vorgehensweise passiert, betrachten wir die Abbildung 5.1. Das Rechteck des Formats $L \times W$ wird durch W Streifen $L \times 1$ überdeckt, die mit $1, \ldots, W$ nummeriert werden. Jedem Rechtecktyp i werden W 0/1-Variable a_{ik} zugeordnet, von denen höchstens w_i den Wert 1 erhalten und zwar genau dann, wenn Teil i durch den Streifen $\{(x,y) : 0 \leq x \leq L, k-1 \leq y < k\}$ überdeckt wird. In jedem Streifen k ist die Gesamtlänge der angeordneten Teile kleiner gleich L. Der Vektor $a^k = (a_{1k}, \ldots, a_{mk})^T$ repräsentiert also eine *eindimensionale* Anordnungsvariante in L-Richtung. Mit anderen Worten, die Rechtecke werden in w_i Streifen des Formats

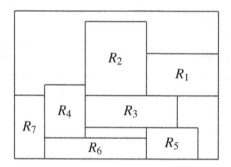

Abbildung 5.1: Streifen-Relaxation für Rechteck-Anordnungen

$\ell_i \times 1$ zerteilt. Weiterhin werden jeder zweidimensionalen Anordnungsvariante W eindimensionale *Streifenvarianten* a^k zugeordnet. Dies führt uns zu einer Relaxation des Rechteck-Packungsproblems mit mW 0/1-Variablen. Diese nennen wir (entsprechend [BS05]) *Relaxation vom Kantorovich-Typ*. Im Weiteren ist $K = \{1, \ldots, W\}$.

Relaxation vom Kantorovich-Typ

$$z = \sum_{i \in I} \sum_{k \in K} \frac{c_i}{w_i} a_{ik} \rightarrow \max \quad \text{bei} \tag{5.12}$$

$$\sum_{i \in I} \ell_i a_{ik} \leq L, \quad k \in K, \tag{5.13}$$

$$\sum_{k \in K} a_{ik} \leq w_i, \quad i \in I, \tag{5.14}$$

$$a_{ik} \in \{0,1\}, \quad i \in I, k \in K.$$

Auf Grund der Aufspaltung des Rechtecks i in w_i Streifen der Länge ℓ_i und Breite 1 ergeben sich geänderte Koeffizienten in der Zielfunktion (5.12). Die Restriktionen (5.13) sichern, dass nur zulässige eindimensionale Streifenvarianten im Modell berücksichtigt werden. Schließlich wird durch die Bedingung (5.14) gewährleistet, dass das Rechteck i höchstens einmal verwendet wird. In dieser Relaxation wird insbesondere nicht mehr garantiert, dass Streifen eines Teiletyps in w_i benachbarten Streifenvarianten vorhanden sind. Darüber hinaus ist die Position eines Teils im Streifen nicht mehr fixiert.

Wir betrachten nun die Variablen a_{ik} als bekannte Koeffizienten einer eindimensionalen Anordnungsvariante a^k und bezeichnen mit $\overline{K}$ die Indexmenge aller zulässigen Streifenvarianten, d. h., es gilt $\sum_{i \in I} \ell_i a_{ik} \leq L$ für alle $k \in \overline{K}$. Definieren wir nun ganzzahlige Variablen t_k als Anzahl, wie oft die Streifenvariante a^k verwendet wird, erhalten wir eine weitere Relaxation mit eindimensionalen Streifenvarianten:

Horizontale 0/1-Streifen-Relaxation

$$\sum_{k \in \overline{K}} \sum_{i \in I} \frac{c_i}{w_i} a_{ik} t_k \to \max \quad \text{bei}$$

$$\sum_{k \in \overline{K}} t_k \leq W, \tag{5.15}$$

$$\sum_{k \in \overline{K}} a_{ik} t_k \leq w_i, \quad i \in I, \tag{5.16}$$

$$t_k \in \mathbb{Z}_+, \quad k \in \overline{K}. \tag{5.17}$$

Die im Modell betrachteten Streifenvarianten sind wegen (5.16) zulässig. Sie können wegen $t_k \in \mathbb{Z}_+$ mehrfach verwendet werden, auf Grund von (5.15) aber insgesamt nicht häufiger als es die Ausgangsbreite W ermöglicht.

Die Optimalwerte beider Relaxationen stimmen überein. Deren Berechnung ist aber nach wie vor i. Allg. sehr aufwendig, so dass wir eine weitere Abschwächung durch Weglassen der Ganzzahligkeitsforderungen vornehmen, d. h. zu der *stetigen Relaxation* übergehen.

Wir bezeichnen mit z^{Kant} den Optimalwert der Relaxation vom Kantorovich-Typ und mit z_{LP}^{Kant} den der zugehörigen stetigen Relaxation. Analog definieren wir z^{b-hor} und z_{LP}^{b-hor} für die horizontale 0/1-Streifen-Relaxation.

Wie leicht ersichtlich ist, gilt im Fall $c_i = \ell_i w_i$, $i \in I$,

$$z_{LP}^{Kant} = \min\{LW, \sum_{i \in I} \ell_i w_i\}.$$

Um zu verdeutlichen, dass die stetige Relaxation der horizontalen 0/1-Streifen-Relaxation i. Allg. bessere Schrankenwerte liefert, betrachten wir ein Beispiel.

Beispiel 5.1

Gegeben seien ein Rechteck mit $L = W = 2n$ ($n \in I\!N$) und sechs Teiletypen $T_i = \ell_i \times w_i$ mit $\ell_i = w_i = n + 1$, $i = 1, \ldots, 4$, $\ell_5 = w_6 = n - 1$ und $\ell_6 = w_5 = 1$ sowie $c_i = \ell_i w_i$. Dann ergeben die Streifenvarianten $a_{1k} = 1$, $a_{2k} = (n-1)/(n+1)$, $k = 0, \ldots, n$, und $a_{3k} = 1$, $a_{4k} = (n-1)/(n+1)$, $k = n+1, \ldots, 2n-1$, $a_{ik} = 0$ sonst, eine vollständige Flächenauslastung. Eine optimale Anordnung hat offenbar den Wert $z^* = (n+1)^2 + 2(n-1)$. Wegen $z_{LP}^{Kant} = 4n^2$ folgt somit $\lim_{n \to \infty} z_{LP}^{Kant}/z^* = 4$.

Durch $t_1 = 1$ mit $a^1 = e^1 + e^5$, $t_2 = n$ mit $a^2 = e^1$ und $t_3 = n - 1$ mit $a^3 = e^2 + e^6$, wobei e^i der i-te Einheitsvektor ist, erhält man andererseits $\lim_{n \to \infty} z_{LP}^{b-hor} = \lim_{n \to \infty} z^{b-hor} = LW/2$ und damit $\lim_{n \to \infty} z_{LP}^{b-hor}/z^* = 2$ in diesem Beispiel. $\qquad\square$

Neben der Relaxation mit horizontalen Streifenvarianten kann man in analoger Weise vertikale Streifen definieren. Wir bezeichnen mit $\bar{J}$ die Indexmenge aller zulässigen vertikalen Streifenvarianten $A^j = (A_{1j}, \ldots, A_{mj})^T$, d. h., es gilt $\sum_{i \in I} w_i A_{ij} \leq W$ für alle $j \in \bar{J}$. Definieren wir nun ganzzahlige Variablen τ_j als Anzahl, wie oft die Streifenvariante A^j verwendet wird, erhalten wir eine weitere Relaxation mit Streifenvarianten:

Vertikale 0/1-Streifen-Relaxation

$$\sum_{j \in \bar{J}} \sum_{i \in I} \frac{c_i}{\ell_i} A_{ij} \tau_j \to \max \quad \text{bei} \tag{5.18}$$

$$\sum_{j \in \bar{J}} \tau_j \leq L, \tag{5.19}$$

$$\sum_{j \in \bar{J}} A_{ij} \tau_j \leq \ell_i, \quad i \in I, \tag{5.20}$$

$$\tau_j \in \mathbb{Z}_+, \quad j \in \bar{J}. \tag{5.21}$$

Die Wirkung der Restriktionen (5.19) – (5.21) ist analog zu der der Bedingungen (5.15) – (5.17), nun aber in geänderter Richtung. In Analogie zu den anderen Relaxationen bezeichnen wir mit z^{b-vert} den Optimalwert der vertikalen 0/1-Streifen-Relaxation (5.18) – (5.21) und mit z_{LP}^{b-vert} den der zugehörigen stetigen Relaxation.

Die Optimalwerte z^{b-hor} und z^{b-vert} stimmen i. Allg. nicht überein. Das Gleiche gilt für die Optimalwerte z_{LP}^{b-hor} und z_{LP}^{b-vert} der stetigen Relaxationen. Insbesondere können (zumindest teilweise) unterschiedliche Teile in den Lösungen auftreten. Um dies einzuschränken, kombinieren wir beide Relaxationen und fordern zusätzlich, dass die durch einen Teiletyp genutzte Fläche in den horizontalen und vertikalen Streifen gleich ist. Damit erhalten wir nun die *Streifen-Relaxation für das Rechteck-Packungsproblem*:

Streifen-Relaxation für das Rechteck-Packungsproblem

$$\sum_{k \in \overline{K}} \sum_{i \in I} \frac{c_i}{w_i} a_{ik} t_k \to \max \quad \text{bei} \tag{5.22}$$

$$\sum_{k \in \overline{K}} t_k \leq W, \quad \sum_{j \in J} \tau_j \leq L, \tag{5.23}$$

$$\sum_{k \in \overline{K}} a_{ik} t_k \leq w_i, \quad i \in I, \tag{5.24}$$

$$\sum_{k \in \overline{K}} \ell_i a_{ik} t_k = \sum_{j \in J} w_i A_{ij} \tau_j, \quad i \in I, \tag{5.25}$$

$$t_k \in \mathbb{Z}_+, \quad k \in \overline{K}, \quad \tau_j \in \mathbb{Z}_+, \quad j \in \overline{J}. \tag{5.26}$$

Die Restriktionen (5.23) beschränken die Anzahl der horizontalen und vertikalen Streifenvarianten. Zusätzlich wird durch (5.24) gesichert, dass ein Rechteck i höchstens einmal angeordnet wird. Die Restriktion (5.25) erzwingt, dass ein Teil, welches in horizontalen Varianten verwendet wird, auch in den vertikalen Streifen mit gleicher Fläche auftreten muss.

An dieser Stelle sei darauf hingewiesen, dass, falls mehrere Rechtecke eines Typs, aber höchstens u_i, angeordnet werden dürfen, dies in den obigen Schranken durch einfache Modifikationen berücksichtigt werden kann. Die Koeffizienten a_{ik} und A_{ij} sind nun nichtnegative ganze Zahlen kleiner gleich u_i. In den Restriktionen (5.16) bzw. (5.20) sind die u_i-Werte in entsprechender Weise zu berücksichtigen, d. h., in der Restriktion (5.16) ist nun $\leq u_i \ell_i$ und in (5.20) $\leq u_i w_i$ zu fordern.

Beispiel 5.2

Gegeben sind das Rechteck $L \times W = 11 \times 11$ und die Teiletypen $T_1 = 3 \times 8$ und $T_2 = 8 \times 3$, von denen jeweils $u_i = 4$ verfügbar sind. Gesucht ist eine Anordnungsvariante mit maximaler Flächenauslastung. Auf Grund der Flächenschranke $\lfloor 121/24 \rfloor = 5$ können höchstens 5 Teile angeordnet werden. Wegen $a^1 = (1,1)^T$ mit $t_1 = 11$ und $A^1 = (1,1)^T$ mit $\tau_1 = 11$ gilt $z_{LP}^{b-hor} = z_{LP}^{b-vert} = 121$. Für $i = 1$ ist wegen $\ell_1 a_{11} t_1 = 33 \neq 88 = w_1 A_{11} \tau_1$ die Flächenbedingung verletzt.

Mit $a^2 = (3,0)^T$ und $A^2 = (0,3)^T$ erhält man $t_1 = \tau_1 = 99/14$ und $t_2 = \tau_2 = 55/14$ in der stetigen Relaxation zu dem an die u_i-Werte angepassten Problem (5.22) – (5.26). Der nach unten gerundete Optimalwert der stetigen Relaxation ist 113, womit folgt, dass nur vier Teile angeordnet werden können. $\qquad \square$

5.3 Ein Konturkonzept-Algorithmus

In diesem Abschnitt beschreiben wir einen Branch-and-Bound-Algorithmus, der auf der Grundlage des Konturkonzeptes arbeitet. Dabei werden schrittweise weitere Rechtecke *oberhalb* der aktuellen *Kontur* angeordnet. Diese Vorgehensweise ermöglicht es, zusätzliche Anordnungsrestriktionen zu berücksichtigen und schnelle Heuristiken abzuleiten.

5.3.1 Das Konturkonzept

Wir gehen wieder davon aus, dass jedes Teil höchstens einmal angeordnet werden darf. Um unvermeidbaren Abfall sofort zu berücksichtigen, verwenden wir nun die reduzierten Rasterpunktmengen. In Analogie zum Abschnitt 2.7 definieren wir zunächst die Rasterpunktmengen

$$S(\ell,L) := \{r : r = \sum_{i \in I} \ell_i a_i \le L, \ a_i \in \{0,1\}, \ i \in I\},$$

$$S(w,W) := \{r : r = \sum_{i \in I} w_i a_i \le W, \ a_i \in \{0,1\}, \ i \in I\}$$

sowie die Größen

$$\langle s \rangle_\ell := \max\{r \in S(\ell,L) : r \le s\}, \quad \langle s \rangle_w := \max\{r \in S(w,W) : r \le s\}.$$

Dann erhalten wir die reduzierten Rasterpunktmengen

$$\widetilde{S}(\ell,L) := \{\langle L-r \rangle_\ell : r \in S(\ell,L)\}, \quad \widetilde{S}(w,W) := \{\langle W-r \rangle_w : r \in S(w,W)\}.$$

Außerdem seien

$$\langle x \rangle_\ell^{red} := \max\{r \in \widetilde{S}(\ell,L) \ : \ r \le x\}, \quad \langle y \rangle_w^{red} := \max\{s \in \widetilde{S}(w,W) \ : \ s \le y\}$$

definiert. Im Folgenden setzen wir voraus, dass $L = \langle L \rangle_\ell$ und $W = \langle W \rangle_w$ gilt. Wir ordnen nun einer Anordnungsvariante

$$A(\widetilde{I}) = \bigcup_{i \in \widetilde{I}} R_i(x_i, y_i) = \bigcup_{i \in \widetilde{I}} \{(x,y) : x_i \le x \le x_i + \ell_i, \ y_i \le y \le y_i + w_i\}$$

mit $\widetilde{I} \subseteq I$ durch

$$U(A(\widetilde{I})) := \{(x,y) \in \mathbb{R}_+^2 : \exists i \in \widetilde{I} \text{ mit } x \le x_i + \ell_i, \ y \le y_i + w_i\}$$

die *Konturfläche* zu. Die Kurve

$$K(A(\widetilde{I})) := \mathrm{fr}\left(\mathrm{cl}\left(\{(x,y) : 0 \leq x \leq L,\, 0 \leq y\} \setminus U(A(\widetilde{I}))\right)\right)$$

nennen wir zu $A(\widetilde{I})$ gehörige *Kontur* (fr(.) bezeichnet hierbei den Rand (*frontier*) einer Menge, cl(.) deren Abschließung (*closure*)). Vereinbarungsgemäß sind $A(\emptyset) = \emptyset$, $U(A(\emptyset)) = \emptyset$ und $K(\emptyset) = \{(x,y) : 0 \leq x \leq L, 0 \leq y, x(L-x)y = 0\}$. Die Fläche $U(A(\widetilde{I})) \setminus A(\widetilde{I})$ wird im Weiteren als Abfallfläche angesehen.

Eine Konturfläche U_1 *überdeckt* eine andere Konturfläche U_2, falls $U_2 \subseteq U_1$ gilt. Eine Konturfläche $U(A)$ kann durch eine Folge

$$\{(\eta_i, \rho_i) : i = 1, \dots, n+1\}$$

von $n+1$ Punkten (wobei $n = n(A)$, $n \geq 1$) in eindeutiger Weise charakterisiert werden gemäß $0 = \eta_1 < \eta_2 < \cdots < \eta_n < \eta_{n+1} = L$, $\rho_1 > \rho_2 > \cdots > \rho_n \geq \rho_{n+1} = 0$ und

$$U(A) = \bigcup_{i=2}^{n+1} \{(x,y) \in \mathbb{R}_+^2 : x \leq \eta_i,\, y \leq \rho_{i-1}\}.$$

Die Punkte (η_i, ρ_i) werden auch *Konturpunkte* genannt.

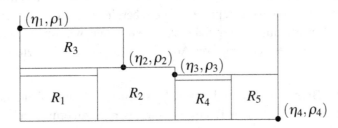

Abbildung 5.2: Monotone Anordnung im Konturkonzept

Eine Anordnungsvariante $A_k = \{R_{i_j}(x_{i_j}, y_{i_j}) : j = 1, \dots, k\}$ mit k Teilen, die in der Reihenfolge $i_1, \dots, i_k$ angeordnet werden, nennen wir *monoton*, falls

$$R_{i_j}(x_{i_j}, y_{i_j}) \cap \mathrm{int}\, U(A_{j-1}) = \emptyset, \quad j = 2, \dots, k,$$

gilt. Die in Abbildung 5.2 dargestellte Anordnung ist monoton.

Das *Konturkonzept* besteht nun darin, dass Folgen monotoner und normalisierter Anordnungsvarianten konstruiert werden, indem weitere Teile (Rechtecke) in den Konturpunkten angeordnet werden. Diese Vorgehensweise basiert auf dem folgenden

Satz 5.1

Zu jeder zulässigen Anordnung $A = \{R_i(x_i, y_i) : i = 1, \ldots, k\}$ von k Rechtecken R_i, $i = 1, \ldots, k$, in einem Rechteck (bzw. in einem Rechteck-Streifen) existiert eine Permutation $(i_1, \ldots, i_k) \in \Pi(1, \ldots, k)$ derart, dass $A_k = \{R_{i_j}(x_{i_j}, y_{i_j}) : j = 1, \ldots, k\}$ monoton ist.

Diese Aussage kann durch Induktion bewiesen werden. Zur Ermittlung einer optimalen Anordnungsvariante reicht es folglich aus, monotone normalisierte Anordnungen zu untersuchen.

5.3.2 Ein Branch-and-Bound-Algorithmus

Im Weiteren stellen wir nun einen Branch-and-Bound-Algorithmus vor, der auf dem Konturkonzept basiert (Abb. 5.3). Die Definition von Teilproblemen (*branching*) erfolgt anhand der Konturpunkte und der Teile, die dort angeordnet werden. Schrankenberechnungen für Teilprobleme und andere Abbruchtests (durch Äquivalenz oder Dominanz von Anordnungsvarianten) werden wir später diskutieren. Zur einfacheren Beschreibung des Algorithmus konzipieren wir die *LIFO*-Strategie (*Last In First Out*, s. z. B. [GT97]). Eine Übertragung auf die *Minimalstrategie* (*Best Bound Search*) ist einfach möglich. Mit der Größe k bezeichnen wir die Verzweigungstiefe, die gleich der Anzahl der angeordneten Teile ist. Die Indexmenge I_k repräsentiert die bereits angeordneten Teile. Angepasste Techniken zur Berechnung oberer Schranken betrachten wir im folgenden Abschnitt. Eine Motivation zur Verwendung von Äquivalenz- oder Dominanztests geben wir im Abschnitt 5.3.4.

Der vorgestellte Branch-and-Bound-Algorithmus ist eine Möglichkeit, auf der Grundlage des Konturkonzeptes optimale Rechteck-Anordnungen zu ermitteln. Denkbar ist auch eine Variante, bei der bei gegebener Kontur zunächst ein noch anzuordnendes Teil und dann ein passender Anordnungspunkt gewählt werden.

5.3.3 Obere Schranken

In dem Branch-and-Bound-Algorithmus aus dem Abschnitt 5.3.2 können unterschiedliche obere Schranken für den Maximalertrag z^* verwendet werden, deren Güte i. Allg. proportional zum Berechnungsaufwand ist. Es sei A_k eine Anordnung mit den Rechtecken R_i, $i \in I_k = \{i_1, \ldots, i_k\}$.

Wir bezeichnen mit α_k den Flächeninhalt von $U(A_k)$ und mit $z_k := \sum_{i \in I_k} c_i$ die Bewertung von A_k. Die einfachste, sogenannte *Material-* oder *Flächenschranke* b_M ist definiert

---

Branch-and-Bound-Algorithmus

S0: **Initialisierung** Initialisiere die leere Kontur K_0 und den Verzweigungsbaum $I_0 := \emptyset$. Setze $k := 1$.

S1: **Verzweigung bez. der Anordnungspunkte** (Nachdem $k - 1$ Teile angeordnet wurden, wird ein Anordnungspunkt für das k-te Teil gewählt.)
Falls alle Anordnungspunkte der Kontur K_{k-1} bereits betrachtet wurden,
dann *back track*: $k := k - 1$, falls $k = 0$ dann Stopp, sonst gehe zu S2.
Andernfalls wähle einen noch nicht betrachteten Anordnungspunkt
(η_k, ρ_k) von K_{k-1} für das k-te Teil.

S2: **Verzweigung bez. der Teile** (Nachdem ein Anordnungspunkt fixiert
wurde, wird das nächste Teil gewählt.)
Falls alle Teile aus $I \setminus I_{k-1}$ als k-tes Teil für den Anordnungspunkt (η_k, ρ_k)
betrachtet wurden, dann *back track*: gehe zu S1.
Andernfalls wähle ein zulässiges Teil $i_k \in I \setminus I_{k-1}$, welches noch nicht
als k-tes Teil betrachtet wurde und ordne es bei (η_k, ρ_k) an: setze $I_k :=
I_{k-1} \cup \{i_k\}$, $A_k(I_k) := A_{k-1}(I_{k-1}) \cup \{R_{i_k}(\eta_k, \rho_k)\}$.
Falls eine verbesserte Lösung gefunden wurde, merke diese.
Falls $k = m$, dann Stopp.
Berechne die neue Kontur K_k und setze $k := k + 1$.

S3: **Schranken-, Äquivalenz- und Dominanztests**
Falls das aktuelle Teilproblem durch Schranken-, Äquivalenz- oder Dominanztests verworfen wird, dann *back track*: setze $k := k - 1$ und gehe
zu S2. Andernfalls gehe zu S1.

Abbildung 5.3: Branch-and-Bound-Algorithmus für das Rechteck-Packungsproblem

durch das 0/1-Rucksackproblem

$$b_M(A_k) := z_k + \max\{ \sum_{i \in I \setminus I_k} c_i a_i : \sum_{i \in I \setminus I_k} \ell_i w_i a_i \leq LW - \alpha_k, \ a_i \in \{0, 1\}, \ i \in I \setminus I_k \}.$$

Eine schwächere, aber mit geringerem Aufwand verfügbare obere Schranke erhalten wir
aus der zugehörigen stetigen Relaxation:

$$b_0(A_k) := z_k + \max\{ \sum_{i \in I \setminus I_k} c_i a_i : \sum_{i \in I \setminus I_k} \ell_i w_i a_i \leq LW - \alpha_k, \ a_i \in [0, 1], \ i \in I \setminus I_k \}.$$

Durch die Anordnung $R_i(x_i, y_i)$ kann dem Rechteck R_i eine bez. der reduzierten Rasterpunktmengen vergrößerte Fläche zugeordnet werden, und zwar durch die (gegebenenfalls) modifizierte „rechte obere Ecke" $(\widetilde{x}_i, \widetilde{y}_i)$ gemäß

$$\widetilde{x}_i := L - \langle L - x_i - \ell_i \rangle_\ell^{red}, \quad \widetilde{y}_i := W - \langle W - y_i - w_i \rangle_w^{red}.$$

Für $\widetilde{I} \subseteq I$ seien im Weiteren

$$\widetilde{R}_i(x_i, y_i) := \{(r,s) \in \mathbb{R}^2 \ : \ x_i \leq r \leq \widetilde{x}_i,\ y_i \leq s \leq \widetilde{y}_i\}, \ \widetilde{A}(\widetilde{I}) = \{\widetilde{R}_i(x_i, y_i) : i \in \widetilde{I}\}$$

und

$$U(\widetilde{A}(\widetilde{I})) := \{(x,y) \in \mathbb{R}_+^2 : \exists i \in I \text{ mit } x \leq \widetilde{x}_i,\ y \leq \widetilde{y}_i\}$$

definiert. Durch die (gegebenenfalls) vergrößerte Fläche $\widetilde{\alpha}_k$ von $U(\widetilde{A}(I_k))$ erhalten wir die verbesserte Schranke $\widetilde{b}_M(A_k) := b_M(\widetilde{A}_k)$.

Beispiel 5.3

In einem Rechteck der Länge $L = 15$ und Breite $W = 13$ seien Quadrate R_i mit den Kantenlängen $\ell_i = 6$, $i \in \{1,2,3\}$, $\ell_i = 5$, $i \in \{4,5,6\}$ und $\ell_i = 4$, $i \in \{7,8,9\}$ so anzuordnen, dass eine maximale Flächenauslastung erreicht wird. Wir betrachten die Anordnung $A_2 = \{R_1(0,0),\ R_2(6,0)\}$ mit den Konturpunkten $(\eta_1, \rho_1) = (0,6)$, $(\eta_2, \rho_2) = (12,0)$ und $(\eta_3, \rho_3) = (15,0)$. Damit erhalten wir

$$b_M(A_2) = 2 \cdot 36 + \max\Big\{ \sum_{i=3}^{9} \ell_i^2 a_i : \sum_{i=3}^{9} \ell_i^2 a_i \leq 123,\ a_i \in \{0,1\}, i = 3,\ldots,9 \Big\} = 195.$$

Für die reduzierten Rasterpunktmengen in x- und y-Richtung erhalten wir

$$\widetilde{S}(\ell, 15) = \{0,4,5,6,9,10,11,15\} \quad \text{und} \quad \widetilde{S}(w,13) = \{0,4,5,6,8,9,13\}.$$

Wegen $\langle L-12 \rangle_\ell^{red} = 0$ und $\langle W-6 \rangle_w^{red} = 6$ erhalten wir nun die Konturpunkte $(\widetilde{\eta}_1, \widetilde{\rho}_1) = (0,7)$ und $(\widetilde{\eta}_2, \widetilde{\rho}_2) = (15,0)$ zu $\widetilde{A}_2$ und damit

$$b_M(\widetilde{A}_2) = 2 \cdot 36 + \max\Big\{ \sum_{i=3}^{9} \ell_i^2 a_i : \sum_{i=3}^{9} \ell_i^2 a_i \leq 90,\ a_i \in \{0,1\}, i = 3,\ldots,9 \Big\} = 158.$$

Weiterhin ergibt sich $b_0(\widetilde{A}_2) = 162$.   □

Eine aufwendigere, aber i. Allg. bessere Schranke erhalten wir, wenn wir die Streifen-Relaxationen aus Abschnitt 5.2 anwenden. Wir betrachten eine Anordnung $A_k = A(I_k)$ mit den Konturpunkten $\{(\eta_i, \rho_i) : i = 1,\ldots,n+1\}$. Die noch nutzbare Fläche wird entsprechend der Abbildung 5.4 horizontal und vertikal zerlegt. Zugehörig definieren wir horizontale Streifenvarianten a^{pk} durch

$$\sum_{i \in I} \ell_i a_{pk} \leq L - \eta_p, \quad k \in \overline{K}_p, \quad p = 1,\ldots,n,$$

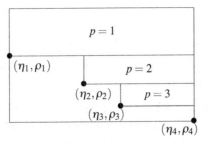 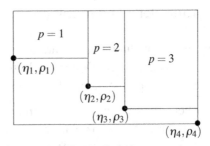

Abbildung 5.4: Horizontale und vertikale Streifen-Relaxation

und vertikale Streifenvarianten A^{pj} durch

$$\sum_{i \in I} w_i A_{pj} \leq W - \rho_p, \quad j \in \overline{J}_p, \quad p = 1, \ldots, n,$$

sowie nichtnegative ganzzahlige Variable $t_{pk}, k \in \overline{K}_p$, und $\tau_{pj}, j \in \overline{J}_p, p = 1, \ldots, n$. Wir erhalten das an die Anordnungsvariante $A(I_k)$ angepasste Modell:

Modell der Streifen-Relaxation für Teilanordnungen

$$\sum_{i \in I_k} c_i + \sum_{p=1}^{n} \sum_{k \in \overline{K}_p} \sum_{i \in I \setminus I_k} \frac{c_i}{w_i} a_{ipk} t_{pk} \to \max \quad \text{bei}$$

$$\sum_{p=1}^{q} \sum_{k \in \overline{K}_p} t_{pk} \leq W - \rho_q, \quad \sum_{p=q}^{n} \sum_{j \in J_p} \tau_{pj} \leq L - \eta_q, \quad q = 1, \ldots, n, \tag{5.27}$$

$$\sum_{p=1}^{n} \sum_{k \in \overline{K}_p} a_{ipk} t_{pk} \leq w_i, \quad i \in I \setminus I_k,$$

$$\sum_{p=1}^{n} \sum_{k \in \overline{K}_p} \ell_i a_{ipk} t_{pk} = \sum_{p=1}^{n} \sum_{j \in J_p} w_i A_{ipj} \tau_{pj}, \quad i \in I \setminus I_k,$$

$$t_{pk} \in \mathbb{Z}_+, \quad k \in \overline{K}_p, \quad \tau_{pj} \in \mathbb{Z}_+, \quad j \in \overline{J}_p, \quad p = 1, \ldots, n.$$

Die Anpassung an die nichtleere Kontur bewirkt eine Neuformulierung insbesondere der Restriktion (5.27), die eine Beschränkung der Gesamtzahl der Streifenvarianten in Beziehung zur Kontur herstellt. Die anderen Bedingungen sind analog zum Modell (5.22) – (5.26). Die Berechnung der Schranke aus der zugehörigen stetigen Relaxation untersuchen wir im Kapitel 3, wo im allgemeineren Zusammenhang die Technik der Spaltengenerierung vorgestellt wird.

5.3.4 Äquivalenz und Dominanz

Neben der Verwendung guter Schranken in einem Branch-and-Bound-Algorithmus sind zumeist Äquivalenz- und Dominanz-Betrachtungen zweckmäßig, um die Anzahl zu untersuchender Teilprobleme möglichst gering zu halten.

Um Rechenaufwand zu sparen, werden in der einschlägigen Literatur verschiedene Äquivalenz- und Dominanzrelationen untersucht. Hier geben wir nur zwei Beispiele zur Motivation an. Ausführliche Untersuchungen findet man z. B. in [Sch97].

Wir betrachten die beiden Reihenfolgen R_1, R_2, R_3 und R_1, R_3, R_2 der Anordnung von drei Rechtecken, wobei R_2 *rechts* und R_3 *oberhalb* von R_1 angeordnet wird. Diese Situationen werden z. B. im Branch-and-Bound-Algorithmus generiert.

Falls $w_2 \leq w_1$ und $\ell_3 \leq \ell_1$ gilt, dann erhalten wir die Anordnungen $A_3 = \{R_1(0,0), R_2(\ell_1,0), R_3(0,w_1)\}$ und $\widetilde{A}_3 = \{R_1(0,0), R_3(0,w_1), R_2(\ell_1,0)\}$. Beide Anordnungsvarianten enthalten die gleichen Rechtecke und besitzen die gleichen Konturpunkte, definieren also das gleiche Teilproblem im Branch-and-Bound-Algorithmus. Nur das erste der beiden sollte in einem effizienten Algorithmus betrachtet, das zweite aus „Äquivalenzgründen" dagegen verworfen werden, da keine besseren Lösungen erhalten werden können.

Falls $w_2 > w_1$ und $\ell_3 \leq \ell_1$ gilt, dann erhalten wir die Anordnungen $A_3 = \{R_1(0,0), R_2(\ell_1,0), R_3(0,w_2)\}$ und $\widetilde{A}_3 = \{R_1(0,0), R_3(0,w_1), R_2(\ell_1,0)\}$.

Die Kontur $K(A_3)$ überdeckt $K(\widetilde{A}_3)$ bzw. es gilt $U(A_3) \supset U(\widetilde{A}_3)$. Zu jeder zulässigen Anordnung von $k \geq 4$ Rechtecken, die A_3 als Teilanordnung enthält, gibt es eine Anordnung mit nichtkleinerer Bewertung, die $\widetilde{A}_3$ als Teilanordnung enthält. In diesem Sinne *dominiert* $\widetilde{A}_3$ die Anordnung A_3. Das durch A_3 definierte Teilproblem braucht also zur Ermittlung einer optimalen Anordnungsvariante nicht untersucht zu werden. Genauer: Es reicht aus, *dominante* Anordnungen zu betrachten.

5.3.5 Weitere Lösungsansätze

Das Entscheidungsproblem, ob eine gegebene Menge rechteckiger Teile in einem Rechteck fester Größe überlappungsfrei angeordnet werden kann, wird in [FSvdV07] und [CCM07c] untersucht.

Der Branch-and-Bound-Algorithmus, der in [FSvdV07] vorgestellt wird, ist für zwei- und höherdimensionale Packungsprobleme konzipiert. Als Alternative zum Konturkonzept werden sogenannte *Intervall-Graphen* zur Beschreibung von Klassen ähnlicher Anordnungsvarianten verwendet, wobei für jede der Koordinatenrichtungen ein solcher

Graph betrachtet wird. Sind (x_i, y_i) die Anordnungspunkte der rechteckigen Teile $i \in I$ und ℓ_i, w_i deren Länge und Breite, dann gibt es in dem zur x-Richtung gehörigen Intervall-Graphen $G_x = (V, E)$ mit Knotenmenge $V := I$ genau dann die Kante $(i, j) \in E \subseteq V \times V$, wenn $i \neq j$ und $(x_i, x_i + \ell_i) \cap (x_j, x_j + \ell_j) \neq \emptyset$ gilt. Die Definition der Teilprobleme im Branch-and-Bound-Algorithmus erfolgt anhand der Intervall-Graphen, die insbesondere bei Zulässigkeitstests benutzt werden. Mit Hilfe der Intervall-Graphen gelingt es, zahlreiche Symmetrien im Vergleich zum Konturkonzept auszuschließen. Obere Schranken für die Teilprobleme werden entsprechend [FS04] durch Anwendung *dual zulässiger Funktionen* (Abschnitt 3.9.2) bestimmt.

In [CCM07c] werden zwei exakte Algorithmen zur Lösung des Entscheidungsproblems beschrieben. Der erste Algorithmus stellt eine Verfeinerung des Konturkonzeptes dar, während der zweite eine andere, sogenannte 2-Schritt-Strategie verfolgt. Im Vergleich zum Konturkonzept-Algorithmus werden durch Verwendung einer Streifenrelaxation, bei der zusätzlich die x-Koordinaten der Anordnungspunkte fixiert sind, zahlreiche Redundanzen vermieden.

5.4 Aufgaben

Aufgabe 5.1
Man zeige: Falls die Anordnung $A(I) = \{R_i(x_i, y_i) : i \in I\}$ links-unten-bündig ist, dann gilt $x_i \in S(\ell, L)$ und $y_i \in S(w, W)$ für alle $i \in I$, wobei $S(\ell, L)$ und $S(w, W)$ die Rasterpunktmengen bez. $\ell = (\ell_1, \ldots, \ell_m)^T$ bzw. $w = (w_1, \ldots, w_m)^T$ bezeichnen. Die Anordnungsvariante $A(I)$ ist also normalisiert.

Aufgabe 5.2
Wie lässt sich die Konturfläche α_k effizient berechnen?

Aufgabe 5.3
Man berechne für das Beispiel 5.3 die obere Schranke aus der stetigen Relaxation der horizontalen 0/1-Streifen-Relaxation sowie die, die sich für das Teilproblem, welches durch die Anordnung A_2 definiert ist, ergibt. Man vergleiche die Werte mit denen, die man aus der vertikalen 0/1-Streifen-Relaxation erhält.

Aufgabe 5.4
Man zeige: Jede Anordnung von Teilen aus I in einem Rechteck der Länge L und der Breite W hat einen Mindestabfall der Größe $LW - \langle L \rangle_\ell \langle W \rangle_w$.

Aufgabe 5.5
Auf einem Rechteck mit $L = W = 7$ ist eine maximale Anzahl von drehbaren rechteckigen Teilen mit $\ell = 5$ und $w = 2$ anzuordnen. Es ist eine optimale Anordnungsvariante zu ermitteln und die Optimalität nachzuweisen.

Aufgabe 5.6

Auf einem Rechteck mit $L = W = 8$ ist eine maximale Anzahl von drehbaren rechteckigen Teilen mit $\ell = 5$ und $w = 3$ anzuordnen. Es ist eine optimale Anordnungsvariante zu
ermitteln und die Optimalität nachzuweisen. Wie viele Teile können angeordnet werden,
falls eine Guillotine-Anordnung gesucht ist?

5.5 Lösungen

Zu Aufgabe 5.1. Falls die Anordnung $A(I)$ links-unten-bündig ist, dann kann kein
Teil $R_i(x_i, y_i)$ *nach unten* oder *nach links* verschoben werden, da es entweder am Rand
liegt oder an ein anderes Teil anstößt. Somit gilt für Teil $R_i(x_i, y_i)$ entweder $x_i = 0$ oder
es gibt ein $R_j(x_j, y_j)$ mit $x_j + \ell_j = x_i$, sowie $y_i = 0$ oder es gibt ein Teil $R_k(x_k, y_k)$ mit
$y_k + w_k = y_i$. Da dies für alle i gilt, ist x_i (bzw. y_i) eine Kombination der Teilebreiten
(bzw. -höhen). Somit gilt $x_i \in S(\ell, L)$ und $y_i \in S(w, W)$.

Zu Aufgabe 5.2. Die Konturfläche $U(A_k)$ kann durch die Konturpunkte $\{(\eta_i, \rho_i) : i =
1, \dots, n + 1\}$ beschrieben werden. Damit gilt: $\alpha_k = \sum_{i=1}^{n} (\eta_{i+1} - \eta_i)\rho_i$.

Zu Aufgabe 5.3. Aus der horizontalen 0/1-Streifen-Relaxation ergibt sich ein eindimensionales Problem mit $L = 15$, $\ell = (6, 5, 4)^T$ und oberen Schranken $b = (18, 15, 12)^T$.
Bei Verwendung von 12-mal der Längenkombination $6 + 5 + 4$ und einmal von $5 + 5 + 5$
ergibt sich $z_{LP}^{b-hor} = z^{b-hor} = 195$.

Für das durch A_2 definierte Teilproblem erhält man $z_{LP}^{b-hor}(A_2) = z^{b-hor}(A_2) = 177$.

Für die vertikale 0/1-Streifen-Relaxation folgt mit 6-mal $5 + 4 + 4$ und 9-mal $6 + 6$:
$z_{LP}^{b-vert} = z^{b-vert} = 186$ sowie $z_{LP}^{b-vert}(A_2) = z^{b-vert}(A_2) = 177$.

Betrachten wir nun $\widetilde{A}_2$ an Stelle von A_2, dann erhält man die obere Schranken 162 und
153. Beide Schranken bewirken, dass das Teilproblem nicht weiter zu betrachten ist, da
die Anordnung von je zwei Quadraten der Seitenlänge 6 und 5 sowie von drei Quadraten
mit Seitenlänge 4 möglich ist und den Wert 170 ergibt.

Zu Aufgabe 5.4. Zu jeder Anordnung $A(I)$ gibt es eine normalisierte Anordnung
$A'(I)$. Die maximal in $A'(I)$ genutzte Länge ist nicht größer als $\langle L \rangle_\ell$, die maximal in
$A'(I)$ genutzte Breite ist nicht größer als $\langle W \rangle_w$. Somit hat man einen Mindestabfall der
Größe $LW - \langle L \rangle_\ell \langle W \rangle_w$.

Zu Aufgabe 5.5. Eine Guillotine-Anordnung mit vier Rechtecken ist möglich. Diese
Anordnung ist auf Grund der Flächenschranke optimal.

Zu Aufgabe 5.6. Eine Guillotine-Anordnung mit vier Rechtecken ist nicht möglich.
Die Anordnungspunkte $(0,0)$, $(3,5)$ für nicht gedrehte und $(5,0)$, $(0,3)$ für gedrehte
Teile ergeben eine Anordnung mit vier Rechtecken. Diese Anordnung ist optimal.

6 Rechteck-Anordnungen im Streifen

In diesem Kapitel betrachten wir die folgende Aufgabenstellung des minimalen Materialeinsatzes im zweidimensionalen Fall: In einem Streifen der Breite W und unbeschränkter Höhe H sind *alle* Rechtecke R_i einer Liste $\mathscr{L} = (R_1, \ldots, R_m)$ achsenparallel so anzuordnen, dass die benötigte Streifenhöhe H minimal wird.

Bei der Lösung dieses *Streifen-Packungsproblems* (engl. *Strip Packing Problem*) gibt es viele Analogien zur Ermittlung einer optimalen Anordnung von Rechtecken in einem Rechteck, wie es im vorangegangenen Kapitel betrachtet wurde. Unterschiede ergeben sich jedoch nicht nur aus der Zielfunktion. Die Rechtecke werden als nicht drehbar angesehen. Dies resultiert aus konkreten Anwendungsfällen wie z. B.

- **Maschinenbelegungsplanung**: w_i ist der Ressourcenbedarf (z. B. Arbeitskräfte) und h_i ist die benötigte Zeitdauer zur Bearbeitung des Produktes $i \in I$;
- **Optimale Speicherplatzverwaltung**: w_i ist der Speicherplatzbedarf und h_i ist die benötigte Zeitdauer für Job $i \in I$.

Das Streifen-Packungsproblem ist wie viele Zuschnitt- und Packungsprobleme ein NP-schwieriges Optimierungsproblem. Aus diesem Grund werden zumeist effektive Heuristiken untersucht. Neben einer angepassten Modellierung werden wir aber auch einen Branch-and-Bound-Algorithmus zur exakten Lösung von Streifen-Packungsproblemen beschreiben.

6.1 Lineare ganzzahlige Modelle

In diesem Abschnitt formulieren wir zwei Modelle zum Streifen-Packungsproblem. Gegeben sind ein Streifen der Breite W mit unbegrenzter Höhe sowie nichtdrehbare Rechtecke $R_i = w_i \times h_i$, $i \in I = \{1, \ldots, m\}$. Ohne Beschränkung der Allgemeinheit setzen wir voraus, dass $0 < w_i \leq W$ und $0 < h_i$, $i \in I$, gilt und dass alle Eingabedaten ganzzahlig sind, sofern dies nicht anders angegeben wird. Gesucht ist eine Anordnungsvariante $A(I)$ mit minimaler Höhe H, d. h., es sind Anordnungspunkte (x_i, y_i) für alle $i \in I$ so zu finden, dass $A(I) = \cup_{i \in I} R_i(x_i, y_i)$ eine zulässige Anordnung bildet und die benötigte *Streifenhöhe* $H := \max_{i \in I} (y_i + h_i)$ minimal ist.

6.1.1 Ein Modell vom Beasley-Typ

Obwohl eine Modellierung mit Rasterpunkten in gleicher Weise wie im Abschnitt 5.1.1 möglich ist, verwenden wir hier zur Vereinfachung der Darstellung eine Beschreibung, die ohne Rasterpunkte auskommt. Wir definieren die Indexmengen

$$J := \{0, 1, \ldots, W - 1\} \quad \text{und} \quad K := \{0, 1, \ldots, \overline{H} - 1\},$$

wobei $\overline{H} \in \mathbb{Z}_+$ die Höhe einer bekannten Anordnung oder eine andere obere Schranke bezeichnet. Weiterhin seien

$$J_i := \{0, \ldots, W - w_i\} \quad \text{und} \quad K_i := \{0, \ldots, \overline{H} - h_i\}, \quad i \in I.$$

Analog zu Abschnitt 5.1.1 definieren wir für alle $i \in I$, $p \in J_i$ und $q \in K_i$ eine 0/1-Variable x_{ipq}, wobei $x_{ipq} = 1$ gilt, falls das Rechteck R_i mit dem Anordnungspunkt $(x_i, y_i) = (p, q)$ platziert wird, sonst gilt $x_{ipq} = 0$. Zur Beschreibung der durch

$$R_i(p, q) = \{(x, y) : p \leq x < p + w_i, q \leq y < q + h_i\}$$

überdeckten Fläche verwenden wir wieder 0/1-Koeffizienten a_{ipqrs} mit

$$a_{ipqrs} := \begin{cases} 1, & \text{falls } x_{ipq} = 1, \ (r, s) \in R_i(p, q), \\ 0 & \text{sonst.} \end{cases}$$

Wir erhalten das folgende lineare Modell mit 0/1-Variablen:

Modell für das Streifen-Packungsproblem vom Beasley-Typ

$$z = H \to \min \quad \text{bei}$$

$$h_i + q \sum_{p \in W_i} x_{ipq} \leq H, \quad i \in I, q \in K_i, \tag{6.1}$$

$$\sum_{i \in I} \sum_{p \in J_i} \sum_{q \in K_i} a_{ipqrs} x_{ipq} \leq 1, \quad r \in J, s \in K, \tag{6.2}$$

$$\sum_{p \in J_i} \sum_{q \in K_i} x_{ipq} = 1, \quad i \in I, \tag{6.3}$$

$$x_{ipq} \in \{0, 1\}, \quad i \in I, p \in J_i, q \in K_i.$$

Die Restriktion (6.1) sichert, dass alle angeordneten Teile vollständig im Streifen der Höhe H enthalten sind. Nach Definition der x-Variablen ist eine Bedingung in W-Richtung nicht erforderlich. Die Restriktion (6.2) gewährleistet, dass sich die Teile nicht überlappen. Schließlich sichert (6.3), dass jedes Teil genau einmal angeordnet wird.

Offenbar sind nahezu mHW binäre Variablen im Modell enthalten, womit eine Lösung praxisrelevanter Aufgaben auf diese Weise i. Allg. sehr aufwendig oder unmöglich sein wird.

6.1.2 Ein lineares gemischt-ganzzahliges Modell

Da im Streifen-Packungsproblem alle Rechtecke anzuordnen sind, werden im Unterschied zu Abschnitt 5.1.2 hier keine Entscheidungsvariable δ_i, $i \in I$, benötigt. Zur Charakterisierung der gegenseitigen Lage definieren wir wieder 0/1-Variable u_{ij} und v_{ij} für $i \neq j$, $i, j \in I$. Die Nichtüberlappung von R_i und R_j wird durch die Bedingungen

$$u_{ij} = 1 \quad \Rightarrow \quad x_j \geq x_i + w_i \quad \text{und} \quad v_{ij} = 1 \quad \Rightarrow \quad y_j \geq y_i + h_i$$

modelliert. Wir erhalten damit das folgende Modell:

Lineares gemischt-ganzzahliges Modell des Streifen-Packungsproblems

$$z = H \to \min \quad \text{bei} \tag{6.4}$$

$$0 \leq x_i \leq W - w_i, \quad 0 \leq y_i \leq H - h_i, \quad i \in I, \tag{6.5}$$

$$x_i + w_i \leq x_j + W(1 - u_{ij}), \quad y_i + h_i \leq y_j + H(1 - v_{ij}), \quad i \neq j, \quad i, j \in I, \tag{6.6}$$

$$u_{ij} + u_{ji} + v_{ij} + v_{ji} = 1, \quad i \neq j, \quad i, j \in I, \tag{6.7}$$

$$u_{ij}, v_{ij} \in \{0, 1\}, \quad i \neq j, \quad i, j \in I.$$

Auf Grund der Bedingungen (6.5) liegt das Rechteck $R_i(x_i, y_i)$ vollständig im Streifen der Höhe H, wobei H wegen (6.4) minimiert wird. Die Restriktionen (6.7) sichern, dass für jedes Paar $i \neq j$ genau eine der u- bzw. v-Variablen den Wert 1 annimmt. Aus den Bedingungen (6.6) folgt dann die Nichtüberlappung.

Für praxisrelevante Aufgaben wird die Anzahl der 0/1-Variablen i. Allg. auch zu groß sein, um das Problem mit Standardsoftware zu lösen. Die beiden Modelle bieten jedoch Ansatzpunkte, um gute untere Schranken für die benötigte Streifenhöhe zu erhalten.

6.2 Untere Schranken

Um die Güte heuristischer Lösungen besser beurteilen zu können, sind untere Schranken für die notwendige Höhe H_{min} unerlässlich. Neben der trivialen Schranke

$$H_{min} \geq \max\{h_i : i \in I\} =: \beta_0$$

und der Flächen- bzw. Materialschranke

$$H_{min} \geq \left\lceil \frac{1}{W} \sum_{i \in I} w_i h_i \right\rceil =: \beta_1$$

gibt es mehrere Ansätze, um zu unteren Schranken zu gelangen. Auf das Konzept von Fekete und Schepers [FS04] gehen wir im Abschnitt 3.9 näher ein. An dieser Stelle betrachten wir einige lineare ganzzahlige Relaxationen des Streifen-Packungsproblems.

Wir definieren 0/1-Variable a_{is} für alle $i \in I$ und alle $s \in K := \{0, \ldots, \overline{H} - 1\}$, wobei $a_{is} = 1$ genau dann gilt, wenn $R_i(x_i, y_i) \cap \{(x, y) : 0 \leq x \leq W, s < y < s + 1\} \neq \emptyset$.

Horizontale Relaxation vom Kantorovich-Typ

$$z^{Kant} = \min H \quad \text{bei}$$

$$s \cdot a_{is} + 1 \leq H, \quad i \in I, s \in K, \tag{6.8}$$

$$\sum_{i \in I} w_i a_{is} \leq W, \quad s \in K, \tag{6.9}$$

$$\sum_{s \in K} a_{is} = h_i, \quad i \in I, \tag{6.10}$$

$$a_{is} \in \{0, 1\}, \quad i \in I, s \in K.$$

Die Vektoren $a_s = (a_{1s}, \ldots, a_{ms})^T$ repräsentieren wegen (6.9) zulässige Anordnungsvarianten in horizontaler Richtung. Die Anzahl dieser Varianten wird durch H in (6.8) beschränkt. Die Bedingung (6.10) sichert, dass das Teil i in genau h_i Streifenvarianten enthalten ist.

In dieser Relaxation ist die x-Koordinate des Anordnungspunktes von R_i nicht mehr fixiert. Außerdem ist nicht mehr gesichert, dass ein Rechteck R_i in h_i benachbarten Streifen enthalten ist. Zudem ist die zugehörige stetige Relaxation schwach, da ihr Optimalwert z_{LP}^{Kant} mit $\max\{\beta_0, \beta_1\}$ übereinstimmt (Aufgabe 6.6).

Um eine stärkere Relaxation zu erhalten, gehen wir wie im Abschnitt 5.2 vor. Durch die Verwendung eindimensionaler Streifenvarianten in W-Richtung wird im Prinzip die

Ganzzahligkeitsforderung in horizontaler Richtung eingehalten. Wir betrachten somit wieder die a_{ik}-Variablen als Koeffizienten einer eindimensionalen (horizontalen) Anordnungsvariante $a^k \in \mathbb{B}^m$. Mit t_k bezeichnen wir die Häufigkeit von a^k in der Lösung und mit $\overline{K}$ repräsentieren wir die Menge aller derartigen Anordnungsvarianten, d. h., es gilt $\sum_{i \in I} w_i a_{ik} \leq W$ für alle $k \in \overline{K}$.

Horizontale 0/1-Streifen-Relaxation

$$z^{b-hor} := \min \sum_{k \in \overline{K}} t_k \quad \text{bei} \tag{6.11}$$

$$\sum_{k \in \overline{K}} a_{ik} t_k = h_i, \quad i \in I, \tag{6.12}$$

$$t_k \in \mathbb{Z}_+, \quad k \in \overline{K}. \tag{6.13}$$

Dieses Modell ist das Modell des *Cutting Stock-Problems*, welches in Kapitel 3 behandelt wird, wobei die Koeffizienten der Zuschnittvarianten auf 0 oder 1 beschränkt sind. Ein gewisser Nachteil dieser Relaxation ist die exponentielle Anzahl der Variablen. Die stetige Relaxation dieses Optimierungsproblems kann aber mittels der Spaltengenerierung (s. Abschnitt 3.5) effizient gelöst werden. Wir bezeichnen mit z_{LP}^{b-hor} die untere Schranke für die minimale Streifenhöhe, die sich aus der zu (6.11) – (6.13) gehörigen stetigen Relaxation ergibt.

Lassen wir die Forderung $a_{ik} \in \{0, 1\}$ fallen und ersetzen sie durch die Bedingung $a_{ik} \in \mathbb{Z}_+$, erhalten wir die folgende Relaxation, die einem Problem der Auftragsoptimierung entspricht. Zur Ermittlung einer unteren Schranke für das Streifen-Packungsproblem werden also eindimensionale Anordnungsprobleme herangezogen.

Horizontale Streifen-Relaxation

$$z^{hor} := \min \sum_{k \in \widetilde{K}} t_k \quad \text{bei}$$

$$\sum_{k \in \widetilde{K}} a_{ik} t_k = h_i, \quad i \in I,$$

$$t_k \in \mathbb{Z}_+, \quad k \in \widetilde{K}.$$

Dieses Modell ist genau das Modell des Cutting Stock-Problems (Kap. 3). Die Indexmenge $\widetilde{K}$ repräsentiert hier alle eindimensionalen horizontalen Anordnungsvarianten

$a^k = (a_{1k}, \ldots, a_{mk})^T \in \mathbb{Z}_+^m$, d. h. mit

$$\sum_{i \in I} w_i a_{ik} \leq W.$$

Offenbar gibt es zu jeder Variante a^k mit $k \in \overline{K}$ einen Index $k' \in \widetilde{K}$. Somit gilt

$$z^{b-hor} \geq z^{hor} \quad \text{und} \quad z_{LP}^{b-hor} \geq z_{LP}^{hor}.$$

In analoger Weise können Streifen-Relaxationen mit vertikalen Streifen definiert werden. Hierbei ist aber zu bemerken, dass die Streifenhöhe H selbst eine Variable ist, was bei der Anwendung der Spaltengenerierungstechnik zu beachten ist.

Wie bereits erwähnt, ist in den obigen Relaxationen nicht mehr gesichert, dass ein Teil in aufeinander folgenden Streifenvarianten vorhanden ist. Deshalb wird eine zusätzliche Forderung gestellt:

> *Nachbarschaftsbedingung* (engl. *contiguous condition*)
> Es gibt eine Reihenfolge der (horizontalen) Streifenvarianten derart, dass jedes Teil i in aufeinander folgenden („benachbarten") Varianten enthalten ist (d. h. mit $a_{ik} \geq 1$), bis die zugehörige Bedarfsgröße h_i erreicht ist.

Diese Nachbarschaftsbedingung wurde erstmals von Monaci [Mon01] innerhalb eines Branch-and-Bound-Algorithmus benutzt, in welchem die *Horizontale Streifen-Relaxation mit Nachbarschaftsbedingung* (engl. *horizontal contiguous relaxation*) zur Berechnung unterer Schranken angewendet wird.

Bevor wir ein linear-ganzzahliges Modell dieser (auf Grund der zusätzlichen Bedingung) stärkeren Relaxation in Analogie zu [BS05] entwickeln, verdeutlichen wir anhand eines Beispiels, dass es tatsächlich eine Relaxation und kein exaktes Modell des Streifen-Packungsproblems ist.

Beispiel 6.1

In einem Streifen der Breite $W = 20$ sind je ein Rechteck der Größe 2×2, 11×2, 12×2, 6×4, 7×4, 8×4, 9×4 und 5×6 mit minimaler Gesamthöhe anzuordnen. Die Abbildung 6.1 zeigt eine Lösung der Relaxation und eine optimale Anordnung des Streifen-Packungsproblems. □

Zur Formulierung eines linear-ganzzahligen Modells bezeichne $\underline{H}$ eine untere Schranke von H_{min}. Wir definieren binäre Variable t_{iy} für jede Position $y = 1, \ldots, \overline{H}$ und für alle $i \in I$, nun mit folgender Bedeutung:

$$t_{iy} = 1 \quad \Leftrightarrow \quad \text{die } \textit{obere} \text{ Kante des Teils } i \text{ hat Position } y.$$

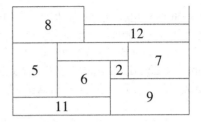

8		12	
5	8		7
5	6	2	7
5	6		9
11		9	

Abbildung 6.1: Horizontale Streifen-Relaxation mit Nachbarschaftsbedingung

Um die benutzte Höhe zu erfassen, verwenden wir weitere 0/1-Variable σ_y für $y = \underline{H} + 1, \ldots, \overline{H}$ mit

$$\sigma_y \geq t_{iy},\ i \in I,\ y = \underline{H}+1, \ldots, \overline{H} \quad \text{und} \quad \sigma_y \geq \sigma_{y+1},\ y = \underline{H}+1, \ldots, \overline{H}-1.$$

Die Variable σ_y nimmt also dann den Wert 1 an, wenn mindestens ein Teil im Streifen y auftritt. Ziel ist nun, mit möglichst wenigen der zusätzlichen Streifen auszukommen. Damit ergibt sich das linear-ganzzahlige Modell:

Horizontale Streifen-Relaxation mit Nachbarschaftsbedingung

$$z^{RF-hor} := H = \underline{H} + \sum_{y=\underline{H}+1}^{\overline{H}} \sigma_y \rightarrow \min \quad \text{bei} \tag{6.14}$$

$$\sigma_y \geq \sigma_{y+1}, \quad y = \underline{H}+1, \ldots, \overline{H}-1, \quad \sigma_y \geq t_{iy}, \quad i \in I, y = \underline{H}+1, \ldots, \overline{H}, \tag{6.15}$$

$$\sum_{y=1}^{\overline{H}} t_{iy} = 1, \quad i \in I, \tag{6.16}$$

$$\sum_{i \in I} w_i \sum_{s=y}^{\min\{\overline{H}, y+h_i-1\}} t_{is} \leq W, \quad y = 1, \ldots, \overline{H}, \tag{6.17}$$

$$\sum_{y=1}^{h_i-1} t_{iy} = 0, \quad i \in I, \tag{6.18}$$

$$t_{1y} = 0, \quad y < H/2 + h_1/2, \tag{6.19}$$

$$t_{iy} \in \{0,1\},\ i \in I,\ y = 1, \ldots, \overline{H}, \quad \sigma_y \in \{0,1\},\ \underline{H} < y \leq \overline{H}.$$

Entsprechend der Zielfunktion (6.14) wird die benötigte Gesamthöhe minimiert. Die Restriktionen (6.15) sichern, dass eine dichte Anordnung erreicht wird. Auf Grund von (6.16) wird jedes Teil genau einmal angeordnet. Die Restriktionen (6.17) realisieren die

Nachbarschaftsbedingungen. In h_i aufeinander folgenden horizontalen Streifenvarianten wird die Länge w_i berücksichtigt. Gilt $t_{iy} = 1$, dann sind dies die horizontalen Streifen $y - h_i + 1, \ldots, y$. Die Bedingungen (6.18) schränken den zulässigen Bereich entsprechend den Abmessungen der Teile ein. Die Bedingung (6.19) ist nicht notwendig. Sie schränkt aber den zulässigen Bereich durch Ausschluss symmetrischer Lösungen (bez. $y = H/2$) ein.

Da diese Relaxation auf Grund der Ganzzahligkeitsforderungen wieder enormen Lösungsaufwand verursachen kann, sind wir auch an Aussagen zur Güte der zugehörigen stetigen Relaxation interessiert ([BS05]). Da die stetige Relaxation in der englischsprachigen Literatur häufig auch als LP-Relaxation (*Linear Programming*) bezeichnet wird, verwenden wir auch den Begriff der *LP-Schranke*. Es bezeichne z^{vert} den Optimalwert der vertikalen Streifen-Relaxation und z_{LP}^{vert} den der zugehörigen LP-Relaxation.

Satz 6.1

Die LP-Schranke z_{LP}^{RF-hor} der horizontalen Streifen-Relaxation mit Nachbarschaftsbedingung ist gleich der LP-Schranke z_{LP}^{vert} der vertikalen Streifen-Relaxation:

$$z_{LP}^{RF-hor} = z_{LP}^{vert}.$$

Beweis: Ausgehend von einer Lösung der LP-Relaxation der vertikalen Streifen-Relaxation kann in direkter Weise eine Lösung der LP-Relaxation zur horizontalen Streifen-Relaxation mit Nachbarschaftsbedingung konstruiert werden.

Die Konstruktion in umgekehrter Richtung ist gleichfalls möglich. In jeder horizontalen Schicht einer Lösung der LP-Relaxation zerteilen wir die Länge jedes enthaltenen Teils in hinreichend kleine Teilintervalle. Diese Teilintervalle können nun so arrangiert werden, dass die zu einem Teiletyp gehörigen Intervalle die gleiche horizontale Position erhalten. Damit sind aber vertikale Streifenvarianten konstruiert.   ∎

Die Aussage des Satzes ergibt zusammen mit der Ungleichung $z_{LP}^{vert} \leq z_{LP}^{b-vert}$ die für die Nutzbarkeit wichtige

Folgerung 6.2

Die LP-Schranke z_{LP}^{RF-hor} der horizontalen Streifen-Relaxation mit Nachbarschaftsbedingung wird durch die LP-Schranke z_{LP}^{b-vert} der vertikalen 0/1-Streifen-Relaxation dominiert:

$$z_{LP}^{RF-hor} \leq z_{LP}^{b-vert}.$$

Die Verwendung der horizontalen Streifen-Relaxation mit Nachbarschaftsbedingung zur Ermittlung einer unteren Schranke für den Optimalwert des Streifen-Packungsproblems ist also nur dann sinnvoll, wenn das ganzzahlige Problem gelöst wird. Andernfalls liefert das Maximum der LP-Schranken aus binärer horizontaler und binärer vertikaler Streifen-Relaxation die beste Schranke.

6.3 Heuristiken für das Streifen-Packungsproblem

Zur Charakterisierung der Effizienz von Heuristiken für das Streifen-Packungsproblem betrachten wir eine Liste $\mathcal{L}$ von $m = |\mathcal{L}|$ Rechtecken, die alle in einen gegebenen Streifen zu packen sind. Wir definieren die folgenden Bezeichnungen:

OPT$(\mathcal{L})$ ... Optimalwert: Höhe einer optimalen Packung,

A$(\mathcal{L})$ ... Höhe der Packung, die durch den Algorithmus A erhalten wird.

Definition 6.1
Eine Aussage der Form

$$A(\mathcal{L}) \le \beta \cdot OPT(\mathcal{L})$$

nennt man *absolute Güteabschätzung* für den Algorithmus A (*absolute performance bound*) und eine Aussage der Form

$$A(\mathcal{L}) \le \beta \cdot OPT(\mathcal{L}) + \gamma$$

heißt *asymptotische Güteabschätzung* für A (*asymptotic performance bound*). Hierbei sind β und γ von der Liste $\mathcal{L}$ unabhängige Konstanten, wobei β als *Gütefaktor* bezeichnet wird.

6.3.1 Heuristiken für das Offline-Streifen-Packungsproblem

Ein Streifen-Packungsproblem besitzt den Typ *offline*, wenn alle Eingabedaten vor Optimierungsbeginn bekannt sind, andernfalls sprechen wir von *Online*-Problemen.

BL-Heuristik (Bottom up Left justified)
Prinzip: Die Rechtecke werden entsprechend ihrer durch $\mathcal{L}$ gegebenen Reihenfolge gepackt, wobei die Anordnung in niedrigster zulässiger Lage (d. h. mit minimaler y-Koordinate) so weit links wie möglich (d. h. mit minimaler x-Koordinate) erfolgt.

Die Definition der BL-Heuristik beinhaltet die Untersuchung aller Lücken. Von Chazalle ([Cha83]) wird eine Realisierung der BL-Heuristik angegeben, deren numerischer Aufwand durch $O(m^2)$ Operationen beschränkt ist.

Beispiel 6.2

Gegeben sei ein Streifen der Breite $W = 20$ und die in der Tabelle 6.1 definierte Liste $\mathscr{L} = (R_1, \ldots, R_7)$ von Rechtecken. Die mit der BL-Heuristik ermittelte Anordnungs-variante benötigt die Streifenhöhe $BL(\mathscr{L}) = BL(R_1, \ldots, R_7) = 10$. Für die geänderte Reihenfolge $R_7, \ldots, R_1$ erhält man $BL(R_7, \ldots, R_1) = 13$. Die Abbildung 6.2 zeigt die resultierenden Anordnungen.   □

Tabelle 6.1: Eingabedaten für das Beispiel 6.2

i	1	2	3	4	5	6	7
w_i	7	6	9	4	5	10	3
h_i	4	7	3	5	3	2	6

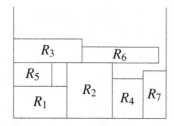 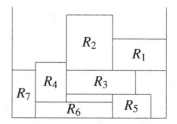

Abbildung 6.2: BL-Anordnungen für die Reihenfolgen $\pi = (1,2,3,4,5,6,7)$
und $\pi = (7,6,5,4,3,2,1)$

Eine Vereinfachung der BL-Heuristik ergibt sich, wenn auf die Untersuchung der Lücken verzichtet wird. Dazu wird jedes Rechteck in hinreichend großer Höhe so horizontal ver-schoben, dass eine folgende vertikale Verschiebung zur niedrigsten (durch diese Vorge-hensweise erreichbaren) Position führt und das Rechteck eine minimale x-Koordinate hat. Diese Methode, die ohne die Untersuchung der Lücken arbeitet, wird als BL_0-*Heuristik* bezeichnet. Der Aufwand ist proportional zu $m \log m$.

Definition 6.2

Es sei $A_p = \{R_i(x_i, y_i) : i = 1, \ldots, p\}$ eine zulässige Anordnung der Rechtecke R_i, $i = 1, \ldots, p$, mit den Anordnungspunkten (x_i, y_i). Weiterhin seien

$$f_p(x) := \max\{0, \max\{y : (x,y) \in \bigcup_{i=1}^{p} R_i(x_i, y_i)\}\}, \quad x \in [0, W],$$

$$U(A_p) := \{(x,y) : 0 \leq x \leq W, \, 0 \leq y \leq f_p(x)\},$$

$$K(A_p) := \mathrm{fr}(\mathrm{cl}(\{(x,y) : 0 \leq x \leq W, \, 0 \leq y\} \setminus U(A_p))).$$

Die Menge $K(A_p)$ heißt BL_0-*Kontur* der Anordnung A_p.

Vereinbarungsgemäß sei $f_0(x) = 0$ für $x \in [0, W]$. Die BL_0-Heuristik kann dann wie folgt kurz beschrieben werden.

BL_0-Heuristik

Für $p = 1, \ldots, m$: Ermittle den Anordnungspunkt $(x_p, y_p) \in K(A_{p-1})$ mit minimalem y_p und x_p so, dass $y_p \geq f_{p-1}(x)$ für alle $x \in (x_p, x_p + w_p)$ gilt.

Beispiel 6.3

Für das Beispiel 6.2 erhält man $BL_0(\mathscr{L}) = BL_0(R_1, \ldots, R_7) = 16$ und $BL_0(R_7, \ldots, R_1) = 13$. Die Abbildung 6.3 zeigt beide Anordnungen. □

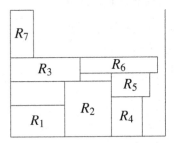 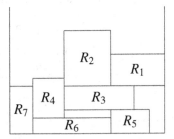

Abbildung 6.3: BL_0-Anordnungen für die Reihenfolgen $\pi = (1, 2, 3, 4, 5, 6, 7)$ und $\pi = (7, 6, 5, 4, 3, 2, 1)$

Eine weitere Heuristik ist die NFDH-Heuristik (*Next Fit Decreasing Height*, [BCR80]), die zur Ermittlung einer zulässigen Anordnungsvariante $O(m \log m)$ Rechenoperationen benötigt. Der wesentliche Aufwand ist dabei durch die anfängliche Sortierung der Teile bedingt. Die eigentliche Anordnung der Rechtecke erfolgt dann mit linearem Aufwand.

NFDH-Heuristik (Next Fit Decreasing Height)

Die Rechtecke werden zuerst nach fallender Höhe sortiert. Dies ergibt eine Liste $\mathscr{L}'$. Dann werden die Rechtecke entsprechend ihrer durch $\mathscr{L}'$ gegebenen Reihenfolge schichtenweise angeordnet, wobei jeweils das erste Teil einer Schicht deren Höhe definiert. Die Anordnung der Rechtecke erfolgt in einer Schicht an der Unterkante und zwar solange, bis das nächste Rechteck nicht mehr passt. Dann wird die Schicht geschlossen und die Anordnung in der nächsten Schicht fortgesetzt, bis alle Rechtecke gepackt sind.

Aufwendiger, genauer mit $O(m \log m)$ Operationen für die Anordnung der Rechtecke, arbeitet die FFDH-Heuristik (*First Fit Decreasing Height*). Wie die nachfolgenden Güteuntersuchungen zeigen, wird der Mehraufwand durch bessere Eigenschaften ausgeglichen.

> **FFDH-Heuristik (First Fit Decreasing Height)**
> Die FFDH-Heuristik arbeitet analog wie die NFDH-Heuristik, nur dass jetzt das
> nächste Teil in der *untersten* Schicht, in die es hineinpasst, angeordnet wird.

Beispiel 6.4

Gegeben sei ein Streifen der Breite $W = 20$ und die in der Tabelle 6.2 definierte Liste
$\mathscr{L} = (R_1, \ldots, R_7)$ von Rechtecken. Man erhält NFDH$(\mathscr{L})$=14 und FFDH$(\mathscr{L})$=12. Die
Abbildung 6.4 zeigt die resultierenden Anordnungen.   □

Tabelle 6.2: Eingabedaten für das Beispiel 6.4

i	1	2	3	4	5	6	7
w_i	6	4	5	7	4	8	5
h_i	7	6	5	5	3	3	2

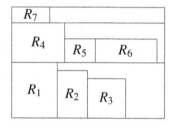 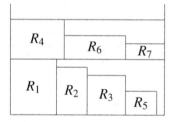

Abbildung 6.4: NFDH- und FFDH-Anordnungen

Auf weitere Heuristiken, wie etwa die *Reverse Fit-Heuristik* ([Sch94b]), wird an dieser
Stelle nicht eingegangen.

6.3.2 Güteaussagen

In Zusammenhang mit der Untersuchung der Güte von Heuristiken für das Streifen-
Packungsproblem existiert eine Vielzahl von Ergebnissen, von denen wir hier einige
angeben. Zuerst zeigen wir, dass spezielle Sortierungen der Rechtecke zu schlechten
Ergebnissen führen können.

Satz 6.3 (Baker/Coffman/Rivest)

   a) Für jedes $M > 0$ existiert eine Liste $\mathscr{L}$ von Rechtecken, sortiert nach *wachsender
       Breite*, mit BL$(\mathscr{L}) > M \cdot$ OPT$(\mathscr{L})$.

b) Für jedes $M > 0$ existiert eine Liste $\mathscr{L}$ von Rechtecken, sortiert nach *fallender Höhe*, mit $\mathrm{BL}(\mathscr{L}) > M \cdot \mathrm{OPT}(\mathscr{L})$.

c) Für jedes $\delta > 0$ existiert eine Liste $\mathscr{L}$ von Rechtecken, sortiert nach *fallender Breite*, mit $\mathrm{BL}(\mathscr{L}) > (3 - \delta) \cdot \mathrm{OPT}(\mathscr{L})$.

Falls vorausgesetzt wird, dass alle Elemente von $\mathscr{L}$ quadratisch sind, dann gibt es eine Liste $\mathscr{L}$ mit $\mathrm{BL}(\mathscr{L}) > (2 - \delta) \cdot \mathrm{OPT}(\mathscr{L})$.

Beweis: *Zu a)* Es wird eine Klasse von Beispielen konstruiert, welche die Aussage liefert. Sei $k \in \mathbb{Z}$ mit $k \geq 2$. Wir definieren

$$r_i := \max\{r \in \mathbb{Z} : i \equiv 0 \bmod k^r\}, \quad i = 1, 2, \dots.$$

Zum Beispiel gilt für $k = 4$ $r_i = 0$, falls 4 nicht Teiler von i, $r_i = 1$, falls $16 = 4^2$ nicht, aber 4 Teiler von i, und $r_i = 2$ falls $64 = 4^3$ nicht, aber 16 Teiler von i ist etc.

Es sei nun $W := k^k$ sowie $0 < \varepsilon \ll 1$. Folgende Rechtecke $R_i = w_i \times h_i$ bilden die Liste $\mathscr{L}$:

Reihe	$w_i :=$	$h_i :=$	$i =$
1	1	$1 - r_i \varepsilon$	$1, \dots, m_1 := k^k,$
2	1	1	$m_1 + 1, \dots, m_2 := m_1 + k^{k-1},$
3	k	1	$m_2 + 1, \dots, m_3 := m_2 + k^{k-2},$
4	k^2	1	$m_3 + 1, \dots, m_4 := m_3 + k^{k-3},$
$\vdots$	$\vdots$	$\vdots$	$\vdots$
$(k+1)$	k^{k-1}	1	$m_k + 1.$

Die Rechtecke werden in der gegebenen Reihenfolge angeordnet. Die BL-Heuristik liefert eine Lösung mit $\mathrm{BL}(\mathscr{L}) = k + 1$.

Andererseits gilt $1 \cdot k^{k-1} + k \cdot k^{k-2} + \cdots + k^{k-1} \cdot 1 = k^k$, so dass alle Rechtecke R_i mit $i > m_1$ in einer Reihe mit Höhe 1 angeordnet werden können. Folglich gilt $\mathrm{OPT}(\mathscr{L}) = 2$.

Die Skizze in Abbildung 6.5 zeigt die Anordnung für $k = 3$.

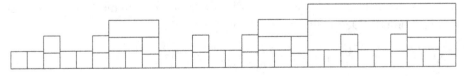

Abbildung 6.5: Skizze zum Beweis von Satz 6.3 a) für $k = 3$

Einen Beweis zu b) findet man z. B. in [BCR80].

Zu c) Die Aussage wird durch folgendes Beispiel begründet. Zunächst betrachten wir nur Quadrate. Es seien $k \in \mathbb{Z}_+$ mit $k \geq 2$, gerade und $0 < \varepsilon < 8/(k^4 + 2k^2)$. Anzuordnen sind die Quadrate (Rechtecke) R_i mit

$$w_i = h_i = 2 - i\varepsilon, \qquad i = 1, \ldots, k^2/2,$$
$$w_i = h_i = 1, \qquad i = k^2/2 + 1, \ldots, k^2/2 + k^2(k-2),$$

die die Liste $\mathscr{L} = (R_1, \ldots, R_m)$ mit $m = k^2/2 + k^2(k-2)$ bilden. Die Streifenbreite sei $W = k^2$. Offenbar können die ersten $k^2/2$ Teile in einem Streifen der Höhe 2 angeordnet werden. Wegen

$$\sum_{i=1}^{k^2/2} (2 - i\varepsilon) = k^2 - \frac{k^2}{8}(k^2 + 2)\varepsilon > k^2 - 1$$

kann kein Einheitsquadrat in diesem Streifen angeordnet werden. Da die $k^2(k-2)$ Einheitsquadrate in $k-2$ Streifen der Höhe 1 angeordnet werden können, ergibt sich die Abschätzung $\text{OPT}(\mathscr{L}) \leq k$. Die BL-Heuristik liefert eine Anordnung der Form, wie sie für $k = 4$ in Abbildung 6.6 gezeigt wird.

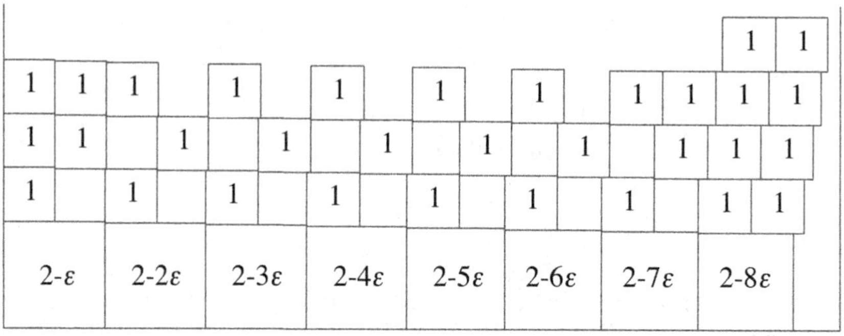

Abbildung 6.6: Zum Beweis von Satz 6.3 c), $k = 4$

In der zweiten Zeile werden $k^2/2 + 1$ Einheitsquadrate angeordnet, in der dritten Zeile $k^2/2 + 2$, usw. Sei r die Anzahl der Zeilen, die notwendig ist, um die $k^2(k-2)$ Einheitsquadrate anzuordnen. Dann gilt $r > 2k - 8$, da

$$\sum_{i=1}^{2k-8} \left(\frac{k^2}{2} + i \right) = \frac{k^2}{2}(2k-8) + \frac{2k-8}{2}(2k-7) < k^3 - 2k^2$$

für $k \geq 2$. Also folgt $\text{BL}(\mathscr{L}) \geq 2k - 6$ und damit

$$\frac{\text{BL}(\mathscr{L})}{\text{OPT}(\mathscr{L})} \geq \frac{2k-6}{k} = 2 - \frac{6}{k}.$$

Für hinreichend großes k, genauer für $k > 6/\delta$, gilt damit die Aussage.

Mit $h_{m+1} := k+1$ und $w_{m+1} := k^2 - \sum_{i=1}^{k^2/2}(2 - i\varepsilon) < 1$ definieren wir ein weiteres Teil R_{m+1}. Dann hat R_{m+1} eine hinreichend kleine Breite und es folgt $\mathrm{OPT}(\mathscr{L}') \leq k+1$. Andererseits wird das Rechteck bei der BL-Heuristik in der obersten Zeile angeordnet, womit $\mathrm{BL}(\mathscr{L}') \geq 3k - 6$ folgt. ∎

Neben den eher als negativ anzusehenden Aussagen existieren auch solche, die *obere Schranken* für den Wert der Näherungslösung im Vergleich zum Optimalwert liefern. In diesem Sinne sind dies *positive* Aussagen.

Satz 6.4 (Baker/Coffman/Rivest)

a) Die Liste $\mathscr{L}$ von Rechtecken sei sortiert nach fallender Breite. Dann gilt
$$\mathrm{BL}(\mathscr{L}) \leq 3 \cdot \mathrm{OPT}(\mathscr{L}).$$
Falls vorausgesetzt wird, dass alle Elemente von $\mathscr{L}$ quadratisch sind, dann gilt
$$\mathrm{BL}(\mathscr{L}) \leq 2 \cdot \mathrm{OPT}(\mathscr{L}).$$

b) Es existieren Listen $\mathscr{L} = (R_1, \ldots, R_m)$ von Quadraten mit
$$\min_{\pi \in \Pi} \frac{\mathrm{BL}_\pi(\mathscr{L})}{\mathrm{OPT}(\mathscr{L})} > \frac{12}{11 + \varepsilon} \quad \text{für} \quad \varepsilon > 0,$$
wobei $\Pi = \Pi(1, \ldots, m)$ die Menge der Permutationen bezeichnet und $\mathrm{BL}_\pi(\mathscr{L})$ die benötigte Streifenhöhe zu der durch π gegebenen Reihenfolge ist.

Wir geben hier nur die grundlegenden Ideen der Beweisführung an.

Beweisidee: *Zu a)* Die durch die BL-Heuristik benötigte Fläche $W \times \mathrm{BL}(\mathscr{L})$ wird in zwei Teile zerlegt. Dazu sei $h_0 = h_i$ die Höhe desjenigen Teils $R_i(x_i, y_i)$ mit größter Höhe, für welches $y_i + h_i = \mathrm{BL}(\mathscr{L})$ gilt, d. h. $h_0 := \max\{h_i : y_i + h_i = \mathrm{BL}(\mathscr{L})\}$. Dann wird die benutzte Fläche in die Rechtecke $A := \{(x,y) : 0 \leq x \leq W, \ 0 \leq y \leq h^*\}$ mit $h^* = \mathrm{BL}(\mathscr{L}) - h_0$ und $\widetilde{A} := \{(x,y) : 0 \leq x \leq W, \ h^* \leq y \leq \mathrm{BL}(\mathscr{L})\}$ geteilt.

Es kann nun nachgewiesen werden, dass in A mindestens die Hälfte der Fläche durch Teile belegt ist. Dabei wird wesentlich die Voraussetzung ausgenutzt, dass die Teile nach fallender Breite sortiert sind.

Falls nun mindestens die Hälfte der Fläche von A durch Teile belegt ist, dann folgt $\mathrm{OPT}(\mathscr{L}) \geq \max\{h_0, h^*/2\}$.

Ist $h_0 > \dfrac{h^*}{2}$, folgt weiterhin $\dfrac{\mathrm{BL}(\mathscr{L})}{\mathrm{OPT}(\mathscr{L})} \leq \dfrac{h_0 + h^*}{h_0} < \dfrac{h_0 + 2h_0}{h_0} = 3.$

Ist andererseits $h_0 \leq \dfrac{h^*}{2}$, dann folgt $\dfrac{\mathrm{BL}(\mathscr{L})}{\mathrm{OPT}(\mathscr{L})} \leq \dfrac{h^*/2 + h^*}{h^*/2} = 3.$

Falls alle Teile quadratisch sind, kann der Bereich A zusätzlich in $\underline{A} := \{(x,y) : 0 \leq x \leq W, \ 0 \leq y \leq h_0\}$ und $A' := \{(x,y) : 0 \leq x \leq W, \ h_0 \leq y \leq h^*\}$ aufgeteilt werden. Da $A' \subseteq A$, ist mindestens die Hälfte der Fläche von A' mit Quadraten überdeckt.

Da die Quadrate nach fallender Größe sortiert sind, wird in den beiden Streifen $\underline{A}$ und $\widetilde{A}$ zusammen mindestens eine Fläche der Größe $h_0 W$ durch Quadrate überdeckt. Damit folgt die zweite Behauptung.

Zu b) Die Anordnungsvariante in der Abbildung 6.7 ist optimal für einen Streifen der Breite $W = 15$ und $H = 11$. Ändert man die Maße des 3×3-Quadrates zu $(3 + \varepsilon_0) \times (3 + \varepsilon_0)$ und von W in $W = 15 + \varepsilon_0$, so erhält man ein Beispiel, welches obige Aussage für $\varepsilon > \varepsilon_0 > 0$ beweist. ■

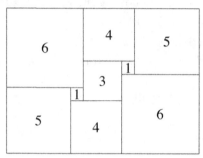

Abbildung 6.7: Zum Beweis von Satz 6.4 b)

Der Satz besagt also, dass es Instanzen des Streifen-Packungsproblems gibt, für die die BL-Heuristik keine optimale Anordnung finden kann. Für beliebige Rechtecke wird in [Bro80] sogar die untere Schranke 5/4 gezeigt.

Ohne Beschränkung der Allgemeinheit verwenden wir im Weiteren eine Normierung in Breiten- und Höhenrichtung. An Stelle von w_i betrachten wir nun w_i/W für alle i und die normierte Streifenbreite $W = 1$. Weiterhin nehmen wir nun $\max_{i \in I} h_i = 1$ an.

Satz 6.5 (Coffman/Garey/Johnson/Tarjan)

Für jede Liste $\mathscr{L}$ von Rechtecken gilt:

   a) $\mathrm{NFDH}(\mathscr{L}) \leq 3 \cdot \mathrm{OPT}(\mathscr{L})$,

   b) $\mathrm{NFDH}(\mathscr{L}) \leq 2 \cdot \mathrm{OPT}(\mathscr{L}) + 1$.

   c) Die Faktoren 3 bzw. 2 sind die kleinstmöglichen.

Beweis: Wegen $\max_{i \in I} h_i = 1$ folgt $\mathrm{OPT}(\mathscr{L}) \geq 1$, so dass die Aussage aus a) unmittelbar aus b) folgt.

Zu b) und c)   Die NFDH-Heuristik liefert eine Folge $B_1, \ldots, B_t$ von *Blöcken* mit den Höhen $H_1, \ldots, H_t$, wobei $H_1 \geq \cdots \geq H_t$ gilt.

Bezeichnen y_i die *genutzte Breite* im Block B_i und x_i die Breite des ersten Teiles in B_i, dann gilt

$$y_i + x_{i+1} > 1, \quad i = 1, \ldots, t - 1.$$

Weiterhin sei A_i die *genutzte Fläche* in B_i. Somit gilt

$$A_i + A_{i+1} \geq y_i H_{i+1} + x_{i+1} H_{i+1} > H_{i+1}, \quad i = 1, \ldots, t-1.$$

Mit $A = \sum_{i=1}^{t} A_i = \sum_{j=1}^{m} w_j h_j$ gilt

$$\text{NFDH}(\mathcal{L}) = \sum_{i=1}^{t} H_i \leq H_1 + \sum_{i=1}^{t-1} A_i + \sum_{i=2}^{t} A_i \leq H_1 + 2A \leq 1 + 2\text{OPT}(\mathcal{L}).$$

Der Faktor 2 wird durch folgendes Beispiel determiniert. Es seien $4m$ Rechtecke R_i mit $h_i = 1$ und $w_i = 1/2$ für $i = 1, \ldots, 2m$ und $w_i = \varepsilon = 1/(2m)$ für $i = 2m+1, \ldots, 4m$ gegeben. Dann gilt $\text{OPT}(\mathcal{L}) = m+1$. Andererseits gilt für die Liste $\mathcal{L} = (R_1, R_{2m+1}, R_2, R_{2m+2}, \ldots)$: $\quad \text{NFDH}(\mathcal{L}) = 2m$. ∎

Zur Information geben wir noch den folgenden Satz ohne Beweis an:

Satz 6.6 (Coffman/Garey/Johnson/Tarjan)
Für jede Liste $\mathcal{L}$ von Rechtecken gilt:

a) $\text{FFDH}(\mathcal{L}) \leq 1.7 \cdot \text{OPT}(\mathcal{L}) + 1$.

b) Sei $w_i \leq \dfrac{1}{p}$ für $i = 1, \ldots, m$, $p \in \mathbb{N}$. Dann gilt $\text{FFDH}(\mathcal{L}) \leq (1 + \dfrac{1}{p}) \cdot \text{OPT}(\mathcal{L}) + 1$.

c) Die Faktoren sind die kleinstmöglichen.

d) Für jede Liste von Quadraten gilt $\quad \text{FFDH}(\mathcal{L}) \leq 1.5 \cdot \text{OPT}(\mathcal{L}) + 1$.

Einen Beweis findet man in [CGJT80]. Eine analoge Aussage untersuchen wir im Satz 6.15.

6.3.3 Regal-Algorithmen für Online-Probleme

Bei *Online*-Problemen ist keine Sortierung vor Optimierungsbeginn möglich. Die Rechtecke sind in der gegebenen Reihenfolge anzuordnen. Varianten, bei denen eine Pufferung von k Teilen ($k \ll m$) möglich ist, aus denen ein geeignetes Teil ausgewählt wird, betrachten wir hier nicht.

Bei Fragestellungen dieses Typs geht man in der Regel davon aus, dass eine große Anzahl von Rechtecken zu packen ist bzw. dies als ein fortlaufender Prozess anzusehen ist, bei dem die Eingabedaten erst schrittweise bekannt werden.

Das folgende Beispiel zeigt, dass in diesem Fall die NF-Heuristik (*Next Fit* ohne Sortierung) beliebig schlecht sein kann.

Beispiel 6.5

Es seien $W = 1$, $k \in \mathbb{N}$ und $\varepsilon > 0$ mit $k \geq 3$, $\varepsilon := 1/k$ und $\mathscr{L} = (R_1, S_1, \ldots, R_k, S_k)$, wobei $R_i = \varepsilon \times 1$ und $S_i = 1 \times \varepsilon$, $i = 1, \ldots, k$. Wie in der Aufgabe 6.9 gezeigt wird, gilt dann $\mathrm{NF}(\mathscr{L}) \geq \frac{k+1}{2} \cdot \mathrm{OPT}(\mathscr{L})$. □

Um Algorithmen zu erhalten, die die Rechtecke ohne vorherige Sortierung in brauchbarer Weise anordnen, werden sogenannte Regal-Algorithmen eingesetzt (engl. *shelf*, [BS83]). Die Bezeichnungsweise orientiert sich dabei an dem Füllen von Bücherregalen. In einem Regal-Algorithmus werden nur Regale mit vordefinierten Höhen verwendet. Ein Teil (Rechteck) fügt man dann in ein Regal kleinster Höhe ein, in welches es hineinpasst. Zur geeigneten Abschätzung der daraus resultierenden ungenutzten Fläche wird ein fester Parameterwert $r \in (0,1)$ gewählt. Ist h_{max} die maximale Rechteckhöhe oder eine obere Schranke dafür, dann werden die Regalhöhen durch $r^k h_{max}$, $k = 0, 1, \ldots$, definiert.

Ein Rechteck der Höhe h_i wird somit in einem Regal mit Höhe $r^k h_{max}$ und $r^{k+1} < h_i / h_{max} \leq r^k$ angeordnet, sofern noch genügend Breite vorhanden ist. Falls nicht, wird ein neues Regal der Höhe $r^k h_{max}$ eingerichtet.

Wie beim *Offline*-Fall betrachten wir die *Next Fit*- und die *First Fit*-Anordnungsstrategie. Diese Vorgehensweisen illustrieren wir zunächst an einem Beispiel.

Beispiel 6.6

Die Streifenbreite sei $W = 100$ und es gelte $h_{max} = 40$. Weiterhin sei $r = 0.6$. Resultierende Regalhöhen sind damit 40, 24, 14.4, 8.64, ... Entsprechend der *Online*-Situation sind die acht in der Tabelle 6.3 angegebenen Rechtecke in der gegebenen Reihenfolge anzuordnen.

In Abbildung 6.8 sind die resultierenden Anordnungen der NFS- (*Next Fit Shelf*) und der FFS- (*First Fit Shelf*) Heuristik angegeben. □

Tabelle 6.3: Eingabedaten für das Beispiel 6.6

i	1	2	3	4	5	6	7	8
w_i	30	50	25	50	30	20	25	20
h_i	15	27	23	17	10	37	19	16
k	2	1	2	2	3	1	2	2

Die NFS-Heuristik ([BS83]) kann formal wie folgt formuliert werden:

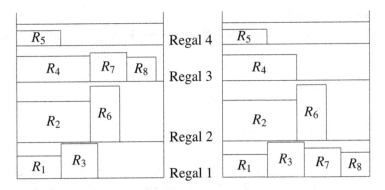

Abbildung 6.8: NFS- und FFS-Anordnungen

NFS-Heuristik (Next Fit Shelf)

S1: Wähle den Parameter r mit $0 < r < 1$.

S2: Definiere Regal-(Niveau-)höhen $r^k h_{max}$, $k \in \mathbb{N}$.

S3: Für $i = 1, 2, \ldots$:

Packe das Rechteck R_i mit Höhe h_i linksbündig in das oberste Regal mit der Höhe $r^k h_{max}$, wobei $r^{k+1} < h_i / h_{max} \leq r^k$ gilt, falls noch genügend Platz in horizontaler Richtung vorhanden ist. Andernfalls öffne ein neues Regal der Höhe $r^k h_{max}$ und ordne R_i darin an.

Die FFS-Heuristik (*First Fit Shelf*) arbeitet analog zur NFS-Heuristik, jedoch mit erhöhtem Suchaufwand.

FFS-Heuristik (First Fit Shelf)

S1: Wähle den Parameter r mit $0 < r < 1$.

S2: Definiere Regal-(Niveau-)höhen $r^k h_{max}$, $k \in \mathbb{N}$.

S3: Für $i = 1, 2, \ldots$:

Packe das Rechteck R_i mit Höhe h_i linksbündig in das unterste Regal mit der Höhe $r^k h_{max}$, wobei $r^{k+1} < h_i / h_{max} \leq r^k$ gilt, in dem noch genügend Platz in horizontaler Richtung vorhanden ist. Andernfalls öffne ein neues Regal der Höhe $r^k h_{max}$ und ordne R_i darin an.

Im Folgenden geben wir einige Aussagen zum *ungünstigsten Fall* (*worst case*) für Regal-Algorithmen an. Bemerkenswert ist vor allem, dass für Regal-Algorithmen positive Güteabschätzungen möglich sind, obwohl keinerlei Sortierung vorausgesetzt wird.

Satz 6.7 (Baker, Schwarz)

Für r mit $0 < r < 1$ und jede Liste $\mathscr{L}$ von Rechtecken, deren Höhe durch h_{max} beschränkt ist, gilt

$$\mathrm{NFS}_r(\mathscr{L}) < \frac{2}{r}\mathrm{OPT}(\mathscr{L}) + \frac{h_{max}}{r(1-r)}.$$

Die asymptotische Schranke $2/r$ ist scharf.

Zur Vereinfachung der Beweisführung unterteilt man die Regale in zwei Gruppen. Die zuletzt für die unterschiedlichen Regalhöhen erzeugten Regale nennen wir *offen*. Die anderen werden als *geschlossen* bezeichnet. Weiterhin seien H_o die Summe der Höhen der offenen Regale und H_g die der geschlossenen Regale.

Beweis: Zuerst zeigen wir, dass $H_o < \frac{h_{max}}{r(1-r)}$ gilt. Sei h die Höhe des höchsten offenen Regals. Dann ist die Höhe h_i jedes in diesem Regal angeordneten Rechtecks größer als rh. Folglich gilt $h_{max} > rh$. Als Summe einer geometrischen Reihe folgt weiterhin

$$H_o < h \sum_{k=0}^{\infty} r^k = \frac{h}{1-r} < \frac{h_{max}}{r(1-r)}.$$

Als Nächstes zeigen wir $H_g < \frac{2}{r}\mathrm{OPT}(\mathscr{L})$. Für jedes geschlossene Regal S mit Höhe h_S existiert ein weiter oben befindliches nächstes Regal S' mit gleicher Höhe. Alle in S und S' angeordneten Rechtecke haben also eine Höhe größer als rh_S. Die Breite des ersten Rechtecks in S' übersteigt die frei gebliebene Breite in S. Die Gesamtfläche der in S und S' angeordneten Rechtecke ist damit größer als $rh_S W$. Bildet man nun Paare von Regalen gleicher Höhe, einschließlich des offenen Regals, falls die Anzahl der geschlossenen Regale einer Höhe ungerade ist, so folgt unmittelbar, dass die Gesamtfläche aller Rechtecke größer als $\frac{1}{2}rH_g W$ ist. Damit folgt aber auch, dass $\frac{1}{2}rH_g < \mathrm{OPT}(\mathscr{L})$ gilt.

Es bleibt zu zeigen, dass die Schranke scharf ist. Dazu setzen wir ohne Beschränkung der Allgemeinheit voraus, dass $W = 1$ gilt. Wir betrachten die Liste $\mathscr{L} = (R_1, S_1, R_2, S_2, \ldots, R_n, S_n)$ von Rechtecken mit $n > 0$, wobei jedes Rechteck R_i die Breite $\frac{1}{2} - \Delta$ hat mit einem Δ mit $0 < \Delta < \frac{1}{3n}$. Jedes Rechteck S_i hat die Breite 3Δ. Alle $2n$ Rechtecke haben die Höhe $r + \varepsilon$ mit $0 < \varepsilon < 1 - r$. Die NFS-Heuristik packt die Rechtecke paarweise in Regale der Höhe 1. Damit gilt $\mathrm{NFS}(\mathscr{L}) = n - 1 + r + \varepsilon$.

Eine optimale Rechteck-Packung benötigt eine Höhe nicht größer als die, die durch Packen in der Reihenfolge $R_1, R_2, \ldots, R_n, S_1, \ldots S_n$ erhalten wird. Diese ist $(\lceil \frac{n}{2} \rceil + 1)(r + \varepsilon)$.

Für beliebige positive Konstanten α und β mit $\alpha < \frac{2}{r}$ existiert ein hinreichend großes n mit $n - 1 + r + \varepsilon > \alpha(\lceil \frac{n}{2} \rceil + 1)(r + \varepsilon) + \beta(r + \varepsilon)$. ∎

Folgerung 6.8

Für r mit $0 < r < 1$ und jede Liste $\mathscr{L}$ von Rechtecken gilt

$$\text{NFS}_r(\mathscr{L}) < \left(\frac{2}{r} + \frac{1}{r(1-r)}\right) \text{OPT}(\mathscr{L}).$$

Die asymptotische Schranke $2/r$ ist scharf.

Der Beweis dieser Folgerung wird in Aufgabe 6.5 geführt.

Bemerkenswert ist, dass die asymptotische Güte der NFS$_r$-Heuristik für $r \to 1$ mit der der NFDH-Heuristik (für *Offline*-Probleme) übereinstimmt, obwohl keine Sortierung möglich ist. Allerdings verschlechtert sich die absolute Güte mit wachsendem r. Ein optimaler Parameterwert r^* wird in Aufgabe 6.6 bestimmt. Er ist in der nächsten Folgerung angegeben.

Folgerung 6.9

Die beste absolute Güte der NFS$_r$-Heuristik wird für $r^* = (3 - \sqrt{3})/2 \approx 0.634$ erreicht. Dann gilt NFS$_r(\mathscr{L}) \leq 7.464 \cdot \text{OPT}(\mathscr{L})$ für beliebige Listen $\mathscr{L}$ von Rechtecken.

Für die FFS-Heuristik gilt eine analoge Aussage mit asymptotischer Schranke $1.7/r$:

Satz 6.10 (Baker/Schwarz)

Für r mit $0 < r < 1$ und jede Liste $\mathscr{L}$ von Rechtecken, deren Höhe durch h_{max} beschränkt ist, gilt

$$\text{FFS}_r(\mathscr{L}) < \frac{1.7}{r}\text{OPT}(\mathscr{L}) + \frac{h_{max}}{r(1-r)}.$$

Die asymptotische Schranke $1.7/r$ ist scharf.

Einen Beweis des Satzes 6.10 findet man in [BS83]. Eine ähnliche Aussage betrachten wir in Satz 6.15. Analoge Folgerungen zu 6.8 und 6.9 gelten auch für die FFS$_r$-Heuristik.

Neben den Betrachtungen zum ungünstigsten Fall, d. h. zu Güte-Abschätzungen, die mit Sicherheit eingehalten werden, sind auch Aussagen darüber von Interesse, was bestmöglich erreichbar ist. Eine untere Schranke für *Online*-Algorithmen ist in [Lia80] für den eindimensionalen Fall (hier gilt $h_i = 1 \; \forall i$) angegeben.

Satz 6.11 (Liang)

Für alle *Online*-Algorithmen A gilt

$$\lim_{|\mathscr{L}| \to \infty} \sup \frac{\text{A}(\mathscr{L})}{\text{OPT}(\mathscr{L})} \geq 1.53\ldots$$

Die untere Schranke 1.540 wird in [vV95] angegeben (s. auch [CGJ96]).

6.3.4 Aussagen zum durchschnittlichen Fall

Neben den Aussagen zum ungünstigsten Fall (*worst case*), sind Aussagen für die durchschnittliche Güte (*average case*) der Näherungslösung von großem Interesse. Deren Formulierung und Begründung ist nicht Anliegen dieses Buches, da umfangreiche Kenntnisse der Stochastik benötigt werden. Stattdessen geben wir beispielhaft derartige Aussagen zur Information an.

Um ein Beispiel einer Aussage zum durchschnittlichen Fall formulieren zu können, betrachten wir das eindimensionale Streifen-Packungsproblem ($h_i = 1 \ \forall i$) und setzen voraus, dass die Teilebreiten w_i gleichmäßig auf [0,1] verteilte unabhängige Zufallsgrößen sind, $i = 1, \dots, n$. Die Streifenbreite sei $W = 1$ und wir betrachten die folgende einfache Heuristik FOLD.

FOLD-Heuristik

S1: Wähle den Eingabeparameter $\alpha \in (\frac{1}{2}, 1)$.

S2: Packe alle x_i mit $x_i > \alpha$ in ein extra Regal.

S3: Sortiere die restlichen Werte x_i gemäß $x_1 \leq x_2 \leq \cdots \leq x_n$.

S4: Falls $x_i + x_{n-i+1} \leq 1$ gilt, dann ordne beide in einem Regal an, sonst in zwei, $i = 1, \dots, \lfloor n/2 \rfloor$. Falls n ungerade ist, ordne das letzte Element in einem extra Regal an.

Wir bezeichnen mit $E(\text{FOLD}(n))$ den Erwartungswert der benötigten Höhe der FOLD-Heuristik in Abhängigkeit von der Anzahl n der anzuordnenden Teile. Der folgende Satz ist [Fre80] entnommen.

Satz 6.12 (Frederickson)

Für $\alpha = 1 - n^{-1/3}, n \in I\!N$ gilt

$$\frac{E(\text{FOLD}(n))}{n/2} = 1 + O(n^{-1/3}).$$

Ein weiteres Beispiel für derartige Aussagen stammt aus [CS88].

Satz 6.13 (Coffman/Shor)

Für festes $n \in I\!N$ gilt

$$E(W^A(\mathscr{L}_n)) = E(A(\mathscr{L}_n)) - \frac{n}{4} \quad \text{im zweidimensionalen Fall,}$$

$$E(W^A(\mathscr{L}_n)) = E(A(\mathscr{L}_n)) - \frac{n}{2} \quad \text{im eindimensionalen Fall,}$$

wobei $W^A(\mathscr{L}_n)$ den Abfall bei Anwendung des Algorithmus A auf Liste $\mathscr{L}_n$ angibt.

Weiterführende Untersuchungen findet man in der Monographie [CL91].

6.4 Lokale Suche und Metaheuristiken

Zur Ermittlung guter Lösungen für NP-schwierige Optimierungsprobleme bzw. für Probleme mit einer Vielzahl von lokalen Extremstellen werden Heuristiken eingesetzt. Im Folgenden bezeichne x eine zulässige Lösung und $f(x)$ deren Zielfunktionswert.

Ist die Menge der zulässigen Lösungen sehr groß und gibt es keine scharfen Güteabschätzungen (*performance bounds*) für die gewählte Heuristik, so kann i. Allg. die Güte der gefundenen Lösung schwer eingeschätzt werden.

Um diesen unbefriedigenden Zustand zu überwinden, werden Strategien (*Lokale Suche* und *Metaheuristiken*) benutzt, die durch die wiederholte Anwendung einer oder auch mehrerer Heuristiken nach besseren Lösungen suchen.

6.4.1 Lokale Suche

Wir beschreiben hier einige der in der Literatur angegebenen Methoden (s. z. B. [AL97]) an Hand des Streifen-Packungsproblems. Es sei $\pi = (\pi_1, \ldots, \pi_m) \in \Pi(1, \ldots, m)$ eine beliebige Permutation. $\mathrm{BL}(\pi)$ bezeichne den durch die BL-Heuristik erhaltenen Wert (benötigte Streifenhöhe) und $U(\pi)$ eine Menge *benachbarter* Permutationen, d. h. eine Umgebung von π:

$$U(\pi) := \{\tilde{\pi} \in \Pi(1, \ldots, m) : d(\tilde{\pi}, \pi) \leq \rho\}.$$

Hierbei ist $d(.,.)$ eine Distanzfunktion und ρ ein vorgegebener Parameterwert.

Als Beispiel einer Umgebung und einer Distanzfunktion in der Menge der Permutationen verwenden wir die minimale Anzahl der Vertauschungen von jeweils zwei Elementen, um aus π die Permutation $\tilde{\pi}$ zu erhalten. Ist $\rho = 1$, dann gilt $|U(\pi)| = m(m-1)/2$.

Um zu einer bez. der betrachteten Umgebung *lokalen Lösung* zu gelangen, wird die folgende Suche angewendet:

Algorithmus Lokale Suche (Local Search, LS) – allgemein
S1: Ermittle eine Startlösung x.
S2: Falls eine zulässige Lösung $\tilde{x} \in U(x)$ mit $f(\tilde{x}) < f(x)$ existiert, dann setze $x := \tilde{x}$ und gehe zu S2. Andernfalls ist x eine lokale Lösung. Stopp.

Im Fall des Streifen-Packungsproblems ergibt sich bei Anwendung der BL-Heuristik die folgende Konkretisierung:

> **Algorithmus Lokale Suche für das Streifen-Packungsproblem**
> S1: Wähle (zufällig) eine Permutation π und berechne $\mathrm{BL}(\pi)$.
> S2: Falls eine Permutation $\widetilde{\pi} \in U(\pi)$ mit $\mathrm{BL}(\widetilde{\pi}) < \mathrm{BL}(\pi)$ existiert, dann setze $\pi := \widetilde{\pi}$ und gehe zu S2. Andernfalls liefert π eine lokale Lösung bez. der BL-Heuristik und der gewählten Umgebung. Stopp.

6.4.2 Metaheuristiken

Um von lokalen Lösungen zu anderen, möglicherweise besseren lokalen Lösungen gelangen zu können, sind geeignete Strategien, sog. *Metaheuristiken*, erforderlich. Grundlegende Untersuchungen findet man z. B. in [AK89] und [AL97]. Bei der Konzipierung von Metaheuristiken sind folgende Aspekte von wesentlicher Bedeutung:

- Startlösungen x: Wie ermittelt man diese? Wie viele?
- Umgebung $U(x)$: Variabler oder fester Radius? Welche Distanzfunktion?
- Neue Lösung $\widetilde{x}$: Werden Verschlechterungen akzeptiert? Deterministische oder zufällige Suche?
- Suchraum: Werden unzulässige Lösungen zeitweilig akzeptiert?
- Bewertungsfunktionen: abweichend von Zielfunktion.

Im Folgenden sind Beispiele für Metaheuristiken in kurzer Form zusammengestellt.

> **Algorithmus Multi-Start Local Search (MLS)**
> S1: Ermittle eine Startlösung x^*.
> S2: Generiere zufällig eine Lösung x und verbessere diese durch LS.
> S3: Falls $f(x) < f(x^*)$, dann setze $x^* := x$. Falls ein Abbruchkriterium erfüllt ist, dann Stopp. Andernfalls gehe zu S2.

> **Algorithmus Iterated Local Search (ILS)**
> S1: Ermittle eine Startlösung x^*.
> S2: Generiere eine Lösung x aus x^* durch zufällige Störungen und verbessere diese durch LS.
> S3: Falls $f(x) < f(x^*)$, dann setze $x^* := x$. Falls ein Abbruchkriterium erfüllt ist, dann Stopp. Andernfalls gehe zu S2.

Genetische Algorithmen (GA) übertragen den Evolutionsprozess der Natur auf die Lösungsstrategie. In den genetischen Algorithmen werden wiederholt zulässige Lösungen durch die Operationen *Kreuzung (crossover)* und/oder *Mutation* erzeugt. Diese werden bewertet und gegebenenfalls zur Konstruktion weiterer Lösungen benutzt oder verworfen.

> **Genetischer Algorithmus (GA) – allgemein**
>
> S1: Ermittle eine Menge P (*Population*) zulässiger Lösungen. Sei x^* eine beste Lösung in P.
>
> S2: Wiederhole die Schritte 2.1 und 2.2, bis eine Menge Q neuer Lösungen erhalten wurde, wobei $|Q|$ i. Allg. vorgegeben ist.
>
>   **2.1.** Wähle zwei oder mehr Lösungen aus P und konstruiere aus diesen durch Kreuzung eine oder mehrere neue Lösungen.
>
>   **2.2.** Wähle eine Lösung aus P und konstruiere aus dieser durch Mutation eine neue Lösung.
>
> S3: Falls eine zulässige Lösung $x \in Q$ mit $f(x) < f(x^*)$ existiert, dann setze $x^* := x$.
>
> S4: Wähle eine Menge $\widetilde{P}$ aus $P \cup Q$ und setze $P := \widetilde{P}$ ($|\widetilde{P}|$ wird i. Allg. vorgegeben).
>
> S5: Falls ein Abbruchkriterium erfüllt ist, dann Stopp. Sonst gehe zu S2.

Ein Beispiel für eine einfache Kreuzungsregel beim Streifen-Packungsproblem ist die folgende Vertauschungsmethode.

Beispiel 6.7

Seien $\pi, \sigma \in P$. Wähle zufällig einen Index $i \in \{1, \dots, m-1\}$. Die ersten i Komponenten der neuen Permutation $\widetilde{\pi}$ werden durch $\pi_1, \dots, \pi_i$ gebildet und zwar in der Reihenfolge, wie sie in σ vorkommen. Die restlichen $m - i$ Elemente werden durch $\pi_{i+1}, \dots, \pi_m$ gebildet, wieder in der Reihenfolge, wie sie in σ vorkommen.

$\pi = (1,2,3,4)$, $\sigma = (4,3,2,1)$, $i = 2$ $\Rightarrow$ $\widetilde{\pi} = (2,1,4,3)$. $\qquad\qquad\square$

Die Vertauschung zweier Indizes kann als Mutation verwendet werden. Eine effiziente Realisierung eines genetischen Algorithmus für das Streifen-Packungsproblem wird in [Bor06] beschrieben.

Simulated Annealing (SA) bildet den physikalischen Prozess der Abkühlung und des Erreichens eines stabilen Zustandes ab. Eine dem jeweiligen Problem angepasste Temperaturfunktion t dient hierbei zur Steuerung.

> **Algorithmus Simulated Annealing (SA)**
>
> S1: Ermittle eine Startlösung $x^* := x$ und bestimme deren Temperatur t.
>
> S2: Ermittle zufällig eine zulässige Lösung $\widetilde{x}$ und setze $\Delta := f(\widetilde{x}) - f(x)$. Falls $\Delta < 0$, dann setze $x := \widetilde{x}$, andernfalls setze $x := \widetilde{x}$ mit Wahrscheinlichkeit $e^{-\Delta/t}$.
>
> S3: Falls $f(x) < f(x^*)$, setze $x^* := x$.
>
>   Falls ein Abbruchkriterium erfüllt ist, dann Stopp.
>
>   Andernfalls aktualisiere t und gehe zu S2.

Beim Streifen-Packungsproblem können z. B. die Funktionen $f(x) := \mathrm{BL}(x)$ mit $x \in \Pi(1, \ldots, m)$ und $t = t(x) := f(x)W / \sum_{i \in I} w_i h_i - 1$ verwendet werden.

Tabu Search (TS) ist eine weitere Methode, um das Verharren in einer lokalen Lösung zu überwinden. Dabei wird eine Menge T (sog. *Tabu-Liste*) zulässiger Lösungen verwendet.

Algorithmus Tabu Search (TS)

S1: Ermittle eine Startlösung $x^* := x$ und setze $T := \emptyset$.

S2: Ermittle eine beste Lösung $\tilde{x} \in U(x) \setminus (\{x\} \cup T)$ und setze $x := \tilde{x}$.

S3: Falls $f(x) < f(x^*)$, setze $x^* := x$.

Falls ein Abbruchkriterium erfüllt ist, dann Stopp.

Andernfalls aktualisiere T und gehe zu S2.

Aussagen zur *asymptotischen Konvergenz* von Metaheuristiken findet man in [AL97].

Ein weiteres allgemeines Prinzip zur näherungsweisen Lösung NP-schwieriger Probleme stellt die *Sequential Value Correction-Methode* (SVC-Methode, [MBKM99, BS07]) dar. Unter Verwendung einer schnellen Heuristik, z. B. der BL_0-Heuristik für das Streifen-Packungsproblem, wird ausgehend von einer anfänglichen Bewertung oder Reihenfolge der Teile eine erste zulässige Lösung ermittelt. Aus dieser werden geänderte Bewertungen bzw. eine geänderte Reihenfolge der Teile bestimmt. Daraufhin wird erneut die Heuristik zur Ermittlung einer weiteren zulässigen Lösung eingesetzt. Dieser Prozess wird wiederholt, bis ein Abbruchkriterium erfüllt wird. Im Unterschied zur simplen *Monte Carlo-Methode*, bei der die nächste Reihenfolge zufällig gewählt wird, wird bei der SVC-Methode die Struktur der bereits ermittelten Lösungen analysiert und davon ausgehend die neue Reihenfolge festgelegt. Eine Anwendung der SVC-Methode auf das Streifen-Packungsproblem findet man in [BSM06].

Sequential Value Correction-Methode (SVC)

S1: Ermittle eine Startlösung x^*. Wähle eine Reihenfolge π der anzuordnenden Teile.

S2: Ermittle ausgehend von π eine zulässige Lösung $x = x(\pi)$.

S3: Falls $f(x) < f(x^*)$, setze $x^* := x$.

Falls ein Abbruchkriterium erfüllt ist, dann Stopp. Andernfalls berechne ausgehend von x eine neue Reihenfolge π und gehe zu S2.

Zahlreiche Varianten sind möglich. Dies betrifft sowohl die Wahl einer oder mehrerer schneller Heuristiken als auch die Art und Weise der Konstruktion der neuen Reihenfolge.

Die Anwendbarkeit der hier vorgestellten und weiterer Metaheuristiken ist stark problemabhängig. Das Gleiche trifft für die Wahl der Parameter zu. Metaheuristiken sind jedoch insbesondere bei zweidimensionalen Zuschnittproblemen mit unregelmäßigen Objekten, wie sie z. B. in der Textilindustrie auftreten, sehr gut geeignet.

6.5 Ein Branch-and-Bound-Algorithmus

In diesem Abschnitt beschreiben wir einen Branch-and-Bound-Algorithmus zur Lösung des Streifen-Packungsproblems. Im Vordergrund der Darstellung werden dabei die Unterschiede zum Branch-and-Bound-Algorithmus für Rechteck-Packungsprobleme (Abschnitt 5.3) stehen. Wir verzichten deshalb auch auf die Anwendung der Rasterpunkte, die gegebenenfalls nützlich sein kann.

Wie üblich bezeichnen wir mit

$$R_i(x,y) := \{(r,s) \in \mathbb{R}^2 : x \le r \le x + w_i, y \le s \le y + h_i\}$$

die durch R_i überdeckte Fläche, falls R_i mit dem Anordnungspunkt (x,y) angeordnet wird. Zugehörig zu den Anordnungspunkten (x_i, y_i), $i \in I$, definieren wir die Anordnungsvariante

$$A(I) := \{R_i(x_i, y_i) : i \in I\}.$$

Die Anordnung $A(I)$ ist normalisiert, falls jedes Rechteck mit seiner unteren und linken Kante den Streifenrand oder ein anderes Rechteck berührt. Bei der Ermittlung einer optimalen Anordnung reicht es aus, anstelle der i. Allg. unendlich vielen Anordnungsvarianten die endlich vielen Varianten zu betrachten, die normalisiert sind.

Wie im Abschnitt 5.3 definieren wir

$$U(A(I)) := \{(x,y) \in \mathbb{R}^2_+ : \exists i \in I \text{ mit } x \le x_i + w_i, y \le y_i + h_i\}$$

als *Konturfläche* und

$$K(A(I)) := \mathrm{fr}\,(\mathrm{cl}\,(\{(x,y) : 0 \le x \le W, 0 \le y\} \setminus U(A(I))))$$

als zugehörige *Kontur*. Vereinbarungsgemäß sind $A(\emptyset) = \emptyset$ und $U(A(\emptyset)) = \emptyset$.

Eine Konturfläche $U(A)$ kann durch eine Folge

$$\{(\eta_i, \rho_i) : i = 1, \dots, n+1\} \quad \text{mit } n = n(A) \ge 1$$

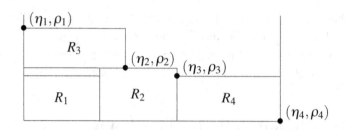

Abbildung 6.9: Normalisierte monotone Anordnung im Konturkonzept

von $n+1$ Punkten, den sog. *Konturpunkten*, in eindeutiger Weise charakterisiert werden, wobei $0 = \eta_1 < \eta_2 < \cdots < \eta_n < \eta_{n+1} = W$ und $\rho_1 > \rho_2 > \cdots > \rho_n \geq \rho_{n+1} = 0$. Damit gilt $U(A(I)) = \bigcup_{i=1}^{n} \{(x,y) \in \mathbb{R}_+^2 : x \leq \eta_{i+1},\, y \leq \rho_i\}$.

Die Abbildung 6.9 veranschaulicht, dass gerade die Konturpunkte als potentielle Anordnungspunkte für weitere Rechtecke in Betracht kommen.

Das auch im Abschnitt 5.3 angewendete *Konturkonzept* konstruiert Folgen monotoner, normalisierter Anordnungsvarianten, indem weitere Teile (Rechtecke) in den Konturpunkten angeordnet werden.

Im Branch-and-Bound-Algorithmus erfolgt die Definition von Teilproblemen (*branching*) an Hand der Konturpunkte und der Teile, die dort angeordnet werden. Schrankenberechnungen für Teilprobleme und andere Abbruchtests (Äquivalenz, Dominanz) werden später diskutiert.

Zur einfacheren Beschreibung des Algorithmus (Abb. 6.10) konzipieren wir wieder die LIFO-Strategie (*Last In First Out*-Strategie, s. z. B. [GT97]). Eine Übertragung auf die *Best Bound Search*-Strategie ist einfach möglich. Die Größe k bezeichnet die Verzweigungstiefe, die gleich der Anzahl der angeordneten Teile ist. Die Indexmenge I_k repräsentiert die bereits angeordneten Teile.

Im Branch-and-Bound-Algorithmus können unterschiedliche untere Schranken für die benötigte Höhe H verwendet werden, deren Güte i. Allg. direkt proportional zum Berechnungsaufwand ist. Wir nehmen nun wieder an, dass alle Eingabedaten ganzzahlig sind. Sei A_k eine Anordnung mit den Rechtecken R_i, $i \in I_k = \{i_1, \ldots, i_k\}$. Es bezeichne α_k den Flächeninhalt von $U(A_k)$ und $\beta_k := \sum_{i \notin I_k} w_i h_i$ den Flächenbedarf der noch nicht angeordneten Rechtecke $i \in I \setminus I_k$. Die einfachste, so genannte *Material-* oder *Flächenschranke* b_M wird wie folgt ermittelt:

$$b_M(A_k) := \max\left\{\rho_1, \rho_n + \max\{h_i : i \in I \setminus I_k\}, \lceil (\alpha_k + \beta_k)/W \rceil\right\},$$

wobei $\lceil . \rceil$ die Rundung nach oben bezeichnet.

Branch-and-Bound-Algorithmus für das Streifen-Packungsproblem

S0: **Initialisierung**

Initialisiere die Kontur K_0 des leeren Streifens und den Verzweigungsbaum $I_0 := \emptyset$. Setze $k := 1$.

S1: **Verzweigung bez. der Anordnungspunkte** (Nachdem $k - 1$ Teile angeordnet wurden, wird ein Anordnungspunkt für das k-te Teil gewählt.)

Falls alle Anordnungspunkte der Kontur K_{k-1} bereits betrachtet wurden, dann *back track*: $k := k - 1$, falls $k = 0$, dann Stopp, sonst gehe zu S2. Andernfalls wähle für das k-te Teil einen noch nicht betrachteten Anordnungspunkt (η_k, ρ_k) von K_{k-1}.

S2: **Verzweigung bez. der Teile** (Nachdem ein Anordnungspunkt fixiert wurde, wird das nächste Teil gewählt.)

Falls alle Teile aus $I \setminus I_{k-1}$ als k-tes Teil für den Anordnungspunkt (η_k, ρ_k) betrachtet wurden, dann *back-track*: gehe zu S1.

Andernfalls wähle ein zulässiges Teil $i_k \in I \setminus I_{k-1}$, welches noch nicht als k-tes Teil betrachtet wurde, und ordne es bei (η_k, ρ_k) an: setze $I_k := I_{k-1} \cup \{i_k\}$, $A_k(I_k) := A_{k-1}(I_{k-1}) \cup \{R_{i_k}(\eta_k, \rho_k)\}$.

Falls eine verbesserte Lösung gefunden wurde, merke diese.

Falls $k = m$, dann gehe zu S2.

Berechne die neue Kontur K_k und setze $k := k + 1$.

S3: **Schranken-, Äquivalenz- und Dominanztests**

Falls das aktuelle Teilproblem durch Schranken-, Äquivalenz- oder Dominanztests verworfen wird, dann setze $k := k - 1$ und gehe zu S2. Andernfalls gehe zu S1.

Abbildung 6.10: Branch-and-Bound-Algorithmus für das Streifen-Packungsproblem

Der Anordnungsvariante A_k können durch Betrachtung der Rasterpunkte in W-Richtung i. Allg. vergrößerte η-Werte und damit eine vergrößerte Fläche zugeordnet werden gemäß

$$\widetilde{\eta}_j := W - \langle W - \eta_j \rangle_W^{\backslash red}.$$

Dies kann natürlich auch auf die Anordnungspunkte (x_i, y_i) angewendet werden. Durch die gegebenenfalls vergrößerte Konturfläche $\widetilde{\alpha}_k$ von A_k erhalten wir die verbesserte Schranke $\widetilde{b}_M$ gemäß

$$\widetilde{b}_M(A_k) := \max \left\{ \rho_1, \rho_n + \max\{h_i : i \in I \setminus I_k\}, \lceil (\widetilde{\alpha}_k + \beta_k)/W \rceil \right\}.$$

Beispiel 6.8

In einem Streifen der Breite $W = 15$ und minimaler Höhe H seien Quadrate R_i mit den Kantenlängen $w_1 = w_2 = 6$, $w_3 = w_4 = 5$ und $w_5 = w_6 = 4$ anzuordnen. Für die reduzierte Rasterpunktmenge in W-Richtung erhalten wir $\tilde{S}(w, 15) = \{0, 4, 5, 6, 9, 10, 11, 15\}$. Falls wir die Anordnung $A_2 = \{R_1(0,0),\ R_2(6,0)\}$ betrachten, so erhalten wir $b_M(A_2) = \lceil 2(36 + 25 + 16)/15 \rceil = 11$ und $\tilde{b}_M(A_2) = \lceil (154 + 18)/15 \rceil = 12$. $\square$

Eine aufwändigere, aber i. Allg. bessere Schranke erhalten wir, wenn wir das Streifen-Packungsproblem entsprechend der horizontalen Streifen-Relaxation durch ein eindimensionales Cutting Stock-Problem (s. Kap. 3) relaxieren, wobei die Eingabe-Parameter des eindimensionalen Cutting Stock-Problems wie folgt definiert werden:

$$L := W,\ \ell_i := w_i,\ b_i := h_i,\ i = 1, \ldots, m.$$

Der Optimalwert des eindimensionalen Cutting Stock-Problems ist eine untere Schranke b_{CSP} des Streifen-Packungsproblems. Folglich gilt das auch für den Optimalwert b_{LP} der stetigen Relaxation des eindimensionalen Cutting Stock-Problems.

Diese Schrankentechnik kann auch auf Teilprobleme angewendet werden. Seien (η_r, ρ_r), $r = 1, \ldots, n + 1$, die Konturpunkte zur Anordnung A_k. Wir definieren eindimensionale Zuschnittvarianten $a^{jr} \in \mathbb{Z}_+^m$ durch die Bedingungen $\sum_{i \in I} \ell_i a_i^{jr} \leq L - \eta_r$ und zugehörige Variable x_{jr}, $j \in J_r$, $r = 1, \ldots, n$. Während durch Zuschnittvarianten mit $r \geq 2$ Flächen genutzt werden können, die innerhalb der aktuellen Streifenhöhe ρ_1 verfügbar sind, bedingen die Zuschnittvarianten mit $r = 1$ eine Vergrößerung der benötigten Streifenhöhe. Wir erhalten eine zu A_k gehörige LP-Schranke $b_{LP}(A_k)$ als Optimalwert von

$$z = \rho_1 + \sum_{j \in J_1} x_{j1} \to \min$$

$$\text{bei} \quad \sum_{r=1}^{n} \sum_{j \in J_r} a_i^{jr} x_{jr} = \begin{cases} b_i, & i \in I \setminus I_k, \\ 0, & i \in I_k, \end{cases} \quad x_{jr} \geq 0\ \forall j, r.$$

Um Rechenaufwand im Branch-and-Bound-Algorithmus zu sparen, sind in Analogie zu Abschnitt 5.3.4 gleichfalls Äquivalenz- und Dominanztests anzuwenden.

Neben den oben vorgestellten Heuristiken zur Lösung von Streifen-Packungsproblemen kann der Branch-and-Bound-Algorithmus zur Konstruktion von Heuristiken genutzt werden. Zum Beispiel können in jeder Iterationsstufe nur genau ein Anordnungspunkt und genau ein Teiletyp (nach einer festen Regel oder zufällig) gewählt werden, wodurch nach m Schritten eine zulässige Anordnung gefunden wird.

Im Allgemeinen empfiehlt es sich, mehrere Heuristiken (mit mehreren Wiederholungen, wenn zufällige Entscheidungen eine Rolle spielen) zu verwenden.

6.6 Guillotine-Streifenpackungen

Neben dem bisher betrachteten allgemeinen Fall beliebiger achsenparalleler Rechteck-Anordnungen ist der Spezialfall, daß nur Guillotine-Schnitte erlaubt sind, von großem Interesse. In der Abbildung 6.11 sind k-stufige Anordnungsvarianten für $k = 2, 3, 5$ angegeben. Im Unterschied zu Kapitel 4 betrachten wir hier nur den *exakten* Fall. Besäumungsschnitte führen also zu einer Erhöhung der Stufenzahl. Der in Kapitel 4 betrachtete *unexakte* 2-stufige Guillotine-Zuschnitt wird hier als spezieller 3-stufiger Guillotine-Zuschnitt angesehen.

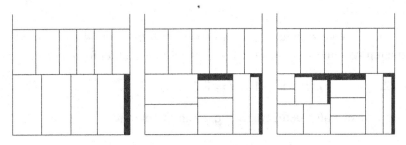

Abbildung 6.11: 2-, 3- und 5-stufige Guillotine-Anordnungsvarianten

Bevor wir uns linearen ganzzahligen Modellen zuwenden, analysieren wir das asymptotische Güteverhalten für unterschiedliche Stufenzahl k ([SW05]). Wir weisen insbesondere darauf hin, dass die im Abschnitt 6.3 betrachteten Heuristiken NFDH, FFDH, NFS und FFS Guillotine-Anordnungen liefern.

6.6.1 Qualität von Guillotine-Anordnungen

Zur Formulierung entsprechender Aussagen nehmen wir an, dass Rechtecke R_i, $i \in I = \{1, \ldots, m\}$, mit Breite $w_i \in (0, 1]$ und Höhe $h_i \in (0, 1]$ in einem Streifen der Breite $W = 1$ anzuordnen sind. Mit $G_k(I)$ bezeichnen wir die minimale Streifenhöhe einer k-stufigen Guillotine-Anordnung und mit $OPT(I)$ die optimale Höhe zur Instanz I. Für den 2-stufigen Guillotine-Zuschnitt gilt dann die folgende negative Aussage:

Satz 6.14
Für jedes $r \geq 1$ und jede positive Konstante c existiert eine Instanz I, so dass für die beste 2-stufige Guillotine-Streifenpackung von I gilt:

$$G_2(I) > r \cdot OPT(I) + c.$$

Beweis: Der Beweis wird durch Konstruktion einer Instanz I geführt. Sei $t \in \mathbb{N}$ und sei I eine Instanz mit $m = t^2$ Rechtecken mit Breite $w_i = 1/t$ und Höhe $h_i \in [1 - \frac{1}{t}, 1]$ für alle $i \in I$ und $h_i \neq h_j$ für $i \neq j$, $i, j \in I$.

Offensichtlich gilt $OPT(I) \leq t$, da jeweils t Rechtecke nebeneinander in einem Regal der Höhe 1 angeordnet werden können. Andererseits kann in einem Regal der Höhe h_i beim 2-stufigen (exakten) Guillotine-Zuschnitt nur das Rechteck i selbst angeordnet werden, da alle anderen eine von h_i verschiedene Höhe besitzen. Somit gilt

$$G_2(I) = \sum_{i \in I} h_i \geq t^2 \cdot (1 - \frac{1}{t}) = t(t-1) \geq (t-1)OPT(I). \qquad \blacksquare$$

Bevor wir eine Aussage zur Güte einer optimalen 3-stufigen Guillotine-Anordnung machen, definieren wir eine von Salzer [Sal47] eingeführte Zahlenfolge $t_1, t_2, \ldots$ durch

$$t_1 := 2, \quad t_{i+1} := t_i(t_i - 1) + 1, \quad i = 1, 2, \ldots$$

Mit Hilfe der Salzer-Folge definieren wir die Zahl h_∞ durch

$$h_\infty := \sum_{i=1}^{\infty} \frac{1}{t_i - 1} = 1 + \frac{1}{2} + \frac{1}{6} + \frac{1}{42} + \frac{1}{1806} + \cdots \approx 1.69103,$$

die im Weiteren von Bedeutung ist. Der folgende Satz stellt einen Zusammenhang mit den Sätzen 6.10 und 6.6 her.

Satz 6.15

Für jedes $\varepsilon > 0$ existiert eine Konstante $c(\varepsilon)$, so dass für jede Instanz I gilt:

$$G_3(I) \leq (h_\infty + \varepsilon) \cdot OPT(I) + c(\varepsilon).$$

Eine 3-stufige Guillotine-Streifenpackung dieser Qualität kann in polynomialer Zeit ermittelt werden. Der Faktor h_∞ kann nicht verbessert werden.

Einen vollständigen Beweis findet man in [SW05]. Zum Beweis des Gütefaktors konstruiert man eine 3-stufige Guillotine-Anordnung mit dem *harmonischen Regal-Algorithmus*. Analog zu den *Online*-Algorithmen im Abschnitt 6.3 unterteilt man die Rechtecke nach ihrer Höhe h_i in Klassen. Ausgehend von einem Eingabe-Parameter $r \in (0,1)$ werden Klassen (Teilmengen) der Rechtecke durch

$$I_s := \{i \in I : r^{s+1} < h_i \leq r^s\}, \quad s = 0, 1, \ldots$$

definiert. Alle Rechtecke der Klasse I_s werden dann nebeneinander in Regale der Höhe r^s gepackt. Da die Breite eines Regals durch $W = 1$ beschränkt ist, ergibt sich für jedes

s somit ein eindimensionales *Bin Packing-Problem* bzw. ein *Cutting Stock-Problem* (s. Kap. 3).

Zur näherungsweisen Lösung der eindimensionalen Bin Packing-Probleme wird der *harmonische Bin Packing-Algorithmus* ([CW97]) angewendet. Dazu unterteilt man das Intervall $W := [0,1]$ in Teilintervalle $W_1, \ldots, W_\kappa$ ($\kappa \in I\!N$, hinreichend groß) mit

$$W_j := (\frac{1}{j+1}, \frac{1}{j}], \quad j = 1, \ldots, \kappa-1, \quad W_\kappa := [0, \frac{1}{\kappa}].$$

Im harmonischen Bin Packing-Algorithmus wird nun für jedes Intervall W_j ein Regal (Bin) definiert. In ein Regal zu W_j werden nur Teile mit $w_i \in W_j$ gepackt, solange die Regalkapazität 1 nicht überschritten wird. Andernfalls wird ein neues Regal für W_j geöffnet.

Durch diese Konstruktion wird offensichtlich eine 3-stufige Guillotine-Anordnung für jede Klasse C_s, und damit insgesamt, erhalten. Anmerkenswert hierbei ist, dass die so konstruierte Anordnung in der Terminologie nach Gilmore/Gomory (Kap. 4) eine *unexakte 2-stufige Guillotine-Anordnung* darstellt.

Zum Beweis, dass die mit dem harmonischen Regal-Algorithmus erhaltene 3-stufige Guillotine-Anordnung die Güteabschätzung erfüllt, verweisen wir auf [SW05].

Zum Nachweis, dass die Schranke h_∞, die durch den harmonischen Regal-Algorithmus bedingt ist, nicht unterschritten werden kann, konstruiert man wieder eine Instanz I des ungünstigsten Falles (*worst case example*). In Analogie zum Beweis des Satzes 6.14 nehmen wir nun an, dass alle Rechteckbreiten w_i verschieden sind. Für festes $\varepsilon \in (0,1)$ und $\alpha \in I\!N$ mit $\varepsilon\alpha > 7$ wird die Zahl d definiert als kleinster Index mit

$$h_\infty - \frac{\varepsilon}{2} \leq \sum_{i=1}^{d} \frac{1}{t_i - 1}.$$

Weiterhin sei $\delta > 0$ definiert durch

$$\delta := \frac{1}{d}(1 - \sum_{i=1}^{d} \frac{1}{t_i}).$$

Wie in Aufgabe 6.10 gezeigt wird, gilt

$$\delta = \frac{1}{t_d(t_d-1)d}. \tag{6.20}$$

Die Instanz I besteht nun aus d Listen $I_1, \ldots, I_d$, die folgendermaßen definiert werden: Es sei $N_0 := 1$. Für $p = 1, \ldots, d$ enthält die Liste I_p genau $n_p := \alpha(t_p-1)N_{p-1}$ Rechtecke der Höhe $h_i = H_p := \alpha/n_p$ und Breite $w_i \in (1/t_p, 1/t_p + \delta)$ mit $w_i \neq w_j$ für $i \neq j, i, j \in I_p$, wobei $N_p := n_1 + \cdots + n_p$ gesetzt wird.

Als Nächstes zeigen wir, dass $OPT(I) \leq \alpha$ gilt. Wegen $w_i < \frac{1}{2} + \delta$ und $h_i = 1$ für alle $i \in I_1$ können alle diese $n_1 = \alpha$ Rechtecke in einem Rechteck der Höhe α und Breite $\delta + 1/t_1$ übereinander angeordnet werden. Auf Grund der Definition von H_p können $(t_p - 1)N_{p-1}$ Rechtecke aus I_p übereinander in einem Rechteck der Höhe 1 und Breite $\delta + 1/t_p$ angeordnet werden. Auf diese Weise sind alle n_p Rechtecke aus I_p in einem Rechteck der Höhe α und Breite $\delta + 1/t_p$ anzuordnen. Wegen

$$\sum_{p=1}^{d} (\frac{1}{t_p} + \delta) = d\delta + \sum_{p=1}^{d} \frac{1}{t_p} = 1$$

ist die benötigte Gesamtbreite gleich 1, also gilt $OPT(I) = \alpha$. Man überlegt sich leicht, dass die so konstruierte Anordnungsvariante eine 4-stufige Guillotine-Anordnung darstellt.

Es bleibt zu untersuchen, welche Streifenhöhe 3-stufige Anordnungen mindestens haben. Wir zeigen, dass für die Instanz I gilt: $G_3(I) \geq (\alpha - 1)\sum_{p=1}^{d} 1/t_p$.

In jeder beliebigen 3-stufigen Guillotine-Anordnung wird der Streifen durch horizontale Schnitte der ersten Stufe in Regale aufgeteilt. Innerhalb eines Regals werden durch die vertikalen Schnitte der zweiten Stufe rechteckige Blöcke abgetrennt, wobei wir annehmen, dass ein Block nicht durch einen vertikalen Schnitt weiter zerlegt werden kann. In einem Block können nur dann mehrere Rechtecke übereinander angeordnet werden, wenn diese die gleiche Breite besitzen. Diese Rechtecke können durch horizontale Schnitte der dritten Stufe getrennt werden, unterschiedliche Breiten erfordern jedoch vertikale Schnitte der vierten Stufe. Nach Konstruktion der Instanz I (alle Breiten sind verschieden) enthält jeder Block einer 3-stufigen Guillotine-Anordnung höchstens ein Rechteck aus I.

Ein Regal ist vom Typ p, wenn es mindestens ein Rechteck aus I_p, aber keines aus I_1, $\ldots, I_{p-1}$ enthält. Wir bezeichnen mit x_p die Anzahl der Regale vom Typ p, $p = 1, \ldots, d$. Weiterhin sei $X_p := x_1 + \cdots + x_p$. Folglich gilt $x_p \leq n_p$ und $X_p \leq N_p$ für alle p. Außerdem gilt, dass alle Rechtecke der Liste I_p in Regalen vom Typ $1, \ldots, p$ angeordnet sein müssen und dass jedes Regal höchstens $t_p - 1$ solcher Rechtecke enthalten kann. Damit erhält man

$$n_p \leq (x_p + X_{p-1}) \cdot (t_p - 1) \leq (x_p + N_{p-1}) \cdot (t_p - 1).$$

Mit der Definition von $n_p := \alpha(t_p - 1)N_{p-1}$ folgt

$$x_p \geq (\alpha - 1) \cdot N_{p-1}.$$

Da jedes Regal vom Typ p die Höhe $H_p = \frac{1}{(t_p-1)N_{p-1}}$ besitzt, folgt schließlich

$$\sum_{p=1}^{d} x_p H_p \geq \sum_{p=1}^{d} (\alpha - 1) N_{p-1} \frac{1}{(t_p - 1)N_{p-1}} = (\alpha - 1) \sum_{p=1}^{d} \frac{1}{(t_p - 1)}.$$

Insgesamt erhält man mit $\alpha > 7/\varepsilon$:

$$\frac{G_3(I)}{OPT(I)} > \frac{\alpha - 1}{\alpha + 1} \sum_{p=1}^{d} \frac{1}{(t_p - 1)} \geq \frac{\alpha - 1}{\alpha + 1} \left(h_\infty - \frac{\varepsilon}{2}\right) > h_\infty - \varepsilon.$$

Damit folgt die Behauptung.   ∎

Satz 6.16 (Seiden/Woeginger)
Für jedes $\varepsilon > 0$ existiert eine Konstante $c(\varepsilon)$, so dass für jede Instanz I gilt:

$$G_4(I) \leq (1 + \varepsilon) \cdot OPT(I) + c(\varepsilon).$$

Eine 4-stufige Guillotine-Streifenpackung dieser Qualität kann mit einem Aufwand polynomial in m und $1/\varepsilon$ ermittelt werden.

Einen Beweis findet man in [SW05]. Die Konsequenz des Satzes 6.16 ist, dass für Instanzen des Streifen-Packungsproblems mit sehr großer Anzahl von Rechtecken die Berechnung von optimalen k-stufigen Guillotine-Anordnungen für $k > 4$ nicht lohnt, da (asymptotisch) keine besseren Ergebnisse erreichbar sind. Diese Aussage ist jedoch nicht gültig, wenn die Anzahl der Rechtecke beschränkt wird.

6.6.2 Lineare ganzzahlige Modelle

Im Folgenden modellieren wir das k-stufige Guillotine-Streifen-Packungsproblem, wobei b_i nichtdrehbare Rechtecke R_i mit Breite w_i und Höhe h_i, $i \in I = \{1, \ldots, m\}$, in einem Streifen der Breite W und minimaler Höhe anzuordnen sind. Mit H_j, $j = 1, \ldots, \overline{m}$, bezeichnen wir die unterschiedlichen Höhen der Teile und definieren die Indexmengen

$$I_j := \{i \in I : h_i = H_j\}, \quad j = 1, \ldots, \overline{m}.$$

Folglich gilt $I_j \neq \emptyset$ und $\cup_{j \in J} I_j = I$ mit $J = \{1, \ldots, \overline{m}\}$.

Bei einer (exakten) 2-stufigen Guillotine-Anordnung, wie sie in Abbildung 6.12 skizziert ist, können in einem Regal nur Teile gleicher Höhe angeordnet werden. Das 2-stufige Guillotine-Streifen-Packungsproblem zerfällt somit in $\overline{m}$ unabhängige *eindimensionale Cutting Stock-Probleme* (s. Kap. 3).

Ohne Beschränkung der Allgemeinheit seien die Rechtecke R_i zur Höhe H_j durch $I_j = \{1,\dots,m_j\}$ repräsentiert. Bezeichnen wir mit $a^{jk} = (a_{1jk},\dots,a_{m_jjk}) \in \mathbb{Z}_+^{m_j}$, $k \in K_j$, $m_j := |I_j|$, die Zuschnittvarianten zur Höhe H_j, dann sind diese charakterisiert durch

$$\sum_{i \in I_j} w_i a_{ijk} \leq W \quad \text{und} \quad 0 \leq a_{ijk} \leq b_i, \; i \in I_j.$$

Definieren wir Variable x_{jk} als Anzahl, wie oft die Variante a^{jk} verwendet wird, so erhält man das folgende Modell für eine Teilehöhe H_j ($j \in J$):

Modell zum 2-stufigen Streifen-Packungsproblem mit exaktem G-Zuschnitt

$$z_j = \sum_{k \in K_j} x_{jk} \to \min \quad \text{bei}$$

$$\sum_{k \in K_j} a_{ijk} x_{jk} = b_i \quad i \in I_j,$$

$$x_{jk} \in \mathbb{Z}_+, \quad k \in K_j.$$

Das lineare ganzzahlige Modell kann, wie in Kapitel 3 ausführlich beschrieben wird, näherungsweise gelöst werden, indem eine Lösung der stetigen Relaxation mittels Spaltengenerierungstechnik berechnet und daraus eine ganzzahlige Lösung konstruiert wird. Gestützt durch die MIRUP-Hypothese (s. Abschnitt 3.8) erhält man sehr oft optimale Anordnungen.

Der Optimalwert z^{2-st} des 2-stufigen Guillotine-Streifen-Packungsproblems ist durch die Summe der Optimalwerte z_j, $j \in J$, bestimmt.

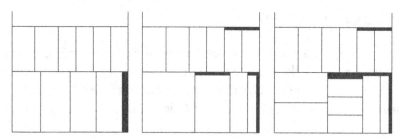

Abbildung 6.12: exakte 2-, unexakte 2- und allgemeine 3-stufige Guillotine-
Anordnungsvarianten

Wir betrachten nun das spezielle 3-stufige Guillotine-Streifen-Packungsproblem, welches in der Terminologie von Gilmore/Gomory als *unexakter 2-stufiger Guillotine-Zuschnitt* bezeichnet wird (Abbildung 6.12). Durch die horizontalen Guillotine-Schnitte der ersten Stufe werden *Segmente* (Regale) erhalten, die durch vertikale Schnitte der zweiten Stufe in rechteckige *Blöcke* zerlegt werden. Je Block darf nun höchstens ein Rechteck R_i angeordnet werden, dessen Breite gleich der Blockbreite ist. Die Höhe des gepackten Rechtecks darf jedoch kleiner als die Segmenthöhe sein. In diesem Fall ist ein weiterer horizontaler Besäumungsschnitt (3. Stufe) notwendig.

Wir nehmen nun an, dass $H_1 < \cdots < H_{\overline{m}}$ gilt und dass aus $p \in I_j$, $q \in I_k$, $j < k$ stets $p < q$ folgt, d. h. eine fortlaufende Nummerierung der Rechtecke nach wachsender Höhe vorliegt. Zur Charakterisierung der Anordnungsvarianten für ein Segment (Regal) der Höhe H_j definieren wir die Indexmenge

$$\overline{I}_j = \{1,\ldots,\overline{m}_j\} := \bigcup_{t=1}^{j} I_t = \{i \in I : h_i \leq H_j\}, \quad j = 1,\ldots,\overline{m}.$$

Bezeichnen wir wieder mit $a^{jk} = (a_{1jk},\ldots,a_{\overline{m}_jjk}) \in \mathbb{Z}_+^{\overline{m}_j}$, $k \in K_j$, die Zuschnittvarianten zur Höhe H_j, dann sind diese charakterisiert durch

$$\sum_{i \in \overline{I}_j} w_i a_{ijk} \leq W \quad \text{und} \quad 0 \leq a_{ijk} \leq b_i, \; i \in \overline{I}_j.$$

Der einzige Unterschied gegenüber dem 2-stufigen Fall besteht darin, dass mehr Teile innerhalb eines Regals kombiniert werden können. Damit zerfällt das Problem nicht mehr in unabhängige Teilprobleme. Mit der Definition der Variable x_{jk} als Anzahl, wie oft die Variante a^{jk} verwendet wird, erhält man das folgende Modell:

Modell für das Streifen-Packungsproblem mit unexaktem 2-stufigen Guillotine-Zuschnitt

$$z^{2-un} := \min \sum_{j \in J} H_j \sum_{k \in K_j} x_{jk} \quad \text{bei}$$

$$\sum_{j \in J} \sum_{k \in K_j} a_{ijk} x_{jk} = b_i, \quad i \in I,$$

$$x_{jk} \in \mathbb{Z}_+, \quad k \in K_j, \; j \in J.$$

Betrachtet man nun allgemeine 3-stufige Guillotine-Streifen-Packungen, so wird je Regal eine 2-stufige Guillotine-Variante (mit vertikalem Schnitt in der ersten Stufe) verwendet. Die für den 2-stufigen Guillotine-Streifen-Zuschnitt vorgeschlagene Lösungsstrategie ist weiterhin anwendbar. Die bei der Spaltengenerierung auftretenden Teilprobleme können entsprechend der im Kapitel 4 angegebenen Rekursionen gelöst werden.

Die eigentliche Schwierigkeit beim Übergang zum allgemeinen 3-stufigen Fall besteht darin, dass nun nicht nur die Regalhöhen H_j, $j \in J$, zu betrachten sind, sondern alle Kombinationen von Rechteckhöhen. Die Abbildung 6.12 zeigt eine derartige Kombination. Dies kann zu erheblichem Mehraufwand führen, so dass man in Anwendungsfällen die zulässigen Regalhöhen gegebenenfalls einschränken sollte.

Bezeichnen wir mit z^{3-st} den Optimalwert zum allgemeinen 3-stufigen Fall, dann ergibt sich unmittelbar die Ungleichungskette

$$z^{2-st} \geq z^{2-un} \geq z^{3-st}.$$

6.7 Aufgaben

Aufgabe 6.1
Man zeige, dass für den Optimalwert z_{LP}^{Kant} der zum Kantorovich-Modell gehörigen stetigen Relaxation gilt: $z_{LP}^{Kant} = \max\{\beta_0, \beta_1\}$.

Aufgabe 6.2
Für das Streifen-Packungsproblem mit $W = 9$ und den Eingabedaten

i	a	b	c	d	e	f	g	h
w_i	6	2	3	4	2	1	1	3
h_i	1	5	3	2	2	3	1	1

ermittle man $BL(\mathscr{L})$ und die zugehörige Anordnungsvariante (Skizze). Welchen Wert liefert die Materialschranke? Existiert eine bessere Anordnungsvariante? Falls ja, durch welche Reihenfolge der Rechtecke wird diese durch die BL-Heuristik gefunden?

Aufgabe 6.3
Für das Streifen-Packungsproblem aus Aufgabe 6.2 berechne man die Werte $NFDH(\mathscr{L})$ und $FFDH(\mathscr{L})$.

Aufgabe 6.4
Man ermittle die Höhenwerte der drei Heuristiken BL, NFDH und FFDH für das Beispiel mit $W = 20$ und

i	a	b	c	d	e	f	a	b	c	d	e	f
w_i	7	6	8	5	5	4	7	6	8	5	5	4
h_i	9	5	4	4	2	2	9	5	4	4	2	2

Aufgabe 6.5

Man beweise die Folgerung 6.8 zu Satz 6.7 (Seite 135), insbesondere dass die asymptotische Schranke scharf ist.

Aufgabe 6.6

Man beweise die Folgerung 6.9 zu Satz 6.7 (Seite 135).

Aufgabe 6.7

Man formuliere die Algorithmen Multi-Start Local Search (MLS) und Iterated Local Search (ILS) für das Streifen-Packungsproblem.

Aufgabe 6.8

Man formuliere den Algorithmus Tabu Search (TS) unter Anwendung der BL_0-Heuristik für das Streifen-Packungsproblem.

Aufgabe 6.9

Man berechne $NF(\mathscr{L})$ und $OPT(\mathscr{L})$ für das Beispiel 6.5 auf Seite 132.

Aufgabe 6.10

Man weise die Gültigkeit der Gleichung $\frac{1}{d}(1 - \sum_{i=1}^{d} \frac{1}{t_i}) = \frac{1}{t_d(t_d-1)d}$ in der Formel (6.20) auf Seite 147 nach.

6.8 Lösungen

Zu Aufgabe 6.1:   Wegen $a_{is} \leq 1$ für alle s gilt $z_{LP}^{Kant} \geq h_i$ für alle $i \in I$.

Des Weiteren können wegen $a_{is} \in [0,1]$ alle Bedingungen in (6.9) mit Gleichheit erfüllt werden, wodurch $z_{LP}^{Kant} = \beta_1$ im Fall $\beta_1 \geq \beta_0$ folgt. Andernfalls gilt $z_{LP}^{Kant} = \beta_0 > \beta_1$.

Zu Aufgabe 6.2:

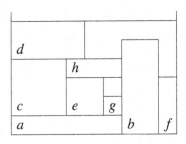 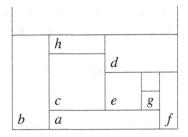

$$BL(\{a,\ldots,h\}) = 6, \quad BL(\{b,a,f,c,e,g,d,h\}) = 5.$$

Zu Aufgabe 6.3:   Es gilt $NFDH(\mathscr{L}) = 9$ und $FFDH(\mathscr{L}) = 8$.

Zu Aufgabe 6.4:

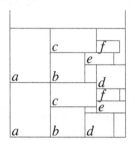 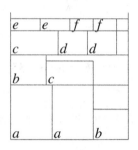 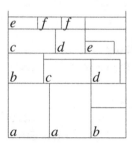

Es gilt $\mathrm{BL}(\mathscr{L}) = 18$ und $\mathrm{NFDH}(\mathscr{L}) = \mathrm{FFDH}(\mathscr{L}) = 20$.

Zu Aufgabe 6.5:   Wegen $h_{max} \leq \mathrm{OPT}(\mathscr{L})$ folgt unmittelbar

$$\mathrm{NFS}_r(\mathscr{L}) < \frac{2}{r}\mathrm{OPT}(\mathscr{L}) + \frac{h_{max}}{r(1-r)} \leq \left(\frac{2}{r} + \frac{1}{r(1-r)}\right)\mathrm{OPT}(\mathscr{L}).$$

Um zu zeigen, dass die Abschätzung scharf ist, wird eine Liste $\mathscr{L}$ derart konstruiert, dass in der NFS_r-Anordnung die Gesamthöhe der offenen Regale rund $\frac{1}{r(1-r)}$ ist, die Fläche der geschlossenen Regale ist etwa $\frac{2}{r}$-mal die Gesamtfläche der darin angeordneten Rechtecke und die Höhe einer optimalen Packung ist etwa gleich der Höhe des höchsten Rechtecks. Es sei $W = 1$.

Es seien nun k eine positive ganze Zahl und $n = 2\lceil r^{-k}\rceil$. Wir wählen $\Delta > 0$ und $\varepsilon > 0$ so, dass $3n\Delta < 1$ und $\varepsilon < r^k - r^{k+1}$. Die Liste $\mathscr{L}$ besteht aus Rechtecken

$$P_1, P_2, \ldots, P_k, T_1, S_1, T_2, S_2, \ldots, T_n, S_n,$$

wobei jedes Rechteck P_i die Breite Δ/k und die Höhe $r^i + \varepsilon$ hat. Jedes Rechteck T_i hat die Breite $\frac{1}{2} - \Delta$ und die Höhe $r^{k+1} + \varepsilon$ und jedes Rechteck S_i hat die Breite 3Δ und die Höhe $r^{k+1} + \varepsilon$.

In der NFS_r-Packung definiert jedes Rechteck P_i ein eigenes Regal mit Höhe r^{i-1}. Die Rechtecke T_i und S_i werden paarweise in ein Regal der Höhe r^k angeordnet. Damit folgt

$$\mathrm{NFS}_r(\mathscr{L}) \geq \sum_{i=0}^{k-1} r^i + nr^k - (r^k - r^{k+1} - \varepsilon)$$

$$\geq \frac{1}{1-r} - \frac{r^k}{1-r} + \frac{2}{r^k}r^k - (r^k - r^{k+1} - \varepsilon) \geq \frac{1}{1-r} - \frac{r^k}{1-r} + 2 - (r^k - r^{k+1}).$$

Die optimale Höhe wird durch folgende Packung begrenzt. Die k Rechtecke P_i werden nebeneinander angeordnet. Dies beansprucht die Breite Δ und Höhe $r + \varepsilon$. Rechts daneben werden jeweils zwei Rechtecke T_i und T_{i+1} (Gesamtbreite $1 - 2\Delta$) in $n/2$ Reihen angeordnet. Die Gesamthöhe dafür ist $\frac{n}{2}(r^{k+1}+\varepsilon) \leq (1+r^{-k})(r^{k+1}+\varepsilon) \leq r^{k+1}+r+$ $(1+r^{-k})\varepsilon$. Zum Schluss werden die Rechtecke S_i in einer Zeile mit Höhe $r^{k+1}+\varepsilon$ darüber angeordnet. Die Gesamthöhe dieser Anordnung ist damit $2r^{k+1}+r+(2+r^{-k})\varepsilon \geq$ OPT($\mathcal{L}$). Für jedes $\delta > 0$ gibt es ein hinreichend großes k und ein hinreichend kleines ε mit

$$\left[\frac{2}{r}+\frac{1}{r(1-r)}-\delta\right]\text{OPT}(\mathcal{L}) < \text{NFS}_r(\mathcal{L}).$$

Zu Aufgabe 6.6:   Die Funktion $f(r)=\dfrac{2}{r}+\dfrac{1}{r(1-r)}$, $0 < r < 1$, hat bei $r^* = (3-\sqrt{3})/2$ ihr globales Minimum.

Zu Aufgabe 6.7:

Multi-Start Local Search (MLS) für das Streifen-Packungsproblem

S1: Ermittle eine Startpermutation π^*.

S2: Generiere zufällig eine Permutation π und verbessere diese durch LS.

S3: Falls $BL(\pi) < BL(\pi^*)$, dann setze $\pi^* := \pi$. Falls ein Abbruchkriterium erfüllt ist, dann Stopp. Andernfalls gehe zu Schritt 2.

Iterated Local Search (ILS) für das Streifen-Packungsproblem

S1: Ermittle eine Startpermutation π^*.

S2: Generiere eine Permutation π aus π^* durch zufällige Störungen und verbessere diese durch LS.

S3: Falls $BL(\pi) < BL(\pi^*)$, dann setze $\pi^* := \pi$. Falls ein Abbruchkriterium erfüllt ist, dann Stopp. Andernfalls gehe zu Schritt 2.

Zu Aufgabe 6.8:

Algorithmus Tabu Search (TS) für das Streifen-Packungsproblem

S1: Ermittle eine Anordnung mit der BL_0-Heuristik für $\pi^* := \pi$ und setze $T := \emptyset$.

S2: Ermittle eine beste Lösung $\bar{\pi} \in U(\pi) \setminus (\{\pi\} \cup T)$ und setze $\pi := \bar{\pi}$.

S3: Falls $BL_0(\pi) < BL_0(\pi^*)$, setze $\pi^* := \pi$. Falls ein Abbruchkriterium erfüllt ist, dann Stopp. Andernfalls aktualisiere T und gehe zu Schritt 2.

Zu Aufgabe 6.9:   Offenbar gilt OPT($\mathscr{L}$) = 2. Eine optimale Anordnung erhält man z. B. mit der BL-Heuristik für die Reihenfolge $R_1, \ldots, R_k, S_1, \ldots, S_k$.

Da zwei in $\mathscr{L}$ benachbarte Rechtecke eine Breite größer 1 haben, folgt NF($\mathscr{L}$) = $k+1$.

Zu Aufgabe 6.10:   Wir zeigen durch vollständige Induktion, dass $\sum_{i=1}^{d} \frac{1}{t_i} = 1 - \frac{1}{t_d(t_d-1)}$ gilt. Offensichtlich gilt mit $t_1 = 2$ diese Aussage für $d = 1$.

Wegen $t_d - 1 = t_{d-1}(t_{d-1} - 1)$ und $\frac{1}{t_d-1} - \frac{1}{t_d} = \frac{1}{t_d(t_d-1)}$ gilt

$$1 - \frac{1}{t_{d-1}(t_{d-1} - 1)} + \frac{1}{t_d} = 1 - \frac{1}{t_d(t_d - 1)}.$$

Damit folgt die Behauptung.

7 Qualitätsrestriktionen

In diesem Kapitel untersuchen wir Fragestellungen, wie sie beim Zuschnitt aus inhomogenen Materialien auftreten können.

Zuerst betrachten wir eindimensionale Anordnungsprobleme, bei denen die Mengen der zulässigen Anordnungspunkte für die Teiletypen in Abhängigkeit vom Ausgangsmaterial variieren. Dabei betrachten wir gleichzeitig den Fall, dass die resultierenden Teile nur durch Mindest- und Höchstlänge gegeben sind, ihre Länge somit *variabel* in einem Intervall ist. Im zweiten Abschnitt wenden wir uns dann zweidimensionalen Zuschnittproblemen zu, bei denen das Ausgangsmaterial fehlerhafte Bereiche enthält.

Neben den hier im Folgenden betrachteten Anwendungen beim Zuschnitt von Vollholz treten derartige Aufgabenstellungen auch in anderen Bereichen auf. In [Twi99] und [VNKLS99] findet man Anwendungen in der Stahl-Industrie.

7.1 Zuschnitt variabler Längen

7.1.1 Problemstellung

Beim Vollholz-Zuschnitt sind aus Kanthölzern eines festen Querschnitts Teile unterschiedlicher Länge und Qualitätsforderungen zuzuschneiden.

Unterschiedliche Qualitäts- oder Güteforderungen ergeben sich z. B., wenn das Auftreten von Astlöchern, von festen Ästen oder von Baumkante erlaubt oder nicht erlaubt ist. Teile mit höherer Qualität erhalten eine höhere Bewertung als Teile mit geringen Güteanforderungen. Zur bestmöglichen Ausnutzung des Ausgangsmaterials ist also eine Zuschnittvariante mit maximaler Gesamtbewertung unter Beachtung gegebener Qualitätsforderungen gesucht.

Zur Formalisierung unterschiedlicher Qualitätsforderungen verwenden wir folgende Beschreibungsweise: Für zuzuschneidende Teile eines Typs i, $i \in I = \{1, \ldots, m\}$, gelten dieselben Güteforderungen. Diese seien durch die Vorgabe sogenannter *Anordnungsintervalle*

$$A_{ik} = [\alpha_{ik}, \omega_{ik}] \subseteq [0, L], \quad k \in K_i := \{1, \ldots, k_i\},$$

gegeben, wobei L die Länge des Ausgangsmaterials bezeichnet. Wir setzen hier nicht voraus, dass $\mathrm{int}(A_{ik}) \cap A_{ij} = \emptyset$ für $j \neq k$, $j,k \in K_i$ gilt, nehmen aber an, dass $A_{ik} \not\subset A_{ij}$ für alle $j \neq k$, $j,k \in K_i$ gilt.

Ein zugeschnittenes Teil vom Typ i muss außerdem eine Länge ℓ mit $l_i \leq \ell \leq L_i$ besitzen. Gilt $l_i = L_i$, dann ist ein Teil *fixer Länge* (oder auch *Fixlänge* genannt) zuschneidbar, andernfalls sprechen wir von Teilen *variabler Länge*. Offensichtlich kann für alle Anordnungsintervalle A_{ik} angenommen werden, dass $\omega_{ik} - \alpha_{ik} \geq l_i$ für alle $k \in K_i$ erfüllt ist. Ein Teil vom Typ i mit Länge ℓ kann somit aus dem Abschnitt $[x, x+\ell]$ des Ausgangsmaterials (modelliert durch $[0,L]$) zugeschnitten werden, wenn ein Anordnungsintervall $A_{ik} = [\alpha_{ik}, \omega_{ik}]$, $k \in K_i$, existiert mit

$$\alpha_{ik} \leq x, \quad x + \ell \leq \omega_{ik}, \quad \ell \in [l_i, L_i].$$

Teile variabler Länge werden in der Holz- und Papierindustrie als Zwischenprodukte verwendet. Durch die sogenannte *Keilzinken-Technologie*, wie sie in der Abbildung 7.1 skizziert ist, werden durch Verleimung größere Teile beliebiger Länge erhalten.

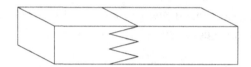

Abbildung 7.1: Keilzinken-Technologie

Wir nehmen weiterhin an, dass die Bewertung $c_i(\ell)$ eines Teiles des Typs i, $i \in I$, und der Länge ℓ durch

$$c_i(\ell) := c_i \cdot \ell \quad \text{mit } c_i > 0$$

gegeben ist. Da beim Zuschnitt aus inhomogenem Rohmaterial auch nichtverwendbare Abschnitte auftreten können, nehmen wir zur Vereinfachung der Darstellung im Weiteren an, dass durch $c_{m+1}(\ell) := 0$ für alle $\ell \in A_{m+1,1} := [0,L]$, $l_{m+1} := 0$, $L_{m+1} := L$, der Abfall erfasst wird. Damit können wir das Zuschnitt- bzw. Anordnungsproblem auch als eindimensionales Zerlegungs- bzw. Partitionsproblem ansehen. Gesucht ist dabei eine Anordnung aufeinanderfolgender Teile derart, dass diese Teile aus zugehörigen Anordnungsintervallen erhalten werden und dass diese Anordnung maximale Bewertung hat.

Für das vorliegende Problem entwickeln wir ein lineares gemischt-ganzzahliges Modell und diskutieren mögliche Lösungsstrategien. Insbesondere konzipieren wir einen *Branch-and-Bound*-Algorithmus und einen Algorithmus, der auf der *Forward State-Strategie* der *Dynamischen Optimierung* basiert. Die Darstellung lehnt sich dabei an die Beschreibung in [Sch95] an. Eine ähnliche Problemstellung wird in [RA98] untersucht. Zur Vereinfachung der Darstellung der Lösungsmethoden verzichten wir hier auf die Berücksichtigung einer Schnittfuge.

7.1.2 Modellierung

Die betrachteten Anordnungsprobleme erfordern die Ermittlung einer optimalen Reihenfolge angeordneter Teile. Sie sind deshalb als Optimierungsprobleme mit Ganzzahligkeitsforderungen formulierbar. Auf Grund der Variabilität der Längen der Teile sind sie jedoch nicht notwendig als rein-ganzzahlige Optimierungsprobleme modellierbar. Prinzipiell kann die Menge der zu betrachtenden Anordnungspunkte auf endlich viele eingeschränkt werden, bedingt durch die kleinste Längeneinheit, die beim Einstellen der Schnittposition unterschieden werden kann. Dadurch wird eine Modellierung als rein-ganzzahliges Optimierungsproblem möglich. Diese Vorgehensweise werden wir auf Grund der i. Allg. sehr großen Anzahl zu behandelnder Anordnungspunkte nicht weiter verfolgen.

Zur Formulierung von gemischt-ganzzahligen Optimierungsmodellen mit 0/1-Variablen setzen wir in diesem Abschnitt voraus, dass für jeden Teiletyp i genau ein Anordnungsintervall $A_i = [\alpha_i, \omega_i]$ existiert und höchstens ein Teil von diesem Typ angeordnet werden darf. Dies kann ohne Beschränkung der Allgemeinheit angenommen werden, wenn jeder Teiletyp entsprechend oft mit unterschiedlichen Indizes definiert wird.

Die Anordnung eines Teiles T_i, $i \in I$, beschreiben wir durch eine 0/1-Variable a_i gemäß

$$a_i = \begin{cases} 1, & \text{falls } T_i \text{ angeordnet wird,} \\ 0 & \text{sonst.} \end{cases}$$

Den Anordnungspunkt des i-ten Teiles bezeichnen wir mit x_i, die Länge von T_i mit ℓ_i. Das Teil T_i überdeckt im Fall der Anordnung, d. h. falls $a_i = 1$ gilt, das Intervall $T_i(x_i, \ell_i) := [x_i, x_i + \ell_i]$. Für das betrachtete Anordnungsproblem erhalten wir somit das folgende Modell:

$$v(L) = \max \sum_{i \in I} c_i(\ell_i) \quad \text{bei} \tag{7.1}$$

$$a_i \in \{0, 1\}, \quad x_i, \ell_i \in \mathbb{R}^1, \quad i \in I, \tag{7.2}$$

$$l_i a_i \leq \ell_i \leq L_i a_i, \quad i \in I, \tag{7.3}$$

$$\text{int}(T_i(x_i, \ell_i)) \cap T_j(x_j, \ell_j) = \emptyset \quad \forall i, j \in I \text{ mit } i \neq j,\ a_i + a_j = 2, \tag{7.4}$$

$$T_i(x_i, \ell_i) \subset A_i \quad \forall i \in I \text{ mit } a_i = 1. \tag{7.5}$$

Die Bedingung (7.4) sichert, dass sich die angeordneten Teile nicht überlappen, während die Bedingung (7.5) die Anordnung innerhalb der Anordnungsintervalle erzwingt. Unter Verwendung der 0/1-Variablen u_{ij} für $i \neq j$, $i, j \in I$ gemäß

$$u_{ij} = \begin{cases} 1, & \text{falls } T_i \text{ } links \text{ von } T_j \text{ angeordnet wird, d. h. } x_i + \ell_i \leq x_j, \\ 0, & \text{falls } T_i \text{ } rechts \text{ von } T_j \text{ angeordnet wird, d. h. } x_j + \ell_j \leq x_i, \end{cases}$$

können die Restriktionen (7.3) – (7.5) durch

$$x_i + \ell_i \leq x_j + L(3 - a_i - a_j - u_{ij}), \quad \forall\, i, j \in I \text{ mit } i \neq j, \tag{7.6}$$

$$x_i \geq \alpha_i a_i, \ x_i + \ell_i \leq \omega_i a_i, \ l_i a_i \leq \ell_i \leq L_i a_i, \quad i \in I, \tag{7.7}$$

$$u_{ij} + u_{ji} \leq a_i, \ u_{ij} + u_{ji} \leq a_j, \ u_{ij} + u_{ji} + 1 \geq a_i + a_j, \quad i, j \in I, \ i < j,$$

$$u_{ij} \in \{0, 1\}, \quad i, j \in I, \ i \neq j,$$

ersetzt werden.

Die Bedingungen (7.6) sind redundant, falls das Teil T_i oder das Teil T_j nicht angeordnet wird. Falls jedoch $a_i + a_j = 2$ gilt, dann ist wegen $u_{ij} + u_{ji} \geq 1$ eine der Bedingungen (7.6) nichttrivial. Im Fall der Nichtanordnung von Teil i, d. h. $a_i = 0$, ergeben sich aus (7.7) die Werte $x_i = \ell_i = 0$.

Das Modell besitzt eine lineare Zielfunktion (7.1), lineare Nebenbedingungen und eine Vielzahl von 0/1-Variablen. Für Teile T_i und T_j mit $\text{int}(A_i) \cap A_j = \emptyset$ ist keine u-Variable erforderlich. Eine weitere Reduzierung der u-Variablen ist bei teilweiser Überschneidung der Anordnungsintervalle möglich. Da die Gesamtzahl der 0/1-Variablen jedoch i. Allg. als zu groß für eine exakte Lösung mit einer LP-basierten Branch-and-Bound-Methode erscheint, betrachten wir im Weiteren zwei andere Lösungsstrategien.

7.1.3 Optimalwertfunktion

Zum Anordnungsproblem (7.1) – (7.5) definieren wir die Optimalwertfunktion $v(l)$ für $0 \leq l \leq L$ gemäß

$$v(l) := \max_{a_i, x_i, \ell_i} \left\{ \sum_{i \in I} c_i(\ell_i) a_i : a_i, x_i, \ell_i \text{ erfüllen (7.2) – (7.5) und } x_i + \ell_i \leq l\, \forall i \right\}.$$

Die Funktion v ist monoton nichtfallend, da mit wachsendem l der zulässige Bereich höchstens vergrößert wird. Die Optimalwertfunktion ist stückweise stetig, da nur endlich viele Reihenfolgen der Anordnung der Teile existieren und die Bewertungen als stetig vorausgesetzt werden. Aus dem gleichen Grund folgt, dass es Intervalle gibt, in denen v entweder konstant ist (d. h. Anstieg 0) oder linear anwächst mit einem Anstieg aus $\{c_1, \ldots, c_m\}$. Die Funktion v ist außerdem rechtsseitig stetig.

Die zu einem Optimalwert $v(l)$ gehörende optimale Anordnungsvariante ist i. Allg. nicht eindeutig. Da x_i und ℓ_i reelle Variablen sind, kann es unendlich viele optimale Lösungen für eine durch die u_{ij}-Variablen bestimmte feste Reihenfolge der Teile geben.

Beispiel 7.1

Gegeben sei inhomogenes Ausgangsmaterial, beschrieben durch ein Intervall der Länge $L = 100$, sowie drei Teiletypen mit folgenden Eingabedaten:

T_1 mit $l_1 = 30$, $L_1 = 50$, $c_1 = 0.4$, $A_1 = [0, 60]$,
T_2 mit $l_2 = 20$, $L_2 = 100$, $c_2 = 0.25$, $A_2 = [0, 100]$,
T_3 mit $l_3 = 30$, $L_3 = 50$, $c_3 = 0.4$, $A_3 = [70, 100]$.

Dann erhält man die in Abbildung 7.2 skizzierte Optimalwertfunktion v.

Eine optimale Anordnung für den Abschnitt $[0, x]$ mit $x \in [20, 30)$ enthält nur das Teil T_2 sowie für $x \in [30, 50]$ nur ein Teil vom Typ 1 mit Länge x. Eine optimale Variante für den Abschnitt $[0, x]$ mit $x \in [57.5, 70]$ enthält das Teil T_1 in $[0, x - 20]$ und Teil T_2 mit minimaler Länge in $[x - 20, x]$, während für $x \in (70, 100)$ ein Teil vom Typ 1 aus $[0, 50]$ und ein Teil vom Typ 2 mit Länge $x - 50$ erhalten wird. Als optimale Anordnung für $[0, 100]$ ergibt sich: T_1 in $[0, 50]$, T_2 in $[50, 70]$ und T_3 in $[70, 100]$.

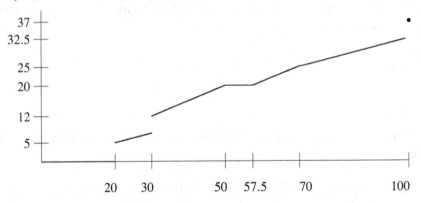

Abbildung 7.2: Optimalwertfunktion zum Beispiel 7.1

Falls für das Teil T_1 die Mindestlänge $l_1 = 50$ und für T_2 die Höchstlänge $L_2 = 20$ gefordert werden und T_2 mehrfach angeordnet werden kann, so erhält man für $x \in (40, 50)$ unendlich viele optimale Lösungen: jeweils ein Teil T_2 aus $[x_1, x_1 + 20]$ und $[x_2, x_2 + 20]$, wobei x_1 und x_2 durch $0 \leq x_1$, $x_1 + 20 \leq x_2$ und $x_2 \leq x$ eingeschränkt sind. $\qquad \square$

Im Weiteren betrachten wir wieder die allgemeine Problemstellung aus dem Abschnitt 7.1.1, d. h. mit $k_i \geq 1$ für alle $i \in I$. Falls in gewissen Bereichen des Ausgangsmaterials für keinen Teiletyp die Qualitätsforderungen erfüllt werden, d. h., falls

$$[0,L] \setminus \bigcup_{i \in I} \bigcup_{k \in K_i} A_{ik} \neq \emptyset$$

gilt, dann zerfällt das Packungsproblem in Teilprobleme, die unabhängig voneinander gelöst werden können. Der Optimalwert des Ausgangsproblems ist gleich der Summe der Optimalwerte der unabhängigen Teilprobleme.

7.1.4 Obere Schranken und Lösungsstrategie

Um effektive Lösungsverfahren zu erhalten, ist die Verwendung von Schranken vielfach nützlich. Ohne Beschränkung der Allgemeinheit setzen wir im Folgenden eine Sortierung der Teiletypen nach fallenden *relativen Bewertungen* voraus, dass heißt, es gilt

$$c_1 \geq c_2 \geq \cdots \geq c_m > c_{m+1} = 0. \tag{7.8}$$

Wir definieren nun für jedes $x \in [0,L]$ einen Index $i_1(x)$ gemäß

$$i_1(x) := \min_{1 \leq i \leq m+1} \{i \ : \ \exists k \in K_i \text{ mit } x \in A_{ik}\}.$$

Der Index $i_1(x)$ repräsentiert also den bestbewerteten Teiletyp, der ein x enthaltendes Anordnungsintervall besitzt.

Aussage 7.1
Es gelte (7.8). Für $x \in [0,L)$ sei $b_1(x)$ definiert gemäß

$$b_1(x) := \int_{t=x}^{L} c_{i_1(t)} \mathrm{d}t.$$

Dann gibt es keine zulässige Anordnungsvariante für das Intervall $[x,L]$, deren Wert $b_1(x)$ übersteigt.

Beweis: Die obere Schranke $b_1(x)$ ist der Optimalwert bei Anordnung in $[x,L]$ unter Vernachlässigung der Forderungen $\ell_i \geq l_i$.   ∎

Der Optimalwert aller Anordnungen für das Intervall $[x,L]$ kann unter Verwendung von

$$i_2(x,t) := \min_{1 \leq i \leq m+1} \{i \ : \ \exists k \in K_i \text{ mit } t \in A_{ik}, \ x+l_i \leq \omega_{ik}\} \quad \text{mit } x \leq t \leq L$$

gegenüber $b_1(x)$ genauer abgeschätzt werden. In der Definition von $i_2(x,t)$ werden nur die Teiletypen berücksichtigt, für die zumindest die Mindestlänge ab einer Position größer gleich x zuschneidbar ist.

Aussage 7.2

Es gelte (7.8). Für $x \in [0, L]$ sei $b_2(x)$ definiert gemäß

$$b_2(x) := \int_{t=x}^{L} c_{i_2(x,t)} \, dt.$$

Dann gibt es keine zulässige Anordnungsvariante für das Intervall $[x, L]$, deren Wert $b_2(x)$ übersteigt.

Bei der Ermittlung von $b_1(x)$ und von $b_2(x)$ können folgende Sachverhalte ausgenutzt werden: Die Menge

$$\{\alpha_{ik}, \, \omega_{ik} \, : \, k \in K_i, \, i \in I \cup \{m+1\}\} \, =: \, \{\pi_0, \pi_1, \ldots, \pi_\gamma\},$$

die alle Anfangs- und Endpunkte der Anordnungsintervalle enthält, definiert eine Zerlegung von $[0, L]$ in maximale Intervalle $[\pi_{j-1}, \pi_j]$, $j = 1, \ldots, \gamma$, die keinen Randpunkt der Anordnungsintervalle im Inneren enthalten. Dabei sei $0 = \pi_0 < \pi_1 < \cdots < \pi_\gamma = L$. Dann gilt:

Aussage 7.3

Für jedes $j \in \{1, \ldots, \gamma\}$ gibt es einen eindeutig bestimmten Index $i_{1,j}$ mit

$$i_{1,j} = i_1(x) \quad \forall \, x \in (\pi_{j-1}, \pi_j).$$

Aus der Aussage 7.3 ergibt sich eine einfache Berechnungsmöglichkeit für $b_1(x)$. Mit $j_0 := j_0(x) := \min\{j : \pi_j \geq x\}$ kann $b_1(x)$ gemäß

$$b_1(x) \; = \; c_{i_{1,j_0}} (\pi_{j_0} - x) + \sum_{j=j_0+1}^{\gamma} c_{i_{1,j}} (\pi_j - \pi_{j-1})$$

ermittelt werden. Um zu einer für $b_2(x)$ analogen Aussage zu gelangen, müssen wir zusätzlich die durch die Mindestlängen bestimmten Anordnungspunkte berücksichtigen. Diese definieren zusammen mit den Anfangs- und Endpunkten der Anordnungsintervalle gemäß

$$\{\,\alpha_{ik}, \, \omega_{ik}, \, \omega_{ik} - l_i \, : \, k \in K_i, \, i \in I\} \, =: \, \{\zeta_0, \zeta_1, \ldots, \zeta_{\tilde{\gamma}}\},$$

eine Zerlegung von $[0, L]$ in $\tilde{\gamma}$ maximale Intervalle $[\zeta_{j-1}, \zeta_j]$, die keinen derartigen Punkt im Inneren enthalten. Dann gilt:

Aussage 7.4

Für jedes $j \in \{1, \ldots, \gamma\}$ gibt es einen eindeutig bestimmten Index $i_{2,j}$ mit

$$i_{2,j} = i_2(x) \quad \forall \, x \in (\zeta_{j-1}, \zeta_j).$$

Die obere Schranke $b_2(x)$ kann analog zu $b_1(x)$ mit $j_0 := j_0(x) := \min\{j : \zeta_j \geq x\}$ gemäß

$$b_2(x) = c_{i_2,j_0}(\zeta_{j_0} - x) + \sum_{j=j_0+1}^{\tilde{\gamma}} c_{i_2,j}(\zeta_j - \zeta_{j-1})$$

berechnet werden. Die Funktionen b_1 und b_2 sind monoton nichtwachsend und stückweise linear. b_1 ist außerdem stetig.

Beispiel 7.2

Wir betrachten die Situation im Beispiel 7.1, fassen aber nun die Typen 1 und 3 wegen $c_1 = c_3$, $l_1 = l_3$ und $L_1 = L_3$ zusammen. Damit gibt es für den Teiletyp 1 zwei Anordnungsintervalle $A_{11} = [0, 60]$ und $A_{12} = [70, 100]$ sowie das Anordnungsintervall $A_{21} = [0, 100]$ für den Teiletyp 2. Weiterhin gilt $c_1 > c_2$. Wir erhalten

$$i_1(x) = \begin{cases} 1 & \text{für } x \in [0, 60] \cup [70, 100], \\ 2 & \text{sonst.} \end{cases}$$

Die Schrankenfunktion $b_1(x)$ ist in der Abbildung 7.3 dargestellt.

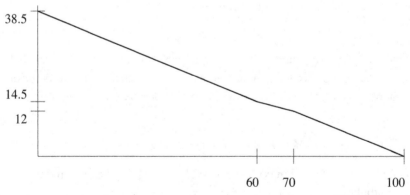

Abbildung 7.3: Schrankenfunktion b_1 zum Beispiel 7.2

Unter Verwendung eines fiktiven Teiletyps 3 mit $c_3 = 0$ erhält man die folgenden Indexwerte $i_2(x,t)$ in Abhängigkeit von $x \in [0,100]$:

$$
\begin{aligned}
80 < x \le 100: \quad & i_2(x,t) = \begin{cases} 3 & \text{für } t \in [x,100], \end{cases} \\
70 < x \le 80: \quad & i_2(x,t) = \begin{cases} 2 & \text{für } t \in [x,100], \end{cases} \\
30 < x \le 70: \quad & i_2(x,t) = \begin{cases} 1 & \text{für } t \in [70,100], \\ 2 & \text{für } t \in [x,70), \end{cases} \\
0 \le x \le 30: \quad & i_2(x,t) = \begin{cases} 1 & \text{für } t \in [70,100], \\ 2 & \text{für } t \in (60,70), \\ 1 & \text{für } t \in [x,60]. \end{cases}
\end{aligned}
$$

Die resultierende Schrankenfunktion b_2 ist in der Abbildung 7.4 dargestellt. □

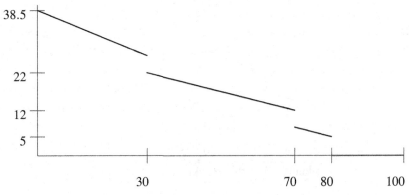

Abbildung 7.4: Schrankenfunktion b_2 zum Beispiel 7.2

Um den Optimalwert $v(L)$ zu ermitteln, werden im Folgenden einzelne Anordnungen bzw. Teilmengen von Anordnungen betrachtet. Jede zulässige Anordnung für ein Intervall $[0,l]$ liefert durch ihren Wert eine untere Schranke für $v(l)$. Die bisher größte erhaltene untere Schranke für Anordnungen in $[0,l]$ wird mit $h(l)$ bezeichnet.

Die Funktion h besitzt zu v analoge Eigenschaften. Folglich gibt es eine Beschreibungsmöglichkeit für h durch eine Folge von Koordinaten β_k, $k = 0,1,\ldots,\delta$, wo h unstetig ist oder wo sich der Anstieg ändert. Je zwei benachbarte Punkte β_k, β_{k+1} definieren ein sogenanntes *Bezugsintervall* $B_k := [\beta_k, \beta_{k+1})$.

Zu jedem Intervall $B_k = [\beta_k, \beta_{k+1})$ gibt es eine Darstellung von h in der Form

$$
h(x) = h_k^0 + h_k^a \cdot (x - \beta_k) \quad \forall\, x \in B_k, \quad \text{wobei } h_k^0 := h(\beta_k),\ h_k^a := h'((\beta_k + \beta_{k+1})/2).
$$

Zusätzlich kann angenommen werden, dass für das gesamte Intervall B_k eine eindeutig bestimmte Anordnungsreihenfolge von Teilen existiert, die alle h-Werte bedingt. In Hinblick auf zu betrachtende Algorithmen bezeichne ι_k den Index des letzten Teiles in dieser Anordnungsreihenfolge. Sofern für das gesamte Intervall B_k ein eindeutiger Anordnungspunkt für das zuletzt angeordnete Teil T_{ι_k} vorliegt, so wird dieser mit ξ_k bezeichnet.

Beispiel 7.3
Wir betrachten die Situation wie im Beispiel 7.1, nachdem alle Teile T_i mit $0 \in A_i$ angeordnet und die Monotonie von h erzeugt wurden. Dann erhält man die in Abbildung 7.5 skizzierte Ertragsfunktion h. Für den Abschnitt $[0,x]$ mit $x \in [50,80)$ ist der Zuschnitt des Teils T_1 mit Länge 50 günstiger als der Zuschnitt von T_2 mit Länge x. Wie aus der Optimalwertfunktion v in Abbildung 7.2 ersichtlich ist, stimmt $h(x)$ noch nicht mit $v(x)$ für $x > 57.5$ überein.   □

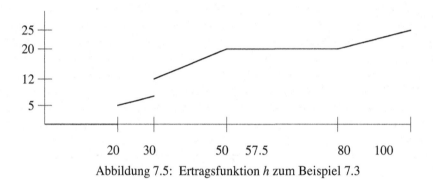

Abbildung 7.5: Ertragsfunktion h zum Beispiel 7.3

7.1.5 Anordnung eines Teiles

Zur Lösung der Anordnungsprobleme wenden wir eine Vorgehensweise an, die in Analogie zur *Längste-Wege-Methode* (Abschnitt 2.3) durch schrittweises Aneinanderlegen von Teilen eine optimale Anordnung konstruiert. Die Anzahl der zu betrachtenden unterschiedlichen Reihenfolgen angeordneter Teile wird dabei durch Schranken- und Dominanztests eingeschränkt. Auf Grund der Variabilität der Längen der Teile kann nicht jeder Anordnungspunkt für sich betrachtet werden, sondern es ist erforderlich, Intervalle von Anordnungspunkten gleichzeitig zu behandeln. Dazu werden die durch die aktuelle untere Schrankenfunktion h definierten Bezugsintervalle B_k benutzt.

Im Folgenden wird die Anordnung eines einzelnen Teiles T_i für alle Anordnungspunkte $\eta \in B_q = [\beta_q, \beta_{q+1})$ betrachtet. Dazu sind zwei Fälle zu unterscheiden:

1. Fall   Es gelte $c_i \geq h_q^a$.

Um eine Anordnung mit möglichst großer Bewertung zu finden, ist wegen $c_i \geq h_q^a$ eine Anordnung von T_i an einem kleinstmöglichen zulässigen Anordnungspunkt erforderlich. Dies sind die Anordnungspunkte $\eta := \beta_q$, falls ein $k \in K_i$ existiert mit $\beta_q \in A_{ik}$ und $\omega_{ik} - \beta_q \geq l_i$, sowie $\eta := \alpha_{ik}$ für alle $k \in K_i$ mit $\beta_q < \alpha_{ik} < \beta_{q+1}$. Ohne Beschränkung der Allgemeinheit seien $\eta_1, \ldots, \eta_\pi$ die zulässigen Anordnungspunkte mit $\beta_q \leq \eta_1 < \cdots < \eta_\pi < \beta_{q+1} =: \eta_{\pi+1}$.

Die Länge l_i des Teiles T_i, welches mit dem Anordnungspunkt η_p angeordnet wird, wird nach oben durch $\omega_p := \min\{\omega_{ik}, \eta_p + L_i\}$ beschränkt. Die Anordnung der Länge l_i ergibt eine Anordnungsvariante für das Intervall $[0, x]$ mit $x \in [\eta_p + l_i, \omega_p]$. Somit ist für $p = 1, \ldots, \pi$ die Aufdatierung

$$h(x) := \max\{h(x), \, h(\eta_p) + c_i(x - \eta_p)\} \quad \text{für } x \in [\eta_p + l_i, \omega_p] \tag{7.9}$$

auszuwerten.

Neben der Anordnung von T_i mit festem Anordnungspunkt und variabler Länge ist die Anordnung von T_i mit maximaler Länge und variablem Anordnungspunkt zu betrachten, sofern das aktuelle Anordnungsintervall A_{ik} mit $\eta_p = \alpha_{ik}$ länger als L_i ist. Dies ergibt die zweite Aufdatierungsvorschrift für $p = 1, \ldots, \pi$:

$$h(x) := \max\{h(x), \, h(x - L_i) + c_i L_i\} \quad \text{für } x \in [\eta_p + L_i, \omega_p] \tag{7.10}$$

mit $\omega_p := \min\{\omega_{ik}, \eta_{p+1} + L_i\}$. Der jeweilige variierende Anordnungspunkt ist $x - L_i$.

Die Aufdatierungen (7.9) und (7.10) basieren auf der folgenden Aussage:

Aussage 7.5

Es gelte $c_i \geq h_q^a$. Zu jeder beliebigen zulässigen Anordnung $T_i(x, \ell)$ des Teiles T_i mit Anordnungspunkt $x \in B_q$ und Länge ℓ gibt es eine Anordnung $T_i(x^*, \ell^*)$ mit $x^* = \eta_p$ für ein $p \in \{1, \ldots, \pi\}$ oder mit $\ell^* = L_i$, die $T_i(x.l)$ dominiert.

Beim Anordnungsproblem ist es im Fall $c_i \geq h_q^a$ also hinreichend, die Aufdatierungen (7.9) und (7.10) auszuwerten, um optimale Anordnungen, die ein Teil T_i mit Anordnungspunkt in B_q besitzen, zu erfassen.

Die Aufdatierungen (7.9) und (7.10) können in folgender Weise kombiniert werden, um damit den numerischen Aufwand zu senken:

Aufdatierung von h

S0: $\underline{x} := 0$, $p := 1$.

S1: Anordnung von T_i ab η_p:

$\underline{x} := \max\{\underline{x}, \eta_p + l_i\}$, $\bar{x} := \min\{\omega_{ik}, \eta_p + L_i\}$,

$h(x) := \max\{h(x), h(\eta_p) + c_i(x - \eta_p)\}$ $\forall x \in [\underline{x}, \bar{x}]$.

Falls $\bar{x} = \omega_{ik}$, dann gehe zu S2.

Setze $\bar{x} := \min\{\omega_{ik}, \alpha_{i,k+1} + L_i\}$.

$h(x) := \max\{h(x), h(x - L_i) + c_i L_i\}$ $\forall x \in (\eta_p + L_i, \bar{x}]$.

S2: Falls $p \geq \pi$, dann Stopp.

Setze $p := p + 1$ und $\underline{x} := \bar{x}$ und gehe zu S1.

---

2. Fall   Es gelte $c_i < h_q^a$.

Im Unterschied zum ersten Fall sind nun Anordnungen von T_i mit möglichst kleiner Länge zu betrachten. Für $p = 1, \ldots, \pi$ sind die Aufdatierungen

$$h(x) := \max\ \{h(x),\ h(x - l_i) + c_i l_i\}\quad \text{für } x \in [\eta_p + l_i, \omega_p] \tag{7.11}$$

mit $\omega_p := \min\{\omega_{ik}, \eta_{p+1} + l_i\}$ auszuwerten, wobei $A_{ik} = [\alpha_{ik}, \omega_{ik}]$ das zu η_p gehörende Anordnungsintervall ist. Anordnungspunkt ist jeweils $x - l_i$. Wegen $c_i < h_q^a$ ist eine Anordnung von T_i mit Länge $\ell_i > l_i$ nicht sinnvoll, da die resultierenden Anordnungsvarianten dominiert werden.

Aussage 7.6

Es gelte $c_i < h_q^a$. Zu jeder beliebigen zulässigen Anordnung $T_i(x, \ell)$ des Teiles T_i mit Anordnungspunkt $x \in B_q$ und Länge ℓ gibt es eine Anordnung $T_i(x^*, \ell^*)$ mit $x^* = \beta_{q+1}$ oder mit $\ell^* = l_i$, die $T_i(x.\ell)$ dominiert.

Folglich ist beim Anordnungsproblem im Fall $c_i < h_q^a$ nur die Formel (7.11) auszuwerten, um optimale Anordnungen, die ein Teil T_i mit Anordnungspunkt $x \in B_q$ besitzen, zu erfassen.

Die Aufdatierungen (7.9) – (7.11) ziehen i. Allg. eine Änderung der Bezugsintervalle B_k für $k \geq q$ nach sich.

Bei diesem Packungsproblem sind auch Abschnitte zu betrachten, in denen kein Teil angeordnet wird (Abfall). Solch ein Abschnitt kann zum Beispiel nach der Anordnung des Teiles T_i auftreten. Abfallbereiche können auch entstehen, obwohl ein Teiletyp mit zugehörigem Anordnungsintervall existiert, welches diesen Bereich überdeckt (vgl. Beispiel 7.1, $x \in (50, 57.5)$). Um diesen Sachverhalt zu erfassen, ist bei jeder Aufdatierung von h die Monotonie von h zu erzwingen, indem die Aufdatierung

$$h(x) := \max\{h(x), \lim_{\varepsilon \to +0} h(x - \varepsilon)\}\quad \forall\, x \geq \beta_q + l_i \tag{7.12}$$

berücksichtigt wird. Damit ergibt sich: Bei der Anordnung eines Teiles sind Aufdatierungen der Form

$$h(x) := \max\{\ h(x),\ \gamma_0 + \gamma_1 \cdot (x - x_0)\ \} \quad \text{für } x \in [a,b] \tag{7.13}$$

mit bekannten Parameterwerten a, b, γ_0, γ_1 und x_0 zu realisieren. Für die aktuelle Partition
von $[0, L]$ in Intervalle B_k seien Indizes r und s durch

$$a \in [\beta_r, \beta_{r+1}) \quad \text{und} \quad b \in (\beta_s, \beta_{s+1}]$$

definiert. Bei der Aufdatierung (7.13) sind unterschiedliche Situationen, wie sie in der
Abbildung 7.6 gezeigt werden, zu behandeln.

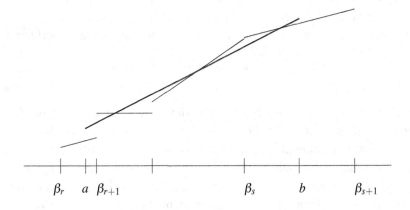

Abbildung 7.6: Unterschiedliche Situationen bei der Aufdatierung von h

Die Einschränkung der Ertragsfunktion h auf das Bezugsintervall B_k bezeichnen wir mit
h_k. Sie ist durch Koeffizienten h_k^0 und h_k^a mit

$$h_k(x) = h_k^0 + h_k^a \cdot (x - \beta_k), \quad x \in B_k = [\beta_k, \beta_{k+1}),$$

gegeben. Zugehörig zur Formel (7.13) definieren wir den durch die Neuanordnung eines
Teiles erhaltenen Ertrag:

$$g(x) = \gamma_0 + \gamma_1 \cdot (x - x_0), \quad x \in [a,b].$$

Die Aufdatierung (7.13) kann nun dadurch realisiert werden, dass jedes Intervall B_k für
$k = r, \dots, s$ einzeln betrachtet wird. Eine mögliche Realisierung ist in der Abbildung 7.7
angegeben.

Aktualisierung von h gemäß (7.13)

Für $k = r, \ldots, s$:

- Setze $\lambda_l := \beta_k$, $\lambda_r := \beta_{k+1}$.
  Falls $k = r$, dann $\lambda_l := a$.
  Falls $k = s$, dann $\lambda_r := b$.
- Falls $h_k(\lambda_l) \geq g(\lambda_l)$ und $h_k(\lambda_r) \geq g(\lambda_r)$, dann sind keine Änderungen für B_k erforderlich.
- Falls $h_k(\lambda_l) \leq g(\lambda_l)$ und $h_k(\lambda_r) \leq g(\lambda_r)$, dann ist h_k durch g in $[\lambda_l, \lambda_r)$ zu ersetzen. Für $k = r$ bzw. $k = s$ ist B_k gegebenenfalls durch zwei Intervalle zu ersetzen.
- Falls $h_k(\lambda_l) > g(\lambda_l)$ und $h_k(\lambda_r) < g(\lambda_r)$, dann ist der Schnittpunkt $\bar{x}$ von h_k und g gemäß $\bar{x} := (h_k^0 - h_k^a \cdot \lambda_l - \gamma_0 + \gamma_1 \cdot x_0)/(\gamma_1 - h_k^a)$ zu ermitteln und B_k ist durch die zwei Intervalle $[\lambda_l, \bar{x}]$ und $[\bar{x}, \lambda_r]$ zu ersetzen.
- Falls $h_k(\lambda_l) < g(\lambda_l)$ und $h_k(\lambda_r) > g(\lambda_r)$, dann ist analog zu verfahren.

Abbildung 7.7: Aktualisierung von h gemäß (7.13)

Durch die Aufdatierungen von h wächst i. Allg. die Anzahl der Teilintervalle B_k. Da diese wiederum als Bezugsintervalle für weitere Anordnungen verwendet werden, ist stets mit einer Partition mit minimal notwendiger Kardinalzahl δ zu arbeiten. Dies erfordert, dass benachbarte Intervalle, falls möglich, zu einem Intervall zusammengefasst werden. Dies kann wie folgt geschehen. Es seien $B_k = [\beta_k, \beta_{k+1})$ und $B_{k+1} = [\beta_{k+1}, \beta_{k+2})$ zwei benachbarte Intervalle, dann können sie zusammengefasst werden, falls $h_k^a = h_{k+1}^a$ und $h_{k+1}^0 = h_k^0 + h_k^a \cdot (\beta_{k+1} - \beta_k)$ gelten sowie der zuletzt angeordnete Teiletyp und dessen Anordnungspunkt übereinstimmen. Das Zusammenfassen von Intervallen kann direkt bei der Aufdatierung berücksichtigt werden.

Die Aufdatierung (7.12) kann ebenfalls unmittelbar bei der h-Aktualisierung erfolgen. Falls sich während der Aufdatierung für B_{k-1} und B_k die Situation

$$\lim_{\varepsilon \to +0} h(\beta_k - \varepsilon) > h(\beta_k) = \lim_{\varepsilon \to +0} h(\beta_k + \varepsilon),$$

ergibt, dann ist im Fall $\lim_{\varepsilon \to +0} h(\beta_{k+1} - \varepsilon) > \lim_{\varepsilon \to +0} h(\beta_k - \varepsilon)$ das Intervall B_k in zwei Intervalle aufzuspalten. Andernfalls ist analog zu verfahren.

7.1.6 Branch-and-Bound-Algorithmus

In diesem Abschnitt beschreiben wir einen Branch-and-Bound-Algorithmus zur Lösung des Anordnungsproblems, der auf der LIFO-Strategie (*Last In First Out*) basiert. Schran-

ken werden gemäß Abschnitt 7.1.4 bestimmt. Dazu wird eine Sortierung der Teile entsprechend (7.8), d. h. $c_1 \geq c_2 \geq \cdots \geq c_m > c_{m+1} = 0$, vorausgesetzt. Verzweigungen
werden nach zwei Kriterien vorgenommen, und zwar:

1. nach den Bezugsintervallen, d. h. nach einer (nichtleeren, unendlichen) Menge von
   Anordnungspunkten, und
2. nach den Teilen, die angeordnet werden können.

Ohne Beschränkung der Allgemeinheit nehmen wir an, dass $\alpha_{i1} = 0$ für mindestens ein
$i \in I$ gilt. Die Größe τ bezeichnet im Branch-and-Bound-Algorithmus (Abb. 7.8) die
Tiefe der Verzweigung hinsichtlich der Anzahl der angeordneten Teile. Der Parameter
ν_k kennzeichnet, ob das Bezugsintervall B_k bereits für weitere Anordnungen betrachtet
wurde (dann $\nu_k \geq 1$) oder aber noch zu betrachten ist ($\nu_k = 0$). Jedem Bezugsintervall B_k

---

Branch-and-Bound-Algorithmus

S0: **Initialisierung**: Setze $\tau := 0$, $B_0^* = [\beta_0^a, \beta_0^b] := [0,0]$, $i_0 := 0$,
   $B_1 := [0, L]$, $\tau_1 := 0$, $h_1^0 := 0$, $h_1^a := 0$, $\nu_1 := 0$. Gehe zu S2.

S1: **Auswahl des nächsten Bezugsintervalls**: Ermittle dasjenige (noch nicht
   betrachtete) Bezugsintervall B_q mit größter β_q-Koordinate, für welches
   $\nu_q = 0$ und $\tau_q = \tau$ gilt. Falls kein derartiges Intervall B_q existiert, dann
   setze $\tau := \tau - 1$ und gehe zu S2. Setze $B_\tau^* := B_q$, $\nu_q := 1$ und $i_\tau := 0$.
   Schrankentest 1: Falls $\max_{x \in B_\tau^*}\{h(x) + b_2(x)\} \leq h(L)$, dann gehe zu S1.

S2: **Auswahl des nächsten Teiles**: Ermittle dasjenige Teil T_i mit kleinstem
   Index, welches zulässig angeordnet werden kann und für welches $i > i_\tau$
   gilt (d. h., es existiert ein $k \in K_i$ mit $\alpha_{ik} < \beta_\tau^a$, $\omega_{ik} - \beta_\tau^a \geq l_i$ oder $\alpha_{ik} \in B_\tau^*$).
   Falls kein derartiges Teil existiert, dann setze $\tau := \tau - 1$ und gehe, falls
   $\tau < 0$, zu S4, andernfalls zu S1. Setze $i_\tau := i$.
   Schrankentest 2: Falls $\max_{x \in B_\tau^*}\{h(x) + c_i l_i + b_2(x + l_i)\} \leq h(L)$, gehe zu S2.

S3: **Anordnung eines Teiles**: Ordne das Teil T_{i_τ} mit allen zulässigen Längen
   und Anordnungspunkten aus B_τ^* an und aktualisiere h entsprechend (7.9)
   – (7.12). Falls keine Verbesserung von h erreicht wird, dann gehe zu S2.
   Falls h bei der Aufdatierung in einem Intervall B_k vergrößert wird, dann
   ist $\tau_k := \tau + 1$, $\nu_k := 0$ und $\iota_k := i_\tau$ zu setzen und gegebenenfalls ξ_k fest-
   zulegen. Setze $\tau := \tau + 1$ und gehe zu S1.

S4: **Optimale Anordnungsvariante**:
   Ermittle, ausgehend von $h(L)$, unter Verwendung der Größen ι_k und ξ_k
   eine zugehörige optimale Anordnungsvariante.

Abbildung 7.8: Branch-and-Bound-Algorithmus für variable Längen

werden neben den Größen β_k, β_{k+1}, h_k^0, h_k^a die Werte τ_k als Verzweigungsstufe, in der B_k erhalten wird, ι_k als Index des zuletzt angeordneten Teiles und gegebenenfalls ξ_k als Anordnungspunkt, falls dieser fest ist, zugeordnet. Weiterhin bezeichnet $B_\tau^* = [\beta_\tau^a, \beta_\tau^b)$ das aktuelle Bezugsintervall und η_τ^* den aktuellen Anordnungspunkt.

Der angegebene Algorithmus erlaubt natürlich viele Modifikationen. Bei der Anordnung von T_i ab einem Anordnungspunkt η kann z. B. bei der Aufdatierung von h ein weiterer Schrankentest durchgeführt werden. Falls

$$ h(\eta) + c_i \ell_i + b_t(\eta + l_i) \leq h(L), \quad t \in \{1, 2\}, $$

dann ist keine Verbesserung möglich.

7.1.7 Forward State-Strategie

Zur Lösung des vorliegenden Problems kann außer der Branch-and-Bound-Methode auch die *Forward State-Strategie* der *Dynamischen Optimierung* angewendet werden. Das Prinzip der Forward State-Strategie besteht darin, für jedes $x \leq L$ den Optimalwert $v(x)$ zusammen mit einer zugehörigen Zuschnittvariante zu ermitteln. Dabei werden die Werte $v(x)$ durch Aufdatierung erhalten, indem an bereits ermittelte optimale Lösungen (z.B. für den Abschnitt $[0, \eta]$) zulässige Teile mit Länge ℓ angeordnet werden, wodurch man gegebenenfalls eine bessere Lösung für den Abschnitt $[0, \eta + \ell]$ findet.

Wie beim Branch-and-Bound-Algorithmus sind Intervalle von Anordnungspunkten zu betrachten. Während beim Branch-and-Bound-Algorithmus nach der Untersuchung der Anordnungen ab einem Bezugsintervall B_q im weiteren Verlauf der Rechnung die Betrachtung von Intervallen B_k mit $\beta_{k+1} \leq \beta_q$ möglich und damit eventuell eine nochmalige Betrachtung von B_q (oder einer Teilmenge davon) erforderlich ist, wird bei der Forward State-Strategie ein Bezugsintervall B_q genau einmal betrachtet, und zwar erst dann, wenn $h = v$ in B_q gilt.

Das prinzipielle Vorgehen nach der Forward State-Strategie ist in der Abbildung 7.9 zusammengefasst. Bei der Anordnung eines Teiles ab dem Bezugsintervall B_q können weitere Schrankentests (wie im Branch-and-Bound-Algorithmus) berücksichtigt werden. Falls $\beta_q + \ell_i < \beta_{q+1}$ für ein zulässiges Teil T_i gilt, dann kann β_{q+1} entsprechend verkleinert bzw. das Bezugsintervall zerlegt werden.

Bei der Aufdatierung von h ist nur eine Zerlegung von $[0, L - \min_i l_i]$ zu realisieren, da in $(L - \min_i l_i, L]$ keine zulässigen Anordnungspunkte existieren.

Ein Vorteil dieser Vorgehensweise dürfte der relativ gleich bleibende und damit gut abschätzbare Aufwand zur Lösung einer Aufgabe sein (*Pseudo-Polynomialität* des Algorithmus). Dies ist bei der im vorangegangenen Abschnitt diskutierten Methode i. Allg.

Algorithmus Forward State-Strategie

S0: Initialisierung:

Setze $B_1 := [0, L]$, $h_1^0 := 0$, $h_1^a := 0$.

Ordne (der Reihe nach) alle zulässigen Teile ab $\eta = 0$ mit allen zulässigen Längen an. Dies ergibt eine erste Zerlegung von $[0, L]$ bzw. eine erste Folge $\beta_0, \beta_1, \ldots$. Setze $q := 0$.

S1: Auswahl des nächsten Bezugsintervalls:

Setze $q := q + 1$. (Für $x \in B_q$ gilt $h(x) = v(x)$.)

Falls $\beta_q + \min_i l_i > L$, dann Stopp.

Schrankentest: Falls $\max_{x \in B_q} h(x) + b_2(x) \leq h(L)$, dann gehe zu S1.

S2: Anordnung von Teilen ab B_q:

Ordne (der Reihe nach) alle zulässigen Teile T_i für jeden Anordnungspunkt $\eta \in B_q$ und jede zulässige Länge an. Dies ergibt eine neue Zerlegung von $[0, L]$ und damit eine neue Folge $\beta_0, \beta_1, \ldots$, die jedoch nur Änderungen der β_j für $j \geq q + 1$ aufweist. Gehe zu S1.

Abbildung 7.9: Forward State-Strategie für variable Längen

nicht der Fall, bei der gegebenenfalls einzelne Beispiele wesentlich mehr als die durchschnittliche Rechenzeit erfordern. Beim Branch-and-Bound-Algorithmus lassen sich jedoch *Online*-Aspekte wesentlich besser berücksichtigen, da erfahrungsgemäß gute Lösungen schnell gefunden werden (bei LIFO-Strategie) und der Nachweis der Optimalität den Großteil der Gesamtrechenzeit einnimmt.

7.1.8 Beispiel

In diesem Beispiel, welches mit dem Branch-and-Bound-Algorithmus gelöst wird, illustrieren wir insbesondere die Änderung der h-Funktion hin zur Optimalwertfunktion v. Als Eingabedaten sind gegeben:

- die Länge $L = 205$ des Brettes,
- technologische Parameter: Schnittfugenbreite $\phi_s = 5$, Breite des linken und rechten Anschnitts $\phi_l = \phi_r = 5$ (Anfangs- und Endkappschnitt), der Mindestabstand zwischen zwei Schnittpositionen $\phi_m = 20$,
- Teiletyp $i = 1$: $l_1 = 40$, $L_1 = 200$, $c_1 = 0.4$,
- Teiletyp $i = 2$: $l_2 = 30$, $L_2 = 200$, $c_2 = 0.3$,
- ein Defekt in $[100, 125]$,
- Qualitätsforderungen: Der Defekt ist nicht erlaubt bei Teiletyp 1, jedoch bei 2.

Die resultierenden Anordnungsintervalle sind

$$A_{11} = [5,100], \; A_{12} = [125,200], \quad A_{21} = [5,200].$$

Tabelle 7.1: Ertragsfunktionen h_1 bis h_5

	k	B_k	ι_k	h_k^0	h_k^a	t_k	η_k	v_k
h_1:	1	[0,35)	0	0.0	0.0	–	0	2
	2	[35,45)	2	9.0	0.3	var	5	0
	3	[45,100]	1	16.0	0.4	var	5	0
	4	(100,132)	0	38.0	0.0	–	100	0
	5	[132,200]	2	38.1	0.3	var	5	0
h_2:	1	[0,35)	0	0.0	0.0	–	0	2
	2	[35,45)	2	9.0	0.3	var	5	0
	3	[45,100]	1	16.0	0.4	var	5	0
	4	(100,132)	0	38.0	0.0	–	100	0
	5	[132,172)	2	38.1	0.3	var	5	1
	6	[172,200]	1	54.1	0.4	var	132	0
h_3:	1	[0,35)	0	0.0	0.0	–	0	2
	2	[35,45)	2	9.0	0.3	var	5	0
	3	[45,100]	1	16.0	0.4	var	5	0
	4	(100,132)	0	38.0	0.0	–	100	2
	5	[132,155)	2	38.1	0.3	var	5	2
	6	[155,165)	2	47.0	0.3	var	125	2
	7	[165,200]	1	54.0	0.4	var	125	2
h_4:	1	[0,35)	0	0.0	0.0	–	0	2
	2	[35,45)	2	9.0	0.3	var	5	0
	3	[45,100]	1	16.0	0.4	var	5	0
	4	(100,113)	0	38.0	0.0	–	100	2
	5	[113,136)	2	38.2	0.4	min	-	0
	5	[136,186)	2	47.3	0.3	var	105	0
	6	[186,200]	1	62.4	0.4	var	125	2
h_5:	1	[0,35)	0	0.0	0.0	–	0	2
	2	[35,45)	2	9.0	0.3	var	5	2
	3	[45,100]	1	16.0	0.4	var	5	2
	4	(100,113)	0	38.0	0.0	–	100	2
	5	[113,136)	2	38.2	0.4	min	-	2
	5	[136,165)	2	47.3	0.3	var	105	2
	6	[165,200]	1	57.0	0.4	var	125	2

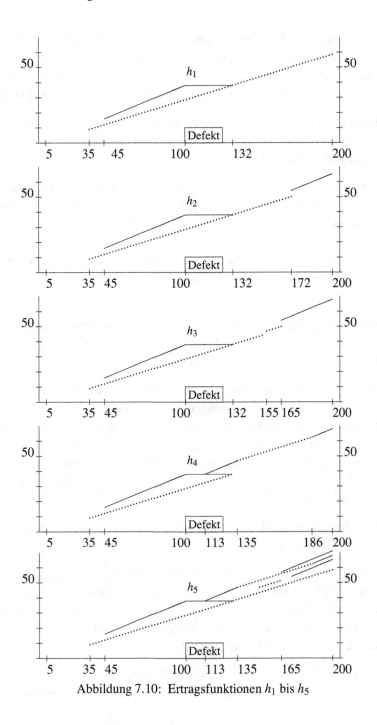

Abbildung 7.10: Ertragsfunktionen h_1 bis h_5

Etwas abweichend vom LIFO-Prinzip ordnen wir zur Initialisierung beide Teiletypen ab dem geforderten Brettanfang $\eta = 5$ an. Nach der Anordnung der Teile ergibt sich die in der Abbildung 7.10 dargestellte und in der Tabelle 7.1 angegebene Funktion h_1. Die jeweilige h-Funktion ist dabei stets die Maximumfunktion der skizzierten Graphen.

Zur Verdeutlichung der Wirkung einer realen Schnittfuge ist diese im Beispiel verhältnismäßig groß im Vergleich zu l_1, l_2 und L. Als potentielle Schnittpositionen werden nur ganzzahlige Werte als zulässig angesehen.

Der Parameter t_k gibt an, ob das Teil T_{i_k} mit fixer oder variabler Länge angeordnet ist. Der Index i_k bezeichnet den Teiletyp, der bereits zur Konstruktion neuer Anordnungsvarianten mit Anordnungspunkt in B_k betrachtet wurde. Entsprechend der LIFO-Strategie wird $B_5 = [132, 200]$ als Bezugsintervall gewählt. Teiletyp $i = 1$ wird zuerst betrachtet. Wegen $c_1 = 0.4 > h_{15} = 0.3$ wird Teiletyp 1 ab $\eta = 132$ mit Länge ℓ in $[40, 68]$ angeordnet, wodurch eine vergrößerte h-Funktion in $[172, 200]$ gefunden wird. Dies ergibt die Funktion h_2.

Die Betrachtung des Bezugsintervalls $[172, 200]$ liefert keine Verbesserung. Als nächstes Bezugsintervall wird $[132, 172)$ gewählt und Teiletyp $i = 2$ betrachtet. Es wird keine Verbesserung erreicht.

Entsprechend der LIFO-Strategie wird nun $B_4 = (100, 132)$ als Bezugsintervall genommen. Wegen $i_4 = 0$ (da B_4 durch Erzwingen der Monotonie erhalten wurde) resultiert hier ein Abfallbereich. Erfolgt also ein Schnitt bei Position 100, dann muss die Position des rechts benachbarten Schnittes wegen $\phi_m = 20$ bei größer gleich 120 sein. Da die Schnittfugenbreite gleich 5 ist und wegen $\alpha_{12} = 125$ ist die Anordnung eines weiteren Teiles des Typs 1 möglich. Der Teiletyp $i = 1$ liefert mit dem Anordnungspunkt $\eta = 125$ eine Verbesserung in $[165, 200]$.

Später ergibt sich mit $i = 2$ und $\eta = 125$ eine Vergrößerung von h in $[155, 165]$. Als Zwischenstand erhält man h_3.

Für $B_3 = [45, 100]$ und Teiletyp $i = 1$ ergeben sich keine Verbesserungen, jedoch für Teiletyp $i = 2$. Wegen $h(78) = 0.4 \cdot 73 = 29.2$ und $c_2 l_2 = 9$ ergibt die Anordnung eines Teils des Typs 2 im Brettabschnitt $[78 + \phi_s, 113]$ den Wert $38.2 > h_3(100)$. Durch Anordnung eines Teils mit Länge l_2 erhält man verbesserte Werte für $\ell \in [113, 135]$. Der zugehörige Anordnungspunkt ist $\eta = \ell - 30$, also variabel.

Wegen $\omega_{11} = 100$ und bedingt durch die obere Grenze des aktuellen Bezugsintervalls ist ab dem maximalen Anordnungspunkt $\eta = 100$ nun das Teil des geringer bewerteten Teiletyps zu verlängern. Die Anordnung eines Teils des Typs 2 im Brettabschnitt $[100 + \phi_s, \ell]$ ergibt für $\ell \in (135, 185]$ die verbesserten Werte der Funktion h_4.

Schließlich erhält man die in der Abbildung 7.10 dargestellte und in der Tabelle 7.1 angegebene Funktion h_5, die mit der Optimalwertfunktion v übereinstimmt. Der Maximalwert ist somit $v = 71$. Eine zugehörige optimale Anordnungsvariante erhält man durch die Auswertung der zu h_5 gehörenden Daten:

- Erster Schnitt bei $p_1 = 200$, d. h. Schnittfuge in $[200, 205]$, $v(200) = 71$. Wegen $\eta_6 = 125$ und Beachtung von $\phi_s = 5$ erhält man:
- Zweiter Schnitt bei $p_2 = 120$ mit Schnittfuge in $[120, 125]$. Aus dem Brettabschnitt $[125, 200]$ wird ein Teil des Typs 1 mit Länge 75 erhalten. Es gilt $v(200) - c_1(75) = 71 - 30 = 41 = v(120)$, Das zu $\ell = 120$ zugehörige zuletzt angeordnete Teil des Typs $\iota_5 = 2$ hat minimale Länge. Damit folgt:
- Dritter Schnitt bei $p_3 = 120 - l_2 - \phi_s = 85$ (Schnittfuge in $[85, 90]$). Der Brettabschnitt $[90, 120]$ ergibt ein Teil des Typs 2 mit minimaler Länge 30. Wegen $v(120) = 41 - 9 = 32 = v(95) = c_1(80)$, $\eta_3 = 5$ und $\iota_3 = 1$ folgt weiterhin:
- Vierter Schnitt bei $p_4 = 0$. Der Brettabschnitt $[5, 85]$ ergibt ein Teil des Typs 1 mit Länge 80. Offenbar gilt $v(85) - c_1(80) = 32 - 32 = 0$.

Weitere optimale Anordnungsvarianten erhält man durch gleichzeitiges Verschieben der beiden Schnittstellen bei 85 und 120 um Δ Längeneinheiten mit $\Delta \in (0, 15]$.

7.2 Unerlaubte Bereiche

In diesem Abschnitt betrachten wir eine weitere Aufgabenstellung, bei der Qualitätsanforderungen an das Material zu beachten sind. Rechteckige Teile sind durch Guillotine-Schnitte aus fehlerbehaftetem Material zuzuschneiden.

Zur Vereinfachung der Darstellung beschränken wir uns auf den Fall, dass alle gewünschten Teile aus fehlerfreiem Material zuzuschneiden sind und die Schnittfugenbreite gleich 0 ist.

Eine Weiterführung der in [ST88] betrachteten und hier vorgestellten Vorgehensweise auf weitere Problemstellungen beim Vollholz-Zuschnitt findet man in [ST99].

7.2.1 Problemstellung

Obwohl gleichartige Anordnungsprobleme auch in anderen Bereichen auftreten, betrachten wir hier die vorliegende Fragestellung als ein Problem beim Zuschnitt von Vollholz. Dieses weist i. Allg. verschiedene Merkmale wie Maserung, Verfärbungen, Risse, Äste etc. auf. In Abhängigkeit vom Anwendungsfall kann erlaubt sein, dass einige Merkmale davon oder alle auf dem Produkt vorkommen.

Wir betrachten hier eine vereinfachte Aufgabenstellung. Aus einem gegebenen Brett mit Länge L und Breite W sind rechteckige Teile T_i, $i \in I = \{1, \ldots, m\}$, mit Länge ℓ_i, Breite w_i und Bewertung (Ertrag) e_i so zuzuschneiden, dass der Gesamtertrag maximal ist. Die Teile müssen dabei aus fehlerfreien Bereichen des Brettes erhalten werden. Der Zuschnitt ist durch *exakten 3-stufigen Guillotine-Zuschnitt* mit vertikalen Schnitten in der ersten Stufe zu realisieren.

Da nur Guillotine-Schnitte angewendet werden, können wir ohne Beschränkung der Allgemeinheit annehmen, dass alle *fehlerbehafteten Bereiche* des Brettes als Vereinigung von Rechtecken beschrieben werden. Diese nichtnutzbaren Bereiche (Defektbereiche) seien durch die Rechtecke

$$D_q = D_q(a_q, b_q, c_q, d_q) := \{(x,y); a_q \le x \le c_q,\ b_q \le y \le d_q\}, \quad q \in Q := \{1, \ldots, p\},$$

gegeben. Zur Vereinheitlichung der Beschreibung nehmen wir an, dass die (entarteten) Rechtecke $D_1 = D_1(0,0,0,W)$ und $D_p = D_p(L,0,L,W)$ den linken und rechten Rand (Anfang und Ende) des Brettes beschreiben. Wir nehmen wieder an, dass alle Eingabedaten ganzzahlig sind. Dies ist ohne Einschränkung möglich, falls die kleinste realisierbare Längeneinheit, z. B. 1 mm, verwendet wird.

Um den Zuschnitt aus *unbesäumten Brettern* mit zu behandeln, kann man prinzipiell den i. Allg. krummlinigen Rand, der oft mit Rinde versehen sein kann, auch als Vereinigung von rechteckigen Fehlerbereichen beschreiben. Da die Gesamtzahl der Defekte aber wesentlich den Lösungsaufwand beeinflusst, ist es vorteilhaft, zwei stückweise konstante Funktionen

$$\psi : [0, L] \to [0, W] \quad \text{(oberer Rand)} \quad \text{und} \quad \omega : [0, L] \to [0, W] \quad \text{(unterer Rand)}$$

zu definieren, die den oberen und unteren Brettrand beschreiben. Das Rechteck $L \times W$ kann somit als (kleinstes) umschließendes Rechteck des realen Brettes angesehen werden. In der Abbildung 7.11 ist die Repräsentation der Fehlerinformationen skizziert.

Die Sprungstellen der Treppenfunktion ψ bezeichnen wir mit

$$\mu_q, \quad q \in Q_\psi := \{0, 1, \ldots, p_\psi\} \quad \text{mit} \quad 0 = \mu_0 < \mu_1 < \cdots < \mu_{p_\psi} = L,$$

die von ω mit

$$\nu_q, \quad q \in Q_\omega := \{0, 1, \ldots, p_\omega\} \quad \text{mit} \quad 0 = \nu_0 < \nu_1 < \cdots < \nu_{p_\omega} = L.$$

Zur Abkürzung definieren wir noch die Funktionswerte

$$\psi_q := \psi(x), \quad x \in (\mu_{q-1}, \mu_q), \quad q \in Q_\psi \setminus \{0\}, \quad \psi_0 := 0,\ \psi_{p_\psi+1} := 0,$$

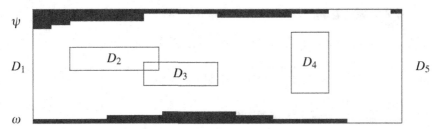

Abbildung 7.11: Beschreibung der Fehler durch Rechteckdaten

$$\omega_q := \omega(x), \quad x \in (v_{q-1}, v_q), \quad q \in Q_\omega \setminus \{0\}, \quad \omega_0 := W, \ \omega_{p_\omega+1} := W.$$

Wir können ohne Beschränkung der Allgemeinheit auch annehmen, dass folgende Bedingungen von ψ und ω erfüllt werden, damit diese den Rand des Brettes in Hinblick auf Optimierungsalgorithmen in geeigneter Weise beschreiben:

- $\psi(x) \geq \omega(x), \quad 0 < x < L,$

- $\psi_{q-1} < \psi_q, \psi_q > \psi_{q+1} \quad \Rightarrow \quad \mu_q - \mu_{q-1} \geq \min_{i \in I} \ell_i, \quad q = 1, \ldots, p_\psi,$

- $\omega_{q-1} > \omega_q, \omega_q < \omega_{q+1} \quad \Rightarrow \quad v_q - v_{q-1} \geq \min_{i \in I} \ell_i, \quad q = 1, \ldots, p_\omega.$

Für ein *besäumtes Brett* gilt offenbar $\psi(x) = W$ und $\omega(x) = 0$ für $x \in (0, L)$.

7.2.2 Basis-Rekursion

Da der Zuschnitt in drei Stufen erfolgt, definieren wir *(Brett-)Segmente*

$$(x, 0, x+r, W) := \{(p, q) \in \mathbb{R}^2 : x \leq p \leq x+r, 0 \leq q \leq W\}$$

der Länge r und der Position x, die durch zwei vertikale Guillotine-Schnitte der ersten Stufe bei x und $x+r$ erhalten werden. Durch horizontale Guillotine-Schnitte der zweiten Stufe erhalten wir aus einem Segment sog. *Streifen*

$$(x, y, x+r, y+w) := \{(p, q) \in \mathbb{R}^2 : x \leq p \leq x+r, \ y \leq q \leq y+w\}$$

mit Breite w und Position y.

Aus einem Streifen $(x, y, x+r, y+w)$ werden dann aus den fehlerfreien Bereichen durch vertikale Schnitte der dritten Stufe die gewünschten Teile zugeschnitten. Wegen der Forderung des *exakten* Guillotine-Zuschnitts (Besäumung ist nicht zulässig) sind dies nur Teile mit Breite w.

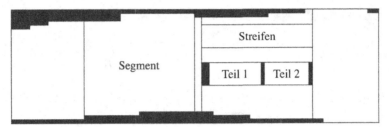

Abbildung 7.12: Dreistufiger exakter Guillotine-Zuschnitt

Da als Streifenbreiten nur Breiten der Teile in Frage kommen, definieren wir nichtleere Indexmengen I_k und die unterschiedlichen Streifenbreiten σ_k durch

$$I_k := \{i \in I : w_i = \sigma_k\} \quad \text{mit} \quad \sigma_1 < \cdots < \sigma_s, \quad \bigcup_{k \in K} I_k = I, \quad K := \{1, \ldots, s\}.$$

Als mögliche Segmentlängen r können alle Kombinationen von Teilelängen auftreten sowie Längen, die sich durch die Defekte ergeben. In der Anwendung wird dies aber häufig eingeschränkt. Wir bezeichnen mit

$$R = \{r_j : j \in J := \{1, \ldots, \alpha\}\} \quad \text{mit} \quad r_1 < \cdots < r_\alpha$$

die Menge der zulässigen Segmentlängen. Oftmals wird

$$R := \{\ell_i : i \in I\} \quad \text{oder} \quad R := \{r : r = \sum_{i \in I} \ell_i \lambda_i \leq \max_{i \in I} \ell_i, \ \lambda_i \in \mathbb{Z}_+, \ i \in I\}$$

verwendet. Bezeichnen wir mit $H(x, r, y, w)$ den maximalen Ertrag aus dem Streifen $(x - r, y - w, x, y)$ und mit $G(x, r, y)$ den Maximalertrag für das Teilsegment $(x - r, 0, x, y)$, dann gilt für $r \in R$, $x \in [0, L] \cap \mathbb{Z}$ und $y \in [0, W] \cap \mathbb{Z}$ die Rekursion:

$$G(x, r, y) := 0, \quad y = 0, \ldots, \sigma_1 - 1,$$

$$G(x, r, y) := \max\{H(x, r, y, \sigma_k) + G(x, r, y - \sigma_k) : k \in K, \sigma_k \leq y\}, \tag{7.14}$$

$$y = \sigma_1, \ldots, W.$$

Bezeichnen wir nun den maximalen Ertrag, den wir aus dem Brettabschnitt $(0, 0, x, W)$ erhalten können, mit $F(x)$, so gilt die Rekursion

$$F(x) := 0, \quad x = 0, \ldots, r_1 - 1,$$

$$F(x) := \max\{G(x, r_j, W) + F(x - r_j) : r_j \leq x, \ j \in J\}, \quad x = r_1, \ldots, L.$$

Der Wert einer optimalen Anordnungsvariante ist dann durch $F(L)$ gegeben.

Bei der Berechnung von $F(L)$ sind zahlreiche G- und H-Werte zu bestimmen. Hier gibt es viele Möglichkeiten, den Aufwand zu senken. Einige davon untersuchen wir im nächsten Abschnitt.

7.2.3 Effektivierungen

Auf Grund des Zuschnitts ohne Besäumung ist der Optimalwert $H(x,r,y,w)$ für den Streifen $(x-r,y-w,x,y)$ einfach bestimmbar. Hat man die disjunkten Intervalle von $[x-r,x]$ identifiziert, in denen kein Defekt D_q auftritt, dann ist $H(x,r,y,w)$ die Summe der Erträge aus diesen Intervallen zur Streifenbreite w. Wir bezeichnen mit

$$h_k(l) := \max\{\sum_{i \in I_k} e_i \lambda_i : \sum_{i \in I_k} \ell_i \lambda_i \leq l, \ \lambda_i \in \mathbb{Z}_+, i \in I_k\}, \quad k \in K,$$

den Maximalwert eines Streifens der Länge l und Breite σ_k. Diese Werte sind durch Lösen von Rucksackproblemen ermittelbar. Sie sind unabhängig von der konkreten Position auf dem Brett.

In der Rekursion (7.14) kann unter Umständen die Berechnung von $H(x,r,y,\sigma_k)$ entfallen, falls Gleichheit mit $H(x,r,y-1,\sigma_k)$ vorliegt. Wir betrachten die Situation in der Abbildung 7.13, die den unteren Rand im Brettabschnitt $(x-r,0,x,W)$ zeigt. Falls $v_1 - x + r < \min_{i \in I} l_i$ ist, hat die Sprungstelle v_1 von ω keinen Einfluss auf die H-Werte innerhalb dieses Brettabschnitts, sofern $\omega_1 < \omega_2$ gilt. Eine analoge Situation ist am rechten Rand des Brettabschnitts zu beachten, wobei wieder $\min_{i \in I} l_i$ diesen Bereich definiert. In der Abbildung 7.13 bezeichnen $\underline{x} := x - r + \min_{i \in I} l_i$ und $\bar{x} := x - \min_{i \in I} l_i$. Alle Sprungstellen v_q zwischen $\underline{x}$ und $\bar{x}$ haben Einfluss auf die H-Werte.

Zur Formulierung eines hinreichenden Kriteriums definieren wir Mengen von y-Koordinaten, bei denen Änderungen auftreten können:

$$Y_d(x,r,k) := \{d_q : a_q < x, \ c_q > x - r, \ q \in Q\} \quad \cup$$

$$\{\omega_q : x - r + \min_{i \in I_k} \ell_i \leq v_q, \ v_{q-1} + \min_{i \in I_k} \ell_i \leq x, \ q \in Q_\omega\} \quad \cup$$

$$\{\omega_q : x - r < v_q < x - r + \min_{i \in I_k} \ell_i, \ \omega_q > \omega_{q+1}, \ q \in Q_\omega\} \quad \cup$$

$$\{\omega_q : \omega_q > \omega_{q-1}, \ x - \min_{i \in I_k} \ell_i < v_{q-1} < x, \ q \in Q_\omega\}$$

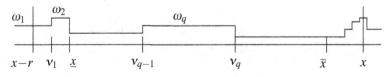

Abbildung 7.13: Zur Definition von Y_d

$$Y_b(x,r,k) := \{b_q : a_q < x,\ c_q > x-r,\ q \in Q\} \quad \cup$$

$$\{\psi_q : x-r+\min_{i \in I_k}\ell_i \leq \mu_q,\ \mu_{q-1}+\min_{i \in I_k}\ell_i \leq x,\ q \in Q_\psi\} \quad \cup$$

$$\{\psi_q : x-r < \mu_q < x-r+\min_{i \in I_k}\ell_i,\ \psi_q < \psi_{q+1},\ q \in Q_\psi\} \quad \cup$$

$$\{\psi_q : \psi_q < \psi_{q-1},\ x-\min_{i \in I_k}\ell_i < \mu_{q-1} < x,\ q \in Q_\psi\}.$$

Beim Übergang vom Streifen $(x-r, y-1-\sigma_k, x, y-1)$ zum Streifen $(x-r, y-\sigma_k, x, y)$ ergeben sich im Fall $y-\sigma_k \in Y_d(x,r,k)$ neue Anordnungsmöglichkeiten, da mindestens ein Fehlerbereich nicht mehr relevant ist. Andererseits sind im Fall $y-1 \in Y_b(x,r,k)$ zusätzliche Fehler zu beachten, die eine Änderung des H-Wertes bewirken können. Zusammengefasst ergibt sich die hinreichende Bedingung:

Aussage 7.7
Falls $y-\sigma_k \notin Y_d(x,r.k)$ und $y-1 \notin Y_b(x,r,k)$, dann gilt:
$H(x,r,y,\sigma_k) = H(x,r,y-1,\sigma_k)$.

In ähnlicher Weise kann gegebenenfalls die Berechnung von $G(x,r,y)$ entfallen.

Aussage 7.8
Falls $y-\sigma_k \notin Y_d(x,r,k)$ und $y-1 \notin Y_b(x,r,k)$ für alle $k \in K$ mit $\sigma_k \leq y$, dann gilt:
$G(x,r,y) = G(x,r,y-1)$.

Zur Übertragung dieser Überlegungen auf die Längsrichtung definieren wir die Punktmengen

$$X_a := \{a_q : q \in Q\} \cup \{\mu_q : \psi_{q+1} < \psi_q, q \in Q_\psi\} \cup \{\nu_q : \omega_{q+1} > \omega_q, q \in Q_\omega\},$$

$$X_c := \{c_q : q \in Q\} \cup \{\mu_q : \psi_{q+1} > \psi_q, q \in Q_\psi\} \cup \{\nu_q : \omega_{q+1} < \omega_q, q \in Q_\omega\}.$$

Fall $x-r \in X_c$ gilt, dann gibt es mindestens einen Fehlerbereich, der für das Segment $(x-1-r,0,x-1,W)$ relevant ist, aber nicht für das Segment $(x-r,0,x,W)$. Gilt $x-1 \in X_a$, dann gibt es mindestens einen Fehlerbereich, der für das Segment $(x-1-r,0,x-1,W)$ nicht relevant ist, aber für das Segment $(x-r,0,x,W)$. Eine Änderung des G-Wertes kann auch dann möglich werden, falls die Verschiebung des Segments um eine Einheit die H-Werte ändert.

Aussage 7.9
Es sei $j_0 \in J$. Falls $x-r_j \notin X_c$ und $x-r_{j_0}+r_j-1 \notin X_a$ für alle $j = 0,\dots,j_0$ (wobei $r_0 = 0$), dann gilt: $G(x,r_{j_0},W) = G(x-1,r_{j_0},W)$.

Gilt die Aussage 7.9 für ein $x \notin R$ und alle $r_{j_0} \leq x$ und gilt $F(x-1-r_j) = F(x-r_j)$ für alle $r_j < x$, dann folgt auch $F(x) = F(x-1)$.

7.2.4 Beispiele und Erweiterungen

Beispiel 7.4

Beim Zuschnitt von Kanthölzern (quaderförmigen Teilen) aus unbesäumtem Rohmaterial sei ein Brett der Länge $L = 418$ und der Breite $W = 41$ gegeben.

Die auf dem Brett vorhandenen Fehlerbereiche sind in der Tabelle 7.2 ausschließlich als Fehlerrechtecke angegeben. Zum Vergleich sind diese Fehlerdaten in der Tabelle 7.3 mit Hilfe der Randfunktionen ψ und ω dargestellt. Zuschneidbar sind sechs nichtdrehbare Teiletypen mit den in der Tabelle 7.4 angegebenen Daten. Eine reale Schnittfuge wird in diesem Beispiel nicht explizit berücksichtigt.

Tabelle 7.2: Fehler-Daten für Beispiel 7.4

a_q	b_q	c_q	d_q	a_q	b_q	c_q	d_q	a_q	b_q	c_q	d_q	a_q	b_q	c_q	d_q
0	0	83	1	0	40	120	41	168	38	408	40	260	1	404	4
0	20	104	21	26	7	30	11	172	36	402	38	285	11	289	15
0	21	144	22	40	39	116	40	172	26	176	27	312	4	400	6
0	22	152	24	58	16	62	17	172	35	282	36	352	6	368	10
0	24	156	25	70	14	86	19	176	32	278	35	360	34	393	36
0	25	160	27	72	38	112	39	180	29	266	32	368	6	392	7
0	27	152	28	84	0	204	2	184	26	250	29	402	20	418	24
0	28	120	29	161	40	418	41	240	0	408	1				

Tabelle 7.3: Fehlerbeschreibung im Beispiel 7.4 mit Randfunktionen

a_q	b_q	c_q	d_q	a_q	b_q	c_q	d_q	a_q	b_q	c_q	d_q	a_q	b_q	c_q	d_q
0	20	104	21	0	25	160	27	26	7	30	11	172	26	176	27
0	21	144	22	0	27	152	28	58	16	62	17	285	11	289	15
0	22	152	24	0	28	120	29	70	14	86	19	402	20	418	24
0	24	156	25												

μ_q	0	40	72	112	116	120	161	168	172	176	180	184	250
ψ_q	-	40	39	38	39	40	41	40	38	35	32	29	26

μ_q	266	278	282	360	393	402	408	418
ψ_q	29	32	35	36	34	36	38	40

ν_q	0	83	204	240	266	312	352	368	392	400	404	408	418
ω_q	-	1	2	0	1	4	6	10	7	6	4	1	0

Als Ergebnis der Optimierung auf der Grundlage der in Abschnitt 7.2.2 entwickelten Rekursionen erhält man die in Abbildung 7.14 dargestellte Anordnungsvariante. □

Tabelle 7.4: Teile-Daten für Beispiel 7.4

i	1	2	3	4	5	6
ℓ_i	29	33	45	46	50	83
w_i	2	3	3	3	6	6
e_i	6	11	15	16	39	75

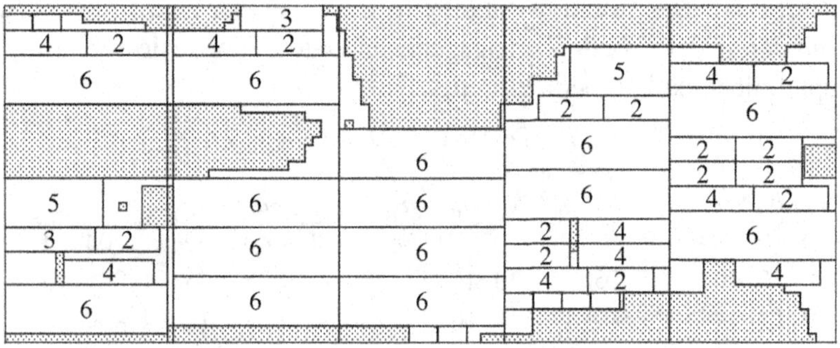

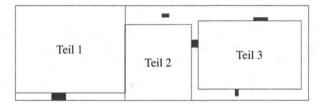

Abbildung 7.14: Zuschnittvariante zum Beispiel 7.4

Allgemeinere und damit technologisch kompliziertere Anordnungen, wie eine in der Abbildung 7.15 gezeigt wird, können analog behandelt werden. Die durch die Verwendung

Abbildung 7.15: Allgemeinere Zuschnittvariante in einem Streifen

allgemeinerer Zuschnittvarianten erreichbare bessere Materialausbeute geht zu Lasten anderer Kostenfaktoren. Ihr Einsatz ist von Fall zu Fall genau zu prüfen.

Die Eingabedaten des folgenden Zuschnittproblems sind aus [Hah68] entnommen.

Beispiel 7.5

Es sind die in der Tabelle 7.5 angegebenen Rechtecke aus einer Platte der Länge $L = 239$ und Breite $W = 120$ so zuzuschneiden, dass der Gesamtertrag maximal ist. Alle Teile

Tabelle 7.5: Teile-Daten für Beispiel 7.5

i	1	2	3	4	5	6	7
ℓ_i	120	112	90	90	60	38	20
w_i	36	74	40	36	42	18	18
e_i	230	770	166	138	89	12	5

Tabelle 7.6: Fehler-Daten für Beispiel 7.5

a_q	b_q	c_q	d_q	a_q	b_q	c_q	d_q	a_q	b_q	c_q	d_q	a_q	b_q	c_q	d_q
0	0	10	15	0	68	4	120	170	15	180	19	198	100	208	104
0	15	12	25	52	0	72	15	193	15	203	19	212	15	222	19
0	40	26	68	124	15	134	19								

sind drehbar. Es ist ein Mindestanschnitt von 5 zu beachten, d. h. die Position x des ersten Guillotine-Schnitts ist durch $x \geq 5$ eingeschränkt. Die Bewertung (der Ertrag) e_i, $i \in I$ ist durch

$$e_i := \lceil \beta(1 + \alpha\,\ell_i w_i)\,\ell_i w_i \rceil \quad \text{mit} \quad \beta = 0.01,\ \alpha = 0.001$$

definiert. Dies realisiert eine stärkere Bewertung größerer Teile gegenüber kleineren. Die nichtnutzbaren Bereiche sind in der Tabelle 7.6 angegeben.

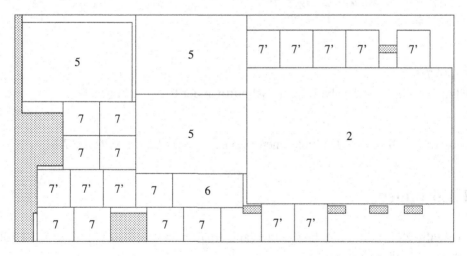

Abbildung 7.16: Zuschnittvariante zu Beispiel 7.5

Die durch die Optimierung erhaltene Anordnungsvariante ist in der Abbildung 7.16 dargestellt. In Abhängigkeit von den Parametern α und β, die die Bewertung der Teile steuern, können andere Anordnungen erhalten werden.   □

7.3 Aufgaben

Aufgabe 7.1
Gegeben sei ein Brett mit Länge $L = 100$, welches feste Äste in den Intervallen $[60,62]$ und $[67,70]$ in x-Richtung hat. Für Teiletyp $i = 1$ sind keine Fehler zugelassen, die Mindestlänge ist 30 und die Höchstlänge 50. Feste Äste sind für Teiletyp $i = 2$ zugelassen. Die Mindestlänge ist hier 20. Man definiere geeignete Anordnungsintervalle und ermittle eine optimale Anordnungsvariante, falls die Kostenkoeffizienten

    a) $c_1 = 0.8$, $c_2 = 0.3$,
    b) $c_1 = 0.8$, $c_2 = 0.5$

gegeben sind.

Aufgabe 7.2
Die Güteforderungen seien wie in Aufgabe 7.1 und es seien $c_1 = 0.5$, $c_2 = 0.4$. Man bestimme die Optimalwertfunktion und alle optimalen Anordnungen für den Fall, dass

    a) $l_1 = L_1 = 30$, $l_2 = 20$, $L_2 = 100$,
    b) $l_1 = L_1 = 40$, $l_2 = 20$, $L_2 = 100$,
    c) $l_1 = L_1 = 30$, $l_2 = L_2 = 20$

gilt.

Aufgabe 7.3
Zusätzlich sei in der Aufgabe 7.2 eine Schnittfuge der Breite 2 zu beachten.

Aufgabe 7.4
Man bestimme die Schrankenfunktionen $b_1(x)$ und $b_2(x)$ für die Aufgabe 7.2.

7.4 Lösungen

Zu Aufgabe 7.1. Als Anordnungsintervalle erhält man $A_{1,1} = [0,60]$, $A_{1,2} = [70,100]$ und $A_{2,1} = [0,100]$.

Im Fall a) ist die Variante, drei Teile des Typs 1 mit der Länge 30 (Ertrag 72) zuzuschneiden, besser als die Variante, die zwei Teile des Typs 1 mit Längen 50 und 30 und ein Teil des Typs 2 mit der Länge 20 verwendet (Ertrag 70). Im Fall b) ist es umgekehrt (72 bzw. 74).

Zu Aufgabe 7.2.   Die Optimalwertfunktionen sind in der Abbildung 7.17 angegeben. Im Fall a) erhält man als optimale Anordnung T_1 in $[0, 30]$ und $[30, 60]$ sowie T_2 in

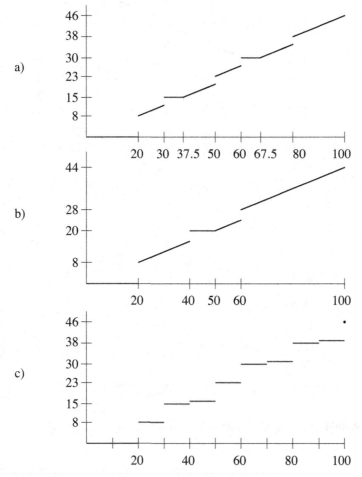

Abbildung 7.17: Optimalwertfunktionen zu Aufgaben 7.2 a) – c)

$[60, 100]$ mit Gesamtbewertung 46.

Im Fall b) wird T_1 aus $[0, 40]$ und T_2 aus $[40, 100]$ zugeschnitten. Der maximale Ertrag ist 44.

Bei c) erhält man im Vergleich zu a) an Stelle eines Teiles vom Typ 2 mit Länge 40 zwei Teile mit Länge 20.

Zu Aufgabe 7.3. Die Optimalwertfunktionen sind in der Abbildung 7.18 angegeben.

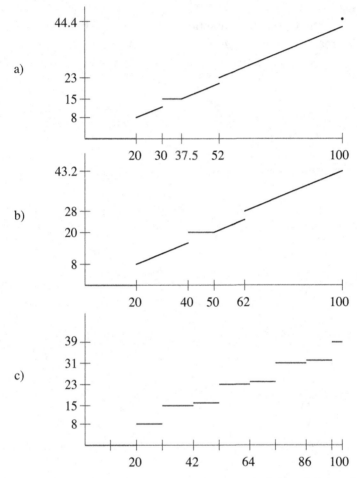

Abbildung 7.18: Optimalwertfunktionen zu Aufgaben 7.3 a) – c)

Im Fall a) erhält man auf Grund der Schnittfuge als optimale Anordnung T_1 in $[0, 30]$ und $[70, 100]$ sowie T_2 in $[32, 68]$ mit Gesamtbewertung 44.4.

Im Fall b) wird T_1 aus $[0, 40]$ und T_2 aus $[42, 100]$ zugeschnitten. Der maximale Ertrag ist 43.2.

Bei c) erhält man ein Teil vom Typ 1 aus $[0, 30]$ sowie drei Teile vom Typ 2 aus $[32, 52]$, $[54, 74]$ und $[76, 96]$. Aus dieser Variante können durch Verschiebung weitere optimale Anordnungen erhalten werden.

Zu Aufgabe 7.4.   Es gilt $c_1 = 0.5 > c_2 = 0.4$. Im Fall a) erhalten wir

$$i_1(x) = \begin{cases} 1 & \text{für } x \in [0,60] \cup [70,100], \\ 2 & \text{sonst.} \end{cases}$$

Die Schrankenfunktion $b_1(x)$ ist in der Abbildung 7.19 dargestellt. Unter Verwendung

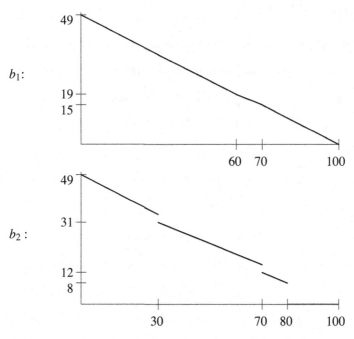

Abbildung 7.19: Schrankenfunktionen b_1 und b_2 zur Aufgabe 7.4 a)

eines fiktiven Teiletyps 3 mit $c_3 = 0$ gilt für $x \in [0,100]$:

$$80 < x \leq 100: \quad i_2(x,t) = \begin{cases} 3 & \text{für } t \in [x,100], \end{cases}$$

$$70 < x \leq 80: \quad i_2(x,t) = \begin{cases} 2 & \text{für } t \in [x,100]. \end{cases}$$

$$30 < x \leq 70: \quad i_2(x,t) = \begin{cases} 1 & \text{für } t \in [70,100], \\ 2 & \text{für } t \in [x,70) \end{cases}$$

$$0 \leq x \leq 30: \quad i_2(x,t) = \begin{cases} 1 & \text{für } t \in [70,100], \\ 2 & \text{für } t \in (60,70), \\ 1 & \text{für } t \in [x,60]. \end{cases}$$

Die resultierende Schrankenfunktion b_2 ist ebenfalls in der Abbildung 7.19 dargestellt.

Im Fall b) mit $\ell_1 = 40$ ergeben sich die folgenden geänderten Werte, wobei zu beachten ist, dass nur das Anordnungsintervall A_{11} für Teiletyp 1 verwendbar ist:

$$i_1(x) = \begin{cases} 1 & \text{für } x \in [0,60], \\ 2 & \text{sonst.} \end{cases}$$

Mit $c_3 = 0$ gilt für $x \in [0,100]$:

$$80 < x \le 100: \quad i_2(x,t) = \begin{cases} 3 & \text{für } t \in [x,100], \end{cases}$$
$$20 < x \le 80: \quad i_2(x,t) = \begin{cases} 2 & \text{für } t \in [x,100]. \end{cases}$$
$$0 \le x \le 20: \quad i_2(x,t) = \begin{cases} 2 & \text{für } t \in (60,100], \\ 1 & \text{für } t \in [x,60]. \end{cases}$$

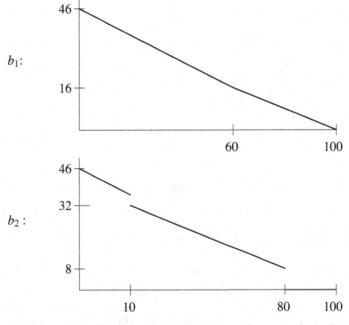

Abbildung 7.20: Schrankenfunktionen b_1 und b_2 zur Aufgabe 7.4 b)

Die resultierenden Schrankenfunktionen b_1 und b_2 sind in der Abbildung 7.20 dargestellt.

Für c) erhält man die gleichen Schrankenfunktionen wie für a).

8 Das Paletten-Beladungsproblem

Eine beim Transport von Waren häufig zu beantwortende Fragestellung ist Gegenstand der Betrachtungen in diesem Kapitel: Wie sind identische quaderförmige Teile so auf einer Palette anzuordnen, dass eine vorgegebene Höhe nicht überschritten wird und ihre Anzahl maximal ist? Weitere Optimierungsprobleme im Zusammenhang mit der Beladung von Paletten werden ebenfalls betrachtet.

8.1 Das klassische Paletten-Beladungsproblem

8.1.1 Problemstellung

Das (orthogonale) dreidimensionale *Paletten-Beladungsproblem (Pallet Loading Problem*, PLP) ist das folgende: Identische Quader Q der Abmessungen $\ell \times w \times h$ sind so auf einer (rechteckigen) Palette $L \times W$ anzuordnen, dass die Anzahl der angeordneten Quader maximal ist und eine vorgegebene Höhe H nicht überschritten wird. Mitunter sind gewisse Lagebedingungen zu beachten. Zum Beispiel kann gefordert werden, dass die Quader nicht gekippt werden dürfen.

Dieses dreidimensionale Anordnungsproblem kann auf zweidimensionale Probleme zurückgeführt werden, wenn eine schichtenweise Anordnung verlangt wird. Im Folgenden betrachten wir das entsprechende zweidimensionale Paletten-Beladungsproblem, bei dem eine maximale Anzahl von Rechtecken $\ell \times w$ oder $w \times \ell$ auf einer Palette $L \times W$ anzuordnen ist.

Für das Paletten-Beladungsproblem ist kein polynomialer Algorithmus bekannt. Zu dessen Lösung werden deshalb Branch-and-Bound-Methoden eingesetzt (z. B. eine Modifikation des für das Rechteck-Packungsproblem beschriebenen Algorithmus, s. Abschnitt 5.3).

Im nächsten Abschnitt beschreiben wir angepasste obere Schranken zum Paletten-Beladungsproblem. Danach stellen wir eine Heuristik vor, die für alle zweidimensionalen Paletten-Beladungsprobleme optimale Anordnungsvarianten liefert, sofern nicht mehr als $m = 50$ Teile auf der Palette angeordnet werden können und gewisse Längenverhältnisse eingehalten werden. Weiterhin werden wir für den Spezialfall, dass Guillotine-Anordnungen gesucht sind, zeigen, dass die Ermittlung optimaler Lösungen mit polynomialem Aufwand möglich ist.

Eine *Instanz* (ein Beispiel, eine Aufgabe) des Paletten-Beladungsproblems wird durch das Quadrupel (L, W, ℓ, w) charakterisiert. Ohne Beschränkung der Allgemeinheit setzen wir voraus, dass $L, W, \ell, w \in I\!N$, $L \geq W \geq \max\{\ell, w\}$ und ggT $(\ell, w) = 1$ gilt, wobei ggT (ℓ, w) den größten gemeinsamen Teiler von ℓ und w bezeichnet. Man beachte, im Fall ggT $(\ell, w) = q > 1$ ist eine Reduktion der Instanz (L, W, ℓ, w) auf die Instanz $(\lfloor L/q \rfloor, \lfloor W/q \rfloor, \ell/q, w/q)$ möglich.

Wir nehmen nun in diesem Abschnitt an, dass stets $\ell \geq w$ gilt.

8.1.2 Äquivalenz von Paletten-Beladungsproblemen

Wir betrachten die beiden Instanzen $(40,25,7,3)$ und $(52,33,9,4)$ des Paletten-Beladungsproblems. Obwohl sie unterschiedliche Eingabedaten haben, ergibt sich für beide die gleiche optimale Anordnung, die in der Abbildung 8.1 dargestellt ist. Diese beiden Instanzen sind jedoch nicht äquivalent in dem folgenden Sinne (Dowsland [Dow84]):

Definition 8.1
Die zwei Instanzen (L, W, ℓ, w) und (L', W', ℓ', w') des Paletten-Beladungsproblems sind *äquivalent*, wenn zu jeder Anordnungsvariante von (L, W, ℓ, w) eine (zulässige) Anordnungsvariante von (L', W', ℓ', w') existiert und umgekehrt.

Zur effizienten Identifizierung äquivalenter Instanzen definieren wir die Menge der *effizienten Kombinationen* bez. L

$$E(L, \ell, w) := \{(p, q) : L - w < \ell p + wq \leq L, \ p, q \in \mathbb{Z}_+\}$$

und analog bez. W

$$E(W, \ell, w) := \{(p, q) : W - w < \ell p + wq \leq W, \ p, q \in \mathbb{Z}_+\}.$$

Satz 8.1
Zwei Instanzen (L, W, ℓ, w) und (L', W', ℓ', w') sind genau dann äquivalent, wenn

$$E(L, \ell, w) = E(L', \ell', w'), \quad E(W, \ell, w) = E(W', \ell', w'),$$

$$\lfloor L/\ell \rfloor = \lfloor L'/\ell' \rfloor \quad \text{und} \quad \lfloor W/\ell \rfloor = \lfloor W'/\ell' \rfloor$$

gilt.

Beweis: Das Polyeder $P(L) := \mathrm{conv}(\{(x,y) \in \mathbb{Z}_+^2 : \ell x + wy \le L\})$ ist auf Grund der Voraussetzungen gleich dem Polyeder $P'(L') := \mathrm{conv}(\{(x,y) \in \mathbb{Z}_+^2 : \ell' x + w'y \le L'\})$, da alle Eckpunkte übereinstimmen. Weiterhin gilt $P(W) = P'(W')$. Damit folgt, dass alle zulässigen Anordnungen für (L, W, ℓ, w) auch zulässig für (L', W', ℓ', w') sind und umgekehrt. ∎

Für die zu Beginn betrachteten beiden Instanzen $(40,25,7,3)$ und $(52,33,9,4)$ des Paletten-Beladungsproblems stimmen die effizienten Kombinationen bis auf eine $((1, 11)$ bzw. $(1, 10))$ überein.

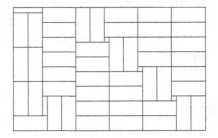

Abbildung 8.1: Optimale Anordnung für die Instanzen $(40,25,7,3)$ und $(52,33,9,4)$

Auf der Grundlage dieser Äquivalenzdefinition kann die Menge der Instanzen des Paletten-Beladungsproblems quantitativ erfasst werden. Dazu betrachten wir die Instanzen vom Typ I ([Nel94]), die durch die Größenverhältnisse

$$1 \le \frac{L}{W} \le 2, \quad 1 \le \frac{\ell}{w} \le 4, \quad 6 \le \frac{LW}{\ell w} < 51$$

charakterisiert und die für die Praxis von besonderem Interesse sind. Die Menge der Repräsentanten der Äquivalenzklassen heißt *COVER I*. Nach Nelissen ([Nel94]) gilt

$$\mathrm{card}(COVER\ I) = 8\,274.$$

Instanzen des Paletten-Beladungsproblems vom Typ II sind durch die Bedingugen

$$1 \le \frac{L}{W} \le 2, \quad 1 \le \frac{\ell}{w} \le 4, \quad 51 \le \frac{LW}{\ell w} < 101$$

charakterisiert. Sie unterscheiden sich vom Typ I nur durch die Vergrößerung derAnzahl anordenbarer Teile. Eine zugehörige Menge von Repräsentanten der Äquivalenzklassen wird *COVER II* genannt und es gilt

$$\mathrm{card}(COVER\ II) = 41\,831.$$

Als Repräsentant einer Äquivalenzklasse von Instanzen kann eine Instanz mit minimalen Dimensionsparametern (*minimum size instance*, [MD07]) verwendet werden. Eine Instanz (L, W, ℓ, w) heißt *Instanz mit minimalen Dimensionsparametern*, wenn für alle zu (L, W, ℓ, w) äquivalenten Instanzen $(L', W', \ell', w')'$ gilt: $L \leq L'$, $W \leq W'$, $\ell \leq \ell'$, $w \leq w'$. Die Existenz und Eindeutigkeit dieses Repräsentanten einer Äquivalenzklasse wird in [MD07] gezeigt.

Da für das Paletten-Beladungsproblem kein polynomialer Algorithmus bekannt ist, werden Branch-and-Bound-Algorithmen zur exakten Lösung eingesetzt. Prinzipiell ist der im Abschnitt 5.3 angegebene Algorithmus zur Ermittlung optimaler Anordnungen einsetzbar. An das Paletten-Beladungsproblem angepasste Branch-and-Bound-Algorithmen sind in [Nel94], [BRB98] und [MD07] angegeben. Die Anwendung eines Tabu Search-Algorithmus wird in [AVPT05] untersucht.

8.2 Obere Schranken

Zur Abschätzung des Optimalwertes beim Paletten-Beladungsproblem für die Instanz (L, W, ℓ, w) sind unterschiedliche Schranken verfügbar. Eine erste, triviale Schranke ergibt sich aus dem Verhältnis der Flächen von Palette und Teil:

$$u_F(L, W) := \lfloor (LW)/(\ell w) \rfloor .$$

Diese Schranke wird als *Flächen-* oder *Materialschranke* bezeichnet. Eine Verbesserung u_R der Schranke u_F erhält man, wenn man an Stelle von L und W die tatsächlich maximal nutzbare Länge L' und Breite W' verwendet. Dies entspricht der Anwendung der Rasterpunkte (Abschnitt 2.7) und es gilt

$$L' = \max\{p\ell + qw : (p, q) \in E(L, \ell, w)\},$$

$$W' = \max\{p\ell + qw : (p, q) \in E(W, \ell, w)\} \quad \text{sowie}$$

$$u_R(L, W) := u_F(L', W').$$

Wir setzen im Weiteren voraus, dass $L = L'$ und $W = W'$ gilt.

Die von Barnes ([Bar79]) angegebene Schranke $u_B(L, W)$ basiert auf der Beobachtung, dass jede Anordnung von Rechtecken $\ell \times w$ auf einer Palette $L \times W$ gleichzeitig eine Anordnungsvariante für Teile $\ell \times 1$ oder für Teile $1 \times w$ auf der Palette darstellt. Dies entspricht der Philosophie der Streifen-Relaxation beim Rechteck-Zuschnittproblem im Kapitel 5. Es seien

$$r_\ell := L \bmod \ell, \quad s_\ell := W \bmod \ell, \quad r_w := L \bmod w, \quad s_w := W \bmod w.$$

Nach [Bar79] ist der Mindestabfall A_ℓ bzw. A_w bei der Anordnung von $\ell \times 1$- bzw. von $1 \times w$-Teilen gleich

$$A_\ell = \min\{r_\ell s_\ell, (\ell - r_\ell)(\ell - s_\ell)\} \quad \text{bzw.} \quad A_w = \min\{r_w s_w, (w - r_w)(w - s_w)\}.$$

Die *Barnes-Schranke* ist nun definiert durch

$$u_B(L, W) := \lfloor (LW - \max\{A_\ell, A_w\})/(\ell w) \rfloor.$$

Durch die Betrachtung äquivalenter Instanzen kann die Flächenschranke u_F minimiert werden, welches die Schranke $u_A(L, W)$ ergibt. In [Dow84, Exe91] wird die effiziente Berechnung von

$$u_A(L, W) := \min\{\lfloor (L'W')/(\ell'w') \rfloor : (L', W', \ell', w') \text{ ist äquivalent zu } (L, W, \ell, w)\}$$

beschrieben. Die Ermittlung von $u_A(L, W)$ erfordert die Lösung einer (endlichen) Folge elementar auswertbarer linearer Optimierungsprobleme.

Eine weitere obere Schranke $u_I(L, W)$ wird von Isermann ([Ise87]) angegeben. Diese Schranke resultiert aus einer Kombination eindimensionaler Relaxationen (in vertikaler und horizontaler Richtung). Die im Abschnitt 5.2 vorgestellte Streifen-Relaxation beim Rechteck-Packungsproblem entspricht genau der Isermann-Schranke, wenn nur ein drehbares Rechteck (Teil) gegeben ist. Bezeichnen wir mit x_{ij} die Anzahl, wie oft die effiziente Partition $(i, j) \in E(L, \ell, w)$ als horizontale Streifenvariante der Breite 1 verwendet wird, und mit y_{pq} die Anzahl, wie oft $(p, q) \in E(W, \ell, w)$ als vertikale Variante. Die Ermittlung von $u_I(L, W)$ erfordert damit die Lösung des linearen ganzzahligen Optimierungsproblems

Isermann-Schranke beim Paletten-Beladungsproblem

$$u_I(L, W) := \max \left\lfloor \sum_{(i,j) \in E(L,\ell,w)} \frac{i x_{ij}}{w} + \sum_{(p,q) \in E(W,\ell,w)} \frac{p y_{pq}}{w} \right\rfloor \quad \text{bei} \quad (8.1)$$

$$\sum_{(i,j) \in E(L,\ell,w)} x_{ij} \leq W, \qquad \sum_{(p,q) \in E(W,\ell,w)} y_{pq} \leq L,$$

$$\sum_{(i,j) \in E(L,\ell,w)} \ell i x_{ij} = \sum_{(p,q) \in E(W,\ell,w)} w q y_{pq},$$

$$\sum_{(i,j) \in E(L,\ell,w)} w j x_{ij} = \sum_{(p,q) \in E(W,\ell,w)} \ell p y_{pq},$$

$$x_{ij} \in \mathbb{Z}_+, \ (i, j) \in E(L, \ell, w), \quad y_{pq} \in \mathbb{Z}_+, \ (p, q) \in E(W, \ell, w). \quad (8.2)$$

Da die Ganzzahligkeitsforderungen zu Aufwandsproblemen führen können, wird üblicherweise die stetige Relaxation zu (8.1) – (8.2) verwendet. Deren Optimalwert bezeichnen wir mit $u_{LP}(L,W)$. Eine detaillierte Analyse oberer Schranken zum Paletten-Beladungsproblem findet man in [LA01].

8.3 Die G4-Heuristik

8.3.1 Bezeichnungen, Block-Heuristiken

In diesem Abschnitt nehmen wir ohne Einschränkung der Allgemeinheit an, dass $\ell > w$ gilt. Ein horizontal orientiertes Teil, d. h. das Rechteck $\ell \times w$, wird als H-Teil, ein vertikal orientiertes, d. h. $w \times \ell$, als V-Teil bezeichnet. Die Position eines Teiles wird wieder durch die Position seiner linken unteren Ecke auf der Palette beschrieben. Die Palette wird dabei durch die Punktmenge

$$P(L,W) := \{(x,y) \in \mathbb{R}^2 : 0 \le x \le L, 0 \le y \le W\}$$

repräsentiert. Es seien

$$(x_i,y_i,H) = \{(x,y) \in \mathbb{R}^2 : x_i \le x \le x_i + \ell, \, y_i \le y \le y_i + w\} \quad \text{und}$$

$$(x_i,y_i,V) = \{(x,y) \in \mathbb{R}^2 : x_i \le x \le x_i + w, \, y_i \le y \le y_i + \ell\}.$$

Eine *Anordnung* bzw. *Anordnungsvariante* A von n Teilen ist dann

$$A = A(I) = \{(x_i,y_i,o_i) : i \in I\} \qquad \text{mit } I = \{1,\ldots,n\},$$

wobei (x_i,y_i) der *Anordnungspunkt* des i-ten Teiles ist und $o_i \in \{H,V\}$ die *Orientierung* charakterisiert. Eine Anordnungsvariante $A(I)$ mit $I = \{1,\ldots,n\}$ wird *homogen* genannt, falls alle angeordneten Teile die gleiche Orientierung haben (Abschnitt 4.5).

Definition 8.2
Eine Anordnungsvariante $A(I)$ zur Palette $P(L,W)$ mit $I = \{1,\ldots,n\}$ heißt k-*Blockvariante*, falls es eine Partition von I in k Teilmengen I_j und zugehörige disjunkte Rechtecke $R_j \subseteq P(L,W)$, $j = 1,\ldots,k$, gibt, so dass die Anordnungsvarianten $A(I_j)$ eingeschränkt auf R_j für alle j homogen sind.

Die k-Blockvarianten sind für $k \le 3$ Guillotine-Zuschnittvarianten und damit spezielle Format-Zuschnittvarianten, die im Abschnitt 4.5 betrachtet werden. Für $k > 3$ sind die k-Blockvarianten i. Allg. keine Guillotine-Zuschnittvarianten. In der Abbildung 8.2

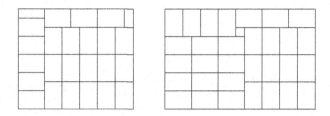

Abbildung 8.2: Optimale 3- bzw. 4-Blockvariante für $(13, 11, 3, 2)$ bzw. $(17, 11, 3, 2)$

sind eine optimale 3-Blockvariante für die Instanz $(13, 11, 3, 2)$ und eine optimale 4-Blockvariante für die Instanz $(17, 11, 3, 2)$ angegeben.

Die Ermittlung optimaler k-Blockvarianten mit $k \in \{5, 7, 9\}$ oder anderer Blockvarianten erfordert in der Regel erheblichen numerischen Aufwand. Wir verzichten deshalb auf die Angabe entsprechender Algorithmen. Stattdessen beschreiben wir im nächsten Abschnitt eine andere Vorgehensweise der Ermittlung zumeist optimaler Anordnungsvarianten. In der Abbildung 8.3 sind eine optimale 5-Blockvariante für die Instanz $(44, 37, 7, 5)$ und eine optimale 7-Blockvariante für die Instanz $(37, 22, 7, 3)$ angegeben.

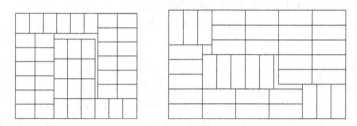

Abbildung 8.3: Optimale 5- bzw. 7-Blockvariante für $(44, 37, 7, 5)$ bzw. $(37, 22, 7, 3)$

Eine optimale 9-Blockvariante für die Instanz $(68, 52, 10, 7)$ und eine optimale Diagonal-Blockvariante für die Instanz $(27, 25, 7, 3)$ werden in der Abbildung 8.4 gezeigt.

8.3.2 Die G4-Struktur

Es sei $A = A(I)$ eine Anordnungsvariante für die Palette $P(L, W)$. Eine Teilmenge $\widetilde{A} = A(\widetilde{I}) = \{(x_i, y_i, o_i) : i \in \widetilde{I}\}$ von A heißt *Blockvariante*, falls eine Teilmenge $\widetilde{I}$ von $I = \{1, \ldots, n\}$ und ein Rechteck

$$R(\underline{x}, \underline{y}, \bar{x}, \bar{y}) := \{(x, y) \in \mathbb{R}^2 : \underline{x} \leq x \leq \bar{x}, \ \underline{y} \leq y \leq \bar{y}\}$$

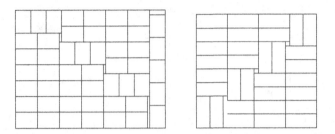

Abbildung 8.4: Optimale 9- bzw. Diagonal-Blockvariante für $(68, 52, 10, 7)$ bzw. $(27, 25, 7, 3)$

existieren derart, dass

$$\bigcup_{i \in \tilde{I}} (x_i, y_i, o_i) \subseteq R(\underline{x}, \underline{y}, \bar{x}, \bar{y}) \quad \text{und} \quad \bigcup_{i \in I \setminus \tilde{I}} (x_i, y_i, o_i) \cap \text{int} R(\underline{x}, \underline{y}, \bar{x}, \bar{y}) = \emptyset$$

gilt.

Definition 8.3
Eine Anordnungsvariante $A(I)$ der Palette $P(L, W)$ mit $I = \{1, \dots, n\}$ hat *Guillotine-Struktur (G-Struktur)*, falls $n \leq 3$ ist oder falls es eine Partition I_1 und $I_2 = I \setminus I_1$ von I gibt derart, dass sowohl $A(I_1)$ als auch $A(I_2)$ Blockvarianten bilden, die Guillotine-Struktur haben.

Definition 8.4
Eine Anordnungsvariante $A(I)$ der Palette $P(L, W)$ mit $I = \{1, \dots, n\}$ hat per Definition *1-Blockstruktur*, falls sie homogen ist. Die Anordnungsvariante $A(I)$ hat k-Blockstruktur mit einem $k \in \mathbb{Z}$, $k \geq 2$, falls es eine Partition von I in q Teilmengen I_j, $j = 1, \dots, q$, und zugehörige disjunkte Rechtecke $R_j \subseteq P(L, W)$ derart gibt, dass für jedes j die Einschränkung von $A(I)$ auf R_j eine Anordnungsvariante $A(I_j)$ mit p_j-Blockstruktur bildet und $\max\{q, p_1, \dots, p_q\} = k$ gilt.

Man beachte: Es gibt einen wesentlichen Unterschied zwischen den Begriffen k-Blockstruktur und k-Blockvariante. Bei einer k-Blockvariante ist die Anzahl der homogenen Blöcke gleich k, während diese Anzahl bei einer Anordnungsvariante mit k-Blockstruktur durch die rekursive Definition beliebig ist.

Aussage 8.2
Eine Anordnungsvariante $A(I)$ hat eine k-Blockstruktur mit $k \leq 3$ genau dann, wenn sie Guillotine-Struktur hat.

Zum Beweis siehe Aufgabe 8.2.

Definition 8.5

Eine Anordnungsvariante $A(I)$ einer Palette $P(L,W)$ hat *G4-Struktur*, falls $A(I)$ k-Blockstruktur mit $k \leq 4$ hat.

Die Bezeichnung *G4-Struktur* kann als *Guillotine- oder 4-Blockstruktur* oder als *verallgemeinerte* (generalized) *4-Blockvariante* interpretiert werden. Man beachte: Die rekursive Definition der G4-Struktur erlaubt eine beliebige Anzahl von Blöcken in einer Anordnungsvariante mit G4-Struktur, die nur durch die Anzahl der angeordneten Teile beschränkt ist.

8.3.3 Die G4-Heuristik

Die G4-Heuristik ist eine Rekursion, die das zweidimensionale Paletten-Beladungsproblem eingeschränkt auf Anordnungsvarianten mit G4-Struktur löst, d. h., die unter allen Anordnungsvarianten mit G4-Struktur eine mit maximaler Anzahl angeordneter Teile ermittelt.

Auf Grund der Definition der G4-Struktur besteht eine G4-Anordnungsvariante entweder aus zwei disjunkten G4-Anordnungsvarianten (falls ein Guillotine-Schnitt existiert) oder aus vier disjunkten G4-Anordnungsvarianten (falls kein Guillotine-Schnitt existiert). Um maximale G4-Varianten zu ermitteln, benötigen wir also maximale G4-Varianten für kleinere Paletten (Rechtecke).

Es sei $n(L',W')$ die Gesamtanzahl der angeordneten V- und H-Teile in einer maximalen G4-Variante für die Palette mit Länge L' und Breite W', wobei $L',W' \in \mathbb{Z}_+, L' \leq L$ und $W' \leq W$. Offenbar gilt

$$n(L',W') = 0, \quad \text{falls } \min\{L',W'\} < w \text{ oder } \max\{L',W'\} < \ell,$$

sowie

$$n(\ell,w) = n(w,\ell) = 1,$$

womit Initialwerte für die folgende Rekursion gegeben sind. Wir bezeichnen mit

$$n_V(L',W',a) := n(a,W') + n(L'-a,W'), \ a \in \{1,\ldots,L'-1\}, \quad \text{und}$$

$$n_H(L',W',b) := n(L',b) + n(L',W'-b), \ b \in \{1,\ldots,W'-1\},$$

die resultierende Anzahl bei Anwendung eines vertikalen bzw. horizontalen Guillotine-Schnitts. Unter Verwendung der in Abbildung 8.5 definierten Bezeichnungen mit

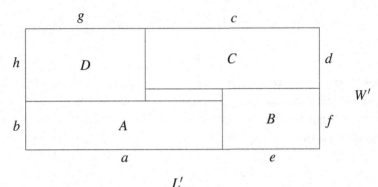

Abbildung 8.5: Bezeichnungen für die G4-Rekursion

$$a, b, c, d \in \mathbb{N}, \quad e := L' - a, \quad f := W' - d, \quad g := L' - c, \quad h := W' - b$$

erhält man:

$$n(L', W') = \max \left\{ \max_{1 \le a \le L'/2} n_V(L', W', a), \ \max_{1 \le b \le W'/2} n_H(L', W', b), \right.$$

$$\left. \max_{1 \le a < L'} \max_{1 \le b < W'} \max_{L'-a < c < L'} \max_{1 \le d < W'-b} \{ n(a, b) + n(e, f) + n(c, d) + n(g, h) \} \right\},$$

$$W' = w, \dots, W, \ L' = w, \dots, L \quad \text{mit} \quad L' + W' > \ell + w.$$

Die Basisvariante der G4-Heuristik besteht nun in der direkten Anwendung dieser Rekursion zur Berechnung aller Werte $n(L', W')$ für alle ganzzahligen L' und W' mit $0 < W' \le W$ und $0 < L' \le L$. Die Rekursion beinhaltet jedoch zahlreiche Möglichkeiten der Aufwandsverringerung, die im nächsten Abschnitt untersucht werden.

Wir betrachten nun speziell die Instanzen des Typs I, die durch $1 \le L/W \le 2$, $1 \le \ell/w \le 4$ und $6 \le LW/(lw) \le 50$ charakterisiert und in der Praxis von großem Interesse sind.

Satz 8.3
Die G4-Heuristik ermittelt optimale Anordnungsvarianten für alle Instanzen des Typs I.

Beweis: Zunächst zeigen wir, dass die G4-Heuristik nichtschlechtere Anordnungsvarianten ermittelt als zahlreiche in der Literatur bekannte Heuristiken. Wie in Aufgabe 8.3 gezeigt wird, hat jede k-Blockvariante mit $k \le 5$ G4-Struktur. Weiterhin besitzen die 7-Blockvarianten, die durch die *7-Block-Heuristiken* ([DD83], [Exe88]) erhalten werden, die G4-Struktur. Die *9-Block-Heuristik* in [Exe88] liefert gleichfalls Anordnungsvarianten mit G4-Struktur. Die *Diagonal-Heuristiken* in [Exe88] und [Nau90] erzeugen gleichfalls Anordnungsvarianten mit G4-Struktur.

In [Nel94] wurden weitere Heuristiken vorgeschlagen, die *angle heuristic*, die *recursive angle heuristic*, die *recurrence heuristic* und die *complex block heuristic*. Diese Heuristiken generieren ebenfalls Anordnungsvarianten mit G4-Struktur. Der wesentliche Unterschied im Vergleich zu allgemeinen G4-Varianten besteht darin, dass in den anderen Heuristiken gewisse Blöcke nur homogene Anordnungen erlauben.

Insgesamt kann also festgestellt werden, dass jede Anordnungsvariante, die durch eine der Heuristiken erhalten wird, die G4-Struktur besitzt. Folglich gilt: Falls die beste G4-Variante für eine Instanz des Paletten-Beladungsproblems ermittelt wird, dann erhält man eine Anordnungsvariante, die mindestens so gut ist wie die beste, die mit den anderen Heuristiken erhalten werden kann.

In [Nel94] werden alle Äquivalenzklassen der Instanzen vom Typ I untersucht. Für jede der 8274 Instanzen aus COVER I, bis auf 4, liefert mindestens eine der obigen Heuristiken eine optimale Anordnungsvariante. Da die G4-Heuristik mindestens so gute Anordnungsvarianten wie die in [Nel94] verwendeten Heuristiken ermittelt, verbleibt die Untersuchung der restlichen vier Repräsentanten. Die G4-Heuristik liefert für diese vier Instanzen ebenfalls eine optimale Anordnungsvariante ([ST96]). Diese sind in den Abbildungen 8.1 und 8.6 angegeben. Damit folgt die Behauptung. ∎

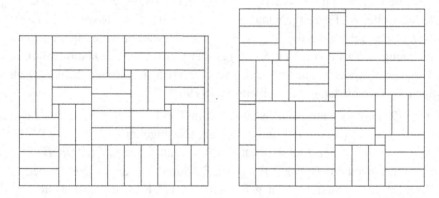

Abbildung 8.6: Optimale Anordnungen für die Instanzen (57,44,12,5) und (56,52,12,5)

8.3.4 Aufwandsreduktion

Zunächst kann festgestellt werden, dass es nicht erforderlich ist, G4-Varianten mit $b + d > W'$ zu ermitteln, da diese Spiegelungen des Falls $f + h > W$ sind (s. Abb. 8.5). Durch die Verwendung *normalisierter* Anordnungen und von Rasterpunkten (s. Abschnitt 2.7) kann der numerische Aufwand i. Allg. wesentlich gesenkt werden. Mit $S(L)$ und $S(W)$ bezeichnen wir die reduzierten Rasterpunktmengen in L- bzw. W-Richtung.

Der Rechenaufwand kann durch Verwendung von oberen Schranken für $n(L,W)$ weiter reduziert werden. Stellt man während der Berechnung von $n(L,W)$ fest, dass der Maximalwert bereits gefunden wurde (da gleich der oberen Schranke), kann die Rekursion vorzeitig verlassen werden. Um den Rechenaufwand zu reduzieren, werden folgende obere Schranken (s. Abschnitt 8.2) verwendet:

1. die Flächenschranke $u_F(L,W) := \lfloor (LW)/(lw) \rfloor$,
2. die Barnes-Schranke $u_B(L,W)$,
3. die minimale Flächenschranke $u_A(L,W)$ nach Dowsland,
4. eine LP-Schranke $u_{LP}(L,W)$ nach Isermann.

Da die Berechnung der Schranken unterschiedlichen Aufwand erfordert, werden diese in einer angepassten Reihenfolge eingesetzt. Zur Berechnung von $n(L,W)$ sind alle notwendigen Optimalwerte $n(L',W')$ zu ermitteln. Als Initialisierung setzen wir

$$n(w,W') := \lfloor W'/\ell \rfloor,\ W' \in S(W),\quad n(L',w) := \lfloor L'/\ell \rfloor,\ L' \in S(L).$$

Dann wird die in der Abbildung 8.7 angegebene Strategie zur Berechnung von $n(L',W')$ für eine Palette $P(L',W')$ mit $L' \in S(L), W' \in S(W), L' > w, W' > w$ und $\max\{L',W'\} \geq \ell$ angewendet. wobei W' für festgehaltenes L' variiert wird. Die Menge $S_0(L)$ ist definiert durch $S_0(L) := \{r : r = \ell p + wq,\ r \leq L,\ p,q \in \mathbb{Z}_+\}$. Man beachte, dass auch während der Berechnung von n_3 und n_4 auf *Stopp* getestet werden kann. Da die Ermittlung von n_4 der Variation von vier Parametern entspricht, ergeben sich weitere Möglichkeiten des vorzeitigen Verlassens der 4-fach Schleife (s. [ST96]).

Nelißen [Nel94] untersuchte auch Instanzen vom Typ II, die sich vom Typ I durch die Bedingung $51 \leq LW/(\ell w) < 101$ unterscheiden. Die zugehörige Menge COVER II von Repräsentanten (Äquivalenzklassen) hat die Kardinalzahl $card(COVER\ II) = 41\,831$. Bis auf 206 Instanzen aus COVER II werden für alle durch die in [Nel94] betrachteten Heuristiken optimale Anordnungen gefunden. Die G4-Heuristik löst weitere 167 der 206 Instanzen. Darüber hinaus gilt: Die Differenz zwischen Optimalwert (bzw. oberer Schranke) und G4-Wert ist 1 für die restlichen 39 Instanzen.

Um einen Eindruck über den Rechenaufwand zu vermitteln, sind in der Tabelle 8.1 einige Ergebnisse aus [ST96] angegeben. Dabei wird die G4-Heuristik mit zwei Varianten verglichen, bei denen die LP-Schranke u_{LP} nach Isermann bzw. diese und die Äquivalenz-Schranke u_A weggelassen wurden.

Die Nützlichkeit der beiden Schranken u_{LP} und u_A zeigt sich auch in Tabelle 8.2, in der Ergebnisse von Instanzen mit $W=200$, $\ell=21$, $w=19$ und den unterschiedlichen L-Werten $L=200, 250, \ldots, 450$ angegeben sind.

G4-Heuristik: Ermittlung von $n(L', W')$

S1: Symmetrie: Falls $W' < L'$ und $L' \leq W$, dann setze $n(L', W') := n(W', L')$, Stopp (d. h. die Berechnung von $n(L', W')$ ist beendet).

S2: Berechne die beste homogene Anordnungsvariante (n_1 sei die Anzahl der Teile in dieser Anordnung) und die Flächenschranke $u := u_F(L', W')$. Falls $n_1 = u$, dann Stopp.

S3: Vergleich mit Lösungen für kleinere Paletten:
Setze $n_2 := \max\{n(L'-1, W'), n(L', W'-1), n_1\}$. Falls $n_2 = u$, Stopp.

S4: Berechnung der Barnes-Schranke:
Setze $u := \min\{u, u_B(L', W')\}$. Falls $n_2 = u$, dann Stopp.

S5: Guillotine-Struktur: Berechne
$$n_3 := \max\left\{n_2, \max_{a \in S_0(L'/2)} n_V(L', W', a), \max_{b \in S_0(W'/2)} n_H(L', W', b)\right\}.$$
Falls $n_3 = u$, dann Stopp.

S6: Berechnung weiterer Schranken:
Setze $u := \min\{u, u_A(L', W')\}$. Falls $n_3 = u$, dann Stopp.
Setze $u := \min\{u, u_{LP}(L', W')\}$. Falls $n_3 = u$, dann Stopp.

S7: 4-Blockstruktur: Berechne die maximale Anzahl n_4 der Teile für die Anordnungsvariante mit 4-Blockstruktur.

Abbildung 8.7: Die G4-Heuristik zur Lösung des Paletten-Beladungsproblems

Tabelle 8.1: Verhältnis der Rechenzeiten für die 206 Instanzen aus COVER II

	Mittelwert	Maximalwert
G4-Heuristik	0.22	0.55
ohne Schranke u_{LP}	0.12	0.33
ohne Schranken u_{LP} und u_A	0.25	1.43

Tabelle 8.2: Aufwandsvergleich der Varianten in Abhängigkeit von L

$L =$	200	250	300	350	400	450
G4-Wert	100	125	149	175	200	225
G4-Heuristik	0.22	0.28	1.15	2.20	3.40	20.54
ohne Schranke u_{LP}	0.11	0.22	0.88	1.97	3.24	21.42
ohne Schranken u_{LP} und u_A	0.49	2.52	6.65	9.17	33.84	47.13

Eine marginale Verbesserung der G4-Heuristik wird in [MM98] erreicht, indem eine optimale Anordnung mit 5-Blockstruktur ermittelt wird. Anordnungsvarianten mit 5-Blockstruktur können online auf folgender Internet-Seite berechnet werden: `http://familiamartins.com/plp/index.htm`.

8.4 Das Guillotine-Paletten-Beladungsproblem

In diesem Abschnitt betrachten wir das Paletten-Beladungsproblem unter der Zusatz-bedingung, dass die Anordnung eine Guillotine-Anordnung ist. Für den Spezialfall des Guillotine-Paletten-Beladungsproblems geben wir einen polynomialen Algorithmus an.

8.4.1 Basismodell und Algorithmus

Beim *Guillotine-Paletten-Beladungsproblem* wird eine Guillotine-Anordnung gesucht, die die maximale Gesamtzahl von Rechtecken $\ell \times w$ oder $w \times \ell$ auf einer Palette $P(L,W)$ realisiert. Wir setzen wieder voraus, dass $L, W, \ell, w \in I\!N$ und ggT $(\ell, w) = 1$ gilt. Im Unterschied zum vorangehenden Abschnitt nehmen wir nun an, dass $\ell < w$ gilt.

Für die Palette (das Rechteck) $P(L,W)$ wird ein ℓ-Streifen definiert, der entweder ein vertikaler (Abb. 8.8 (a)) oder ein horizontaler (Abb. 8.8 (b)) Streifen der Breite ℓ ist. Es gibt drei Bedingungen, die ein ℓ-Streifen eines Rechtecks $P(L,W)$ erfüllen muss:

1. Die Länge $\mathscr{L}$ eines ℓ-Streifens ist gleich W oder L.
2. Der ℓ-Streifen enthält $\lfloor \mathscr{L}/w \rfloor$ Rechtecke $\ell \times w$.
3. Der ℓ-Streifen ist *unten-links-bündig* in $P(L,W)$ angeordnet.

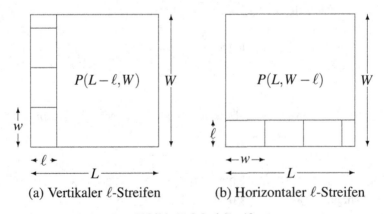

(a) Vertikaler ℓ-Streifen   (b) Horizontaler ℓ-Streifen

Abbildung 8.8: ℓ-Streifen

Eine Anordnung(-svariante) heißt ℓ-*Anordnung* für $P(L,W)$, wenn sie nur einen ℓ-Streifen enthält oder falls sie aus einem vertikalen oder horizontalen ℓ-Streifen und einer ℓ-Anordnung für $P(L-\ell,W)$ bzw. für $P(L,W-\ell)$ entsprechend Abbildung 8.8 gebildet wird. Es ist leicht einzusehen, dass jede Guillotine-Anordnung in eine ℓ-Anordnung durch Verschieben der Rechtecke transformiert werden kann. Folglich sind zur Ermittlung einer maximalen Guillotine-Anordnung nur ℓ-Anordnungen zu betrachten. Eine derartige Normalisierung von Guillotine-Anordnungen ist nicht möglich, falls mehr als zwei unterschiedliche Rechtecktypen (ohne Drehung!) vorhanden sind. In Analogie zu den ℓ-Streifen können auch w-Streifen und w-Anordnungen definiert werden (s. Aufgabe 8.5).

Jede ℓ-Anordnung ist eine Zerlegung von $P(L,W)$ in eine Folge vertikaler und horizontaler ℓ-Streifen. Wir beschreiben diese Zerlegung durch eine Folge boolescher Variablen

$$x_1, x_2, \ldots, x_t, \quad \text{wobei} \quad t = n + m \quad \text{mit} \quad n := \lfloor L/\ell \rfloor, \ m := \lfloor W/\ell \rfloor.$$

Die Variable x_i ist 1, falls der i-te ℓ-Streifen vertikal ist, und 0, falls er horizontal ist. (Leere ℓ-Streifen sind zugelassen.)

Eine ℓ-Anordnung ist ein Spezialfall einer *Block-ℓ-Anordnung*, wobei ein Block aus einer Anzahl paralleler ℓ-Streifen besteht (Abb. 8.9). Eine Block-ℓ-Anordnung ist definiert durch die Anzahl r vertikaler homogener Blöcke und die Anzahl s horizontaler homogener Blöcke, nichtnegative Blockgrößen $v_1, \ldots, v_r$ und $g_1, \ldots, g_s$, die $\sum_{i=1}^{r} v_i = n$ und $\sum_{i=1}^{s} g_i = m$ erfüllen, und eine Folge $x_1, \ldots, x_{r+s}$ boolescher Variablen. Die *Blockgröße* v_i ist die Anzahl der vertikalen ℓ-Streifen im i-ten vertikalen Block und g_i ist die Anzahl der horizontalen ℓ-Streifen. Die boolesche Variable x_k ist gleich 1, falls der k-te Block vertikal ist. Im Folgenden identifizieren wir einen Block mit der Blockgröße v_i oder g_i. Das 0/1-Problem, mit gegebenen Blockgrößen $v_1, \ldots, v_r$, $g_1, \ldots, g_s$ eine optimale Folge

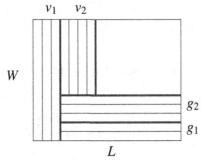

Abbildung 8.9: Anfang einer Block-ℓ-Anordnung

vertikaler und horizontaler Blöcke so zu finden, dass der Gesamtabfall minimal ist, heißt *Guillotine-Block-Paletten-Beladungsproblem*.

Als Nächstes betrachten wir den Abfall in einer ℓ-Anordnung. Für einen vertikalen ℓ-Streifen, der auf y, $y \leq m$, horizontalen ℓ-Streifen steht, ist der Abfall gleich $\ell \cdot E_0(y)$, wobei

$$E_0(y) := (W - \ell y) \bmod w, \quad y \in \mathbb{Z}_+, \, y \leq m. \tag{8.3}$$

Analog ist $\ell \cdot E_1(y)$ mit

$$E_1(y) := (L - \ell y) \bmod w, \quad y \in \mathbb{Z}_+, \, y \leq n$$

der Abfall in einer ℓ-Anordnung für einen horizontalen ℓ-Streifen, der rechts neben y, $y \leq n$, vertikalen ℓ-Streifen liegt.

Beispiel 8.1
Gegeben sei die Instanz $(L, W, w, \ell) = (40, 25, 7, 3)$ des Paletten-Beladungsproblems. Dann gilt $n = \lfloor L/\ell \rfloor = 13$ und $m = \lfloor W/\ell \rfloor = 8$. Weiterhin gilt:

y	0	1	2	3	4	5	6	7	8	9	10	11	12	13
$E_0(y)$	4	1	5	2	6	3	0	4	1					
$E_1(y)$	5	2	6	3	0	4	1	5	2	6	3	0	4	1

$\square$

Nun beschreiben wir ein Modell für das *Block-ℓ-Anordnungsproblem*. Gegeben seien die Blockgrößen $v_1, \ldots, v_r$ und $g_1, \ldots, g_s$. Jede Block-ℓ-Anordnung hat genau n vertikale und m horizontale ℓ-Streifen sowie r vertikale und s horizontale Blöcke. Für $x \in \mathbb{B}^{r+s}$ sichert die Bedingung $\sum_{i=1}^{r+s} x_i = r$, dass genau r vertikale Blöcke vorhanden sind. Die Anzahlen

$$\rho(i) := \sum_{j=1}^{i} x_j \quad \text{und} \quad \eta(i) := \sum_{j=1}^{i} (1 - x_j)$$

geben an, wie viele vertikale bzw. horizontale Blöcke bis zum i-ten Block vorhanden sind. Damit erhält man mit

$$M(x) = \sum_{i=1}^{r+s} \left\{ x_i v_{\rho(i)} E_0 \left(\sum_{t=1}^{\eta(i)} g_t \right) + (1 - x_i) g_{\eta(i)} E_1 \left(\sum_{t=1}^{\rho(i)} v_t \right) \right\}$$

das folgende Modell:

$$S(x) := S_0 + \ell \cdot \min \left\{ M(x) : \sum_{i=1}^{r+s} x_i = r, \, x_i \in \{0, 1\}, \, i = 1, \ldots, r+s \right\}. \tag{8.4}$$

Der Wert $S(x)$ ist der Abfall der Block-ℓ-Anordnung. Es gilt $S_0 = (L \bmod \ell)(W \bmod \ell)$. Im Folgenden beschreiben wir den Abfall nur durch die Funktion $M(x)$.

Das Modell (8.4) kann durch *dynamische Optimierung* gelöst werden. Es sei (i, j) die Menge aller ℓ-Block-Folgen mit i vertikalen Blöcken $v_1, \ldots, v_i$ und j horizontalen Blöcken $g_1, \ldots, g_j$. Mit $H(i, j)$ bezeichnen wir den minimalen Abfall (bez. $M(x)$) für den Zustand (i, j). Dann gilt mit $H(0,0) := 0$, $H(1,0) := v_1 E_0(0)$ und $H(0,1) := g_1 E_1(0)$ die folgende Rekursion für $i = 1, 2, \ldots, r$, $j = 1, 2, \ldots, s$:

$$H(i, j) = \min \left\{ H(i-1, j) + v_i E_0 \left(\sum_{t=1}^{j} g_t \right), H(i, j-1) + g_j E_1 \left(\sum_{t=1}^{i} v_t \right) \right\}. \quad (8.5)$$

8.4.2 Definition von Teilproblemen

Nun zeigen wir, dass das Guillotine-Paletten-Beladungsproblem in drei Teilprobleme zerlegt werden kann. Zugehörig zu den Funktionen

$$E_0(y) = (W - \ell y) \bmod w, \quad E_1(y) = (L - \ell y) \bmod w, \quad y \in \mathbb{Z}_+$$

definieren wir die Mengen der globalen Minimumstellen durch

$$A_0 := \{ \sigma \, : \, \sigma = \arg \min_{0 \le y \le m} E_0(y) \}, \quad A_1 := \{ \sigma \, : \, \sigma = \arg \min_{0 \le y \le n} E_1(y) \}.$$

Satz 8.4
Es sei $\sigma_0 \in A_0$, $\sigma_1 \in A_1$, $k := \sigma_0 + \sigma_1$. Dann existiert stets eine optimale ℓ-Anordnung mit der Eigenschaft, dass die ersten k ℓ-Streifen σ_0 horizontale und σ_1 vertikale ℓ-Streifen enthalten.

Beweis: Es sei x eine optimale ℓ-Anordnung und x erfülle diese Eigenschaft nicht. Weiterhin sei $\rho(k) < \sigma_1$, $\eta(k) > \sigma_0$, d. h., es gibt mehr als σ_0 Nullen in den ersten k Komponenten von x. Es seien a und b zwei Indizes, definiert durch

$$x_a = 0 \text{ und } \eta(a) = \sigma_0, \qquad x_b = 1 \text{ und } \rho(b) = \sigma_1.$$

Dann gilt $a < k < b$. Wir definieren eine ℓ-Anordnung x' durch

$$x'_i = \begin{cases} x_i & \text{für} \quad i = 1, \ldots, a, \; b+1, \ldots, n+m, \\ 1 & \text{für} \quad i = a+1, \ldots, k, \\ 0 & \text{für} \quad i = k+1, \ldots, b. \end{cases}$$

Dann gilt:

$$
\begin{aligned}
M(x) - M(x') &= \sum_{i=a+1}^{b} \left[x_i E_0(\eta(i)) + (1-x_i)E_1(\rho(i)) \right] \\
&\quad - (\sigma_1 - \rho(a))E_0(\sigma_0) - (b - \sigma_1 - \sigma_0)E_1(\sigma_1) \\
&= \sum_{i=a+1}^{b} \Big[x_i \underbrace{(E_0(\eta(i)) - E_0(\sigma_0))}_{\geq 0} + (1-x_i) \underbrace{(E_1(\rho(i)) - E_1(\sigma_1))}_{\geq 0} \Big] \\
&\geq 0.
\end{aligned}
$$

Das heißt, x' ist gleichfalls eine optimale Anordnung. Der Beweis für den Fall $\rho(k) > \sigma_1$, $\eta(k) < \sigma_0$ ist analog. ∎

Weiterhin seien spezielle Minimumstellen $\sigma_0^-, \sigma_0^+, \sigma_1^-, \sigma_1^+$, definiert durch

$$
\sigma_0^- := \min\{\sigma : \sigma \in A_0\}, \qquad \sigma_0^+ := \max\{\sigma : \sigma \in A_0\},
$$
$$
\sigma_1^- := \min\{\sigma : \sigma \in A_1\}, \qquad \sigma_1^+ := \max\{\sigma : \sigma \in A_1\}.
$$

Dann gilt Satz 8.4 insbesondere für $\sigma_0 = \sigma_0^-$ und $\sigma_1 = \sigma_1^-$.

Beispiel 8.2

(Fortsetzung von Beispiel 8.1) Wegen $A_0 = \{6\}$ gilt $\sigma_0^- = \sigma_0^+ = 6$ und wegen $A_1 = \{4, 11\}$ sind $\sigma_1^- = 4$ und $\sigma_1^+ = 11$. □

Satz 8.5

Es sei $x = (x_1, \ldots, x_{n+m})^T$ eine optimale ℓ-Anordnung, die die Eigenschaft aus Satz 8.4 erfüllt mit $k = \sigma_0^- + \sigma_1^-$. Weiter sei $r = \sigma_0^+ + \sigma_1^+$. Dann sind die ℓ-Anordnungen

$$
x' = (x_1, \ldots, x_k, \underbrace{1, 1, \ldots, 1}_{\sigma_1^+ - \sigma_1^-}, \underbrace{0, 0, \ldots, 0}_{\sigma_0^+ - \sigma_0^-}, x_{r+1}, \ldots, x_{n+m})^T
$$

und

$$
x^* = (x_1, \ldots, x_k, \underbrace{0, 0, \ldots, 0}_{\sigma_0^+ - \sigma_0^-}, \underbrace{1, 1, \ldots, 1}_{\sigma_1^+ - \sigma_1^-}, x_{r+1}, \ldots, x_{n+m})^T
$$

gleichfalls optimale ℓ-Anordnungen.

Beweis: Aus Satz 8.4 wissen wir, dass eine optimale ℓ-Anordnung existiert mit $\sigma_1^+ - \sigma_1^-$ vertikalen und $\sigma_0^+ - \sigma_0^-$ horizontalen ℓ-Streifen als $(k+1)$-ten bis r-ten ℓ-Streifen. Der weitere Beweis der Optimalität von x' ist analog zum Beweis des Satzes 8.4, wenn $a := k$, $\sigma_1 := \sigma_1^+$, $b := \sigma_0^+ + \sigma_1^+$ gesetzt und die ℓ-Anordnung x' betrachtet wird. Folglich gilt $\rho(a) = \sigma_1^-$. Analog kann die Optimalität von x^* gezeigt werden. ∎

Aus den Sätzen 8.4 und 8.5 ergibt sich die

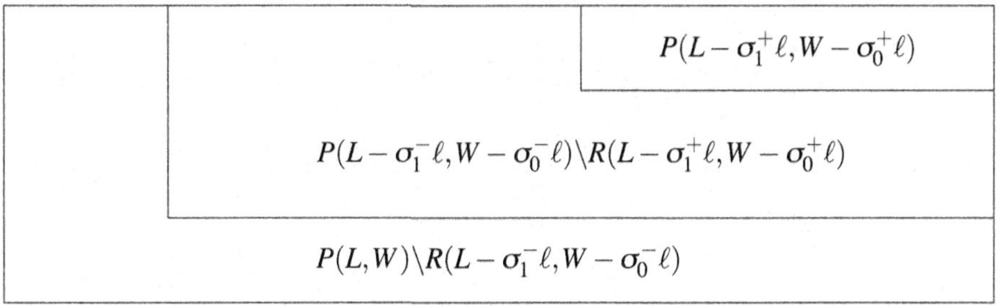

$$P(L - \sigma_1^+ \ell, W - \sigma_0^+ \ell)$$

$$P(L - \sigma_1^- \ell, W - \sigma_0^- \ell) \backslash R(L - \sigma_1^+ \ell, W - \sigma_0^+ \ell)$$

$$P(L,W) \backslash R(L - \sigma_1^- \ell, W - \sigma_0^- \ell)$$

Abbildung 8.10: Zerlegung von $L \times W$ in drei Teilbereiche

Folgerung 8.6

Eine optimale ℓ-Anordnung x des Guillotine-Paletten-Beladungsproblems kann wie folgt zusammengesetzt werden:

$$x = (x_1^1, x_2^1, \ldots, x_{k_1}^1, x_1^2, x_2^2, \ldots, x_{k_2}^2, x_1^3, x_2^3, \ldots, x_{k_3}^3)^T,$$

wobei $x^1 = (x_1^1, x_2^1, \ldots, x_{k_1}^1)^T$ mit $k_1 = \sigma_0^- + \sigma_1^-$, $x^2 = (x_1^2, x_2^2, \ldots, x_{k_2}^2)^T$ mit $k_2 = \sigma_0^+ - \sigma_0^- + \sigma_1^+ - \sigma_1^-$ und $x^3 = (x_1^3, x_2^3, \ldots, x_{k_3}^3)^T$ mit $k_3 = m - \sigma_0^+ + n - \sigma_1^+$ optimale ℓ-Anordnungen für die folgenden Teilprobleme sind:

1. Berechne x^1 als eine optimale ℓ-Anordnung des Bereichs $P(L,W) \setminus R(L - \sigma_1^- \ell, W - \sigma_0^- \ell)$, die σ_0^- horizontale und σ_1^- vertikale ℓ-Streifen hat.
2. Wähle x^2 als eine optimale ℓ-Anordnung des Bereichs $P(L - \sigma_1^- \ell, W - \sigma_0^- \ell) \setminus R(L - \sigma_1^+ \ell, W - \sigma_0^+ \ell)$, die $\sigma_0^+ - \sigma_0^-$ horizontale und $\sigma_1^+ - \sigma_1^-$ vertikale ℓ-Streifen entsprechend Satz 8.5 hat.
3. Berechne x^3 als eine optimale ℓ-Anordnung des Bereichs $P(L - \sigma_1^+ \ell, W - \sigma_0^+ \ell)$, die $m - \sigma_0^+$ horizontale und $n - \sigma_1^+$ vertikale ℓ-Streifen hat.

Jedes Teilproblem kann unabhängig von den anderen gelöst werden (Abschnitt 8.4.4).

8.4.3 Eigenschaften von E_0 und E_1

Es sei $E(y) = (\alpha_0 + \alpha y) \bmod \beta$, $y \in \mathbb{Z}_+$, und wir nehmen an, dass $\alpha_0, \alpha, \beta \in \mathbb{Z}_+$, $\mathrm{ggT}(\alpha, \beta) = 1$ und $\alpha_0 < \beta$, $\alpha < \beta$, $\alpha \neq 0$ gilt. Die Abbildung 8.11 zeigt das Beispiel $E(y) = (5 + 4y) \bmod 23$. Des Weiteren sei $\tilde{y}_0, \ldots, \tilde{y}_r$ die Folge der Minimum-Punkte von E gemäß

1. $\tilde{y}_0 = 0$; $\tilde{y}_r = \sigma^-$, wobei $\sigma^- = \min\{\sigma : \sigma = \arg \min_{y \in \mathbb{Z}_+} E(y)\}$;
2. $E(y) > E(\tilde{y}_i)$ für $y = 0, 1, \ldots, \tilde{y}_i - 1$, $i = 1, \ldots, r$;
3. $E(y) > E(\tilde{y}_i)$ für $y = \tilde{y}_i + 1, \ldots, \tilde{y}_{i+1} - 1$, $i = 1, \ldots, r - 1$.

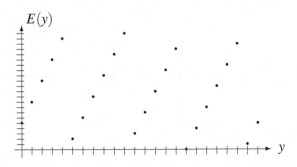

Abbildung 8.11: Modulo-Funktion $E(y) = (5 + 4y) \bmod 23$

Die Größe $\tilde{y}_i$ bezeichnet somit den globalen Minimumpunkt von $E(y)$, $y \in [0, \tilde{y}_{i+1}) \cap \mathbb{Z}$, und es gilt $E(\tilde{y}_0) > \ldots > E(\tilde{y}_r) = 0$. Weiterhin definieren wir eine Teilfolge $y_1^*, \ldots, y_{r^*}^*$ von $\tilde{y}_1, \ldots, \tilde{y}_r$ derart, dass alle Elemente $\tilde{y}_i$ mit

$$E(\tilde{y}_i) = E(\tilde{y}_{i-1}) + \frac{E(\tilde{y}_{i+1}) - E(\tilde{y}_{i-1})}{\tilde{y}_{i+1} - \tilde{y}_{i-1}} (\tilde{y}_i - \tilde{y}_{i-1})$$

entfernt werden. Im Folgenden zeigen wir, dass

$$r^* \leq \log_2 \beta$$

gilt und dass die Werte $y_1^*, \ldots, y_{r^*}^*$ in polynomialer Zeit $O(\Theta \log_2 \beta)$ berechnet werden können, wobei Θ die erforderliche binäre Wortlänge bezeichnet.

Die Funktion $E(y)$, $y \in \mathbb{Z}_+$, ist periodisch mit der Periode β und stückweise linear auf $\mathbb{Z}_+$. Wir nennen die Funktion $E(y)$ *diskret wachsend*, falls es kein y^* mit $E(y^*) > E(y^* + 1) > E(y^* + 2)$ gibt (Abb. 8.11). $E(y)$ ist *diskret fallend*, falls es kein y^* mit $E(y^*) < E(y^* + 1) < E(y^* + 2)$ gibt.

Im Fall $\alpha < \beta/2$ ist die Funktion $E(y)$ diskret wachsend und die linearen Teile haben den Gradienten (Anstieg) α. Falls $\alpha > \beta/2$, dann ist die Funktion $E(y)$ diskret fallend und wegen $E(y) = (\alpha_0 + \alpha y) \bmod \beta = (\alpha_0 - (\beta - \alpha)y) \bmod \beta$ haben die linearen Teile den Gradienten $-(\beta - \alpha)$. Nach Definition der Modulo-Funktion gilt $E(y) \geq 0$, $y \in \mathbb{Z}_+$. Wegen $\mathrm{ggT}(\alpha, \beta) = 1$ erhält man $\min\{E(y) : y \in \mathbb{Z}_+, 0 \leq y \leq \beta\} = 0$. Es sei

$$E^0(y) := (\alpha_0^0 + \alpha^0 y) \bmod \beta^0 \equiv E(y) = (\alpha_0 + \alpha y) \bmod \beta.$$

Die Funktion $E^0(y)$ hat die folgende Menge lokaler Minimum-Punkte:

$$Y^1 = \{y : y \in \mathbb{Z}_+, E(y) < \min\{\alpha^0, \beta^0 - \alpha^0\}\} =: \{z_0, z_1, \ldots\}.$$

Die Werte $E^0(y)$ auf dem Bereich Y^1 definieren eine neue Funktion $E^1(z), z \in \mathbb{Z}_+$, die gleichfalls eine Modulo-Funktion ist, wie in [Tar92] gezeigt wird. Sie kann wie folgt beschrieben werden:

$$E^1(y) := (\alpha_0^1 + \alpha^1 y) \bmod \beta^1,$$

wobei

$$\alpha_0^1 = E(z_0),$$

$$\beta^1 = \min\{\alpha^0, \beta^0 - \alpha^0\},$$

$$\alpha^1 = \begin{cases} \alpha^0 - \beta^0 \bmod \alpha^0, & \text{falls } \alpha^0 \leq \beta^0/2, \\ \beta^0 \bmod (\beta^0 - \alpha^0), & \text{falls } \alpha^0 > \beta^0/2. \end{cases}$$

Es gilt $\beta^1 \leq \beta^0/2$. Auf diese Weise definieren wir eine Folge von Funktionen

$$E^k(y) = (\alpha_0^k + \alpha^k y) \bmod \beta^k, \quad k = 0, 1, 2, \ldots$$

Wegen

$$\beta^k \leq \beta^{k-1}/2, \quad k = 1, 2, \ldots$$

endet dieser Prozess bei dem Wert $k = k^*$ mit $\beta^{k^*} = 1$ und es gilt

$$k^* \leq \log_2 \beta.$$

Für $k = 0, 1, \ldots, k^* - 1$ enthalten die Mengen

$$Y^{k+1} = \{y : y \in \mathbb{Z}_+, E(y) < \min\{\alpha^k, \beta^k - \alpha^k\}\}$$

alle lokalen Minimum-Punkte von $E(y)$ mit einem Funktionswert kleiner als $\min\{\alpha^k, \beta^k - \alpha^k\} = \beta^{k+1}$ und es gilt

$$\{y_1^*, \ldots, y_{r^*}^*\} \subseteq Y^* := \{y : y = \min\{t : t \in Y^k\}, \quad k = 1, \ldots, k^*\}.$$

Dies gilt, da die Annahme, dass y_s^* nicht das erste Element in einer Menge Y^k ist, zu einem Widerspruch zur Definition von y_s^* führt. Folglich hängt r^* polynomial von $\log_2 \beta$ ab.

Wir betrachten nun die Funktion $E(y)$ auf dem endlichen Bereich $0, 1, 2, \ldots, \zeta$ für eine gegebene ganze Zahl $\zeta > 0$. Im Fall $\zeta < \min\{y : y \in \mathbb{Z}_+, E(y) = 0\}$ setzen wir $\sigma^- = \min\{\sigma : \sigma = \arg \min_{0 \leq y \leq \zeta} E(y)\}$ und k^* ist bestimmt durch

$$Y^{k^*} \cap \{0, 1, \ldots, \zeta\} = \{\sigma^-\}.$$

Für die Untersuchung optimaler Block-ℓ-Anordnungen betrachten wir die Menge Y^* und definieren $y_k^* := \min\{t : t \in Y^k\}$, $k = 1, \ldots, k^*$. In obiger Weise können somit die Werte $k^*, y_1^*, \ldots, y_{k^*}^*$ für eine gegebene Funktion $E(y) = (\alpha_0 + \alpha y) \bmod \beta$, $y \in \{0, 1, \ldots, \zeta\}$ mit polynomialem Aufwand berechnet werden. Ein detaillierter Algorithmus, genannt PARTITION, ist in [TTS94] angegeben.

8.4.4 Ein Algorithmus für Teilproblem 1

Es sei $y_0, \ldots, y_r$ die Folge der Minimumpunkte von E_1 mit

1) $y_0 = 0$, $y_r = \sigma_1^-$,

2) $E_1(y) > E_1(y_i)$ für $y = 0, 1, \ldots, y_i - 1$, $i = 1, \ldots, r$,

3) $E_1(y) > E_1(y_i)$ für $y = y_i + 1, \ldots, y_{i+1} - 1$, $i = 1, \ldots, r - 1$.

Weiterhin sei $z_0, \ldots, z_s$ die Folge der Minimumpunkte von E_0.

Satz 8.7
Es existiert eine optimale Block-ℓ-Anordnung für Teilproblem 1 mit den vertikalen Blockgrößen

$$v_1 := y_1, \ v_i := y_i - y_{i-1}, \ i = 2, \ldots, r$$

und den horizontalen Blockgrößen

$$g_1 := z_1, \ g_j := z_j - z_{j-1}, \ j = 2, \ldots, s.$$

Beweis: Es sei $x = (x_1, \ldots, x_d)^T$ mit $d := \sigma_0^- + \sigma_1^-$ eine optimale ℓ-Anordnung für Teilproblem 1. Der Beweis wird durch eine Rückwärts-Induktion erbracht. Für den allgemeinen Fall nehmen wir an, dass für einen Index k mit $k < d$ der Teil $x_{k+1}, \ldots, x_d$ von x eine Block-ℓ-Anordnung mit vertikalen Blöcken der Größe $v_{k_1}, \ldots, v_r$ und horizontalen Blöcken der Größe $g_{k_0}, \ldots, g_s$ ist. Folglich gilt $k = d - \sum\limits_{t=k_1}^{r} v_t - \sum\limits_{t=k_0}^{s} g_t$ und $\rho(k) = y_{k_1-1}$, $\eta(k) = z_{k_0-1}$. Es sei $x_k = 1$. Nun konstruieren wir eine neue optimale ℓ-Anordnung x' derart, dass zusätzlich

$$x_t' = 1 \quad \text{für} \quad t = k - v_{k_1-1} + 1, \ldots, k,$$

gilt. Der Index b sei bestimmt durch

$$x_b = 1 \quad \text{und} \quad \rho(b) = y_{k_1-2} + 1.$$

Dann ist x' definiert durch

$$x_i' := \begin{cases} x_i & \text{für } i = 1, \ldots, b-1,\ k+1, \ldots, d, \\ 0 & \text{für } i = b, \ldots, k - v_{k_1-1}, \\ 1 & \text{für } i = k - v_{k_1-1} + 1, \ldots, k. \end{cases}$$

Folglich gilt

$$\begin{aligned} M(x) - M(x') &= \sum_{i=b}^{k} \left(x_i E_0(\eta(i)) + (1 - x_i) E_1(\rho(i)) \right) \\ &\quad - (k - b - v_{k_1-1} + 1) E_1(\rho(b-1)) - v_{k_1-1} E_0(\eta(k - v_{k_1-1})) \\ &= \sum_{i=b}^{k} \left(x_i \underbrace{(E_0(\eta(i)) - E_0(z_{k_0-1}))}_{\geq 0} + (1 - x_i) \underbrace{(E_1(\rho(i)) - E_1(y_{k_1-2}))}_{\geq 0} \right) \\ &\geq 0. \end{aligned}$$

Das heißt, x' ist auch eine optimale ℓ-Anordnung.

Der zweite Fall mit $x_k = 0$ kann analog behandelt werden. Der Index b sei definiert durch $x_b = 0$ und $\eta(b) = z_{k_0-2} + 1$ und es sei x' bestimmt durch

$$x_i' := \begin{cases} x_i & \text{für } i = 1, \ldots, b-1,\ k+1, \ldots, d, \\ 1 & \text{für } i = b, \ldots, k - g_{k_0-1}, \\ 0 & \text{für } i = k - g_{k_0-1} + 1, \ldots, k. \end{cases}$$

Folglich gilt

$$\begin{aligned} M(x) - M(x') &= \sum_{i=b}^{k} \left(x_i E_0(\eta(i)) + (1 - x_i) E_1(\rho(i)) \right) \\ &\quad - (k - b - g_{k_0-1} + 1) E_0(\eta(b-1)) - g_{k_0-1} E_1(\rho(k - g_{k_0-1})) \\ &= \sum_{i=b}^{k} \left(x_i \underbrace{(E_0(\eta(i)) - E_0(z_{k_0-2}))}_{\geq 0} + (1 - x_i) \underbrace{(E_1(\rho(i)) - E_1(y_{k_1-1}))}_{\geq 0} \right) \\ &\geq 0. \end{aligned}$$

In beiden Fällen gibt es somit eine optimale ℓ-Anordnung, die einen weiteren Block der gewünschten Größe hat. ∎

Satz 8.8

Es existiert eine optimale Block-ℓ-Anordnung für Teilproblem 1 mit vertikalen Blöcken der Größe $v_1^*, \ldots, v_{r^*}^*$ und horizontalen Blöcken der Größe $g_1^*, \ldots, g_{s^*}^*$, wobei $v_1^*, \ldots, v_{r^*}^*$

und $g_1^*, \ldots, g_{s^*}^*$ die Blockgrößen sind, die entsprechend obiger Vorgehensweise (mit Algorithmus PARTITION) für $E_1(y)$, $y \in \{0, \ldots, \sigma_1^-\}$ und $E_0(y)$, $y \in \{0, 1, \ldots, \sigma_0^-\}$ berechenbar sind.

Einen Beweis findet man in [TTS94]. Das Teilproblem 3 wird analog zum Teilproblem 1 gelöst.

Beispiel 8.3

(Fortsetzung von Beispiel 8.2) Für E_0 und E_1 gilt $r = s = 2$ und $v_1 = 1, v_2 = 3, g_1 = 1, g_2 = 5$. Damit erhält man durch die Rekursion (8.5) die folgende Tabelle für H:

$i\backslash j$	0	1	2
0	0	5	30
1	4	6	16
2	16	9	9

Optimale Folgen für die vertikalen und horizontalen Blöcke sind $x^* = (1\ 0\ 1\ 0)^T$ und $x^* = (0\ 1\ 1\ 0)^T$, womit 37 Teile gepackt werden. Da sieben Rechtecke in Teilproblem 2 und zwei Rechtecke in Teilproblem 3 angeordnet werden, werden insgesamt 46 Teile in einer optimalen Guillotine-Anordnungsvariante gepackt. In der Abbildung 8.12 sind die beiden resultierenden Anordnungen dargestellt. Eine Anordnung mit 47 Teilen, die folglich nicht die Guillotine-Eigenschaft hat, ist in der Abbildung 8.1 angegeben. □

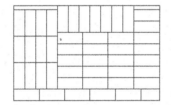 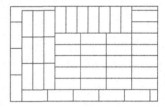

Abbildung 8.12: Optimale Anordnungen für die Instanz (40,25,7,3) des Guillotine-Paletten-Beladungsproblems

Eine optimale Anordnung des Guillotine-Paletten-Beladungsproblems kann nach den Sätzen 8.4 und 8.5 durch Lösen von drei Teilproblemen erhalten werden. Mittels des Konzepts der Block-ℓ-Anordnungen wird in Satz 8.8 gezeigt, dass eine optimale Block-ℓ-Anordnung für Teilproblem 1 mit $O(\log_2 w)$ Blöcken existiert. Diese optimale Lösung kann in polynomialer Zeit $O(\Theta \log_2^2 w)$ mit $\Theta = \log_2 \max\{L, W, \ell, w\}$ mittels dynamischer Optimierung berechnet werden. Teilproblem 2 kann in konstanter Zeit gelöst werden (Satz 8.5). Eine optimale Anordnung für Teilproblem 3 kann analog zu Teilproblem 1 in polynomialer Zeit ermittelt werden. Damit folgt

Satz 8.9

Das Guillotine-Paletten-Beladungsproblem gehört zur Klasse der polynomial lösbaren Probleme. Es existiert ein Algorithmus mit Laufzeit $O(\Theta \log_2^2 w)$.

8.5 Das Paletten-Beladungsproblem mit mehreren Teiletypen

Neben dem klassischen zweidimensionalen Paletten-Beladungsproblem, bei dem rechteckige Teile eines Typs anzuordnen sind, ist der allgemeinere Fall mit mehreren Teiletypen von Interesse. Mit Hilfe der im Folgenden angegebenen Rekursionsformel können mit vertretbarem Aufwand gute Anordnungen mit bis zu vier unterschiedlichen Teiletypen ermittelt werden.

In diesem Abschnitt betrachten wir die folgende Aufgabenstellung. Auf einer (rechteckigen) Palette der Länge L und der Breite W sind rechteckige Teile der Typen $i \in I$ mit $I = \{1, \ldots, m\}$ so anzuordnen, dass die Flächenauslastung maximal ist und gewisse Restriktionen eingehalten werden. Die Teile des Typs i sind durch die Länge ℓ_i und Breite w_i gegeben. Drehungen um 90° sind natürlich erlaubt.

In Analogie zur G4-Heuristik (Abschnitt 8.3) verwenden wir die 4-Blockstruktur. Innerhalb eines Blocks dürfen nur Teile eines Typs angeordnet werden. Mögliche Aufteilungen der Palette und zugehörige Bezeichnungen der Dimensionsparameter sind in der Abbildung 8.13 dargestellt. Die Anordnungsvariante für den jeweiligen Block wird durch die G4-Heuristik bestimmt. Auf Grund der 4-Blockstruktur der erzeugten Anordnungsvarianten nennen wir diese Vorgehensweise die *M4-Heuristik*.

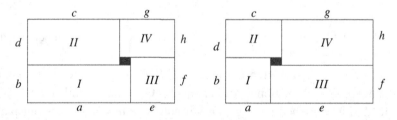

Abbildung 8.13: 4-Block-Aufteilungen einer Palette

Wie die Abbildung 8.13 zeigt, braucht von den beiden unterschiedlichen Aufteilungen, die durch $a + g \geq L$, $b + h \leq W$ und $a + g \leq L$, $b + h \geq W$ definiert werden, aus Symmetriegründen nur eine Aufteilung betrachtet zu werden.

Für ein Teilrechteck $p \times q$ der Palette bezeichne $v_i(p, q)$ die gemäß G4-Heuristik mit

Teilen des Typs $i \in I$ nutzbare Fläche. Weiterhin bezeichne

$$\bar{v}(p,q) := \max_{i \in I} v_i(p,q)$$

den maximalen Ertrag für einen Block der Länge p und Breite q. Unter Verwendung der reduzierten Rasterpunktmengen $\widetilde{S}(\ell,L)$ und $\widetilde{S}(w,W)$ und von $\langle x \rangle_L := \max\{r \in \widetilde{S}(\ell,L) : r \leq x\}$ (s. Abschnitt 2.7) erhält man die Basisrekursion

$$v(L,W) := \max_{a \in \bar{S}_a} \max_{b \in \bar{S}_b} \left\{ \bar{v}(a,b) + \max_{c \in \bar{S}_c} \left\{ \bar{v}(c,d) + \max_{f \in \bar{S}_f} \left\{ \bar{v}(e,f) + \bar{v}(g,h) \right\} \right\} \right\}, \quad (8.6)$$

wobei

$$d := \langle W - b \rangle_W, \; e := \langle L - a \rangle_L, \; g := \langle L - c \rangle_L, \; h := \langle W - f \rangle_W,$$

$$\bar{S}_a := \{s \in \widetilde{S}(\ell,L) : s \geq L/2\}, \quad \bar{S}_b := \widetilde{S}(w,W) \setminus \{0\},$$

$$\bar{S}_c := \{s \in \widetilde{S}(\ell,L) : s \leq a\}, \quad \bar{S}_f := \{s \in \widetilde{S}(w,W) : s \geq b\}.$$

Die Bedingung $a \geq L/2$ in $\bar{S}_a$ resultiert aus $a + g \geq L$ und $a \geq g$. Die Definition von $\bar{S}_f$ basiert darauf, dass jede Anordnungsvariante mit 4-Blockstruktur und $f < b$ durch eine Anordnungsvariante mit einem Block III mit $f \geq b$ dominiert wird.

Um in einfacher Weise zusätzliche Restriktionen zu berücksichtigen, betrachten wir eine Modifikation der Basisrekursion (8.6):

$$v(L,W) := \max_{a \in \bar{S}_a} \max_{b \in \bar{S}_b}$$

$$\max_{i_1 \in I_1} \left\{ v_{i_1}(a,b) + \max_{c \in \bar{S}_c} \max_{i_2 \in I_2} \left\{ v_{i_2}(c,d) + \max_{f \in \bar{S}_f} \max_{i_3 \in I_3} \left\{ v_{i_3}(e,f) + \max_{i_4 \in I_4} v_{i_4}(g,h) \right\} \right\} \right\},$$

wobei $I_k \subseteq I$, $k = 1, \ldots, 4$. Durch die geeignete Wahl von I_k ergeben sich zahlreiche Möglichkeiten, spezielle Situationen zu behandeln. Ohne auf Details eingehen zu wollen, die in [SS98] beschrieben sind, geben wir anhand eines einfachen Beispiels Möglichkeiten an, zusätzliche Restriktionen zu beachten.

Beispiel 8.4

Wir betrachten die Instanz mit den in der Tabelle 8.3 angegebenen Daten. In der Abbildung 8.14 (a) ist eine flächenmaximale Anordnungsvariante dargestellt. Der Wert $10^{-4}v$ liefert wegen $L \cdot W = 10^6$ die prozentuale Auslastung der Palettenfläche.

Die Anordnungen in (b) und (c) erhält man, wenn die Anzahl t unterschiedlicher Typen auf $t = 3$ bzw. $t = 2$ beschränkt wird.

Tabelle 8.3: Eingabedaten für Beispiel 8.4

	Palette	Teil 1	Teil 2	Teil 3	Teil 4	Teil 5	Teil 6
Länge	1250	143	261	295	295	257	200
Breite	800	108	135	198	131	108	145

In der Abbildung 8.14 (d) ist eine Anordnungsvariante angegeben, bei der verlangt wird, dass in den Blöcken II und IV Teile des gleichen Typs verwendet werden.

Die Anordnungsvariante in der Abbildung 8.14 (e) ist optimal unter Einhaltung der oberen Schranken $\bar{u} = (20, 9, 5, 8, 11, 11)^T$, wobei $\bar{u}_i$ die Maximalzahl angibt, wie oft Teile des Typs i verwendet werden können. Da die obere Schranke für die Teiletypen 2 und 4 in der Variante (a) nicht eingehalten wird, ergibt sich nun eine geringere Flächenauslastung.

In der Abbildung 8.14 (f) wird zusätzlich eine Mindestzahl der angeordneten Teile eines Typs gefordert. Falls zusätzlich noch verlangt wird, dass 8 Teile des Typs 4 in der Anordnungsvariante enthalten sind, ergibt sich das Bild 8.14 (g).

Bei der Bestimmung der Anordnungsvariante in der Abbildung 8.14 (h) wurde eine Reihenfolgebedingung berücksichtigt. In einem Block mit größerer Nummer sind nur Teile zulässig, deren Typindex nicht kleiner als der im vorherigen Block ist. □

8.6 Das Multi-Paletten-Beladungsproblem

Neben der in den vorangegangenen Abschnitten betrachteten Problemstellung der maximalen Ausnutzung der Palettenfläche und damit des Palettenvolumens ist insbesondere im Zusammenhang mit dem Transport von Gütern die Ermittlung einer minimalen Anzahl benötigter Paletten, um alle Güter anzuordnen, von großem Interesse. Neben den üblichen Anordnungsrestriktionen sind oftmals weitere Bedingungen bei der Konstruktion von Packungsvarianten zu beachten.

In der englischsprachigen Literatur wird das Paletten-Beladungsproblem, bei dem eine maximale Anzahl identischer Quader auf eine Palette zu packen ist, als *Manufacturer's Pallet Loading Problem* ([Hod82]) bezeichnet. Demgegenüber wird das Problem, ein Sortiment unterschiedlicher Quader auf eine minimale Anzahl (identischer) Paletten zu packen, das *Distributor's Pallet Loading Problem* ([BR95]) genannt.

Im Weiteren betrachten wir das in [TSSR00] formulierte Multi-Paletten-Beladungsproblem, also das *Distributor's Pallet Loading Problem*.

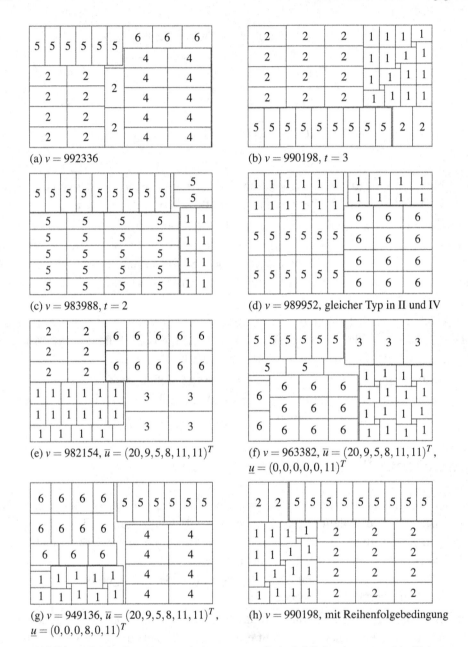

(a) $v = 992336$

(b) $v = 990198, t = 3$

(c) $v = 983988, t = 2$

(d) $v = 989952$, gleicher Typ in II und IV

(e) $v = 982154, \bar{u} = (20,9,5,8,11,11)^T$

(f) $v = 963382, \bar{u} = (20,9,5,8,11,11)^T,$
    $\underline{u} = (0,0,0,0,0,11)^T$

(g) $v = 949136, \bar{u} = (20,9,5,8,11,11)^T,$
    $\underline{u} = (0,0,0,8,0,11)^T$

(h) $v = 990198$, mit Reihenfolgebedingung

Abbildung 8.14: Anordnungsvarianten zum Beispiel 8.4 mit unterschiedlichen
Zusatzrestriktionen

8.6.1 Problemstellung

Die (identischen) Paletten seien durch L, W und H gegeben, wobei H eine maximale
Höhe, bis zu der die Teile gepackt werden können, darstellt. Weiterhin sei $V = LWH$

das Volumen einer Palette bzw. der maximale Volumeninhalt, den die auf einer Palette gepackten Teile einnehmen können. Die Anzahl unterschiedlicher Teiletypen bezeichnen wir mit m und es sei $I = \{1, \ldots, m\}$. Die Länge, die Breite, die Höhe, das Volumen und das Gewicht eines Teils (Quaders) vom Typ i, $i \in I$, bezeichnen wir mit ℓ_i, w_i, h_i, v_i und p_i. Das Sortiment der zu verstauenden Teile wird durch die Bedarfsgrößen b_i, $i \in I$, charakterisiert. Es sind genau b_i Teile vom Typ i zu packen. Wir nehmen wieder an, dass alle Eingabedaten einer Instanz E ganzzahlig sind.

Bei einigen oder auch allen der Teiletypen sind Drehungen erlaubt, wir verlangen jedoch eine achsenparallele Anordnung der Teile. Die Aufgabe besteht nun darin, die minimale Anzahl $k^*(E)$ von Paletten und zugehörige Anordnungsvarianten zu finden, so dass alle b_i Teile für alle $i \in I$ in zulässiger Weise gepackt werden. Eine Anordnung heißt dann *zulässig*, wenn alle Teile achsenparallel, überlappungsfrei und vollständig innerhalb des Palettenvolumens gepackt und gegebenenfalls weitere Bedingungen eingehalten werden.

Restriktionen, die in der Praxis Bedeutung besitzen, sind zum Beispiel:

- *Gewichtsbedingung*: Das Gesamtgewicht aller Teile einer Packungsvariante darf ein vorgegebenes Limit nicht überschreiten.

- *Lagebedingungen*: Da die Teile unterschiedlicher Typen i. Allg. unterschiedliche Dichte besitzen, sind oftmals Restriktionen der Form, Teile des Typs i dürfen nicht auf Teile des Typs j gepackt werden, zu beachten. Gegebenenfalls wird für gewisse Teiletypen gefordert, dass sie auf dem Boden der Palette angeordnet werden oder andere Teiletypen nur ganz oben. Auf Letztere dürfen keine Teile eines anderen Typs gepackt werden.

- *Verteilungsbedingungen*: Falls die Bedarfsgröße b_i eines Teiletyps i so groß ist, dass eine ganze Palette nur mit Teilen des Typs i hinreichend gut gefüllt werden kann, dann soll so eine Anordnungsvariante verwendet werden. Solche Varianten können a priori ermittelt werden. Ist der Bedarf b_i nicht zu groß, dann sollen alle Teile dieses Typs auf derselben Palette gepackt werden mit folgender Ausnahme: Kann durch die Anordnung der Teile des Typs i auf mehrere Paletten die benötigte Palettenanzahl verringert werden, dann ist eine Aufteilung auf mehrere (möglichst wenige) zulässig.

- *Zusammenhangsbedingungen*: Um die Beladungs- und Entladungszeit für eine Palette möglichst gering zu halten, wird oft gefordert, dass alle Teile eines Typs, die auf die Palette gepackt werden, nacheinander angeordnet werden, ohne dass zwischenzeitlich Teile eines anderen Typs bewegt werden müssen.

- *Stabilitätsbedingungen*: In Abhängigkeit von verfügbaren Hilfsmitteln, eine gepackte Palette zu stabilisieren, sind bei der Ermittlung einer Anordnungsvariante bereits gewisse Stabilitätsbedingungen, wie z. B. eine hinreichend große Auflagefläche, zu beachten.

Die hier angegebenen zusätzlichen Restriktionen sind i. Allg. *unscharf* (*soft constraints*). Sie sollten nach Möglichkeit erfüllt werden. Gewisse Ausnahmen können unter Umständen toleriert werden.

8.6.2 Lösungsstrategie

Da das Multi-Paletten-Beladungsproblem gleichfalls zu den NP-schwierigen Problemen gehört, ist zu seiner Lösung eine Strategie wie die des *Branch-and-Bound* einzusetzen. In der Praxis ist andererseits oft ein Zeitlimit einzuhalten, in welchem eine brauchbare Lösung erhalten werden muss. Dies verlangt den Einsatz schneller Heuristiken.

Die nachfolgend beschriebene Lösungsstrategie ist durch folgende Beobachtung motiviert. Löst man das Multi-Paletten-Beladungsproblem sequentiell, indem man jeweils eine optimale Anordnungsvariante bezüglich der noch vorhandenen Teile ermittelt, so ergeben sich zwei Schwierigkeiten. Der Rechenaufwand zur Ermittlung optimaler Anordnungen ist bei einem größeren Sortiment erheblich. Die Güte (die Volumenauslastung) verringert sich von Anordnungsvariante zu Anordnungsvariante auf Grund der reduzierten Menge der noch zu packenden Teile.

In dem vorgeschlagenen Branch-and-Bound-Konzept werden diese beiden Nachteile vermieden. Gleichzeitig ist die Beachtung eines Zeitlimits integriert. Zuerst wird durch Heuristiken schnell eine zulässige Lösung konstruiert. Danach werden Versuche unternommen, diese Lösung zu verbessern, sofern die untere Schranke dies zulässt sowie noch Rechenzeit vorhanden ist. Die Lösungsmethode besitzt eine hierarchische Struktur. Im *MPLP-Algorithmus*, durch den eine optimale Lösung des Multi-Paletten-Beladungsproblems gesucht wird, werden verschiedene Algorithmen zur Lösung von Teilproblemen benutzt.

8.6.3 Der MPLP-Algorithmus

Der MPLP-Algorithmus (Abb. 8.15) zur (näherungsweisen) Lösung des Multi-Paletten-Beladungsproblems arbeitet wie folgt: Für die gegebene Instanz E werden zuerst eine untere und eine obere Schranke, $\underline{k}$ und $\bar{k}$, für den Optimalwert $k^* = k^*(E)$ ermittelt ($\bar{k}$ ist die Anzahl der Paletten der zuerst gefundenen zulässigen Lösung). Dann, falls $\underline{k} < \bar{k}$, wird das gesamte Sortiment in $k = \bar{k} - 1$ Teilsortimente mit der *Verteilungsprozedur* (Abschnitt 8.6.4) aufgeteilt, wobei einige der Zusatzrestriktionen (Gewicht und Verteilung) beachtet werden. Für jedes Teilsortiment (oder auch für Kombinationen von Teilsortimenten) wird dann eine Anordnungsvariante mit der *Anordnungsprozedur* (Abschnitt 8.6.5) ermittelt. Falls alle Teile gepackt werden, ist eine verbesserte Lösung gefunden.

Andernfalls werden weitere Versuche mit einer alternativen *Anordnungsprozedur* (Abschnitt 8.6.6) unternommen, um eine Lösung mit k Paletten zu finden.

MPLP-Algorithmus

S1: Ermittle eine untere Schranke $\underline{k}$ und eine obere Schranke $\overline{k}$ für die minimale Anzahl von Paletten, die benötigt werden, um das gesamte Sortiment zu verstauen. Setze $k := \overline{k}$.

S2: Setze $k := k - 1$. Falls $k < \underline{k}$, Stopp – eine optimale Lösung ist gefunden.

S3: Zerlege das gesamte Sortiment mit der *Verteilungsprozedur* in k Teilsortimente. Falls dies nicht möglich ist, Stopp.

S4: Wähle p ($p \geq 1$) der Teilsortimente zur Definition einer Instanz des Paletten-Beladungsproblems mit mehreren Teiletypen. Ermittle eine hinreichend gute Packungsvariante mit der *Anordnungsprozedur*.

Kombiniere alle nicht angeordneten Teile von E mit einem weiteren Teilsortiment zur Definition einer weiteren Instanz des Paletten-Beladungsproblems. Ermittle eine hinreichend gute Packungsvariante mit der *Anordnungsprozedur* usw.

Falls alle Teile angeordnet werden, gehe zu S2. Andernfalls wende die (alternative) *Anordnungsprozedur 2* zur Ermittlung einer Lösung mit k Paletten an.

Abbildung 8.15: Der MPLP-Algorithmus

Die Berechnung der oberen Schranke $\overline{k}$ kann zum Beispiel mit einer Greedy-Heuristik erfolgen. Eine untere Schranke $\underline{k}$ erhält man aus der Volumenschranke oder besser aus der in Abschnitt 9.5 beschriebenen unteren LP-Schranke für das Multi-Container-Beladungsproblem. Da das Verteilungsproblem selbst ein NP-schwieriges Problem ist, ist bei seiner Lösung im Schritt S3 gleichfalls das Zeitlimit zu beachten. Weitere geeignete Abbruchkriterien sind nutzbar.

Durch Anwendung der Verteilungsprozedur werden bezüglich Volumen und Gewicht annähernd gleich große Teilsortimente erzeugt, jedoch ohne Beachtung der geometrischen Form der Teile. Somit ist i. Allg. nicht gesichert, dass eine zulässige Anordnungsvariante für ein Teilsortiment existiert. Durch zusätzliche Betrachtungen insbesondere der *großen* Teile (z. B. der mit $\ell_i > L/2$ oder $w_i > W/2$ oder $h_i > H/2$) kann die Anzahl möglicher Fehlversuche verringert werden. Eine weitere Möglichkeit, diesem Problem entgegen zu wirken, besteht darin, $p > 1$ Teilsortimente zu kombinieren. Dies erhöht die Wahrscheinlichkeit, eine gute Anordnungsvariante schnell zu finden. Da das Ziel in S4 darin besteht, eine Lösung mit k Varianten zu finden, hat man nun ein gutes Kriterium, eine Anordnungsvariante zu akzeptieren. Ist die Volumenauslastung größer als der k-te Teil des Gesamtvolumens des Sortiments, dann kann die Variante genommen werden.

8.6.4 Die Verteilungsprozedur

Die *Verteilungsprozedur* (Abb. 8.16) realisiert einen Algorithmus zur Ermittlung einer Zerlegung des Gesamtsortiments in k Teilsortimente. Dabei werden die Volumen-, Gewichts- und Verteilungsbedingungen berücksichtigt. Um eine nahezu gleichmäßige Verteilung der schweren und leichten Teile auf die k Paletten zu erreichen und um die Lagebedingungen zu berücksichtigen, zerlegen wir die Indexmenge I der Teiletypen in $\overline{q}$ disjunkte Teilmengen I_q, $q = 1, \ldots, \overline{q}$ (z. B. $\overline{q} = 5$). Die Indexmenge I_1 repräsentiert die schwersten Teiletypen und diejenigen, die auf dem Boden der Palette angeordnet werden müssen, während $I_{\overline{q}}$ die leichtesten Teiletypen und die, die ganz oben angeordnet werden müssen, darstellt. Falls die Verteilungsprozedur erfolgreich k Teilsortimente

---

Verteilungsprozedur

S0: Setze $a_{ij} := 0$ für alle i und j, $q := 0$.

S1: Setze $q := q + 1$. Falls $q > \overline{q}$, Stopp – eine Zerlegung ist gefunden.
Berechne $\overline{V}_q = \frac{1}{k} \sum_{r=1}^{q} \sum_{i \in I_r} v_i b_i$ und $\Delta_q := \Delta_s \cdot (V - \overline{V}_q)$. Setze $\overline{I}_q := I_q$.

S2: Falls $\overline{I}_q = \emptyset$, dann gehe zu S1.
Bestimme $i_0 \in \overline{I}_q$ mit $v_{i_0} b_{i_0} \geq v_i b_i$ für alle $i \in \overline{I}_q$.

S3: Falls keine Palette j mit $V_j + v_{i_0} b_{i_0} \leq \overline{V}_q + \Delta_q$ existiert, dann gehe zu S4.
Falls ein j mit $\Delta_q/2 \leq V_j + v_{i_0} b_{i_0} - \overline{V}_q \leq \Delta_q$ existiert, dann ordne i_0 der Palette j zu, d. h. setze $a_{i_0,j} := b_{i_0}$, $\overline{I}_q := \overline{I}_q \setminus \{i_0\}$, und gehe zu S2. Andernfalls ordne i_0 einer Palette j_0 mit $V_{j_0} \leq V_j$ für alle j zu, d. h. setze $a_{i_0,j_0} := b_{i_0}$, $\overline{I}_q := \overline{I}_q \setminus \{i_0\}$, und gehe zu S2.

S4: Ordne die Teile des Typs i_0 zwei Paletten zu.
Genauer: Wähle j_1, j_2 und α mit $\alpha < b_{i_0}$ so, dass $\Delta_q/2 \leq V_{j_1} + v_{i_0} \alpha - \overline{V}_q \leq \Delta_q$ und $V_{j_2} + v_{i_0}(b_{i_0} - \alpha) \leq \overline{V}_q + \Delta_q$ gelten. Falls dies möglich ist, ordne i_0 den Paletten j_1 und j_2 zu, d. h. setze $a_{i_0,j_1} := \alpha$, $a_{i_0,j_2} := b_{i_0} - \alpha$, $\overline{I}_q := \overline{I}_q \setminus \{i_0\}$ und gehe zu S2. Falls $|\{r : |I_r| > 0\}| = 1$, Stopp – keine Zerlegung konnte gefunden werden. Andernfalls bestimme q' mit $I_{q'} \neq \emptyset$ so, dass $|q - q'|$ minimal ist, setze $I_q := I_q \cup I_{q'}$, $I_{q'} := \emptyset$, setze $a_{ij} := 0$ für $i \in I_q$, $\overline{I}_q := I_q$, $q := q - 1$ und gehe zu S1.

Abbildung 8.16: Verteilungsprozedur zum MPLP-Algorithmus

ermittelt, können diese in Form einer (m, k)-Matrix $A = (a_{ij})$, $i \in I$, $j = 1, \ldots, k$, beschrieben werden, wobei a_{ij} angibt, wie viele Teile des Typs i der Palette j zugeordnet worden sind. Ein Parameter Δ_s mit $\Delta_s \in (0,1)$ wird zur Steuerung der Verteilung der Teiletypen auf die Paletten benutzt. Zuerst werden die Teile von I_1 den k Paletten zugeordnet, dann die von I_2, etc. Dabei soll das zugeordnete Volumen $V_j := \sum_{i \in I} v_i a_{ij}$ das durchschnittliche Volumen $\overline{V}_q := (\sum_{r=1}^{q} \sum_{i \in I_r} v_i b_i)/k$ um nicht mehr als $\Delta_q := \Delta_s \cdot (V - \overline{V}_q)$ übersteigen für $q = 1, \ldots, \overline{q}$.

Man beachte: Falls die Verteilung der Teile eines Typs auf zwei Paletten (S4) nicht möglich ist, dann kann dies durch eine ungeeignete Definition der Indexmengen I_q, $q = 1, \ldots, \overline{q}$, begründet sein. In analoger Weise wird die Gewichtsverteilung auf die Paletten gesteuert.

Falls die Verteilungsprozedur keine zulässige Zerlegung findet, können weitere Versuche unternommen werden, um eine Aufteilung in k Teilsortimente zu finden, z. B. mit *Austausch-Heuristiken*, oder aber durch sukzessive Konstruktion von Anordnungsvarianten mit der Anordnungsprozedur.

8.6.5 Die Anordnungsprozedur

Die vorgeschlagene Lösungsstrategie führt entweder zu dem Problem, eine Anordnungsvariante zu finden, die alle Teile eines Teilsortiments platziert ($p = 1$), oder zu dem Problem, eine Packungsvariante zu ermitteln, die eine hinreichend große Volumenauslastung realisiert ($p > 1$). Die Berechnung einer (volumen-)optimalen Anordnungsvariante wird damit vermieden.

Um zu entscheiden, ob die Volumenauslastung einer Anordnungsvariante hinreichend gut ist, verwenden wir den Parameter Δ_v mit $\Delta_v \in (0,1]$. Mit $V = LWH$ und $\overline{V}_k := \sum_{i \in I} v_i b_i/k$ gilt eine Anordnungsvariante $a \in \mathbb{Z}_+^m$ als *hinreichend gut* gepackt, falls die Bedingung $\sum_{i \in I} v_i a_i \geq \overline{V}_k + \Delta_v \cdot (V - \overline{V}_k)$ erfüllt ist.

Um eine Anordnungsvariante für eine einzelne Palette zu erzeugen, verwenden wir ein eingeschränktes Verzweigungsschema mit LIFO-Strategie. Die Anzahl der Teilprobleme in einer Stufe wird dabei sehr klein gehalten. Es erfolgt also keine vollständige Fallunterscheidung. Darüber hinaus wird versucht, komplette Schichten zu packen. Gibt es einen Teiletyp i mit noch hinreichend großer Anzahl zu packender Teile und ist die Anordnung in Schichten noch möglich, so wird eine Schichtvariante bevorzugt. Diese Vorgehensweise ist dadurch motiviert, dass in der Praxis häufig Schichtvarianten Anwendung finden und diese a priori ermittelt werden können.

Um für eine Schicht eine geeignete Anordnungsvariante mit identischen Teilen zu finden, wird die G4-Heuristik verwendet (s. Abschnitt 8.3). Falls kein Teiletyp mit hinreichend großer Anzahl noch zu packender Teile existiert, um eine Schicht zu füllen, erfolgt die Anwendung einer anderen, der M4-Heuristik (Abschnitt 8.5), die optimale Anordnungen mit 4-Blockstruktur mit bis zu vier unterschiedlichen Teiletypen erzeugt. Darüber hinaus können in der M4-Heuristik weitere Restriktionen wie z. B. untere und obere Schranken für die Anzahl der zu packenden Teile eines Typs und Lagebedingungen beachtet werden.

Eine Anordnungsvariante mit 4-Blockstruktur und mehr als einem Teiletyp führt zu einer nichtglatten Oberfläche der Packung, falls die Teilehöhen unterschiedlich sind. Durch eine Modifikation der M4-Heuristik kann eine nichtglatte Oberfläche bei der Ermittlung einer weiteren Schichtvariante berücksichtigt werden, womit gleichzeitig Bedingungen bezüglich einer hinreichend großen Auflagefläche beachtet werden.

In analoger Weise kann im Fall sehr kleiner Bedarfszahlen an Stelle der M4-Heuristik eine Modifikation, die sogenannte M8-Heuristik, eingesetzt werden. Im Unterschied zur M4-Heuristik erlaubt die *M8-Heuristik* die Anordnung von Teilen zweier Typen innerhalb jedes der vier Blöcke. Die Aufteilung in einem Block erfolgt dabei in zwei rechteckige Teilblöcke, in denen jeweils nur ein Teiletyp angeordnet werden darf.

Mit dem Ziel, schnell und einfach strukturierte Anordnungen zu erhalten, werden vier *Packungsstrategien* (mit r indiziert) in der Anordnungsprozedur (Abb. 8.17) in der gegebenen Reihenfolge angewendet:

$r = 1$ schichtweise Anordnung identischer Teile (G4-Heuristik),

$r = 2$ schichtweise Anordnung von Teilen gleicher Höhe oder Höhenkombination, höchstens 4 Teiletypen (M4-Heuristik),

$r = 3$ nichtglattes schichtenweises Anordnen von Teilen mit bis zu 4 Typen (M4-Heuristik),

$r = 4$ nichtglattes schichtenweises Anordnen von Teilen mit bis zu 8 Typen (M8-Heuristik),

Es ist offensichtlich, dass eine möglichst genaue untere Schranke $\underline{k}$ von großer Bedeutung ist. Die Material- bzw. Volumenschranke

$$\lceil \sum_{i=1}^{m} b_i \ell_i w_i h_i \; / \; (LWH) \rceil$$

liefert dabei in der Regel nur eine erste Information. Bessere Schranken werden wir im Zusammenhang mit dem Container-Beladungsproblem (Kap. 9) diskutieren.

8.6.6 Eine alternative Anordnungsprozedur

Für den Fall, dass nicht alle Teile im Schritt 4 des MPLP-Algorithmus auf den k Paletten angeordnet werden, sind mehrere Möglichkeiten vorhanden, um zu versuchen, diese

---

Anordnungsprozedur

S1: Ermittle die Teiletypen (in Abhängigkeit von der aktuellen Anordnungs-höhe), die auf Grund der Lagebedingungen als Nächste angeordnet wer-den können. Wähle die Packungsstrategie $r = 1$.

S2: Ermittle ρ hinreichend gute Schichtvarianten zur Strategie r ($\rho \leq \overline{\rho}$) und sortiere diese nach fallender Güte. Falls keine geeignete Schichtvariante gefunden wurde, dann gehe zu S4.

S3: Falls alle Anordnungsvarianten zur Packungsstrategie r bereits betrach-tet wurden, dann gehe zu S4. Wähle die nächste, noch nicht betrachtete Schichtvariante und ordne die Teile entsprechend an. Falls dadurch ei-ne verbesserte Anordnungsvariante für die Palette erhalten wird, dann merke diese. Falls die Volumenauslastung hinreichend groß ist und keine weiteren Teile angeordnet werden können, dann Stopp. Falls noch Teile anzuordnen sind, ermittle die neue Anordnungshöhe und gehe zu S1.

S4: Falls nötig, erzeuge den Beladungszustand, der vor der letzten Anord-nung vorlag. Falls alle Packungsstrategien bereits betrachtet wurden (d. h. $r = 4$), dann gehe zu S4. Andernfalls erhöhe r und gehe zu S2.

Abbildung 8.17: Anordnungsprozedur zum MPLP-Algorithmus

gegebenenfalls doch noch auf die k Paletten zu packen.

Mit der *Anordnungsprozedur 2* werden Versuche unternommen, die restlichen Teile auf die k Paletten zu packen, und falls dies misslingt, werden k' ($k' < k$) hinreichend gute (gegebenenfalls verbesserte) Anordnungsvarianten ausgewählt. Die Teile der restlichen $k - k'$ Paletten definieren dann ein reduziertes Sortiment, für welches dann eine Lösung mit $k - k'$ Varianten zu bestimmen ist. Folgende alternative Anordnungsprozeduren (*Al-ternative Loading Procedure*, ALP) werden in [TSSR00] verwendet:

ALP 1   Es sei $\overline{V}_k = \sum_{i \in I} v_i b_i / k$. Alle Anordnungsvarianten mit einer Volumenauslas-tung nicht kleiner als $\overline{V}_k + \Delta_1 (V - \overline{V}_k)$ werden akzeptiert, wobei $V = LWH$. Die noch nicht gepackten Teile definieren ein reduziertes Sortiment. Der Parameter Δ_1 ist geeignet aus $(0,1]$ zu wählen.

ALP 2   Beginnend mit dem Gesamtsortiment, wird Schritt 4 der Hauptprozedur mit vergrößertem p-Wert und/oder vergrößerter Zeitschranke wiederholt.

8.6.7 Beispiele

Um einige Aspekte der Anordnungsprozedur zu illustrieren, betrachten wir das

Beispiel 8.5

In der Tabelle 8.4 ist ein Sortiment von Teilen angegeben. Die Teile sind in der durch ihr Gewicht bedingten Reihenfolge anzuordnen. In der ersten Schicht (Abb. 8.18) werden 15 Teile des Typs 1 entsprechend der durch die G4-Heuristik gefundenen Variante gepackt. Die restlichen fünf Teile des Typs 1 und möglichst viele (14) des Typs 2 werden entsprechend einer mit der M4-Heuristik gefundenen Variante in der zweiten Schicht angeordnet. Die restlichen sechs Teile des Typs 2 und zehn Teile des Typs 3 werden in

Tabelle 8.4: Eingabedaten für Beispiel 8.5

	Länge	Breite	Höhe	Gewicht	Bedarf
Teiletyp 1	280	210	160	20.0	20
Teiletyp 2	235	180	220	15.0	20
Teiletyp 3	250	200	165	7.0	10
Teiletyp 4	300	250	150	5.5	30
Palette	1200	800	1050		

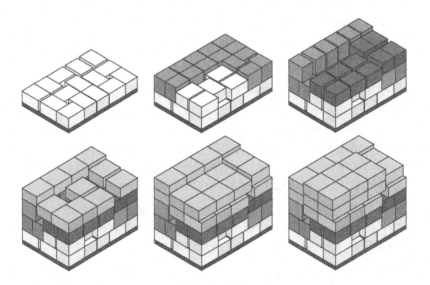

Abbildung 8.18: Schichtenweises Anordnen im Beispiel 8.5

der dritten Schicht angeordnet. Diese Anordnung, die auf einer nichtebenen Oberfläche der zweiten Schicht erfolgt, wird ebenfalls mit einer angepassten Modifikation der M4-Heuristik erhalten. Auf Grund von Stabilitätsrestriktionen ergibt sich die vierte Schicht. Bei dieser und bei den folgenden beiden Schichten ist gleichfalls eine nichtebene Ober-

fläche zu beachten. Das restliche, 30. Teil des Typs 4 ist schließlich neben die sechste
Schicht zu packen.   □

Im nachfolgenden Beispiel wird ein Multi-Paletten-Beladungsproblem gelöst.

Beispiel 8.6

Die Abmessungen der Paletten sind $L = 1200$ und $W = 800$. Es darf bis zu einer Höhe
$H = 1050$ gepackt werden. Die Tabelle 8.5 enthält die Eingabedaten eines Sortiments.
Durch die Volumenschranke $\lceil \sum_{i \in I} v_i b_i / V \rceil$ wird bestätigt, dass die drei in der Abbildung 8.19 angegebenen Packungsvarianten eine optimale Lösung des Multi-Paletten-
Beladungsproblems darstellen.

Tabelle 8.5: Eingabedaten für Beispiel 8.6

Typ	Länge in [mm]	Breite in [mm]	Höhe in [mm]	Gewicht in [kg]	Bedarf	Anordnungsvektor Pal. 1	Pal. 2	Pal. 3
1	400	266	100	6.5	27	0	0	27
2	390	200	270	7.2	14	0	14	0
3	390	255	100	3.2	25	7	18	0
4	395	395	360	26.6	8	0	0	8
5	395	242	240	13.5	14	14	0	0
6	400	132	124	3.4	18	0	18	0
7	360	399	112	11.5	20	0	20	0
8	264	285	130	5.6	24	24	0	0
9	390	300	194	14.0	14	14	0	0
10	297	226	302	9.0	8	0	0	8
Volumenauslastung in [%]						93.58	90.62	89.17

Auf der Palette 1 sind die Teiletypen von unten nach oben in der Reihenfolge 9, 5, 8, 3,
auf Palette 2 mit Reihenfolge 7, 6, 2, 3 und auf der dritten Palette in der Folge 1, 4, 10
angeordnet, wobei einige Teile des Typs 2 auch gekippt sind.   □

8.7 Aufgaben

Aufgabe 8.1

Man charakterisiere die Äquivalenz zweier Instanzen des Paletten-Beladungsproblems
durch ein lineares Ungleichungssystem.

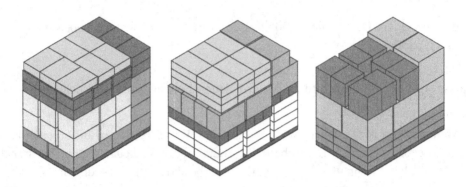

Abbildung 8.19: Anordnungsvarianten im Beispiel 8.6

Aufgabe 8.2
Man beweise folgende Aussage (Aussage 8.2 von Seite 198):

Eine Anordnungsvariante $A(I)$ hat eine k-Blockstruktur mit $k \leq 3$ genau dann, wenn sie Guillotine-Struktur hat.

Aufgabe 8.3
Man zeige, dass k-Blockvarianten mit $k \in \{5,7,9\}$ und die Diagonal-Blockvarianten, wie sie in den Abbildungen 8.3 und 8.4 definiert sind, G4-Struktur besitzen.

Aufgabe 8.4
Man bestimme für die Instanz $(40,25,7,3)$ alle effizienten Partitionen, berechne obere Schranken für den Optimalwert und zeige, dass er höchstens 47 ist.

Aufgabe 8.5
Man zeige: Jede ℓ-Anordnung kann in eine w-Anordnung transformiert werden und umgekehrt.

Aufgabe 8.6
Man zeige, dass die Instanzen $(3750,3063,646,375)$ und $(40,33,7,4)$ äquivalent sind und berechne obere Schranken für den Optimalwert.

8.8 Lösungen

Zu Aufgabe 8.1. Wir betrachten die beiden Instanzen (L',W',ℓ',w') und (L,W,ℓ,w). Die Instanz (L,W,ℓ,w) ist genau dann äquivalent zur Instanz (L',W',ℓ',w'), wenn die folgenden Ungleichungen erfüllt sind:

$$p\ell + qw \leq L, \quad p\ell + (q+1)w \geq L+1 \quad \forall (p,q) \in E(L',\ell',w'),$$

$$rl + sw \leq W, \quad rl + (s+1)w \geq W + 1 \quad \forall (r,s) \in E(W', l', w'),$$
$$(\lfloor L'/l' \rfloor + 1)l \geq L+1, \quad (\lfloor W'/l' \rfloor + 1)l \geq W + 1.$$

Die beiden letzten Bedingungen sichern, dass die i. Allg. nicht effizienten Partitionen $(\lfloor L'/l' \rfloor, 0)$ und $(\lfloor W'/l' \rfloor, 0)$ als solche erhalten bleiben.

Zu Aufgabe 8.2. Die Aussage folgt unmittelbar aus der rekursiven Definition der Guillotine-Struktur und der Definition der 3-Blockstruktur.

Zu Aufgabe 8.3. Wir nehmen an, dass die 5-Blockvariante nicht Guillotine-Struktur hat. Dann sind in den vier Randblöcken alternierend vertikal und horizontal orientierte homogene Anordnungen. Im Mittelblock ist nun gleichfalls eine vertikal oder horizontal orientierte homogene Anordnung. Diese kann mit einem ganzen und einem Teil eines weiteren Randblocks wie in Abbildung 8.20 zu einem (nichthomogenen) Block zusammengefasst werden. In analoger Weise fasst man vier homogene Blöcke

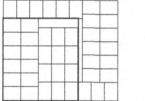 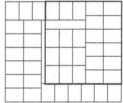

Abbildung 8.20: G4-Struktur bei 5-Blockvarianten

einer 7-Blockvariante zusammen (Abb. 8.21). Die 9-Blockvarianten sind *geränderte* 7-

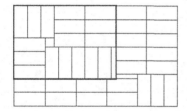 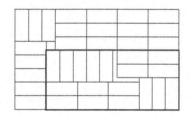

Abbildung 8.21: G4-Struktur bei 7-Blockvarianten

Blockvarianten. Sie können somit duch Guillotine-Schnitte auf 7-Blockvarianten reduziert werden und haben damit auch G4-Struktur. Die G4-Struktur der Diagonalvarianten ist offensichtlch.

Zu Aufgabe 8.4. Es sind $E(40,7,3) = \{(5,1),(4,4),(3,6),(2,8),(1,11),(0,13)\}$ und $E(25,7,3) = \{(3,1),(2,3),(1,6),(0,8)\}$ sowie $u_F = u_B = 47$.

Zu Aufgabe 8.5. Wir betrachten die Abbildung 8.9 einer teilweisen Block-ℓ-Anord-
nung (s. S. 205). Vervollständigt man diese, so werden zuletzt horizontal oder vertikal
orientierte Teile rechts oben angeordnet. Ohne Beschränkung der Allgemeinheit nehmen
wir an, dass diese Teile horizontal orientiert sind. Verschiebt man nun alle Teile so weit
nach rechts wie möglich (*right justified*), so erhält man einen w-Streifen mit $\lfloor W/\ell \rfloor$
horizontal orientierten Teilen. In rekursiver Weise kann nun die reduzierte Palette $(L -
w) \times W$ betrachtet werden, usw.

Zu Aufgabe 8.6. Es gilt
$E(40,7,4) = \{(5,1),(4,3),(3,4),(2,6),(1,8),(0,10)\} = E(3750,646,375)$,
$E(33,7,4) = \{(4,1),(3,3),(2,4),(1,6),(0,8)\} = E(3063,646,375)$ sowie
$\lfloor 40/7 \rfloor = 5 = \lfloor 3750/646 \rfloor$.
Die Äquivalenz der beiden Instanzen folgt nun mit dem Satz 8.1. Weiterhin gilt $u_F =
u_B = 47$.

9 Containerbeladung

9.1 Problemstellungen

Unter der Bezeichnung *Container-Beladungsproblem* (CLP, *container loading problem*) versteht man i. Allg. das dreidimensionale Packungsproblem, bei dem kleinere Quader, die Teile T_i, mit Länge ℓ_i, Breite w_i, Höhe h_i und Bewertung g_i, $i \in I = \{1, \ldots, m\}$, in einen Container, den Bereich B, mit Länge L, Breite W und Höhe H so zu packen sind, dass die Gesamtbewertung (z. B. die Volumenauslastung) maximal wird und gewisse Restriktionen eingehalten werden. Dabei geht man davon aus, dass alle Teile achsenparallel angeordnet werden. Das Vorhandensein von Guillotine-Schnitten wird i. Allg. nicht gefordert.

Die in der Praxis zu beachtenden Bedingungen, die an eine Packungsvariante gestellt werden, können sehr vielschichtig sein, wie z. B.

- die Anzahl u_i der Teile eines Typs i, die gepackt werden können, ist beschränkt, d. h. $u_i < \lfloor LWH/(\ell_i w_i h_i) \rfloor$,
- die Drehbarkeit der Teile kann eingeschränkt sein,
- neben der Volumenbedingung ist eine Gewichtsbeschränkung zu beachten,
- die Stabilität der Packungsvariante ist zu gewährleisten.

Zwischen dem Container- und dem Paletten-Beladungsproblem (Kap. 8) gibt es zahlreiche Gemeinsamkeiten, so dass Lösungsmethoden gegebenenfalls übertragbar sind. Unterschiede ergeben sich unter Anderem daraus, dass die Stabilitätsforderungen beim Container-Beladungsproblem auf Grund der vorhandenen stützenden Containerwände anders sind. Weiterhin ist die Technologie der Beladung eines Containers anders als die einer Palette, was bei der Konstruktion von Packungsvarianten beachtet werden muss. Im Folgenden werden wir nur einige dieser Bedingungen berücksichtigen.

Unter dem Begriff Container-Beladungsproblem versteht man aber auch die analoge Fragestellung des minimalen Materialeinsatzes. In diesem Fall sind alle Teile in einer minimalen Anzahl identischer Container oder in einer Teilmenge unterschiedlicher Container mit minimaler Bewertung zu verstauen. Diese Problemstellung bezeichnet man oft auch als *Multi-Container-Beladungsproblem* oder *dreidimensionales Bin Packing-Problem* (Abschnitt 9.3). Eine weitere Fragestellung, die von Interesse ist, ist das *dreidimensionale Streifen-Packungsproblem*. Hierbei sind alle Teile in einen Container mit vorgegebener Breite und Höhe so zu packen, dass die benötigte Länge minimal ist (Abschnitt 9.4).

Weitere wichtige Problemstellungen, wie das optimale Beladen von Schiffen oder Flugzeugen mit quaderförmigen Objekten, d. h. Packungsprobleme mit nichtquaderförmigem Stauraum, als auch die dreidimensionalen Anordnungsprobleme mit nichtquaderförmigen Objekten werden wir hier nicht betrachten. Wir verweisen stattdessen auf [LS03], [SGS$^+$05] und [SGPS04].

9.2 Das Container-Beladungsproblem

Für das klassische Container-Beladungsproblem, d. h. die Ermittlung einer optimalen Anordnungsvariante, geben wir zuerst ein ganzzahliges lineares Optimierungsmodell an. Des Weiteren beschreiben wir einen Basisalgorithmus zur Lösung des Container-Beladungsproblems, der durch die Anwendung des Konturkonzeptes konkretisiert wird.

9.2.1 Ganzzahliges lineares Optimierungsmodell

In diesem Abschnitt setzen wir zur Vereinfachung der Darstellung voraus, dass $u_i = 1$ für alle $i \in I$ gilt und dass jedes Teil beliebig drehbar ist. Das im Folgenden angegebene Modell des Container-Beladungsproblems basiert auf Untersuchungen von Fasano [Fas99] und Padberg [Pad00]. Um eine Vereinheitlichung (Reduktion) in der Darstellung zu erhalten, verwenden wir folgende Dimensionsparameter: Die Maße des Containers werden mit D_X, D_Y und D_Z bezeichnet, wobei X, Y und Z die Achsen eines kartesischen Koordinatensystems angeben. (In der in Abschnitt 9.1 verwendeten Formulierung gilt z. B. $D_X = L$, $D_Y = W$ und $D_Z = H$.) Die Abmessungen des Teiles i ($i \in I$) bezeichnen wir nun mit L_{1i}, L_{2i} und L_{3i}.

Um die Orientierung eines Teiles i bezüglich des Containers bzw. des XYZ-Koordinatensystems zu charakterisieren, definieren wir für jedes $i \in I$, für jede Achse $a \in \{1,2,3\}$ eines Teiles und für jede Achse $A \in \{X,Y,Z\}$ des Containers die 0/1-Variable δ_{ai}^A durch

$$\delta_{ai}^A := 1, \quad \begin{array}{l} \text{falls das Teil } i \text{ mit seiner Achse } a \text{ parallel zur Achse } A \\ \text{des Containers angeordnet wird,} \end{array}$$

andernfalls sei $\delta_{ai}^A = 0$. Die sechs unterschiedlichen Orientierungen sind in der Tabelle 9.1 zusammen- und in der Abbildung 9.1 dargestellt.

Eine orthogonale Anordnung des Teiles i kann nun durch

$$\sum_A \delta_{1i}^A \leq 1, \quad \sum_A \delta_{2i}^A = \sum_A \delta_{1i}^A, \quad \sum_a \delta_{ai}^A = \sum_A \delta_{1i}^A, \quad A \in \{X,Y,Z\},\ a \in \{1,2,3\} \quad (9.1)$$

Tabelle 9.1: Die sechs Orientierungen eines Quaders

	δ_{1i}^X	δ_{1i}^Y	δ_{1i}^Z	δ_{2i}^X	δ_{2i}^Y	δ_{2i}^Z	δ_{3i}^X	δ_{3i}^Y	δ_{3i}^Z
1	1	0	0	0	1	0	0	0	1
2	1	0	0	0	0	1	0	1	0
3	0	1	0	1	0	0	0	0	1
4	0	1	0	0	0	1	1	0	0
5	0	0	1	1	0	0	0	1	0
6	0	0	1	0	1	0	1	0	0

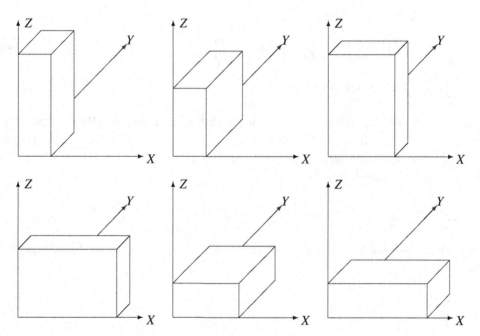

Abbildung 9.1: Die sechs Orientierungen eines Quaders

erreicht werden. Im Fall $\sum_A \delta_{1i}^A = 1$ ist eine Kante des Teiles i parallel zu einer Container-achse. Falls $\sum_A \delta_{1i}^A = 0$ gilt, wird das Teil i nicht angeordnet. Als *Referenzpunkt* (Anord-nungspunkt) wählen wir jeweils den *Mittelpunkt* eines Teiles und bezeichnen ihn mit (x_i^X, x_i^Y, x_i^Z). Die Koordinaten x_i^X, x_i^Y, x_i^Z sind reelle Variablen, die den Enthaltenseins- und Nichtüberlappungsbedingungen genügen müssen. Unter Verwendung von $\ell_{ai} :=$ $\frac{1}{2}L_{ai}$ haben die Enthaltenseinsbedingungen für Teil i die Form

$$\sum_a \ell_{ai}\delta_{ai}^A \le x_i^A \le \sum_a (D_A - \ell_{ai})\delta_{ai}^A, \quad A \in \{X, Y, Z\}. \tag{9.2}$$

Um die Nichtüberlappungsbedingungen zu modellieren, definieren wir weitere 0/1-Variable. Für die Teile i und j ($i \neq j$) und die Richtung $A \in \{X, Y, Z\}$ sei

$$\lambda_{ij}^A = \begin{cases} 1, & \text{falls Teil } i \text{ in Richtung } A \text{ „vor“ Teil } j \text{ liegt,} \\ 0, & \text{falls Teil } i \text{ in Richtung } A \text{ nicht „vor“ Teil } j \text{ zu liegen braucht.} \end{cases}$$

Damit können die Nichtüberlappungsbedingungen für $i, j \in I$, $i < j$ und $A \in \{X, Y, Z\}$ durch folgende Restriktionen beschrieben werden:

$$D_A \lambda_{ji}^A + \sum_a \ell_{ai} \delta_{ai}^A - \sum_a (D_A - \ell_{aj}) \delta_{aj}^A \leq x_i^A - x_j^A$$
$$\leq \sum_a (D_A - \ell_{ai}) \delta_{ai}^A - \sum_a \ell_{aj} \delta_{aj}^A - D_A \lambda_{ij}^A, \tag{9.3}$$

$$\sum_A (\lambda_{ij}^A + \lambda_{ji}^A) \leq \sum_A \delta_{1i}^A, \quad \sum_A (\lambda_{ij}^A + \lambda_{ji}^A) \leq \sum_A \delta_{1j}^A, \tag{9.4}$$

$$\sum_A \delta_{1i}^A + \sum_A \delta_{1j}^A \leq 1 + \sum_A (\lambda_{ij}^A + \lambda_{ji}^A). \tag{9.5}$$

Während durch die Bedingung (9.3) ein Mindestabstand zwischen den Referenzpunkten gesichert wird, beschränken (9.4) und (9.5) die δ- und λ-Variablen auf die relevanten Kombinationen. Zum besseren Verständnis der Herkunft von (9.3) sei darauf hingewiesen, dass aus (9.2) unmittelbar

$$\sum_a \ell_{ai} \delta_{ai}^A - \sum_a (D_A - \ell_{aj}) \delta_{aj}^A \leq x_i^A - x_j^A \leq \sum_a (D_A - \ell_{ai}) \delta_{ai}^A - \sum_a \ell_{aj} \delta_{aj}^A$$

folgt (s. auch Aufgabe 9.1). Die zugehörige Zielfunktion zum Container-Beladungsproblem ist

$$\sum_{i \in I} g_i \left(\sum_A \delta_{1i}^A \right) \rightarrow \max, \tag{9.6}$$

wobei g_i die Bewertung (z. B. das Volumen) des Teiles i bezeichnet. Zusammengefasst erhalten wir durch die Zielfunktion (9.6) und die Restriktionen (9.1) – (9.5) für alle $i, j \in I$, $i < j$, ein lineares ganzzahliges Optimierungsmodell (LGO) des Container-Beladungsproblems.

Ein wichtiger Aspekt bei der Lösung von (LGO) mit einem Branch-and-Bound-Verfahren ist die Güte der *stetigen Relaxation*, die wesentlich die Anzahl der zu betrachtenden Teilprobleme beeinflusst. Weiterführende, auf der Polyedertheorie basierende Untersuchungen, insbesondere zum Container-Beladungsproblem, findet man in [Pad00], auf die hier nicht eingegangen wird. Vielmehr richten wir unser Augenmerk auf die Anzahl der Variablen und Restriktionen. Falls die Anzahl der Teile gleich $m = |I|$ ist, dann gibt es $3m$ reelle Variable x_i^A der Referenzpunkte, $9m$ 0/1-Variable δ_{ai}^A zur Beschreibung der Orientierung eines Teiles und des Enthaltenseins im Container sowie $3m(m-1)$ 0/1-Variable λ_{ij}^A zur Formulierung der Nichtüberlappungsbedingungen. Die Anzahl der Restriktionen wächst ebenfalls quadratisch mit m. Darüber hinaus muss hier beachtet werden, dass m nicht die Anzahl unterschiedlicher Teiletypen (wie in Abschnitt 9.1), sondern wegen $u_i = 1$ vielmehr als Gesamtzahl der zur Verfügung stehenden Teile (also $\sum_{i \in I} u_i$ in Abschnitt 9.1) anzusehen ist. Aus diesen Gründen erscheint eine exakte Lösung des Modells (LGO) nur für kleinere Beispiele als realistisch. Offen bleibt auch, wie zum Beispiel Stabilitätsbedingungen im Modell berücksichtigt werden können. Im Folgenden werden wir uns deshalb einem anderen, konstruktiven Zugang und insbesondere heuristischen Methoden zuwenden.

9.2.2 Der Basis-Algorithmus

Wir betrachten wieder das Container-Beladungsproblem, wie es im Abschnitt 9.1 definiert wurde, d. h., gegeben sind ein Container

$$C := \{(x,y,z) \in \mathbb{R}^3 \,:\, 0 \le x \le L,\, 0 \le y \le W,\, 0 \le z \le H\}$$

sowie $m = |I|$ Teiletypen

$$T_i := \{(x,y,z) \in \mathbb{R}^3 \,:\, 0 \le x \le \ell_i,\, 0 \le y \le w_i,\, 0 \le z \le h_i\}, \quad i \in I,$$

von denen u_i Exemplare zur Verfügung stehen. Gesucht ist also eine Packungsvariante mit maximaler Gesamtbewertung, in der höchstens u_i Teile vom Typ i verwendet werden. Zur Vereinfachung der Beschreibung nehmen wir hier an, dass die Teile nicht drehbar sind. Bei der Modellierung verwenden wir nun den Koordinatenursprung als *Referenzpunkt*. Mit $T_i(p_i)$ beschreiben wir die Punktmenge

$$T_i(p_i) = \{(x,y,z) \in \mathbb{R}^3 \,:\, x_i \le x \le x_i + \ell_i,\, y_i \le y \le y_i + w_i,\, z_i \le z \le z_i + h_i\}$$

eines mit Referenzpunkt $p_i = (x_i, y_i, z_i)$ platzierten Teiles vom Typ i. Das Teil $T_i(p_i)$ ist offensichtlich vollständig im Container angeordnet, wenn

$$0 \le x_i,\; x_i + \ell_i \le L, \quad 0 \le y_i,\; y_i + w_i \le W, \quad 0 \le z_i,\; z_i + h_i \le H$$

gilt. Die Nichtüberlappung zweier angeordneter Teile $T_i(p_i)$ und $T_j(p_j)$ $(i \ne j)$ kann kurz durch $T_i(p_i) \cap \mathrm{int}(T_j(p_j)) = \emptyset$ charakterisiert werden. Eine (endliche) Folge $(\pi_1, p_1), \ldots,$ (π_n, p_n) von Anordnungspunkten mit $n \le \sum_{i=1}^m u_i$ repräsentiert eine zulässige Packungsvariante, wenn

- $\pi_k \in I$, $\mathrm{card}(\{k \in \{1,\ldots,n\} : \pi_k = i\}) \leq u_i \ \forall i \in I$,
- $T_{\pi_k}(p_k) \subseteq C$ für alle $k = 1,\ldots,n$,
- $T_{\pi_k}(p_k) \cap \mathrm{int}(T_{\pi_j}(p_j)) = \emptyset$ für $1 \leq k < j \leq n$.

Zur Abkürzung definieren wir die Anordnungsvariante

$$\Pi_n := \bigcup_{k=1}^{n} T_{\pi_k}(p_k).$$

Das prinzipielle Vorgehen im Basis-Algorithmus ist nun wie folgt: Wir starten mit dem leeren Container und packen sukzessive neue Teile in bereits konstruierte Packungen. Da die Anzahl der möglichen Packungsvarianten exponentiell mit n wächst, schränken wir die Menge der akzeptierten und für weitere Anordnungen vorgesehenen Packungsvarianten regelmäßig auf p Elemente ein, um den numerischen Aufwand zu beherrschen. Diese Vorgehensweise entspricht in gewisser Weise einer *Vorwärtsrekursion* der *Dynamischen Optimierung*. Zur Selektion der Packungsvarianten verwenden wir eine Bewertungsfunktion β, die einer Packungsvariante einen nichtnegativen Wert zuordnet. Ein Beispiel für eine Funktion β geben wir später an, wobei *gute* Packungsvarianten einen größeren Wert als *weniger gute* haben.

Im Basis-Algorithmus verwenden wir folgende Bezeichnungen:

- k $\cdots$ Iterations- bzw. Stufenindex,
- B_k $\cdots$ Menge der Basisvarianten(-zustände) in Stufe k
- N_k $\cdots$ Menge der neu konstruierten Packungsvarianten (Zustände) in Stufe k,
- $N_k(p)$ $\cdots$ Menge der p bez. β besten Packungsvarianten in Stufe k,
- v^* $\cdots$ Wert der bisher besten Packungsvariante Π^*.

Basis-Algorithmus zum Container-Beladungsproblem

- $k := 0$. Initialisiere B_1 als leeren Container, $v^* := 0$.
- **repeat** $k := k+1$, $N_k := \emptyset$.
    - Für jede Packungsvariante $\Pi_j \in B_k$, für jeden geeigneten Anordnungspunkt p_k und für jeden noch verfügbaren Teiletyp $\pi_k = i$ konstruiere, falls möglich, die Anordnungsvariante $\Pi_j \cup \{(\pi_k, p_k)\}$ und füge diese zu N_k hinzu.
    - Bestimme $N_k(p)$.
    - Aktualisiere v^* und Π^*.
    - Setze $B_{k+1} := N_k(p)$.
  until $B_{k+1} = \emptyset$.

Falls mindestens einmal eine Elimination von Packungsvarianten stattfindet (weil $|N_k| > p$), ist die durch den Basis-Algorithmus gefundene Lösung i. Allg. nicht optimal. Der

Algorithmus stellt dann eine Heuristik dar. Andernfalls wird eine optimale Packungsvariante gefunden, da alle Möglichkeiten betrachtet werden. Die Menge der „geeigneten" Anordnungspunkte resultiert dabei aus den Rasterpunktmengen (man vergleiche dazu Beispiel 9.2).

Der Basis-Algorithmus in obiger Formulierung besitzt Schwachstellen, die durch geeignete Konkretisierung beseitigt werden können (z. B. können identische Packungsvarianten mehrmals auf unterschiedlichem Wege konstruiert werden). Andererseits bietet der Basis-Algorithmus gute Möglichkeiten, weitere Bedingungen (wie z. B. die Stabilität) durch entsprechende Definition geeigneter Anordnungspunkte zu integrieren.

Eine dieser Möglichkeiten stellen wir im folgenden Abschnitt anhand des Konturkonzeptes vor.

9.2.3 Das Konturkonzept

Die im vorherigen Abschnitt verwendete Repräsentation einer Packungsvariante als Vereinigung angeordneter Teile hat gewisse Nachteile, z. B. hinsichtlich des Auffindens eines ungenutzten Stauraumes (Lücke) bzw. geeigneter Anordnungspunkte. Aus diesem Grunde verwenden wir nun eine andere Beschreibungsform. Es sei

$$\Pi_n = \bigcup_{k=1}^{n} T_{\pi_k}(p_k) \quad \text{mit } p_k = (x_k, y_k, z_k)$$

eine zulässige Packungsvariante mit n Teilen. Die Projektion der gepackten Teile definiert eine Zerlegung der Grundfläche $[0,L] \times [0,W]$ des Containers, welche zu einer Rechteck-Zerlegung ergänzt werden kann. Jedem Rechteck R_j der Zerlegung wird nun eine (durch die Packungsvariante genutzte) Höhe e_j zugeordnet. Diese Rechteck-Zerlegung zusammen mit den Höhenwerten nennen wir *Kontur* der Packungsvariante. Wir beschreiben eine Kontur durch

$$K(\Pi_n) := \{(a_j, b_j, c_j, d_j, e_j) : j \in J\} \quad \text{mit } a_j < c_j, \ b_j < d_j, \ j \in J,$$

wobei $[a_j, c_j] \times [b_j, d_j]$ ein Rechteck der Zerlegung darstellt. (a_j, b_j) und (c_j, d_j) sind somit gegenüber liegende Eckpunkte des Rechtecks. Die Menge J ist eine passende Indexmenge, die alle Rechtecke der Zerlegung repräsentiert. Die dem Rechteck j zugeordnete *Höhe* e_j ist definiert durch

$$e_j := \max\{z_i + h_i : \ \exists k \in \{1, \ldots, n\} \text{ mit } i = \pi_k,$$
$$(x_i, x_i + \ell_i) \cap (a_j, c_j) \neq \emptyset, \ (y_i, y_i + w_i) \cap (b_j, d_j) \neq \emptyset\}.$$

Im *Konturkonzept* werden nun nur noch Anordnungen oberhalb der Kontur betrachtet. Die Kontur $K := \{(R_j, e_j) : j \in J\}$ ist *oberhalb* der Kontur $\widetilde{K} := \{(\widetilde{R}_j, \widetilde{e}_j) : j \in \widetilde{J}\}$, falls für alle $(x, y) \in R_i \cap \widetilde{R}_j$ gilt: $e_i \geq \widetilde{e}_j$.

Die Anordnung eines Teiles oberhalb einer Kontur liefert eine neue Kontur. Folglich kann jede Packungsvariante als Folge von Konturen angesehen werden, wobei die Nachfolgekontur durch die Anordnung eines einzelnen Teiles aus der vorhergehenden Kontur entsteht. Wie leicht ersichtlich ist, ist die Repräsentation einer Packungsvariante durch eine Folge von Konturen i. Allg. nicht eindeutig.

Wie auch bei zweidimensionalen Anordnungsproblemen ist die Betrachtung *normalisierter* Packungsvarianten sinnvoll. Normalisiert bedeutet beim Container-Beladungsproblem, dass jedes angeordnete Teil so nah wie möglich zum Koordinatenursprung angeordnet wird, so das es mit jeder Seite entweder eine Containerwand tangiert oder andere, bereits angeordnete Teile berührt. Als potentielle Anordnungspunkte für ein weiteres Teil kommen beim Konturkonzept nur die Punkte (a_j, b_j, e_j) in Frage, sofern die anderen Restriktionen eingehalten werden. An dieser Stelle müssen wir nun voraussetzen, dass die Kontur mit einer minimalen Anzahl von Rechtecken in der Zerlegung beschrieben wird. Andernfalls erhält man aus einer normalisierten Packungsvariante durch Anordnung eines weiteren Teiles mit einem Anordnungspunkt (a_j, b_j, e_j) $(j \in J)$ nicht notwendig wieder eine normalisierte Variante.

Um den Rechenaufwand in Grenzen zu halten und insbesondere normalisierte Anordnungen zu erzeugen, kann die Kenntnis der aktuellen Kontur genutzt werden. Es sei

$$\{R_j := (a_j, b_j, c_j, d_j) : j \in J\}$$

eine Zerlegung der Grundfläche $[0, L] \times [0, W]$. Wir definieren eine Relation $<_R$ zwischen den Rechtecken der Zerlegung durch

$$R_i <_R R_j \quad :\Leftrightarrow \quad a_i < c_j, \ b_i < d_j,$$

die in der Abbildung 9.2 illustriert ist. Diese Relation stellt eine *Vorgänger/Nachfolger*-Beziehung zwischen den Rechtecken R_i und R_j her. Bei der Anordnung eines Quaders k mit dem Anordnungspunkt (a_i, b_i, e_i), d. h. unmittelbar auf dem das Rechteck R_i definierenden Quader, werden höchstens Rechtecke R_j der Kontur geändert, für die $R_i <_R R_j$ gilt. Darüber hinaus ist eine Anordnung des Quaders k nur dann zulässig, wenn $e_j \leq e_i$ für alle R_j mit $R_i <_R R_j$ und $R_j \cap \{(x, y) : a_i < x < a_i + \ell_k, b_i < y < b_i + w_k\} \neq \emptyset$ gilt. Wir nennen eine Kontur $\{(R_j, e_j) : j \in J\}$ *monoton*, falls $e_i \geq e_j$ für alle R_i und R_j mit $R_i <_R R_j$ gilt $(i, j \in J)$. Einer Kontur $K = \{(R_j, e_j) : j \in J\}$ kann in einfacher Weise eine monotone Kontur $K' = \{(R'_j, e'_j) : j \in J'\}$ mit $e'_j \geq e_j$ zugeordnet werden. Für jedes Paar $R_i = (a_i, b_i, c_i, d_i)$ und $R_j = (a_j, b_j, c_j, d_j)$ von Rechtecken mit $R_i <_R R_j$ und $e_i < e_j$ erzeugt man die Monotonie wie folgt:

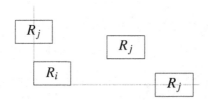

Abbildung 9.2: Die Relation $R_i <_R R_j$

- Gilt $c_j \geq c_i$ und $d_j \geq d_i$, dann setzt man $e'_i := e_j$.
- Gilt $c_i \leq a_j$ und $d_j < d_i$, dann zerlegen wir R_i in zwei Teilrechtecke R'_i und R''_i mit $R'_i := (a_i, b_i, c_i, d_j)$, $R''_i := (a_i, d_j, c_i, d_i)$ und setzen $e'_i := e_j$, $e''_i := e_i$.
- Gilt $d_i \leq b_j$ und $c_j < c_i$, dann zerlegen wir R_i in zwei Teilrechtecke R'_i und R''_i mit $R'_i := (a_i, b_i, c_j, d_i)$, $R''_i := (c_j, b_i, c_i, d_i)$ und setzen $e'_i := e_j$, $e''_i := e_i$.

Durch Wiederholung dieser Vorgehensweise konstruiert man somit eine monotone Kontur.

Beispiel 9.1

In einem Container der Maße $L \times W \times H = 10 \times 5 \times 6$ sind zwei Teile $T_1 = 7 \times 2 \times 3$ und $T_2 = 4 \times 2 \times 4$ mit den Anordnungspunkten $(0,0,0)$ und $(0,2,0)$ verstaut. Die Abbildung 9.3 zeigt eine zugehörige nichtmonotone und eine zugeordnete monotone Kontur. ☐

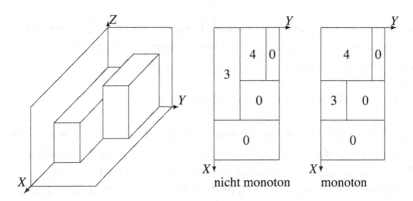

Abbildung 9.3: Kontur und monotone Kontur zum Beispiel 9.1

Die Kenntnis einer monotonen Kontur ermöglicht unmittelbar die Anordnung eines weiteren Quaders k mit dem Anordnungspunkt (a_i, b_i, e_i), sofern die Anordnung nicht aus dem Container hinaus führt. Es ist jedoch anzumerken, dass ein Algorithmus, der nach der Anordnung des nächsten Teiles stets eine neue monotone Kontur erzeugt, mitunter keine optimale Anordnung finden kann. Dazu betrachten wir die von J. Rietz zur Verfügung gestellte Abbildung 9.4 zum Beispiel 9.2.

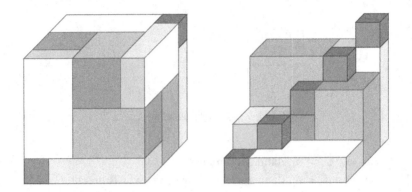

Abbildung 9.4: Gegenbeispiel zur ausschließlichen Verwendung monotoner Konturen

Beispiel 9.2

In einen Würfel der Kantenlänge 5 sind je sechs beliebig drehbare Quader der Abmessungen $1 \times 2 \times 4$ und $2 \times 2 \times 3$ sowie fünf Einheitswürfel zu packen. Eine Anordnung aller Teile ist in der Abbildung 9.4 dargestellt. Die teilweise Anordnung rechts in der Abbildung 9.4 verdeutlicht, dass durch die Anordnung eines weiteren Teiles und die Erzeugung einer zugehörigen monotonen Kontur Abfallvolumen eingeschlossen wird. Damit kann keine optimale Anordnung erhalten werden.   □

Eine Alternative zur Verwendung monotoner Konturen bildet die Betrachtung von Konturen, die monoton in x-Richtung sind. Eine Kontur $\{(a_j, b_j, c_j, d_j, e_j) : j \in J\}$ heißt *monoton in x-Richtung*, wenn

$$e_j \leq e_i \quad \text{für alle } j \in J \text{ mit } b_j < d_i, \ d_j > b_i$$

zutrifft. Wir betrachten wieder die Anordnung eines Quaders k mit Anordnungspunkt (a_i, b_i, e_i) und nehmen an, dass $a_i + \ell_k \leq L$, $b_i + w_k \leq W$, $e_i + h_k \leq H$ sowie $b_i + w_k > d_i$ gilt. Bei der Verwendung von Konturen, die monoton in x-Richtung sind, wird der Aufwand zur Prüfung der Zulässigkeit der Anordnung zunächst auf die Betrachtung des Rechtecks R_j reduziert, welches durch $b_j = d_i$ und $a_j \leq a_i < c_j$ eindeutig bestimmt ist. Gilt $e_j > e_i$, so ist die Anordnung unzulässig. Ist $e_j \leq e_i$ und gilt $b_i + w_k > d_j$, dann ist das nächste, zu R_j benachbarte Rechteck zu prüfen, usw.

Satz 9.1

Für jede Packungsvariante mit n Teilen existiert eine Folge $K_0, K_1, \ldots, K_n$ von Konturen, die monoton in x-Richtung sind, und eine Folge $\pi_1, \ldots, \pi_n$ der Indizes der angeordneten Teile derart, dass die Kontur K_j aus K_{j-1} durch Anordnung von T_{π_j} oberhalb von K_{j-1} entsteht.

Im Unterschied zum zweidimensionalen Packungsproblem, bei dem eine optimale Anordnung durch eine Folge normalisierter Anordnungen erhalten werden kann, ist dies im dreidimensionalen Fall noch ungeklärt. Mit anderen Worten, es ist noch nicht gezeigt bzw. widerlegt, dass für jede Instanz des Container-Beladungsproblems eine optimale Anordnung existiert, die durch eine Folge von normalisierten Anordnungen beschrieben wird.

Die sukzessive Betrachtung der potentiellen Anordnungspunkte ermöglicht es in einfacher Weise, einen Verzweigungsbaum-Algorithmus zu konzipieren. Die Vielzahl der Packungsvarianten setzt aber dessen Anwendbarkeit sehr enge Grenzen, auch bei der Verwendung geeigneter Schranken.

Zur Definition einer nichtnegativen Bewertungsfunktion β für eine nichtleere Packungsvariante Π_n stellen wir zwei Forderungen, wobei $f(\Pi_n)$ die Summe der Bewertungen der angeordneten Teile und $v(\Pi_n)$ das durch die Kontur eingeschlossene Volumen bezeichnen:

- Falls $v(s) = v(t)$ und $f(s) > f(t)$, dann soll $\beta(s) > \beta(t) > 0$ gelten.
- Falls $v(s) > v(t)$ und $\dfrac{f(s)}{v(s)} = \dfrac{f(t)}{v(t)}$, dann soll $\beta(s) > \beta(t) > 0$ gelten.

Eine einfache Beispielklasse von Bewertungsfunktionen ist (Aufgabe 9.3)

$$\beta(s) = \frac{f(s) + \alpha}{v(s) + \gamma} \quad \text{mit } \alpha \leq 0, \ \gamma > 0 \text{ und } f(s) + \alpha > 0 \quad \forall s \in S,$$

wobei S die Menge aller nichtleeren Anordnungen bezeichnet. Um praktische Belange zu berücksichtigen, schränken wir die Menge der möglichen Anordnungspunkte ein. Zum Beispiel kann das Packen eines Containers *von hinten nach vorn* (die *hintere* Wand des Containers werde durch $x = 0$ beschrieben) durch die Beachtung folgender Regel realisiert werden:

Nur die Anordnungspunkte (a_j, b_j, e_j) mit minimalem a_j-Wert werden zur Anordnung eines weiteren Teiles betrachtet.

9.2.4 Weitere Heuristiken

Die im vorangegangenen Abschnitt beschriebene allgemeine Vorgehensweise zur Ermittlung guter Anordnungsvarianten erlaubt eine Anpassung an spezifische Situationen. Dies gilt zum Beispiel, wenn Teile eines Typs unmittelbar nacheinander gepackt werden sollen oder wenn eine hinreichend große Auflagefläche vorhanden sein soll.

Sind relativ wenig verschiedene Teiletypen vorhanden, spricht man von einem *schwach homogenen* Packungsproblem. Ist die Anzahl unterschiedlicher Typen jedoch sehr groß und sind die Vorratszahlen u_i relativ klein, nennt man die Probleme *stark heterogen* [GB96].

Eng verwandt mit dem Container-Beladungsproblem ist das Paletten-Beladungsproblem (Kap. 8), bei dem die Stabilität der Packungsvariante von größerer Bedeutung ist. Eine an das Paletten-Beladungsproblem mit unterschiedlichen Teiletypen angepasste Heuristik ist in [BJR95] angegeben. Eine umfangreiche Übersicht über praktische Anordnungsbedingungen beim Container-Beladungsproblem findet man in [BR95].

Die Heuristiken zur Lösung des Container-Beladungsproblems kann man grob wie folgt einteilen. Die meisten der üblichen Heuristiken sind sogenannte *Wand bildende Algorithmen* (*wall building algorithms*), d. h., zunächst werden Teile so übereinander angeordnet, dass sie eine *Wand* formen (in der Regel parallel zur Fläche $\{0\} \times [0, W] \times [0, H]$). Danach wird eine weitere Wand (im Englischen auch mit *layer* bezeichnet) konstruiert usw.

In der Heuristik von George und Robinson ([GR80]) wird jede Wand durch Streifen in horizontaler Richtung gefüllt. Die Streifenvarianten werden dabei durch eine Greedy-Technik bestimmt.

Weitere Heuristiken dieses Typs werden in [BM90] und [GMM90] verwendet. Eine Verbesserung des Algorithmus von George und Robinson wird in [Pis02] vorgestellt. Die Verbesserung wird einerseits durch die Anwendung einer unvollständigen Verzweigung erreicht — bei der Definition der Wanddicke werden mehrere Werte untersucht. Andererseits werden die Streifenvarianten zum Füllen einer Wand sowohl in vertikaler als auch in horizontaler Richtung betrachtet und durch Lösen eines Rucksackproblems bestimmt.

Eine weitere Klasse von Heuristiken bilden diejenigen, die zunächst Teile zu *Türmen* mit maximaler Höhe H übereinander stapeln. Anschließend wird ein zweidimensionales Anordnungsproblem bezüglich der Containergrundfläche $L \times W$ gelöst. Diese Vorgehensweise wird z. B. in [GG65] und [Hae80] angewendet. Dieses Konstruktionsprinzip findet auch Anwendung in dem genetischen Algorithmus von Gehring und Bortfeldt ([GB97]).

Im Tabu Search-Algorithmus von Bortfeldt und Gehring [BG98] werden die Teile blockweise angeordnet, wodurch die Stabilität der Anordnung auf Grund hinreichend großer Auflagefläche erreicht werden kann. Eine angepasste Heuristik, die die Gewichtsverteilung der im Container angeordneten Teile beachtet, ist in [DB99] beschrieben.

Eine weitere Heuristik, die ähnlich wie eine Greedy-Heuristik arbeitet, bei der jedoch gewisse Entscheidungen zufällig getroffen werden, findet man in [MO05]. Heuristiken, die ausschließlich Guillotine-Anordnungen ermitteln, werden z. B. in [MA94] untersucht.

9.3 Das Multi-Container-Beladungsproblem

Hinter dem Begriff *Multi-Container-Beladungsproblem* verbergen sich mehrere Problemstellungen. Beim Problem des minimalen Materialeinsatzes geht es darum, Anordnungsvarianten für eine minimale Anzahl identischer Container zu finden, so dass alle quaderförmigen Teile gepackt werden. Stehen unterschiedliche Containertypen mit entsprechender Bewertung zur Verfügung, besteht die Aufgabe darin, eine Teilmenge der Container und zugehörige Anordnungsvarianten derart zu finden, dass alle Teile verstaut werden und die Gesamtbewertung der benötigten Container minimal ist. Es wird hierbei jeweils angenommen, dass hinreichend viele Container vorhanden sind. Ist dies jedoch nicht der Fall, muss toleriert werden, dass gewisse Teile nicht angeordnet werden. In diesem Fall hat man also ein Problem der maximalen Volumenauslastung bzw. der Bewertungsmaximierung.

Auf Grund der Analogie zum Multi-Paletten-Beladungsproblem verzichten wir hier auf eine ausführliche Beschreibung eines Lösungskonzeptes und verweisen auf Abschnitt 8.6. Ein mathematisches Modell einer Relaxation zum Multi-Container-Beladungsproblem mit identischen Containern sowie ein Modell für unterschiedliche Containertypen werden im Abschnitt 9.5 und in der Aufgabe 9.5 betrachtet.

Ein ähnliches Konzept wie das in Abschnitt 8.6 vorgestellte wird in [Bor98] speziell für Multi-Container-Beladungsprobleme verfolgt.

Untere Schranken und ein Branch-and-Bound-Konzept speziell für das dreidimensionale *Bin Packing-Problem* (alle Container sind identisch) werden in [MPV00] untersucht. Eine Anwendung der *Tabu Search*-Metaheuristik auf das Bin Packing-Problem erfolgt in [LMV02]. In der Greedy-Heuristik in [dCSSM03] wird insbesondere Augenmerk auf die physische Stabilität der Packungsvarianten gelegt.

9.4 Dreidimensionale Streifenpackungen

Beim dreidimensionalen Streifen-Packungsproblem geht man in der Regel davon aus, dass alle quaderförmigen Teile in einen Container hinreichender Länge angeordnet werden. Optimierungsziel ist die Minimierung der benötigten Containerlänge.

Dieses dreidimensionale Packungsproblem wie auch das analoge dreidimensionale Zuschnittproblem treten in verschiedenen Bereichen auf. In der Metallindustrie ist ein häufiges Problem der Zuschnitt quaderförmiger Blöcke aus einem größeren Block, wobei dessen Querschnitt in der Regel fest, seine Länge jedoch beliebig ist. Ähnliche Aufgabenstellungen findet man beim Zuschnitt aus Rohholz oder aus Schaumstoffen. Anwendungen gibt es auch im Transportwesen.

Einen Vergleich von Algorithmen zur Lösung des Streifen-Packungsproblems findet man in [BM90]. Weitergehende Konzepte zur Entwicklung angepasster Heuristiken werden in [BR95] diskutiert. Untere Schranken sowie ein Branch-and-Bound-Algorithmus sind in [MPV00] angegeben. Das Branch-and-Bound-Konzept aus [Pis02] wird in zwei Varianten in [BM07] zur Lösung des Container-Beladungsproblems angewendet. In der ersten Variante wird direkt ein Container minimaler Länge gesucht. In der zweiten Variante wird eine Folge von Container-Beladungsproblemen mit fallender Containerlänge betrachtet. Die vorgestellten Ergebnisse umfangreicher Tests belegen die Güte dieser Vorgehensweise.

9.5 LP-Schranken

In diesem Abschnitt geben wir obere Schranken für des Container-Beladungsproblem sowie untere Schranken für das Multi-Container-Beladungsproblem an.

9.5.1 Die Streifen-Relaxation des Container-Beladungsproblems

Neben der oberen Schranke, die man aus der stetigen Relaxation zum Modell (LGO) aus Abschnitt 9.2 (Seite 234) erhält, sind weitere Schranken verfügbar.

Wir betrachten wieder einen Container mit Länge L, Breite W und Höhe H und es sei $V = LWH$ dessen Volumen. Weiterhin seien m Typen quaderförmiger Teile gegeben. Diese indizieren wir im Folgenden mit t und es sei $T = \{1, \ldots, m\}$. Das Volumen eines Teiles des Typs t bezeichnen wir mit v_t, die Bewertung mit g_t, $t \in T$. Höchstens u_t Teile des Typs t dürfen angeordnet werden. Im Fall der maximalen Volumenauslastung ist damit $g_t = v_t$. Wir nehmen nun wieder an, dass alle Eingabedaten ganzzahlig sind.

Ohne Beschränkung der Allgemeinheit nehmen wir an, dass sowohl für die Länge L als auch die Breite W und die Höhe H nichtnegative ganzzahlige Kombinationen der Teileabmessungen existieren, so dass sich eine Reduktion des Containervolumens durch Betrachtung der Rasterpunkte erübrigt.

Der Maximalwert einer Anordnungsvariante kann offensichtlich durch den Optimalwert des Rucksackproblems

$$\min\left\{ \sum_{t\in T} g_t x_t : \sum_{t\in T} v_t x_t \leq V,\ x_t \leq u_t,\ x_t \in \mathbb{Z}_+ \forall t \right\}$$

abgeschätzt werden, wobei x_t angibt, wie viele Teile des Typs t verwendet werden. Bei dieser Schranke hat die konkrete Form eines Teiles keine Bedeutung, nur dessen Volumen. Eine verbesserte Schranke kann wie folgt erhalten werden: Um die unterschiedlichen Orientierungen eines Teiles zu berücksichtigen, verwenden wir Indexmengen

$$I_t := \{n_{t-1}+1,\ldots,n_t\}, \quad n_0 := 0, \quad t \in T,$$

derart, dass für jede Orientierung des Teiletyps t genau ein Index $i \in I_t$ existiert. Weiterhin seien

$$I := \{1,\ldots,n\} \quad \text{mit } n := n_m.$$

Mit ℓ_i, w_i und h_i bezeichnen wir Länge, Breite und Höhe eines Teiles $i \in I$ mit fester Orientierung. Das Teil i hat somit den Typ t, falls $i \in I_t$ gilt.

Um unterschiedliche Problemstellungen zu modellieren, beachten wir auch Schrankenwerte, wie oft Teile eines Typs angeordnet werden müssen oder dürfen. Die Menge $T_1 \subseteq T$ repräsentiert diejenigen Teiletypen t, von denen *genau* u_t Teile gepackt werden müssen. Weiterhin bezeichnen wir mit T_2 und T_3 die Indexmengen der Teiletypen, von denen *mindestens* $\underline{u}_t$, $t \in T_2$, bzw. höchstens $\bar{u}_t$, $t \in T_3$, Teile anzuordnen sind. Es ist anzumerken, dass bei zu großer Wahl von u_t, $t \in T_1$, oder von $\underline{u}_t$, $t \in T_2$, die Lösbarkeit des Problems verloren geht. Um das folgende lineare Optimierungsproblem möglichst klein zu halten, setzen wir voraus, dass

$$T_1 \cap (T_2 \cup T_3) = \emptyset \quad \text{und} \quad \underline{u}_t < \bar{u}_t \text{ für } t \in T_2 \cap T_3$$

gilt. Ferner bezeichne

$$T_4 := T \setminus (T_1 \cup T_2 \cup T_3)$$

und $t_i := \text{card}(T_i)$, $i = 1,\ldots,4$. Ohne Beschränkung der Allgemeinheit können wir nun annehmen, dass

$$T_1 = \{1,\ldots,t_1\}, \quad T_2 = \{t_1+1,\ldots,t_1+t_2\}, \quad T_3 = \{t_0+1,\ldots,t_0+t_3\}$$

gilt, wobei $t_0 := m - t_4 - t_3$. Damit gilt $T_2 \cap T_3 = \{t_0+1,\ldots,t_1+t_2\}$.

Die hier beschriebene Vorgehensweise ist eine Verallgemeinerung einer Relaxation, die in [Ise87] für das (zweidimensionale) *Paletten-Beladungsproblem* verwendet wird. Die grundlegende Idee der Streifen-Relaxation ist die Folgende. Wir zerlegen den Container

$$C = \{(x,y,z) : 0 \le x \le L,\ 0 \le y \le W,\ 0 \le z \le H\}$$

in $W \cdot H$ Streifen der Länge L und des Querschnitts 1×1. Diese Streifen nennen wir *L-Streifen*. Betrachten wir nun eine (dreidimensionale) Anordnungsvariante von C, so erhalten wir durch diese Zerlegung eine Menge von $W \cdot H$ Streifenvarianten in Längsrichtung. In analoger Weise definieren wir *W-Streifen* und *H-Streifen* Auf Grund des 1×1-Querschnitts können die Streifenvarianten als *eindimensional* angesehen werden. Vernachlässigt man nun die konkrete Position der Streifen, so erhält man eine Relaxation des Container-Beladungsproblems.

Zur präzisen Formulierung des mathematischen Modells bezeichne $A = (A_1, \ldots, A_n)^T \in \mathbb{Z}_+^n$ den *Anordnungsvektor* einer zulässigen (dreidimensionalen) Anordnungsvariante. Die Komponente A_i von A gibt damit an, wie oft Teile mit fester Orientierung i gepackt werden.

Jeder *L*-Streifen kann durch einen Vektor $a^p = (a_{1p}, \ldots, a_{np})^T \in \mathbb{Z}_+^n$ charakterisiert werden, wobei p der Index des *L*-Streifens ist. Damit gibt a_{ip} an, wie oft der $w_i h_i$-te (Volumen-)Anteil des Teiletyps i im p-ten *L*-Streifen enthalten ist. Eine *L-Variante* a^p ist nur dann zulässig, falls

$$\sum_{i \in I} \ell_i a_{ip} \le L, \quad \sum_{i \in I_t} a_{ip} \le u_t,\ t \in T_1, \quad \sum_{i \in I_t} a_{ip} \le \bar{u}_t,\ t \in T_3. \tag{9.7}$$

Die erste Bedingung sichert, dass die Containerlänge L nicht überschritten wird. Die beiden anderen Ungleichungen resultieren aus den Höchstzahlen, wie oft Teile eines Typs bei Beachtung aller unterschiedlichen Orientierungen angeordnet werden dürfen. Mit P bezeichnen wir die Menge aller zulässigen *L*-Varianten.

In gleicher Weise definieren wir *W-Varianten* $b^q = (b_{1q}, \ldots, b_{nq})^T$, $q \in Q$, und *H-Varianten* $c^r = (c_{1r}, \ldots, c_{nr})^T$, $r \in R$.

Beispiel 9.3

Wir betrachten einen Container mit den Abmessungen $L = 25$, $W = 10$ und $H = 15$ und zwei (nichtdrehbare) Teiletypen mit den Maßen $\ell_1 = 10$, $w_1 = 10$, $h_1 = 7$ und $\ell_2 = 15$, $w_2 = 7$, $h_2 = 5$. Für den Anordnungsvektor $A = (2,3)^T$, der mit den Anordnungspunkten $(0,0,0)$ und $(0,0,7)$ für die zwei Teile des Typs 1 und $(10,0,0)$, $(10,0,5)$ und $(10,0,10)$ für die drei Teile des Typs 2 die Anordnungsvariante eindeutig beschreibt, erhalten wir folgende Streifenvarianten:

- L-Varianten: $a^1 = (1,1)^T$ (98-mal), $a^2 = (1,0)^T$ (42), $a^3 = (0,1)^T$ (7),
- W-Varianten: $b^1 = (1,0)^T$ (140), $b^2 = (0,1)^T$ (225),
- H-Varianten: $c^1 = (2,0)^T$ (100), $c^2 = (0,3)^T$ (105). $\qquad\qquad$ □

Wir definieren nun ganzzahlige Variable x_p, y_q und z_r zu den L-, W- und H-Varianten, die angeben, wie oft die zugehörige Variante benutzt wird, und erhalten damit die Gleichung

$$A_i = \frac{1}{w_i h_i} \sum_{p \in P} a_{ip} x_p = \frac{1}{\ell_i h_i} \sum_{q \in Q} b_{iq} y_q = \frac{1}{\ell_i w_i} \sum_{r \in R} c_{ir} z_r. \tag{9.8}$$

Um nun die Streifen-Relaxation zu erhalten, betrachten wir das folgende Modell des Container-Beladungsproblems:

$$\eta = \sum_{t \in T} g_t \sum_{i \in I_t} A_i \to \max \quad \text{bei}$$

$$A = (A_1, \dots, A_n)^T \in \mathbb{Z}_+^n \text{ ist eine zulässige Anordnungsvariante}, \tag{9.9}$$

$$\sum_{i \in I_t} A_i = u_t, \quad t \in T_1,$$

$$\sum_{i \in I_t} A_i \geq \underline{u}_t, \quad t \in T_2,$$

$$\sum_{i \in I_t} A_i \leq \overline{u}_t, \quad t \in T_3.$$

Ersetzen wir nun den Anordnungsvektor A gemäß (9.8) und konkretisieren wir die Bedingung (9.9), so erhalten wir das Modell der *Streifen-Relaxation* für das Container-Beladungsproblem, wobei $\gamma_t := g_t/v_t, t \in T$ ist:

$$\eta = \sum_{p \in P} \sum_{t \in T} \gamma_t \sum_{i \in I_t} \ell_i a_{ip} x_p \to \max \quad \text{bei} \tag{9.10}$$

$$\sum_{p \in P} \ell_i a_{ip} x_p - \sum_{q \in Q} w_i b_{iq} y_q = 0, \quad i \in I, \tag{9.11}$$

$$\sum_{p \in P} \ell_i a_{ip} x_p - \sum_{r \in R} h_i c_{ir} z_r = 0, \quad i \in I, \tag{9.12}$$

$$\sum_{p \in P} \sum_{i \in I_t} \ell_i a_{ip} x_p = u_t v_t, \quad t \in T_1, \tag{9.13}$$

$$\sum_{p \in P} \sum_{i \in I_t} \ell_i a_{ip} x_p \geq \underline{u}_t v_t, \quad t \in T_2,$$

$$\sum_{p \in P} \sum_{i \in I_t} \ell_i a_{ip} x_p \leq \overline{u}_t v_t, \quad t \in T_3, \tag{9.14}$$

$$\sum_{p \in P} x_p \le WH, \tag{9.15}$$

$$\sum_{q \in Q} y_q \le LH,$$

$$\sum_{r \in R} z_r \le LW, \tag{9.16}$$

$$x_p \ge 0,\ p \in P, \quad y_q \ge 0,\ q \in Q, \quad z_r \ge 0,\ r \in R. \tag{9.17}$$

Durch die Zielfunktion (9.10) wird der Gesamtertrag der angeordneten Teile maximiert. Die Restriktionen (9.13) – (9.14) sichern, dass die geforderte Höchst- bzw. Mindestanzahl je Teiletyp eingehalten wird. Die nur verbal formulierbare Forderung (9.9), dass A eine zulässige Anordnungsvariante ist, wird durch die Bedingungen (9.11), (9.12) und (9.15) – (9.16) ersetzt. Offensichtlich wird durch (9.15) – (9.16) gewährleistet, dass nicht zu viele L-, W- und H-Streifen verwendet werden. Schließlich wird durch die Bedingungen (9.11) und (9.12) garantiert, dass für jede Orientierung i eines Teiletyps t das gleiche Volumen in L-, W- und H-Richtung angeordnet wird. (Man vergleiche auch mit Abschnitt 5.2.) Im Unterschied zu (9.9) kann nun die Zulässigkeit einer L-, W- oder H-Variante durch die linearen Restriktionen in (9.7) definiert werden.

Da die reale Position der Streifenvarianten vernachlässigt, nur deren Anzahl beschränkt und die Ganzzahligkeit der Variablen nicht gefordert wird, ist das lineare Optimierungsmodell (9.10) – (9.17) eine Relaxation des Container-Beladungsproblems.

Das hier entwickelte Modell der Streifen-Relaxation ist ein lineares Optimierungsmodell (ein LP-Modell) mit einer sehr großen Anzahl von Variablen. Aus diesem Grund wenden wir zu seiner Lösung die Technik der Spaltengenerierung an (Abschnitt 3.5). Zur Abkürzung definieren wir

$$n_1 := n,\ n_2 := 2n_1,\ n_3 := n_2 + t_1,\ n_4 := n_3 + t_2,\ n_5 := n_4 + t_3,\ n_6 := n_5 + 3. \tag{9.18}$$

Es bezeichne $d = (d_1, \ldots, d_{n_6})^T$ den Vektor der Simplexmultiplikatoren einer zulässigen Basislösung von (9.10) – (9.17). Wenden wir nun das *revidierte Simplexverfahren* mit *Spaltengenerierung* (Abschnitt 3.5) an, dann sind drei Rucksackprobleme je Simplex-Iteration zu lösen, um zu entscheiden, ob die aktuelle Basis optimal ist oder andernfalls, um eine (mehrere) neue Spalte(n) zu generieren. Man beachte: Obwohl mindestens $2n + 3$ Bedingungen in (9.11) – (9.17) vorliegen, ist die Anzahl der Variablen in den Spaltengenerierungsproblemen jeweils gleich n. Das Rucksackproblem für die L-Streifen lautet:

$$\chi_L = \sum_{t \in T} \gamma_t \sum_{i \in I_t} \ell_i a_i + \sum_{i \in I} d_i \ell_i a_i + \sum_{i \in I} d_{n_1+i} \ell_i a_i + \sum_{t \in T_1} d_{n_2+t} \sum_{i \in I_t} \ell_i a_i$$

$$+ \sum_{t \in T_2} d_{n_2+t} \sum_{i \in I_t} \ell_i a_i + \sum_{t \in T_3} d_{n_4+t-t_0} \sum_{i \in I_t} \ell_i a_i + d_{n_5+1}$$

$$= \sum_{t \in T_1 \cup T_2 \setminus T_3} \sum_{i \in I_t} (\gamma_t + d_i + d_{n_1+i} + d_{n_2+t}) \ell_i a_i$$

$$+ \sum_{t \in T_2 \cap T_3} \sum_{i \in I_t} (\gamma_t + d_i + d_{n_1+i} + d_{n_2+t} + d_{n_4+t-t_0}) \ell_i a_i$$

$$+ \sum_{t \in T_3 \setminus T_2} \sum_{i \in I_t} (\gamma_t + d_i + d_{n_1+i} + d_{n_4+t-t_0}) \ell_i a_i$$

$$+ \sum_{t \in T_4} \sum_{i \in I_t} (\gamma_t + d_i + d_{n_1+i}) \ell_i a_i + d_{n_5+1} \to \max$$

bei $\quad \sum_{i \in I} \ell_i a_i \le L, \ \sum_{i \in I_t} a_i \le u_t, \ t \in T_1, \ \sum_{i \in I_t} a_i \le \bar{u}_t, \ t \in T_3, \ a_i \in \mathbb{Z}_+, \ i \in I.$

Die Rucksackprobleme für die W- und H-Streifen sind

$$\chi_W = - \sum_{t \in T} \sum_{i \in I_t} d_i w_i b_i + d_{n_5+2} \to \max$$

bei $\quad \sum_{i \in I} w_i b_i \le W, \ \sum_{i \in I_t} b_i \le u_t, \ t \in T_1, \ \sum_{i \in I_t} b_i \le \bar{u}_t, \ t \in T_3, \ b_i \in \mathbb{Z}_+, \ i \in I,$

und

$$\chi_H = - \sum_{t \in T} \sum_{i \in I_t} d_{n+i} h_i c_i + d_{n_5+3} \to \max$$

bei $\quad \sum_{i \in I} h_i c_i \le H, \ \sum_{i \in I_t} c_i \le u_t, \ t \in T_1, \ \sum_{i \in I_t} c_i \le \bar{u}_t, \ t \in T_3, \ c_i \in \mathbb{Z}_+, \ i \in I.$

Die ganzzahligen Variablen a_i, b_i, c_i modellieren, wie oft Teil i in der Streifenvariante verwendet wird ($i \in \{1, \ldots, n\}$). Falls

$$\min \left\{ -\chi_L^*, \ -\chi_W^*, \ -\chi_H^*, \ \min_{t \in T_2} d_{n_2+t}, \ -\min_{t \in T_3} d_{n_4+t-t_0}, \ -\min_{i=1,2,3} d_{n_5+i} \right\} \ge 0, \quad (9.19)$$

dann ist die aktuelle Basis optimal. Hierbei bezeichnen χ_L^*, χ_W^* und χ_H^* die Optimalwerte der Rucksackprobleme, während die weiteren Terme zu den Spalten der Schlupfvariablen gehören. Falls die Bedingung (9.19) nicht erfüllt ist, so hat man eine Spalte mit negativen transformierten Zielfunktionskoeffizienten gefunden, die in die Basis zu tauschen ist. Gegebenenfalls können mehrere neue Spalten in den Spaltenpool aufgenommen werden.

Im Fall $T_1 \cup T_2 \ne \emptyset$ kann eine erste zulässige Basislösung von (9.10) – (9.17) durch Lösung eines Hilfsproblems erhalten werden, indem *künstliche Variablen* σ_i, $i = 1, \ldots, n_4$, (auch *Hilfsvariable* genannt) hinzugefügt werden:

$$
\eta_0 = -\sum_{p \in P} \left[3 \sum_{t \in T_1 \cup T_2} \sum_{i \in I_t} \ell_i a_{ip} + 2 \sum_{t \in T \setminus (T_1 \cup T_2)} \sum_{i \in I_t} \ell_i a_{ip} \right] x_p
$$

$$
+ \sum_{i \in I} \left[\sum_{q \in Q} w_i b_{iq} y_q + \sum_{r \in R} h_i c_{ir} z_r \right] + \sum_{t \in T_1} u_t v_t + \sum_{t \in T_2} \underline{u}_t v_t \rightarrow \min \quad \text{bei} \tag{9.20}
$$

$$
\sigma_i + \sum_{p \in P} \ell_i a_{ip} x_p - \sum_{q \in Q} w_i b_{iq} y_q = 0, \quad i \in I,
$$

$$
\sigma_{n+i} + \sum_{p \in P} \ell_i a_{ip} x_p - \sum_{r \in R} h_i c_{ir} z_r = 0, \quad i \in I,
$$

$$
\sigma_{n_2+t} + \sum_{p \in P} \sum_{i \in I_t} \ell_i a_{ip} x_p = u_t v_t, \quad t \in T_1,
$$

$$
\sigma_{n_2+t} + \sum_{p \in P} \sum_{i \in I_t} \ell_i a_{ip} x_p \geq \underline{u}_t v_t, \quad t \in T_2,
$$

$$
\sum_{p \in P} \sum_{i \in I_t} \ell_i a_{ip} x_p \leq \overline{u}_t v_t, \quad t \in T_3, \tag{9.21}
$$

$$
\sum_{p \in P} x_p \leq WH,
$$

$$
\sum_{q \in Q} y_q \leq LH,
$$

$$
\sum_{r \in R} z_r \leq LW, \tag{9.22}
$$

$$
\sigma_i \geq 0 \; \forall i, \quad x_p \geq 0, \; p \in P, \quad y_q \geq 0, \; q \in Q, \quad z_r \geq 0, \; r \in R. \tag{9.23}
$$

Bei dieser *Methode der künstlichen Variablen* (auch als *Hilfszielfunktionsmethode* bezeichnet) ist die Zielfunktion gleich der Summe der nichtnegativen künstlichen Variablen. Eine zulässige Basislösung des Modells (9.10) – (9.17) hat man dann gefunden, wenn $\eta_0^* = 0$ gilt und alle σ_i-Variablen aus der Basis eliminiert sind. Dieses mitunter als *Phase 1* bezeichnete Problem kann wiederum mit der Spaltengenerierungstechnik gelöst werden. Eine erste Basislösung für das Modell (9.20) – (9.23) ist unmittelbar durch die σ_i-Variablen und die zu (9.21) – (9.22) gehörigen Schlupfvariablen gegeben.

9.5.2 Die Streifen-Relaxation des Multi-Container-Beladungsproblems

Wir betrachten hier ein Multi-Container-Beladungsproblem, bei dem u_t Teile des Typs $t \in T = \{1, \dots, m\}$ in einer minimalen Anzahl identischer Container mit Abmessungen L, W und H zu verstauen sind. Die Gesamtheit der unterschiedlichen zulässigen Orientierungen beschreiben wir wie im Abschnitt 9.5.1 mit der Indexmenge $I = \{1, \dots, n\}$.

Die Länge, Breite und Höhe des (nichtdrehbaren) Teiles $i \in I$ seien wieder mit ℓ_i, w_i und h_i bezeichnet.

Die Indexmenge J repräsentiere die Menge aller zulässigen dreidimensionalen Anordnungsvarianten $A^j \in \mathbb{Z}_+^n$, $j \in J$, für einen Container. Weiterhin bezeichnen wir mit μ_j die Häufigkeit, wie oft Container entsprechend der Variante j gepackt werden. Für das Multi-Container-Beladungsproblem erhält man somit das Modell

$$\eta = \sum_{j \in J} \mu_j \to \min \quad \text{bei}$$

$$\sum_{j \in J} \sum_{i \in I_t} A_{ij} \mu_j \geq u_t, \quad t \in T, \tag{9.24}$$

$$\mu_j \geq 0, \quad \mu_j \in \mathbb{Z}_+, \quad j \in J.$$

Mit ξ_{pj}, ψ_{qj} und ζ_{rj} bezeichnen wir nun die Anzahl, wie oft eine L-, W- oder H-Streifenvariante in der Anordnungsvariante A^j vorkommt. Substituieren wir A_{ij} in der Ungleichung (9.24) in Analogie zu (9.8), so erhalten wir

$$\sum_{j \in J} \sum_{i \in I_t} \frac{1}{w_i h_i} \sum_{p \in P} a_{ip} \xi_{pj} \mu_j = \sum_{p \in P} \sum_{i \in I_t} \frac{1}{w_i h_i} a_{ip} \sum_{j \in J} \xi_{pj} \mu_j \geq u_t, \quad t \in T.$$

Wir setzen nun

$$x_p := \sum_{j \in J} \xi_{pj} \mu_j, \quad y_q := \sum_{j \in J} \psi_{qj} \mu_j, \quad z_r := \sum_{j \in J} \zeta_{rj} \mu_j.$$

Durch geeignete Umformulierung der Zielfunktion erhalten wir die Streifen-Relaxation des Multi-Container-Beladungsproblems:

$$\eta = \kappa \to \min \quad \text{bei} \tag{9.25}$$

$$\sum_{p \in P} \ell_i a_{ip} x_p - \sum_{q \in Q} w_i b_{iq} y_q = 0, \quad i \in I, \tag{9.26}$$

$$\sum_{p \in P} \ell_i a_{ip} x_p - \sum_{r \in R} h_i c_{ir} z_r = 0, \quad i \in I, \tag{9.27}$$

$$\sum_{p \in P} \sum_{i \in I_t} \ell_i a_{ip} x_p \geq u_t v_t, \quad t \in T, \tag{9.28}$$

$$\sum_{p \in P} x_p - WH\kappa \leq 0, \tag{9.29}$$

$$\sum_{q \in Q} y_q - LH\kappa \leq 0,$$

$$\sum_{r \in R} z_r - LW\kappa \leq 0, \tag{9.30}$$

$$x_p \geq 0, \; p \in P, \quad y_q \geq 0, \; q \in Q, \quad z_r \geq 0, \; r \in R. \tag{9.31}$$

Durch die Zielfunktion (9.25) wird die Gesamtzahl κ der benötigten Container gezählt. Die Bedingungen (9.29) – (9.30) sichern, dass die verwendeten L-, W- und H-Streifen in das Gesamtvolumen hineinpassen. Die Bedingung (9.26) bewirkt, dass für jede Orientierung i des Teiletyps t das gleiche Volumen in L- und W-Richtung angeordnet wird. Die Gleichung (9.27) sichert dies für jede Orientierung i des Teiletyps t in L- und H-Richtung. Die Ungleichung (9.28) realisiert die Bedarfsforderungen.

Es ist offensichtlich, dass das Modell (9.25) – (9.31) eine Relaxation des Multi-Container-Beladungsproblems darstellt.. Dieses Modell kann gleichfalls mit der Spaltengenerierungstechnik gelöst werden. Wir verwenden die Abkürzungen aus (9.18). Wegen $T = T_2$ gilt nun $n_3 := n_2, n_5 := n_4$.

Es bezeichne wieder $d = (d_1, \ldots, d_{n_6})^T$ den Vektor der Simplex-Multiplikatoren zu einer zulässigen Basislösung von (9.25) – (9.31). Wenden wir die Spaltengenerierungstechnik aus Abschnitt 3.5 an, so sind die folgenden drei Rucksackprobleme je Simplex-Schritt zu lösen. Das Rucksackproblem für die L-Varianten ist:

$$\chi_L = \sum_{t \in T} \sum_{i \in I_t} (d_i + d_{n_1+i} + d_{n_2+t}) \ell_i a_i + d_{n_5+1} \to \max$$

$$\text{bei} \quad \sum_{i \in I} \ell_i a_i \leq L, \, a_i \in \mathbb{Z}_+, \, i \in I.$$

Für die W- und H-Varianten sind die folgenden Rucksackprobleme zu lösen:

$$\chi_W = d_{n_5+2} - \sum_{t \in T} \sum_{i \in I_t} d_i w_i b_i \to \max \quad \text{bei} \quad \sum_{i \in I} w_i b_i \leq W, \, b_i \in \mathbb{Z}_+, \, i \in I,$$

und

$$\chi_H = d_{n_5+3} - \sum_{t \in T} \sum_{i \in I_t} d_{n_1+i} h_i c_i \to \max \quad \text{bei} \quad \sum_{i \in I} h_i c_i \leq H, \, c_i \in \mathbb{Z}_+, \, i \in I.$$

Falls

$$\min \left\{ -\chi_L^*, \, -\chi_W^*, \, -\chi_H^*, \, \min_{t \in T_2} d_{n_2+t}, \, - \min_{i=1,2,3} d_{n_5+i} \right\} \geq 0,$$

dann ist die aktuelle Basis optimal. Hierbei bezeichnen χ_L^*, χ_W^* und χ_H^* wieder die Optimalwerte der Rucksackprobleme.

Eine Modifikation des Multi-Container-Beladungsproblems entsteht, wenn eine Anzahl $\kappa > 1$ von Containern gegeben ist und die Gesamtbewertung der gepackten Teile maximiert werden soll. Diese Problemstellung wird in der Aufgabe 9.4 untersucht.

Für den hier betrachteten Fall identischer Container, der auch als *dreidimensionales Bin Packing-Problem* bezeichnet wird, werden in [MPV00] und [Bos04] untere Schranken angegeben, die auf kombinatorischen Fallunterscheidungen basieren.

Eine Modellbildung für ein Problem mit unterschiedlichen Containern erfolgt in der Aufgabe 9.5.

9.5.3 Die Schicht-Relaxation des Container-Beladungsproblems

Bei der Streifen-Relaxation werden die dreidimensionalen Anordnungsvarianten durch eindimensionale Streifenvarianten ersetzt. Eine Reduktion der Dimension des Bereichs, für den Anordnungsvarianten gesucht werden, von drei auf zwei ist ebenfalls möglich. Die im Weiteren als *Schicht-Relaxation* (engl. *layer relaxation*) bezeichnete Relaxation ist sowohl für das Container-Beladungsproblem als auch für das Multi-Container-Beladungsproblem anwendbar.

Jede (dreidimensionale) Anordnungsvariante für einen Container kann in eindeutiger Weise durch eine Menge (zweidimensionaler) *Schicht-Varianten* beschrieben werden. Ist $A = (A_1, \ldots, A_n)^T \in \mathbb{Z}_+^n$ ein zulässiger Anordnungsvektor für den Container $C = \{(x,y,z) : 0 \leq x \leq L,\ 0 \leq y \leq W,\ 0 \leq z \leq H\}$, dann gibt es eine Folge $\pi_1, \ldots, \pi_k$ mit $\pi_j \in I$ und $k := \sum_{i \in I} A_i$ sowie $\mathrm{card}(\{j : \pi_j = i\}) = A_i$ und k zugehörige Referenzpunkte $p_j = (x_j, y_j, z_j) \in \mathbb{R}^3$, $j = 1, \ldots, k$, die die Anordnungsvariante realisieren. Wir nehmen an, dass die Indexmenge $J_i := \{j \in \{1, \ldots, k\} : \pi_j = i\}$ alle Teile i der Anordnungsvariante repräsentiert. Für jedes $p \in \{1, \ldots, L\}$ wird durch

$$S_p^L := \{(x,y,z) : p - 1 < x < p,\ 0 \leq y \leq W,\ 0 \leq z \leq H\}$$

eine *L-Schicht* definiert. Die zugehörige *L-Schicht-Variante* enthält nun alle die Teile π_j, für die $T_{\pi_j}(p_j) \cap S_p^L \neq \emptyset$ gilt. Für ein angeordnetes Teil $i = \pi_j$ mit $T_{\pi_j}(p_j) \cap S_p^L \neq \emptyset$ enthält die L-Schicht S_p^L den ℓ_i-ten Volumenanteil des Teiles i mit dem Anordnungspunkt $(p - 1, y_j, z_j)$. Auf Grund der Schichtdicke von einer Einheit resultiert eine zweidimensionale Anordnungsvariante. Für den zugehörigen Anordnungsvektor $a^p = (a_{1p}, \ldots, a_{np})^T \in \mathbb{Z}_+^n$ gilt

$$a_{ip} = \mathrm{card}(\{j : \pi_j = i,\ x_j < p \leq x_j + \ell_i\}).$$

Durch Vernachlässigung der konkreten Position einer *L-Schicht-Variante* (und weiterer Bedingungen) erhält man die Schicht-Relaxation. Den Index p verwenden wir nun als laufenden Index aller L-Schicht-Vektoren. Die Indexmenge P repräsentiere die Menge aller L-Schicht-Vektoren.

In analoger Weise definieren wir *W-Schicht-Vektoren* $b^q = (b_{1q}, \ldots, b_{nq})^T$, $q \in Q$, und *H-Schicht-Vektoren* $c^r = (c_{1r}, \ldots, c_{nr})^T$, $r \in R$, zugehörig zu W- bzw. H-Schichten.

Beispiel 9.4

Wir betrachten nochmals das Beispiel 9.3. In einem Container mit $L = 25$, $W = 10$ und $H = 15$ sind zwei Teile des Typs $\ell_1 = 10$, $w_1 = 10$, $h_1 = 7$ mit den Anordnungspunkten $(0,0,0)$ und $(0,0,7)$ und drei Teile des Typs $\ell_2 = 15$, $w_2 = 7$, $h_2 = 5$ bei $(10,0,0)$, $(10,0,5)$ und $(10,0,10)$ angeordnet. Wir erhalten die folgenden Schicht-Vektoren:

- L-Schicht-Varianten: $a^1 = (2,0)^T$ (10-mal), $a^2 = (0,3)^T$ (15),
- W-Schicht-Varianten: $b^1 = (2,0)^T$ (3), $b^2 = (2,3)^T$ (7),
- H-Schicht-Varianten: $c^1 = (1,1)^T$ (14), $c^2 = (0,1)^T$ (1). □

Ordnen wir nun nichtnegative ganzzahlige Variable x_p, y_q und z_r den L-, W- und H-Schicht-Varianten zu, resultiert die folgende Gleichung:

$$A_i = \frac{1}{\ell_i} \sum_{p \in P} a_{ip} x_p = \frac{1}{w_i} \sum_{q \in Q} b_{iq} y_q = \frac{1}{h_i} \sum_{r \in R} c_{ir} z_r. \tag{9.32}$$

Ersetzen wir nun A_i entsprechend (9.32), dann erhalten wir das Modell der *Schicht-Relaxation* des Container-Beladungsproblems:

$$\eta = \sum_{p \in P} \sum_{t \in T} \gamma_t \sum_{i \in I_t} a_{ip} x_p \rightarrow \max \quad \text{bei} \tag{9.33}$$

$$\sum_{p \in P} w_i a_{ip} x_p - \sum_{q \in Q} \ell_i b_{iq} y_q = 0, \quad i \in I,$$

$$\sum_{p \in P} h_i a_{ip} x_p - \sum_{r \in R} \ell_i c_{ir} z_r = 0, \quad i \in I,$$

$$\sum_{p \in P} \sum_{i \in I_t} \frac{1}{\ell_i} a_{ip} x_p = u_t, \quad t \in T_1,$$

$$\sum_{p \in P} \sum_{i \in I_t} \frac{1}{\ell_i} a_{ip} x_p \geq \underline{u}_t, \quad t \in T_2,$$

$$\sum_{p \in P} \sum_{i \in I_t} \frac{1}{\ell_i} a_{ip} x_p \leq \overline{u}_t, \quad t \in T_3,$$

$$\sum_{p \in P} x_p \leq L, \qquad \sum_{q \in Q} y_q \leq W, \qquad \sum_{r \in R} z_r \leq H,$$

$$x_p \geq 0, \; p \in P, \quad y_q \geq 0, \; q \in Q, \quad z_r \geq 0, \; r \in R. \tag{9.34}$$

Das Modell (9.33) – (9.34), in dem insbesondere die Ganzzahligkeitsforderungen vernachlässigt sind, stellt somit eine LP-Relaxation des Container-Beladungsproblems dar. Es kann im Prinzip mit der Spaltengenerierungstechnik gelöst werden. Liegen jedoch keine starken Einschränkungen an die Struktur der dreidimensionalen Anordnungen vor, die zu vereinfachten Generierungsproblemen führen, so sind je Simplex-Schritt drei optimale zweidimensionale Anordnungsvarianten zu ermitteln, die i. Allg. nicht die Guillotine-Eigenschaft besitzen. Dieser Sachverhalt setzt der Einsetzbarkeit der Relaxation enge Grenzen, obwohl diese i. Allg. bessere Schranken als die Streifen-Relaxation erwarten lässt.

9.6 Aufgaben

Aufgabe 9.1
Verifizieren Sie, dass die Ungleichungen (9.3) – (9.5) die Nichtüberlappung modellieren.

Aufgabe 9.2
In welcher Weise können Rasterpunkte in jeder der drei Richtungen genutzt werden, um die Bewertung einer Packungsvariante im Basis-Algorithmus (Abschnitt 9.2.2) zu verbessern?

Aufgabe 9.3
Weisen Sie nach, dass mit $f(s) > 0$, $v(s) > 0$ für alle nichtleeren Anordnungen s die Funktionenklasse

$$\beta(s) = \frac{f(s) + \alpha}{v(s) + \gamma} \quad \text{mit } \alpha \leq 0, \; \gamma > 0 \text{ und } f(s) + \alpha > 0 \quad \forall s$$

die Anforderungen an Bewertungsfunktionen (Abschnitt 9.2.3) erfüllt.

Aufgabe 9.4
Eine Modifikation des Multi-Container-Beladungsproblems entsteht, wenn eine Anzahl $\kappa > 1$ von Containern gegeben ist und die Gesamtbewertung der gepackten Teile maximiert wird. Man formuliere ein Modell der Streifen-Relaxation für diese Situation.

Aufgabe 9.5
Es stehen Container unterschiedlicher Abmessungen zur Verfügung, um u_t Teile des Typs $t \in T$ zu verstauen. Gesucht ist eine Auswahl der Container derart, dass das Gesamtvolumen der verwendeten Container minimal ist. Man formuliere ein zugehöriges Modell und ein Modell der zugehörigen Streifen-Relaxation.

9.7 Lösungen

Zu Aufgabe 9.1.   Gilt $\sum_A \delta^A_{1i} = 0$, so wird Teil i nicht angeordnet und es folgt $\lambda^A_{ij} = 0$ und $\lambda^A_{ji} = 0$ für alle $A \in \{X, Y, Z\}$ und $j \in I$, $j \neq i$.

Gilt $\sum_A \delta^A_{1i} = 1$ und $\sum_A \delta^A_{1j} = 0$ für $i \neq j$, so folgt $\lambda^A_{ij} = 0$ und $\lambda^A_{ji} = 0$ für alle A.

Gilt $\sum_A \delta^A_{1i} = 1$ und $\sum_A \delta^A_{1j} = 1$, dann folgt $\sum_A (\lambda^A_{ij} + \lambda^A_{ji}) = 1$, d. h., die beiden Teile liegen in einer Richtung nebeneinander.

Der Mindestabstand in dieser Richtung wird durch die Bedingung (9.3) erzwungen.

Zu Aufgabe 9.2.   Grundsätzlich sollten die Container-Abmessungen stets durch den jeweils größten Rasterpunkt in der jeweiligen Richtung ersetzt werden.

Im Konturkonzept sind weitere Reduktionen des verfügbaren Volumens analog zum zweidimensionalen Fall (Abschnitt 5.3) möglich.

Zu Aufgabe 9.3.   Offenbar gilt im Fall $v(s) = v(t)$ und $f(s) > f(t)$:

$$\beta(s) = \frac{f(s) + \alpha}{v(s) + \gamma} > \frac{f(t) + \alpha}{v(t) + \gamma} = \beta(t).$$

Im Fall $v(s) > v(t)$ und $\dfrac{f(s)}{v(s)} = \dfrac{f(t)}{v(t)}$ gilt

$$(v(s) + \gamma)(v(t) + \gamma)(\beta(s) - \beta(t)) = (f(s) + \alpha)(v(t) + \gamma) - (f(t) + \alpha)(v(s) + \gamma)$$

$$= \gamma(f(s) - f(t)) - \alpha(v(s) - v(t)) = \gamma f(t)(\frac{f(s)}{f(t)} - 1) - \alpha v(t)(\frac{v(s)}{v(t)} - 1)$$

$$= (\frac{v(s)}{v(t)} - 1)(\gamma f(t) - \alpha v(t)) > 0.$$

Damit folgt $\beta(s) > \beta(t)$.

Zu Aufgabe 9.4.   Bei Verwendung der Bezeichnungen aus Abschnitt 9.5.2 erhält man das folgende Modell:

$$\eta = \sum_{p \in P} \sum_{t \in T} \sum_{i \in I_t} \frac{g_t}{v_t} \ell_i a_{ip} x_p \to \max \qquad \text{bei}$$

$$\sum_{p \in P} \ell_i a_{ip} x_p = \sum_{q \in Q} w_i b_{iq} y_q = \sum_{r \in R} h_i c_{ir} z_r, \quad i \in I,$$

$$\sum_{p \in P} \sum_{i \in I_t} \ell_i a_{ip} x_p = u_t v_t, \quad t \in T_1,$$

$$\sum_{p\in P}\sum_{i\in I_t}\ell_i a_{ip}x_p \geq \underline{u}_t v_t, \quad t\in T_2,$$

$$\sum_{p\in P}\sum_{i\in I_t}\ell_i a_{ip}x_p \leq \overline{u}_t v_t, \quad t\in T_3,$$

$$\sum_{p\in P}x_p \leq WH\kappa, \quad \sum_{q\in Q}y_q \leq LH\kappa, \quad \sum_{r\in R}z_r \leq LW\kappa,$$

$$x_p \geq 0,\; p\in P, \quad y_q \geq 0,\; q\in Q, \quad z_r \geq 0,\; r\in R.$$

Im Unterschied zum Modell (9.10) – (9.17) ist in diesem Modell nicht mehr gewährleistet, dass für jeden Container (falls $\kappa > 1$) eine Gleichung der Form (9.11) und (9.12) erfüllt ist.

Zu Aufgabe 9.5. Wir betrachten hier ein Multi-Container-Beladungsproblem mit unbegrenzt verfügbaren Containertypen $C_k = \{(x,y,z) : 0 \leq x \leq L_k, 0 \leq y \leq W_k, 0 \leq z \leq H_k\}$, $k\in K$, bei dem u_t Teile des Typs $t\in T=\{1,\ldots,m\}$ zu verstauen sind. Optimierungsziel ist die Minimierung des benötigten Containervolumens. Es sei $V_k = L_k W_k H_k$, $k\in K$. Die Gesamtheit der unterschiedlichen zulässigen Orientierungen beschreiben wir wieder mit der Indexmenge $I=\{1,\ldots,n\}$. Die Länge, Breite und Höhe des (nichtdrehbaren) Teiles $i\in I$ sei wieder mit ℓ_i, w_i und h_i bezeichnet.

Die Indexmenge J_k repräsentiere die Menge aller zulässigen dreidimensionalen Anordnungsvarianten $A^{jk}\in \mathbb{Z}_+^n$, $j\in J_k$, für einen Container des Typs k. Weiterhin bezeichnen wir mit μ_{jk} die Häufigkeit, wie oft Container des Typs k entsprechend der Variante j gepackt werden. Für das Multi-Container-Beladungsproblem mit unterschiedlichen Containertypen erhält man somit das Modell

$$\eta = \sum_{k\in K}V_k\sum_{j\in J_k}\mu_{jk} \rightarrow \min \quad \text{bei}$$

$$\sum_{k\in K}\sum_{j\in J_k}\sum_{i\in I_t}A_{ijk}\mu_{jk} \geq u_t, \quad t\in T,\; \mu_{jk}\geq 0,\; \mu_{jk}\in\mathbb{Z}_+,\; j\in J_k,\; k\in K.$$

Bezeichnen wir mit κ_k, $k\in K$, die Anzahl der verwendeten Container vom Typ k und mit x_{pk} die Häufigkeit, wie oft die p-te L-Streifenvariante mit Länge L_k ($p\in P_k$) verwendet wird (analog seien y_{qk}, $q\in Q_k$ und z_{rk}, $r\in R_k$ definiert), dann erhalten wir die Streifen-Relaxation des Multi-Container-Beladungsproblems mit unterschiedlichen Containern:

$$\eta = \sum_{k\in K}V_k\kappa_k \rightarrow \min \quad \text{bei}$$

$$\sum_{p\in P_k}\ell_i a_{ipk}x_{pk} = \sum_{q\in Q_k}w_i b_{iqk}y_{qk} = \sum_{r\in R_k}h_i c_{irk}z_{rk}, \quad i\in I,\; k\in K,$$

$$\sum_{k \in K} \sum_{p \in P_k} \sum_{i \in I_t} \ell_i \, a_{ipk} \, x_{pk} \geq u_t \, v_t, \quad t \in T,$$

$$\sum_{p \in P_k} x_{pk} - WH\kappa_k \leq 0, \quad \sum_{q \in Q_k} y_{qk} - LH\kappa_k \leq 0, \quad \sum_{r \in R_k} z_{rk} - LW\kappa_k \leq 0, \quad k \in K,$$

$$x_{pk} \geq 0, \, p \in P_k, \quad y_{qk} \geq 0, \, q \in Q_k, \quad z_{rk} \geq 0, \, r \in R_k.$$

10 Anordnung von Polygonen

In diesem Kapitel untersuchen wir Fragestellungen, die im Zusammenhang mit Problemen der optimalen Anordnung von Polygonen auftreten. Dies betrifft die Charakterisierung der gegenseitigen Lage zweier Polygone sowie das Enthaltensein in einem polygonalen Bereich. Weiterhin werden wir grundlegende Prinzipien zur heuristischen Lösung derartiger Probleme diskutieren.

10.1 Problemstellungen und Modellierung

10.1.1 Streifenpackungen

Die optimale Anordnung polygonaler Objekte in einem Bereich minimaler Größe ist ein Problem, welches in verschiedenen Anwendungsbereichen (Textilindustrie, Metallverarbeitung etc.) von großer Bedeutung ist.

Zur Vereinfachung der Beschreibung gehen wir im Allgemeinen davon aus, dass die Teile nicht gedreht werden dürfen. An entsprechender Stelle werden wir jedoch auch auf den allgemeinen Fall eingehen. Gegeben seien polygonale Teile (Polygone) $P_i \subset \mathbb{R}^2$, $i \in I = \{1, \ldots, m\}$, die in einem polygonalen Bereich $R \subset \mathbb{R}^2$ (z. B. einem Streifen mit Breite W) überlappungsfrei anzuordnen sind. Wir setzen dabei voraus, dass die Polygone reale Objekte repräsentieren, d. h. dass die P_i beschränkt sind und $P_i = \mathrm{cl}(\mathrm{int}(P_i))$ für alle $i \in I$ gilt. ($\mathrm{cl}(S)$ und $\mathrm{int}(S)$ bezeichnen hierbei die Abschließung (*closure*) bzw. das Innere (*interior*) einer Menge S.)

Zur Modellierung des Anordnungsproblems verwenden wir die im Abschnitt 1.5 definierten Φ-Funktionen. Werden nur Translationen der Objekte betrachtet, so ist eine Φ-Funktion für zwei Polygone P_i und P_j eine überall definierte, stetige Funktion $\Phi_{ij} : \mathbb{R}^4 \to \mathbb{R}$, welche die folgenden charakteristischen Eigenschaften besitzt:

$$
\Phi_{ij}(u_i, u_j) \begin{cases} > 0, & \text{falls } P_i(u_i) \cap P_j(u_j) = \emptyset, \\ = 0, & \text{falls } \mathrm{int}(P_i(u_i)) \cap P_j(u_j) = \emptyset \text{ und } P_i(u_i) \cap P_j(u_j) \neq \emptyset, \\ < 0, & \text{falls } \mathrm{int}(P_i(u_i)) \cap P_j(u_j) \neq \emptyset. \end{cases}
$$

Hierbei bezeichnen u_i und u_j die zugehörigen Translationsvektoren. Die beiden Polygone $P_i(u_i)$ und $P_j(u_j)$ überlappen sich genau dann nicht, wenn $\Phi_{ij}(u_i, u_j) \geq 0$ gilt. Weiterhin modellieren wir die *Enthaltenseins-Bedingung* $P_i(u_i) \subseteq R$ gleichfalls mit Hilfe von Φ-Funktionen, indem wir das Nichtüberlappen von P_i und dem zu $\text{int}(R)$ komplementären Bereich

$$P_0 := \text{cl}(\mathbb{R}^2 \setminus R) = \mathbb{R}^2 \setminus \text{int}(R)$$

betrachten. Da das Objekt P_0 als unbeweglich angesehen wird, kann das Nichtüberlappen der Objekte P_0 und P_i durch eine Ungleichung der Form $\phi_i(u_i) := \Phi_i(u_i, 0) \geq 0$ modelliert werden, wobei Φ_i eine Φ-Funktion von P_0 und P_i beschreibt. Es sei

$$u = (u_1, \ldots, u_m)^T \in \mathbb{R}^{2m}$$

und es bezeichne $F : \mathbb{R}^{2m} \to \mathbb{R}$ eine passende Zielfunktion. Dann ergibt sich das folgende, i. Allg. nichtlineare

Modell der Anordnung von Polygonen

$$F(u) \to \min \qquad \text{bei} \tag{10.1}$$

$$u \in \Omega := \left\{ u \in \mathbb{R}^{2m} : \Phi_{ij}(u_i, u_j) \geq 0, \ \phi_i(u_i) \geq 0, \ i, j \in I, \ i < j \right\}. \tag{10.2}$$

Die Menge Ω repräsentiert den Bereich der zulässigen Anordnungen. Ω ist i. Allg. nicht zusammenhängend und zusammenhängende Komponenten sind i. Allg. nicht konvex. Dies werden wir anhand einfacher Beispiele im Abschnitt 10.2 sehen.

Sind die Polygone speziell in einem Streifen fester Breite W mit minimal benötigter Höhe H anzuordnen, d. h. in $R = R(H) = \{(x, y) : 0 \leq x \leq W, 0 \leq y \leq H\}$, dann ist in (10.1) die Zielfunktion $F(u) = H$ zu verwenden. Die Konstruktion der Φ-Funktionen beschreiben wir im Abschnitt 10.2.

10.1.2 Weitere Problemstellungen

Neben dem im Abschnitt 10.1.1 betrachteten Problem des minimalen Materialeinsatzes gibt es ebenfalls entsprechende Formulierungen zur maximalen Materialausbeute. In der metallverarbeitenden Industrie ist man unter anderem daran interessiert, aus homogenem Material (z. B. rechteckigen Platten) möglichst viele identische (nichtrechteckige) Teile herauszustanzen. Eine Zusammenstellung aktuell verwendeter Zuschnitttechnologien findet man in [MR06]. Den Spezialfall, der z. B. in [Cui05] untersucht wird, bei dem identische rechteckige Teile angeordnet werden sollen, betrachten wir ausführlich im Kapitel 8.

Aus technologischen Gründen werden oftmals regelmäßige Anordnungen zum Zuschnitt nichtrechteckiger Teile verwendet. Diese Anordnungen, die nur Anordnungspunkte auf einem Gitter (*lattice packing*) haben, werden zum Beispiel in [Mil02, SP00, SP99] angewendet. In der Lederwaren-Industrie und anderen Anwendungsbereichen ist darüber hinaus das Ausgangsmaterial oftmals nicht homogen und nicht rechteckförmig. Spezielle Anpassungen der Algorithmen sind dann notwendig. Einige Zuschnittprobleme, bei denen Qualitätsrestriktionen zu beachten sind, untersuchen wir im Kapitel 7.

In diesem Zusammenhang ist das sogenannte *Minimum Enclosure-Problem* von Interesse: Finde einen Anordnungspunkt u^* für das Polygon P_j derart, dass $\mathrm{int}(P_i(0)) \cap P_j(u^*) = \emptyset$ gilt und die konvexe Hülle von $P_i(0) \cup P_j(u^*)$ minimale Fläche hat. Untersuchungen zu dieser Problematik findet man in [MD99, GC95]. Drehungen der Objekte werden hier zugelassen. Das Problem, ob zwei Polygone überlappungsfrei in einem dritten Polygon angeordnet werden können, wird in [GC97] untersucht. Eine auf der linearen Optimierung basierende Methode, die prüft, ob ein Polygon in einem anderen angeordnet werden kann, findet man in [GC96].

Die Ermittlung eines flächenminimalen Rechtecks, welches ein gegebenes Polygon umschließt, betrachten wir in der Aufgabe 10.5.

Problemstellungen der Form, finde ein flächenmaximales Rechteck in achsenparalleler oder beliebiger Lage, welches in ein gegebenes Polygon hineinpasst, sind ebenfalls Gegenstand von Untersuchungen ([ST94]). Den Fall konvexer Polygone untersuchen wir in der Aufgabe 10.9.

10.2 Konstruktion von Φ-Funktionen

Ohne Beschränkung der Allgemeinheit nehmen wir nun an, dass jedes Polygon P_i in *Normallage*, definiert durch

$$\min\{x : (x,y) \in P_i\} = 0, \quad \min\{y : (x,y) \in P_i\} = 0,$$

gegeben ist. Als *Referenzpunkt* wählen wir den Koordinatenursprung für alle $i \in I$. Eine Verschiebung von P_i um den Vektor $u \in \mathbb{R}^2$ bzw. die Anordnung von P_i mit Anordnungspunkt u bezeichnen wir wieder mit $P_i(u)$. Somit gilt

$$P_i(u) := u + P_i := \left\{ v \in \mathbb{R}^2 : v = u + w,\ w \in P_i \right\}.$$

10.2.1 Konvexe Polygone

Für ein konvexes Polygon P_i, $i \in I$, sind zwei Beschreibungsweisen gebräuchlich. Als Durchschnitt endlich vieler Halbebenen

$$G_{ik} = \left\{ v \in \mathbb{R}^2 : g_{ik}(v) \leq 0 \right\}, \quad k \in K_i = \{1, \ldots, n_i\}, \tag{10.3}$$

wobei $g_{ik} : \mathbb{R}^2 \to \mathbb{R}$ für jedes $k \in K_i$ eine affin-lineare Funktion und n_i deren Anzahl ist, erhält man die Darstellung

$$P_i = \left\{ v \in \mathbb{R}^2 : g_{ik}(v) \leq 0, k \in K_i \right\} = \bigcap_{k \in K_i} G_{ik}. \tag{10.4}$$

Ohne Beschränkung der Allgemeinheit nehmen wir an, dass n_i die minimal notwendige Anzahl von Halbebenen zur Repräsentation von P_i ist. Die zweite Beschreibungsform verwendet die konvexe Hülle aller Eckpunkte v_{ik}, $k \in K_i$, von P_i, $i \in I$. Somit gilt auch

$$P_i = \mathrm{conv}\left\{ v_{ik} : k \in K_i \right\}. \tag{10.5}$$

Offensichtlich ist die Anzahl der Kanten (Halbebenen) gleich der Anzahl der Eckpunkte bei minimaler Repräsentation von P_i. Weiter nehmen wir an, dass die Eckpunkte entgegen dem Uhrzeigersinn nummeriert sind.

Für die gegenseitige Lage von zwei angeordneten Polygonen $P_i(u_i)$ und $P_j(u_j)$ ist der Differenzvektor $u := u_j - u_i$ maßgebend. Aus diesem Grund betrachten wir zunächst das Polygon P_i als unbeweglich mit $u_i = 0$. Das Polygon $P_j(u)$ überlappt nicht das Polygon $P_i(0)$, d. h., es gilt $\mathrm{int}(P_i(0)) \cap P_j(u) = \emptyset$, genau dann, wenn $P_i(0)$ und mindestens eine Halbebene $u + G_{jl}$, $l \in K_j$, oder $P_j(u)$ und mindestens eine Halbebene G_{ik}, $k \in K_i$, überlappungsfrei sind. Man vergleiche dazu Abbildung 10.2. Wegen der Konvexität von P_i und P_j ist dies der Fall, wenn gilt:

$$\exists l \in K_j : \min_{k \in K_i} g_{jl}(v_{ik} - u) \geq 0 \quad \text{oder} \quad \exists k \in K_i : \min_{l \in K_j} g_{ik}(v_{jl} + u) \geq 0.$$

Dies können wir äquivalent zu der Forderung

$$\phi_{ij}(u) := \max\left\{ \max_{l \in K_j} \min_{k \in K_i} g_{jl}(v_{ik} - u), \max_{k \in K_i} \min_{l \in K_j} g_{ik}(v_{jl} + u) \right\} \geq 0 \tag{10.6}$$

umformen. Damit erhalten wir durch Setzen von

$$\Phi_{ij}(u_i, u_j) := \phi_{ij}(u_j - u_i) \tag{10.7}$$

eine Φ-Funktion zu P_i und P_j, $i \neq j$, $i, j \in I$.

Beispiel 10.1

Anhand dieses Beispiels illustrieren wir einige Sachverhalte. Gegeben seien die Polygone P_i, $i = 1, 2, 3$ mit $n_1 = n_3 = 4$, $n_2 = 3$ und

k	g_{1k}	v_{1k}	g_{2k}	v_{2k}	g_{3k}	v_{3k}
1	$x - y - 2$	$(2,0)$	$x - 2$	$(2,0)$	$-y$	$(0,0)$
2	$x + y - 6$	$(4,2)$	$y - 1$	$(2,1)$	$x - 2$	$(2,0)$
3	$-x + y - 2$	$(2,4)$	$-x - 2y + 2$	$(0,1)$	$y - 2$	$(2,2)$
4	$-x - y + 2$	$(0,2)$			$-x$	$(0,2)$

Die Polygone sind in der Abbildung 10.1 dargestellt. Die Modellierung der gegenseitigen Nichtüberlappung erfordert die Berücksichtigung aller Kanten und aller Eckpunkte

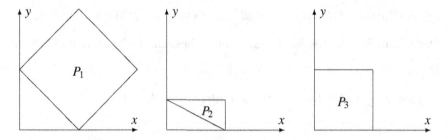

Abbildung 10.1: Polygone im Beispiel 10.1

der beiden Polygone, wie dies in der Abbildung 10.2 für die Polygone P_1 und P_2 illustriert wird. □

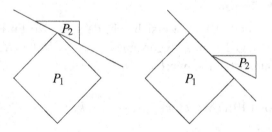

Abbildung 10.2: Gegenseitige Lage zweier Polygone

Auf Grund der affinen Linearität der g_{ik} gibt es von u unabhängige Indizes $k_l \in K_i$ für alle $l \in K_j$ und Indizes $l_k \in K_j$ für jedes $k \in K_i$ mit

$$\min_{k \in K_i} g_{jl}(v_{ik} - u) = g_{jl}(v_{ik_l} - u), \quad \min_{l \in K_j} g_{ik}(v_{jl} + u) = g_{ik}(v_{jl_k} + u),$$

so dass für ϕ_{ij} aus (10.6) auch die Beziehung

$$\phi_{ij}(u) = \max \left\{ \max_{l \in K_j} g_{jl}(v_{ik_l} - u), \max_{k \in K_i} g_{ik}(v_{jl_k} + u) \right\} \tag{10.8}$$

folgt. Die Menge

$$U_{ij} := \left\{ u \in \mathbb{R}^2 : \phi_{ij}(u) \geq 0 \right\}$$

enthält alle Differenzvektoren $u = u_j - u_i$ mit $\mathrm{int}(P_i(u_i) \cap P_j(u_j)) = \emptyset$. Die Abschließung der komplementären Punktmenge zu U_{ij},

$$\overline{U}_{ij} := \mathrm{cl}(\mathbb{R}^2 \setminus U_{ij}) = \left\{ u \in \mathbb{R}^2 : \phi_{ij}(u) \leq 0 \right\},$$

wird oft auch als *No Fit-Polygon* bezeichnet. Es gilt

$$\overline{U}_{ij} = P_i(0) \oplus (-1)P_j(0) = \left\{ w \in \mathbb{R}^2 : w = v - u, \ v \in P_i(0), \ u \in P_j(0) \right\}.$$

Diese Darstellung ist auch als *Minkowski-Summe* bekannt. Insbesondere gilt damit

$$\overline{U}_{ij} = \mathrm{conv} \left\{ v_{ik} - v_{jl} : k \in K_i, \ l \in K_j \right\}. \tag{10.9}$$

Aus der Darstellung (10.9) für $\overline{U}_{ij}$ folgt unmittelbar die Beziehung

$$\overline{U}_{ij} = -\overline{U}_{ji}$$

bei Vertauschung der beiden Polygone. Des Weiteren wird die Menge

$$U_{ij}^0 := \left\{ u \in \mathbb{R}^2 : \phi_{ij}(u) = 0 \right\},$$

also der Rand von U_{ij} und von $\overline{U}_{ij}$, auch als *Hodograph* bezeichnet. Die Punkte $u \in U_{ij}^0$ repräsentieren genau die Differenzvektoren $u_j - u_i$, für die sich $P_i(u_i)$ und $P_j(u_j)$ berühren, aber nicht überlappen.

Aus den Formeln (10.6) und (10.8) ist ersichtlich, dass das No Fit-Polygon von zwei konvexen Polygonen P_i und P_j ein Polygon mit höchstens $|K_i| + |K_j|$ Kanten ist. Die Mindestanzahl der Kanten ist durch $\max\{|K_i|, |K_j|\}$ gegeben.

Beispiel 10.2

(Fortsetzung von Beispiel 10.1) Wegen $k_1 = 4$, $k_2 = 1$, $k_3 = 3$, $l_1 = 3$, $l_2 = 3$, $l_3 = 1$ und $l_4 = 2$ gilt mit $u = (x, y)$:

$$\phi_{12}(u) = \max \left\{ \max_{l \in K_2} g_{2l}(v_{1k_l} - u), \max_{k \in K_1} g_{1k}(v_{2l_k} + u) \right\}$$
$$= \max \left\{ -x - 2, \ -y - 1, \ x + 2y - 8, \ x - y - 3, \ x + y - 5, \ -x + y - 4, \ -x - y - 1 \right\}.$$

Die Abbildung 10.3 zeigt verschiedene Anordnungen von je zwei Polygonen, die für die Konstruktion der Hodographen von Bedeutung sind. Der Rand der Menge $\overline{U}_{ij}$ ist der Hodograph der Polygone P_i und P_j. Die drei Hodographen sind in der Abbildung 10.4 dargestellt. $\qquad\square$

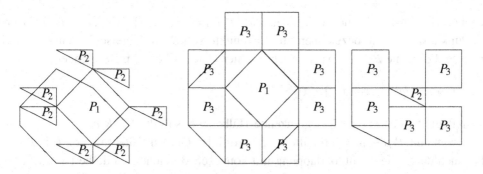

Abbildung 10.3: Anordnungen im Beispiel 10.2

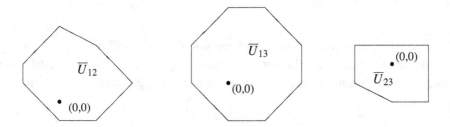

Abbildung 10.4: Hodographen im Beispiel 10.2

Aussage 10.1

Falls P_i und P_j Rechtecke mit den Maßen $\ell_i \times w_i$ bzw. $\ell_j \times w_j$ sind, dann gilt für $P_i(0)$ und $P_j(u)$:

$$\phi_{ij}(u) = \max_{k \in K_i} \min_{l \in K_j} g_{ik}(v_{jl} + u) = \max_{l \in K_j} \min_{k \in K_i} g_{jl}(v_{ik} - u) \tag{10.10}$$

sowie

$$\overline{U}_{ij} = \{(x,y) : -\ell_j \leq x \leq \ell_i, \ -w_j \leq y \leq w_i\}. \tag{10.11}$$

Den Beweis führen wir in der Aufgabe 10.8.

Zur Modellierung des Enthaltenseins (*containment condition*) eines Polygons P_i in einem konvexen Polygon R nehmen wir nun ohne Einschränkung der Allgemeinheit an, dass R beschränkt und durch

$$R := \{(x,y) : g_{0l}(x,y) \geq 0, l \in K_0\} = \text{conv}\,\{v_{0l} : l \in K_0\}$$

gegeben ist. Dabei sind die Funktionen g_{0l}, $l \in K_0 = \{1, \ldots, n\}$, wieder affin-linear und die Punkte v_{0l}, $l \in K_0$, bezeichnen alle Eckpunkte von R. Im Unterschied zur Beschreibung der Polygone P_i, $i \in I$, verwenden wir hier $\geq$-Restriktionen. Bezeichnet

$$G_{0l} := \{(x,y) : g_{0l}(x,y) \leq 0\}$$

in Analogie zu (10.3) eine R begrenzende Halbebene, so gilt $P_i \subseteq R$ für ein $i \in I$ genau dann, wenn $\text{int}(P_i) \cap G_{0l} = \emptyset$ für alle $l \in K_0$ erfüllt ist. Das Enthaltensein von P_i in R kann also auch durch die Nichtüberlappung mit konvexen Bereichen modelliert werden. Wir definieren

$$P_0 := \bigcup_{l \in K_0} G_{0l} = \text{cl}(\mathbb{R}^2 \setminus R).$$

Der Bereich P_0 ist nicht konvex. Wir bezeichnen mit $\psi_{il} : \mathbb{R}^2 \to \mathbb{R}$ die Einschränkung einer Φ-Funktion von P_i und G_{0l}, die durch die Fixierung des Bereichs G_{0l} entsteht. Da die Funktion g_{0l} affin-linear ist, gibt es einen von u unabhängigen Index $\kappa_l \in K_i$ mit

$$\psi_{il}(u) = g_{0l}(v_{i\kappa_l} + u) = \min\{g_{0l}(v_{ik} + u) : k \in K_i\}.$$

Da $P_i(u)$ genau dann vollständig in R liegt, wenn $\psi_{il}(u) \geq 0$ für alle $l \in K_0$ gilt, definieren wir

$$\phi_i(u) := \min_{l \in K_0} \psi_{il}(u) = \min_{l \in K_0} g_{0l}(v_{i\kappa_l} + u)$$

für $i \in I$. Die Menge

$$U_i := \{u \in \mathbb{R}^2 : \phi_i(u) \geq 0\}$$

ist also die Menge aller Anordnungspunkte u für P_i mit $P_i(u) \subseteq R$, $i \in I$. Eine überlappungsfreie Anordnung von zwei Polygonen $P_i(u_i)$ und $P_j(u_j)$ innerhalb von R liegt somit vor, wenn die Bedingungen

$$u_i \in U_i, \quad u_j \in U_j, \quad u_j - u_i \in U_{ij}$$

erfüllt sind.

Beispiel 10.3

(Fortsetzung von Beispiel 10.2) Wir nehmen nun an, dass die Polygone in einem Rechteck R mit Breite $W = 5$ und Höhe $H = 6$ anzuordnen sind. Damit sind $g_{01}(x,y) = y$, $g_{02}(x,y) = 5 - x$, $g_{03}(x,y) = 6 - y$, $g_{04}(x,y) = x$ und $v_{01} = (0.0)$, $v_{02} = (5.0)$, $v_{03} = (5.6)$, $v_{04} = (0.6)$. Wir erhalten die in Abbildung 10.5 dargestellten Anordnungsbereiche U_i,

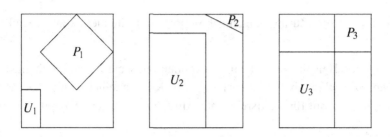

Abbildung 10.5: Anordnungsbereiche U_i im Beispiel 10.3

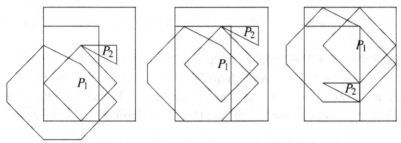

Abbildung 10.6: Anordnungen im Beispiel 10.3

$i \in I$. Zur Veranschaulichung einer naheliegenden Anordnungsstrategie betrachten wir drei unterschiedliche Anordnungspositionen u_1 von P_1 und konstruieren die Mengen $(u_1 + U_{12}) \cap U_2$ für $u_1 = (0,0)$, $(0.5,1)$ und $(1,2)$. Diese sind in der Abbildung 10.6 angegeben. Als Anordnungsbereiche für P_2 in Abhängigkeit vom Anordnungspunkt u_1 von P_1 erhalten wir schließlich die in Abbildung 10.7 dargestellten Mengen. Die Menge U_{12} ist die Menge aller Vektoren $u_2 - u_1$, so dass $\text{int}(P_1(u_1)) \cap P_2(u_2) = \emptyset$ gilt. Die Einschränkung von U_{12} auf die Anordnungspunkte $u_1 \in U_1, u_2 \in U_2$, d. h. auf die Anordnungsmöglichkeiten von P_1 und P_2 in R, ergibt für festes u_1 die Punktmenge $(u_1 + U_{12}) \cap U_2$. Für alle drei Anordnungspunkte u_1 ist diese Menge nicht zusammenhängend. Weiterhin gibt

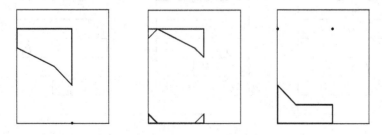

Abbildung 10.7: Anordnungsbereiche $U_{12}(u_1)$ im Beispiel 10.3

es isolierte Punkte und Zusammenhangskomponenten, die nicht konvex sind.   □

Wie das folgende Beispiel zeigt, kann Ω exponentiell viele Zusammenhangskomponenten besitzen. Die sukzessive Untersuchung aller Komponenten von Ω als mögliche Lösungsstrategie ist somit für praxisrelevante Aufgaben weniger geeignet.

Beispiel 10.4

Es sei $m \in I\!N$. Gegeben seien ein Streifen R mit Breite $W = m+1$ und Höhe $2m+2$ sowie Teile P_i, $i = 0,\dots,m$, durch

$$P_i := \{(x,y) : 0 \le x \le i+1,\, 0 \le y \le 1\} \cup \{(x,y) : i \le x \le m+1,\, 1 \le y \le 2\}.$$

Offensichtlich liefern die Anordnungspunkte $u_i := (0, m-i)$, $i = 0,\dots,m$, eine Anordnung mit minimaler Höhe $m+2$ (Abbildung 10.8). Jede der $(m+1)!$ unterschiedlichen Reihenfolgen $\pi \in \Pi(0,\dots,m)$ der Polygone definiert einen Teilbereich $\Omega(\pi)$ von Ω mit $\Omega(\pi) \cap \Omega(\chi) = \emptyset$ für alle Permutationen $\chi \in \Pi(0,\dots,m)$ mit $\chi \ne \pi$, denn es gilt

$$\Omega(\pi) = \big\{ (u_0,\dots,u_m)^T \in I\!R^{2m+2} : u_{i1} = 0\ \forall i,\ u_{\pi_0,2} \ge 0,\ u_{\pi_m,2} \le 2m,$$
$$u_{\pi_i,2} \ge u_{\pi_{i-1},2} + 1 \text{ für } \pi_{i-1} > \pi_i,\quad u_{\pi_i,2} \ge u_{\pi_{i-1},2} + 2, \text{ für } \pi_{i-1} < \pi_i \big\}.$$

Jeder der Teilbereiche ist nichtleer. Wie in Aufgabe 10.3 ersichtlich wird, kann Ω auch im Fall konvexer Teile exponentiell viele Komponenten enthalten.   □

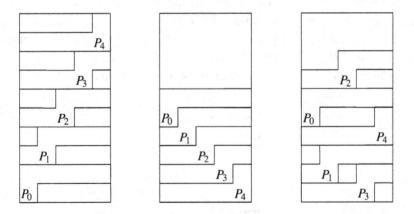

Abbildung 10.8: Anordnungen im Beispiel 10.4 mit $m = 4$

10.2.2 Nichtkonvexe Polygone

In diesem Abschnitt betrachten wir zunächst die Modellierung der Nichtüberlappung zweier nichtkonvexer Polygone. Zur Vermeidung allzu vieler Indizes seien

$$P = \bigcup_{i \in I} P_i \quad \text{mit} \quad P_i = \left\{ v \in \mathbb{R}^2 : g_{ik}(v) \leq 0, k \in K_i \right\} \tag{10.12}$$

und

$$Q = \bigcup_{j \in J} Q_j \quad \text{mit} \quad Q_j = \left\{ v \in \mathbb{R}^2 : h_{jl}(v) \leq 0, l \in L_j \right\}$$

die beiden nichtkonvexen Polygone, wobei P_i, $i \in I$, und Q_j, $j \in J$, konvexe Polygone sind. Weiterhin definieren wir wieder Halbebenen

$$G_{ik} = \left\{ v \in \mathbb{R}^2 : g_{ik}(v) \leq 0 \right\}, k \in K_i, \quad \text{und} \quad H_{jl} = \left\{ v \in \mathbb{R}^2 : h_{jl}(v) \leq 0 \right\}, l \in L_j.$$

Wegen

$$P_i = \bigcap_{k \in K_i} G_{ik}, \ i \in I, \qquad Q_j = \bigcap_{l \in L_j} H_{jl}, \ j \in J,$$

haben wir damit eine Beschreibung der beiden Polygone wie folgt:

$$P = \bigcup_{i \in I} \bigcap_{k \in K_i} G_{ik} \quad \text{und} \quad Q = \bigcup_{j \in J} \bigcap_{l \in L_j} H_{jl}.$$

Wir bezeichnen mit v_{ik}, $k \in K_i$, die Eckpunkte von P_i, $i \in I$, und mit w_{jl}, $l \in L_j$, die Eckpunkte von Q_j, $j \in J$, so dass

$$P_i = \text{conv} \left\{ v_{ik} : k \in K_i \right\} \quad \text{und} \quad Q_j = \text{conv} \left\{ w_{jl} : l \in L_j \right\}$$

gilt. Schließlich bezeichnen wir mit $u_p = (x_p, y_p)$ und $u_q = (x_q, y_q)$ die Anordnungspunkte (Translationsvektoren) von P und Q und mit $u = u_q - u_p$ den Differenzvektor. Die beiden Polygone $P(u_p)$ und $Q(u_q)$ überlappen sich genau dann nicht, wenn

$$\text{int}(P_i(0)) \cap Q_j(u) = \emptyset \quad \text{für alle } i \in I, \ j \in J$$

gilt. Entsprechend der Charakterisierung in (10.8) ist dies für ein $i \in I$ und ein $j \in J$ der Fall, wenn gilt:

$$\phi_{ij}(u) = \max \left\{ \max_{l \in L_j} h_{jl}(v_{ik_l} - u), \max_{k \in K_i} g_{ik}(w_{jl_k} + u) \right\} \geq 0,$$

wobei die Indizes $k_l \in K_i$, $l \in L_j$, und $l_k \in L_j$, $k \in K_i$, durch

$$\min_{k \in K_i} h_{jl}(v_{ik} - u) = h_{jl}(v_{ik_l} - u), \quad \min_{l \in L_j} g_{ik}(w_{jl} + u) = g_{ik}(w_{jl_k} + u)$$

bestimmt sind. Mittels ϕ_{ij} definieren wir in Analogie zu Abschnitt 10.2.1 eine Φ-Funktion Φ_{ij} für das Paar konvexer Polygone P_i und Q_j. Damit erhalten wir unmittelbar eine Φ-Funktion Φ_{PQ} für das Paar nichtkonvexer Polygone P und Q :

$$\begin{aligned} \Phi_{PQ}(u_p, u_q) \quad := \quad & \min_{i \in I} \min_{j \in J} \Phi_{ij}(u_p, u_q) = \min_{i \in I} \min_{j \in J} \phi_{ij}(u_q - u_p) \\ = \quad & \min_{i \in I} \min_{j \in J} \max \left\{ \max_{l \in L_j} h_{jl}(v_{ik_l} - u), \max_{k \in K_i} g_{ik}(w_{jl_k} + u) \right\}. \end{aligned}$$

Zur Modellierung des Enthaltenseins eines nichtkonvexen Polygons P in einem nichtkonvexen Polygon R verwenden wir für R die folgende Beschreibungsform: Mit

$$R^* := \mathrm{cl}(\mathbb{R}^2 \setminus R)$$

bezeichnen wir das Komplement von $\mathrm{int}(R)$ bez. $\mathbb{R}^2$. Die Punktmenge $R^* \subset \mathbb{R}^2$ ist gleichfalls ein polygonal berandeter Bereich mit $\mathrm{cl}(\mathrm{int}(R^*)) = R^*$. Wir verwenden nun eine Repräsentation von R^* als Vereinigung konvexer Bereiche:

$$R^* = \bigcup_{j \in J} R_j^*, \tag{10.13}$$

d. h., die Punktmengen R_j^* sind polygonal berandet und konvex. J ist wieder eine passende Indexmenge. Da nun eine Darstellung für R^* wie für das nichtkonvexe Polygon Q vorliegt, verwenden wir die gleichen Bezeichnungen für die R_j^* definierenden Restriktionen. Das Polygon R_j^* kann dann durch

$$R_j^* = \left\{ v \in \mathbb{R}^2 : h_{jl}(v) \leq 0, l \in L_j \right\}$$

dargestellt werden, wobei L_j eine zugehörige Indexmenge und

$$H_{jl} = \left\{ v \in \mathbb{R}^2 : h_{jl}(v) \leq 0 \right\}$$

eine Halbebene für jedes $l \in L_j$ ist. Folglich gilt

$$R_j^* = \bigcap_{l \in L_j} H_{jl}, \, j \in J,$$

und damit

$$R^* = \bigcup_{j \in J} \bigcap_{l \in L_j} H_{jl}.$$

Definieren wir nun für alle $l \in L_j$, $j \in J$, die Halbebenen

$$H_{jl}^* := \mathrm{cl}(\mathbb{R}^2 \setminus H_{jl}) = \left\{ v \in \mathbb{R}^2 : h_{jl}(v) \geq 0 \right\},$$

so erhalten wir für R die Darstellung

$$R = \bigcap_{j \in J} \bigcup_{l \in L_j} H_{jl}^*.$$

Zur Vereinfachung der Darstellung nehmen wir nun an, dass R vollständig im Innern einer kompakten, konvexen und polygonal berandeten Menge S enthalten ist, d. h. $R \subset \mathrm{int}(S)$. Nun bezeichnen wir mit w_{jl}, $l \in \widetilde{L}_j$, die Eckpunkte von $R_j^* \cap S$, wobei $\widetilde{L}_j$ eine angepasste Indexmenge ist. Die Menge $R_j^* \cap S$ ist offensichtlich konvex und es gilt

$$R_j^* \cap S = \mathrm{conv} \left\{ w_{jl} : l \in \widetilde{L}_j \right\}.$$

Das Enthaltensein von P in R behandeln wir nun als Problem der Nichtüberlappung von P mit R^* und führen dies auf die Nichtüberlappung konvexer Polygone zurück.

Wegen $R_j^* = \bigcap_{l \in L_j} H_{jl}$ mit $H_{jl} = \{v : h_{jl}(v) \leq 0\}$ und $P_i = \bigcap_{k \in K_i} G_{ik}$ mit $G_{ik} = \{v : g_{ik}(v) \leq 0\}$ gilt: $P_i(u)$ überlappt R_j^* genau dann nicht, wenn $P_i(u)$ mindestens eine Halbebene H_{jl}^* nicht überlappt oder wenn $R_j^*(-u)$ mindestens eine Halbebene G_{ik} nicht überlappt. Dies ist der Fall, wenn gilt:

$$\exists l \in L_j : \min_{k \in K_i} h_{jl}(v_{ik} + u) \geq 0 \quad \text{oder} \quad \exists k \in K_i : \min_{l \in \widetilde{L}_j} g_{ik}(w_{jl} - u) \geq 0.$$

Dies ist äquivalent zur Forderung

$$\phi_{ij}(u) := \max \left\{ \max_{l \in L_j} \min_{k \in K_i} h_{jl}(v_{ik} + u), \max_{k \in K_i} \min_{l \in \widetilde{L}_j} g_{ik}(w_{jl} - u) \right\} \geq 0.$$

Damit gilt $P_i(u) \subseteq R(0)$ genau dann, wenn

$$\phi_i(u) := \min_{j \in J} \max \left\{ \max_{l \in L_j} \min_{k \in K_i} h_{jl}(v_{ik} + u), \max_{k \in K_i} \min_{l \in \widetilde{L}_j} g_{ik}(w_{jl} - u) \right\} \geq 0,$$

und weitergehend, $P(u) \subseteq R(0)$ genau dann, wenn

$$\phi(u) := \min_{i \in I} \min_{j \in J} \max \left\{ \max_{l \in L_j} \min_{k \in K_i} h_{jl}(v_{ik} + u), \max_{k \in K_i} \min_{l \in \tilde{L}_j} g_{ik}(w_{jl} - u) \right\} \geq 0.$$

Da die g_{ik} und h_{jl} affin-linear sind, können die Terme

$$\min_{k \in K_i} h_{jl}(v_{ik} + u) \quad \text{und} \quad \min_{l \in \tilde{L}_j} g_{ik}(w_{jl} - u)$$

ebenfalls a priori analysiert werden. Durch Setzen von

$$\tilde{h}_{ijl}(u) := \min_{k \in K_i} h_{jl}(v_{ik} + u) \quad \text{und} \quad \tilde{g}_{ijk}(u) := \min_{l \in \tilde{L}_j} g_{ik}(w_{jl} - u)$$

erhalten wir

$$\phi_{PR^*}(u) := \min_{i \in I} \min_{j \in J} \max \left\{ \max_{l \in L_j} \tilde{h}_{ijl}(u), \max_{k \in K_i} \tilde{g}_{ijk}(u) \right\}. \tag{10.14}$$

Zur Vereinheitlichung der Darstellung definieren wir

$$f_{ijq}(u) := \begin{cases} \tilde{h}_{ijl}(u), & q = l = 1, \ldots, |L_j|, \\ \tilde{g}_{ijk}(u), & q - |L_j| = k = 1, \ldots, |K_i|, \end{cases}$$

für alle $i \in I$ und alle $j \in J$. Die Formel (10.14) bekommt nun die Gestalt

$$\phi_{PR^*}(u) = \min_{i \in I} \min_{j \in J} \max_{q \in M_{ij}} f_{ijq}(u), \tag{10.15}$$

wobei $M_{ij} = \left\{ 1, \ldots, |L_j| + |K_i| \right\}$ gilt.

10.2.3 Drehungen

Wir betrachten nun den Fall, dass die Polygone drehbar sind. Zunächst nehmen wir an, dass sie auch konvex sind. Entsprechend (10.3) – (10.5) sei das Polygon P_i, $i \in I$, durch

$$P_i = \left\{ v \in \mathbb{R}^2 : g_{ik}(v) \leq 0, k \in K_i \right\} = \bigcap_{k \in K_i} G_{ik} = \text{conv} \left\{ v_{ik} : k \in K_i \right\} \tag{10.16}$$

definiert. Zur Charakterisierung der gegenseitigen Lage der zwei Polygone P_i und P_j sind der Differenzvektor $u := u_j - u_i$ der Anordnungspunkte (Translationsvektoren) und der Differenzwinkel $\theta := \theta_j - \theta_i$ der Drehwinkel erforderlich. Die Beschränkung auf u und

θ kann auch so interpretiert werden, dass das Polygon P_i in Normallage verbleibt und nur das Polygon P_j drehbar und verschiebbar ist.

Die Drehung um den Winkel θ beschreiben wir mit Hilfe der *Drehmatrix* $D(\theta)$ und ihrer Inversen $D^{-1}(\theta)$. Dabei gilt

$$D(\theta) = \begin{pmatrix} \cos\theta & -\sin\theta \\ \sin\theta & \cos\theta \end{pmatrix}, \qquad D^{-1}(\theta) = \begin{pmatrix} \cos\theta & \sin\theta \\ -\sin\theta & \cos\theta \end{pmatrix}.$$

Das Polygon

$$P_j(u,\theta) := \left\{ v \in \mathbb{R}^2 : v = u + D(\theta)w, \ w \in P_j \right\}$$

überlappt nicht das Polygon $P_i(0,0)$, d. h., es gilt $\mathrm{int}(P_i(0,0)) \cap P_j(u,\theta) = \emptyset$, genau dann, wenn $P_i(0,-\theta)$ und mindestens eine Halbebene $u + G_{jl}$, $l \in K_j$, oder $P_j(u,\theta)$ und mindestens eine Halbebene G_{ik}, $k \in K_i$, überlappungsfrei sind. Wegen der Konvexität von P_i und P_j ist dies der Fall, wenn

$$\exists l \in K_j : \min_{k \in K_i} g_{jl}(D^{-1}(\theta)v_{ik} - u) \geq 0 \quad \vee \quad \exists k \in K_i : \min_{l \in K_j} g_{ik}(D(\theta)v_{jl} + u) \geq 0.$$

Dies können wir äquivalent zu der Forderung

$$\phi_{ij}(u,\theta) := \max \left\{ \max_{l \in K_j} \min_{k \in K_i} g_{jl}(D^{-1}(\theta)v_{ik} - u), \max_{k \in K_i} \min_{l \in K_j} g_{ik}(D(\theta)v_{jl} + u) \right\} \geq 0$$

umformen. Damit erhalten wir in Analogie zu (10.7) durch Setzen von

$$\Phi_{ij}(u_i,u_j,\theta_i,\theta_j) := \phi_{ij}(u_j - u_i, \theta_j - \theta_i)$$

eine Φ-Funktion zu P_i und P_j, $i,j \in I$, $i \neq j$. Eine Vereinfachung der Funktionen ϕ_{ij} wie in (10.8) ist in ähnlicher Weise möglich.

Mit $\alpha_{ik} \in [0,2\pi)$ sei der Anstiegswinkel des Gradienten (Normalenvektors) ∇g_{ik} von g_{ik} bezeichnet und mit $\alpha_{jl} \in [0,2\pi)$ der von ∇g_{jl}. Angenommen, für das um den Winkel θ gedrehte Polygon P_j liefert der Eckpunkt v_{jl} das Minimum $\min_{l \in K_j} g_{ik}(D(\theta)v_{jl} + u)$, dann gibt es zwei Grenzlagen derart, dass eine der an v_{jl} angrenzenden Seiten parallel zu der durch g_{ik} beschriebenen Seite des Polygons P_i liegt. Folglich entstammt der Drehwinkel θ dem Winkelbereich

$$\theta \in [\alpha_{ik} - \alpha_{jl} + \pi, \alpha_{ik} - \alpha_{j,l-1} + \pi]^*.$$

Hierbei bedeutet $[\alpha,\beta]^*$ die Transformation von $[\alpha,\beta]$ mit $\alpha \neq \beta$ in $[\alpha + 2\pi a, \beta + 2\pi b]$ mit geeigneten $a,b \in \mathbb{Z}$, so dass $0 \leq \alpha + 2\pi a \leq \beta + 2\pi b \leq 2\pi$ gilt.

In analoger Weise kann das Enthaltensein eines gedrehten Polygons in einem polygonalen konvexen Bereich durch Φ-Funktionen beschrieben werden. Die Übertragung auf nichtkonvexe Objekte ist gleichfalls möglich.

Beispiel 10.5

Wir betrachten die Polygone P_1 und P_2, die in der Tabelle 10.1 gegeben sind. In der Ab-

Tabelle 10.1: Eingabedaten der Polygone im Beispiel 10.5

k	g_{1k}	v_{1k}	α_{1k}	g_{2k}	v_{2k}	α_{2k}
1	$-y$	$(4,0)$	$3\pi/2$	$-x-2y+1$	$(1,0)$	$\alpha+\pi$
2	$x+2y-4$	$(0,2)$	α	$x-1$	$(1,0.5)$	0
3	$-x$	$(0,0)$	π	$y-0.5$	$(0,0.5)$	$\pi/2$

bildung 10.9 sind die drei resultierenden Winkelbereiche bezüglich der Geraden $g_{12}(x,y)$ $= x+2y-4 = 0$ skizziert. Mit $\alpha = \arctan(2)$ erhält man

  für v_{21} das Intervall $[\alpha+\pi, 2\pi]$,
  für v_{22} das Intervall $[\alpha+\pi/2, \alpha+\pi]$ und
  für v_{23} das Intervall $[0, \alpha+\pi/2]$.   □

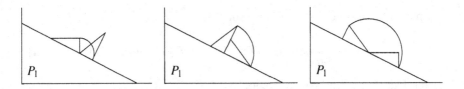

Abbildung 10.9: Drehbereiche im Beispiel 10.5

10.2.4 Normalisierte Φ-Funktionen, ρ-dichte Anordnungen

Die recht allgemeine Definition 1.2 einer Φ-Funktion charakterisiert die gegenseitige Lage zweier Objekte qualitativ, jedoch nicht quantitativ. Aus diesem Grund werden auch *normalisierte Φ-Funktionen* betrachtet ([Sto83]).

Definition 10.1

Eine Φ-Funktion von zwei Objekten heißt *normalisiert*, wenn ihr Funktionswert im Fall der Nichtüberlappung gleich dem euklidischen Abstand der Objekte ist.

Mit Hilfe einer normalisierten Φ-Funktion Φ_{ij}^* der Polygone P_i und P_j kann die Forderung, dass ein Mindestabstand zwischen den beiden Polygonen eingehalten werden soll, einfach modelliert werden. Der Mindestabstand ρ ($\rho \geq 0$) zwischen $P_i(u_i)$ und $P_j(u_j)$ liegt vor, wenn $\Phi_{ij}^*(u_i, u_j) \geq \rho$ gilt.

Die Konstruktion einer effizient auswertbaren Darstellung einer normalisierten Φ-Funktion ist in der Regel sehr aufwendig, da nach Definition $\Phi_{ij}^*(u_i, u_j)$ der Optimalwert des Optimierungsproblems

$$\min \left\{ \|w - v\| : v \in P_i(u_i),\ w \in P_j(u_j) \right\}$$

ist. An Stelle der normalisierten Φ-Funktion kann eine einfache Approximation verwendet werden, deren Funktionswerte eine untere Schranke für den tatsächlichen Abstand liefern. Wir betrachten die konvexen Polygone P_i und P_j, gegeben in der Form (10.16), und setzen nun voraus, dass alle affin-linearen Funktionen g_{ik} und g_{jl} in der *Hesse-Normalform* vorliegen, das heißt, für die affin-lineare Funktion

$$g(x,y) = ax + by + c \quad \text{gilt} \quad a^2 + b^2 = 1.$$

Die Hesse-Normalform kann ohne Beschränkung der Allgemeinheit vorausgesetzt werden, denn für eine beliebige affin-lineare Funktion $g(x,y) = ax + by + c$ mit $a^2 + b^2 > 0$ ist die zugehörige Hesse-Normalform $\bar{g}(x,y) = \bar{a}x + \bar{b}y + \bar{c}$ durch

$$\bar{a} := \frac{a}{a^2 + b^2}, \quad \bar{b} := \frac{b}{a^2 + b^2}, \quad \bar{c} := \frac{c}{a^2 + b^2}$$

eindeutig bestimmt. Die zu g_{ik} gehörende Hesse-Normalform bezeichnen wir mit $\bar{g}_{ik}$, $k \in K_i$, $i \in I$. Weiter seien entsprechend (10.6) und (10.7) die Funktionen

$$\bar{\phi}_{ij}(u) := \max \left\{ \max_{l \in K_j} \min_{k \in K_i} \bar{g}_{jl}(v_{ik} - u),\ \max_{k \in K_i} \min_{l \in K_j} \bar{g}_{ik}(v_{jl} + u) \right\}$$

und

$$\bar{\Phi}_{ij}(u_i, u_j) := \bar{\phi}_{ij}(u_j - u_i)$$

definiert. Dann gilt (Aufgabe 10.7)

$$\bar{\Phi}_{ij}(u_i, u_j) \leq \Phi_{ij}^*(u_i, u_j) \quad \text{für alle } u_i, u_j \in \mathbb{R}^2 \text{ mit } \bar{\Phi}_{ij}(u_i, u_j) \geq 0. \tag{10.17}$$

Wie aus der Abbildung 10.10 klar wird, gilt jedoch oft das Gleichheitszeichen.

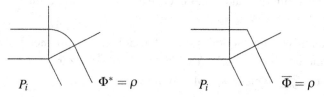

Abbildung 10.10: Normalisierte Φ-Funktion und deren Approximation

10.3 Ermittlung aller Anordnungspunkte

In diesem Abschnitt untersuchen wir, wie alle zulässigen Anordnungspunkte eines nicht-konvexen Polygons P so konstruiert werden können, dass P vollständig in einem polygonalen Bereich R enthalten ist.

10.3.1 Ein 0/1-Modell

Analog zur Darstellung (10.12) sei das nichtkonvexe Polygon P durch

$$P = \bigcup_{i \in I} P_i \quad \text{mit} \quad P_i = \left\{ v \in \mathbb{R}^2 : g_{ik}(v) \leq 0, k \in K_i \right\} = \text{conv} \left\{ v_{ik} : k \in K_i \right\}$$

gegeben und der Bereich R wie in (10.13). Wie im Abschnitt 10.2.2 sei R Teilmenge einer kompakten, konvexen, polygonal berandeten Menge S. Mit

$$R^* := \text{cl}(\mathbb{R}^2 \setminus R) \quad \text{und} \quad R^* = \bigcup_{j \in J} R_j^*,$$

wobei die Mengen R_j^* polygonal berandete, konvexe Bereiche sind, verwenden wir die Darstellungen

$$R_j^* = \left\{ v \in \mathbb{R}^2 : h_{jl}(v) \leq 0, l \in L_j \right\} \quad \text{und} \quad R_j^* \cap S = \text{conv} \left\{ w_{jl} : l \in \tilde{L}_j \right\}.$$

Die Menge $U = U(P)$ aller Translationsvektoren $u \in \mathbb{R}^2$ mit $P(u) \subseteq R$ lässt sich wegen (10.14) und (10.15) durch

$$U := \left\{ u \in \mathbb{R}^2 : \phi_{PR^*}(u) \geq 0 \right\}$$

beschreiben. Für ein gegebenes u ist damit einfach feststellbar, ob $P(u) \subseteq R$ gilt oder nicht.

Die umgekehrten Fragestellungen, *finde ein oder finde alle u mit P(u) $\subseteq$ R*, sind mit erheblich mehr Lösungsaufwand verbunden. In diesem Abschnitt beschreiben wir nun einen Algorithmus, mit dem alle zulässigen Anordnungspunkte für P in R ermittelt werden können.

Zuerst formulieren wir ein Modell mit 0/1-Variablen. Entsprechend der Form von ϕ_{PR^*} in (10.15) definieren wir boolesche Variable a_{ijq}, $q \in M_{ij}$, zur Identifizierung derjenigen Funktion $\tilde{h}_{ijl}$ oder $\tilde{g}_{ijk}$, welche das Maximum in

$$\max \left\{ \max_{l \in L_j} \tilde{h}_{ijl}(u), \max_{k \in K_i} \tilde{g}_{ijk}(u) \right\}$$

liefert. In diesem Fall erhält a_{ijq} den Wert 1, andernfalls den Wert 0. Damit gilt: Jede Lösung des Systems von Ungleichungen

$$\widetilde{h}_{ijl}(u) \geq (a_{ijq} - 1)M, \quad q = l \in L_j,$$

$$\widetilde{g}_{ijk}(u) \geq (a_{ijq} - 1)M, \quad q - |L_j| = k \in K_i,$$

$$\sum_{q \in M_{ij}} a_{ijq} \geq 1,$$

erfüllt die Bedingung $\phi_{ij}(u) \geq 0$ und umgekehrt. M ist hierbei eine hinreichend große Konstante. Kombinieren wir alle $|I| \cdot |J|$ Ungleichungssysteme, dann gilt: u ist ein zulässiger Anordnungspunkt, falls es eine Lösung des 0/1-Ungleichungssystems

$$f_{ijq}(u) \geq (a_{ijq} - 1)M, \quad \forall\, q \in M_{ij},\, j \in J,\, i \in I, \tag{10.18}$$

$$\sum_{q \in M_{ij}} a_{ijq} \geq 1, \quad \forall\, j \in J,\, i \in I, \tag{10.19}$$

$$a_{ijq} \in \{0, 1\}, \quad \forall\, q \in M_{ij},\, j \in J,\, i \in I, \quad u \in \mathbb{R}^2$$

gibt. Damit haben wir ein Modell mit

$$m = \sum_{i \in I} \sum_{j \in J} |M_{ij}| = |I| \sum_{j \in J} |L_j| + |J| \sum_{i \in I} |K_i|$$

0/1-Variablen und $n = m + |I| \cdot |J|$ Ungleichungen.

Falls wir nun alle Anordnungspunkte ermitteln wollen, so müssen wir alle Kombinationen der booleschen Variablen finden, die (10.19) erfüllen und eine nichtleere Lösungsmenge von (10.18) besitzen.

10.3.2 Der Basis-Algorithmus

Wir beschreiben nun eine einfache Methode zur Konstruktion aller Kombinationen der a_{ijq}-Variablen. Im Basis-Algorithmus (Abb. 10.11) wird für jedes $i \in I$ und jedes $j \in J$ eine der $|M_{ij}|$ Ungleichungen ausgewählt. Damit ergeben sich insgesamt

$$\prod_{i \in I} \prod_{j \in J} (|K_i| + |L_j|) \tag{10.20}$$

unterschiedliche Möglichkeiten. Da die meisten dieser Kombinationen zu inkonsistenten Ungleichungssystemen (10.18) führen, ist eine geeignete Reihenfolge der Variablen-Fixierungen anzuwenden. Um Ungleichungen zu identifizieren, die für alle P_i oder zumindest die meisten von ihnen relevant sind, betrachten wir zuerst die Indexpaare (i, j), für die $|M_{ij}|$ klein ist, und zuletzt die mit großer Kardinalzahl.

Basis-Algorithmus

S0: Es sei $K \subset I \times J$. Setze $K := \{(i_1, j_1) = (1, 1)\}$, $k := 1$.

S1: Wähle für (i_k, j_k) eine Ungleichung, diese sei $f_k(u) := f_{i_k, j_k, q}(u) \geq 0$ mit
$q \in M_{i_k j_k}$, und setze $V_k := \{u \in \mathbb{R}^2 : f_t(u) \geq 0,\ t = 1, \ldots, k\}$.
Falls $V_k = \emptyset$ (das System ist inkonsistent), dann gehe zu Schritt 3.

S2: Falls $K = I \times J$, d. h. es gilt $k = |I| \cdot |J|$, dann sind zulässige Anordnungs-
punkte gefunden; gehe zu Schritt 3. Andernfalls setze $k := k + 1$, erwei-
tere K um ein neues Indexpaar (i_k, j_k) und gehe zu Schritt 1.

S3: Falls noch möglich, wähle die nächste Ungleichung für (i_k, j_k) und gehe
zu Schritt 1. Andernfalls entferne (i_k, j_k) aus K und setze $k := k - 1$. Falls
K leer ist, d. h. $k = 0$, dann Stopp, sonst wiederhole Schritt 3.

Abbildung 10.11: Basis-Algorithmus zur Ermittlung aller Anordnungspunkte

Offensichtlich gilt: Falls $|L_j| = 1$ für ein $j \in J$, dann muss die zugehörige Ungleichung
in jedem Fall erfüllt werden. Folglich liefert die konvexe Hülle $\mathrm{conv}(R)$ von R Ungleichungen, die durch jeden zulässigen Anordnungspunkt von P erfüllt werden.

Falls im Verzweigungsprozess in Stufe k mehrere $l \in L_j$ die Menge V_{k-1} nicht reduzieren, d. h. es gilt $V_k = V_{k-1}$, dann braucht nur eine von diesen im Verzweigungsbaum
betrachtet zu werden, da durch die anderen dieselben Anordnungspunkte erhalten werden (falls welche existieren).

Um disjunkte Mengen von Anordnungspunkten zu erhalten, kann das folgende Verzweigungsschema in Stufe k angewendet werden (es sei $(i, j) = (i_k, j_k)$):

- 1. Teilproblem, $q = 1$:
  $f_{ij1}(u) \geq 0$,   d. h. $a_{ij1} := 1$,
- 2. Teilproblem, $q = 2$:
  $f_{ij1}(u) < 0$, $f_{ij2}(u) \geq 0$,   d. h. $a_{ij1} := 0$, $a_{ij2} := 1$,
- ...
- (letztes) Teilproblem, $q = |K_i| + |L_j|$:
  $f_{ij1}(u) < 0, \ldots, f_{i,j,q-1}(u) < 0, f_{ijq}(u) \geq 0$,   d. h. $a_{ij1} := 0, \ldots, a_{ij,q-1} := 0$,
  $a_{ijq} := 1$.

Durch Anwendung dieses Verzweigungsschemas wird der Gesamtaufwand wesentlich
reduziert.

10.3.3 Der Rechteck-Fall

Hier setzen wir voraus, dass alle P_i achsenparallele Rechtecke und die R_j^* rechteckförmige Mengen (nicht notwendig beschränkt) sind. Mit anderen Worten, alle Gleichungen $g_{ik}(v) = 0$ und $h_{jl}(v) = 0$ definieren achsenparallele Geraden. Darüber hinaus gilt $|K_i| = 4$ für alle $i \in I$ und $1 \le |L_j| \le 4$ für alle $j \in J$.

In dieser speziellen Situation kann die Definition von ϕ_{ij} für $R_j^*(0)$ und $P_i(u)$ vereinfacht werden (Aufgabe 10.8) zu

$$\phi_{ij}(u) := \max_{l \in L_j} h_{jl}(v_{ik_l} + u) \quad \text{wobei} \quad h_{jl}(v_{ik_l} + u) := \min_{k \in K_i} h_{jl}(v_{ik} + u).$$

Damit gilt

$$\phi_i(u) = \min_{j \in J} \phi_{ij}(u) = \min_{j \in J} \max_{l \in L_j} h_{jl}(v_{ik_l} + u)$$

und

$$\phi(u) = \min_{i \in I} \phi_i(u) = \min_{i \in I} \min_{j \in J} \max_{l \in L_j} h_{jl}(v_{ik_l} + u). \tag{10.21}$$

Verwenden wir, analog zu oben, Funktionen

$$f_{ijl}(u) := h_{jl}(v_{ik_l} + u) := \min_{k \in K_i} h_{jl}(v_{ik} + u),$$

die ebenfalls affin-linear sind, so erhalten wir

$$\phi(u) = \min_{i \in I} \min_{j \in J} \max_{l \in L_j} f_{ijl}(u).$$

Die Definition von ϕ in (10.21) mit Verwendung der h_{jl}-Funktionen ist vorteilhaft im Vergleich zu einer Definition mit Hilfe der Funktionen g_{ik}, da $|L_j| \le |K_i|$ für alle $i \in I$ und $j \in J$ gilt. Gegenüber der in (10.20) angegebenen Maximalzahl von Kombinationen boolescher Variablen ist diese im vorliegenden Fall erheblich geringer, da in h_{jl} stets genau zwei der vier Eckpunkte von P_i das Minimum liefern.

10.3.4 Ein Beispiel

Gegeben sei ein nichtkonvexes Polygon $P = P_1 \cup P_2$ als Vereinigung der konvexen Polygone $P_i = \{(x,y) : g_{ik}(x,y) \le 0, k \in K_i\}$, $K_i = \{1,\dots,4\}$, $I = \{1,2\}$. Die affin-linearen Funktionen sind in der Tabelle 10.2 angegeben. Der Bereich R, der ein Loch enthält, ist durch konvexe, achsenparallel berandete Bereiche $R_j^* = \{(x,y) : h_{jl}(x,y) \le 0, l \in L_j\}$,

Tabelle 10.2: Eingabedaten des nichtkonvexen Polygons P

	$k=1$	$k=2$	$k=3$	$k=4$
$i=1$	$-x$	$-y$	$x-2$	$y-3$
$i=2$	$1-x$	$1-y$	$x-3$	$y-4$

Tabelle 10.3: Eingabedaten des nichtkonvexen Bereichs R

	$j=1$	$j=2$	$j=3$	$j=4$	$j=5$	$j=6$	$j=7$
$l=1$	$14-x$	$5-y$	$x+4$	$y+6$	$x-2$	$9-x$	$5-x$
$l=2$					$y+4$	$y-2$	$y-2$
$l=3$						$-y-2$	$-y-2$
$l=4$							$x-7$

$j \in J = \{1,\ldots,7\}$ gegeben. Die Funktionen h_{jl} sind in der Tabelle 10.3 angegeben. Zur Vereinfachung der Beschreibung nehmen wir im Folgenden an, dass die konvexen Mengen R_j^* nach wachsender Kardinalzahl von L_j sortiert sind. Das Polygon P und der Bereich R sind in der Abbildung 10.12 dargestellt.

In diesem Beispiel gibt es insgesamt $24^2 = 576$ Kombinationen der booleschen Variablen, so dass für jedes $i \in I$ und jedes $j \in J$ genau eine den Wert 1 hat. Die Eckpunkte von P_1 und P_2 sind

$$v_{1k}:\ (0,0),\ (2,0),\ (2,3),\ (0,3),\quad v_{2k}:\ (1,1),\ (3,1),\ (3,4),\ (1,4).$$

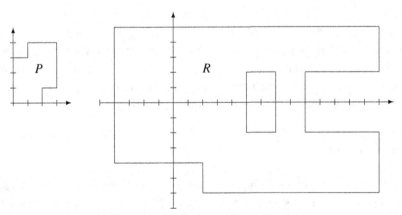

Abbildung 10.12: Polygon P und Bereich R

Tabelle 10.4: Funktionen f_{ijl} für $j = 1, \dots, 4$ und $i \in \{1, 2\}$

	$j=1$	$j=2$	$j=3$	$j=4$
$i = 1$	$12 - x$	$2 - y$	$x + 4$	$6 + y$
$i = 2$	$11 - x$	$1 - y$	$x + 5$	$7 + y$

Tabelle 10.5: Funktionen f_{ijl} für $j \geq 5$

| | $j=5$ | $j=5$ | $j=6$ | $j=6$ | $j=6$ | $j=7$ | $j=7$ | $j=7$ | $j=7$ |
	$l=1$	$l=2$	$l=1$	$l=2$	$l=3$	$l=1$	$l=2$	$l=3$	$l=4$
$i = 1$	$x - 2$	$y + 4$	$7 - x$	$y - 2$	$-y - 5$	$3 - x$	$y - 2$	$-y - 5$	$x - 7$
$i = 2$	$x - 1$	$y + 5$	$6 - x$	$y - 1$	$-y - 6$	$2 - x$	$y - 1$	$-y - 6$	$x - 6$

Damit erhalten wir für $j = 1, \dots, 4$ die in Tabelle 10.4 angegebenen Funktionen $f_{ijl} = \widetilde{h}_{ijl}(x, y) = \min_{k \in K_i} h_{jl}(v_{ik} + (x, y))$, wobei stets $l = 1$ ist.

Offensichtlich werden vier der acht Bedingungen dominiert und wir erhalten

$$U \subset V_8 := \left\{ u \in \mathbb{R}^2 : \widetilde{h}_{ij1}(u) \geq 0, i \in \{1, 2\}, j \in \{1, 2, 3, 4\} \right\}$$
$$= \{(x, y) : -4 \leq x \leq 11, -6 \leq y \leq 1\} = [-4, 11] \times [-6, 1].$$

Für $j \geq 5$ ergeben sich die in Tabelle 10.5 angegebenen f_{ijl}-Funktionen. Wir untersuchen als Nächstes R_5^* und R_6^* und erhalten

$$\begin{aligned}
V_9 &= [2, 11] \times [-6, 1] & &\text{mit } a_{151} = 1 \ (x \geq 2), \\
V_{10} &= [2, 11] \times [-6, 1] & &\text{mit } a_{251} := 1 \ (x \geq 1), \\
V_{11} &= [2, 7] \times [-6, 1] & &\text{mit } a_{161} := 1 \ (x \leq 7), \\
V_{12} &= [2, 6] \times [-6, 1] & &\text{mit } a_{261} := 1 \ (x \leq 6).
\end{aligned}$$

Wählen wir nun $a_{171} = 1$ (d. h. $x \leq 3$), so ergibt sich

$$V_{13} = [2, 3] \times [-6, 1].$$

Mit $a_{271} = 1$ (d. h. $x \leq 2$) erhalten wir die erste Menge von Anordnungspunkten:

$$U_1 := V_{14} = [2, 2] \times [-6, 1].$$

Wenn wir nun das Verzweigungsschema von Seite 278 anwenden, so erhalten wir mit $a_{272} := 1$ und $a_{271} := 0$ die Ungleichungen $y \geq 1$ und $x > 2$ und damit

$$U_2 = V_{14} = (2, 3] \times [1, 1].$$

Mit $a_{273} := 1$, $a_{272} := 0$ und $a_{271} := 0$ sind die Ungleichungen $y \leq -6$, $y < 1$ und $x > 2$ zu betrachten und wir erhalten

$$U_3 = V_{14} = (2,3] \times [-6,-6].$$

Die Bedingungen $a_{274} := 1$ (d. h. $x \geq 6$), $a_{273} := 0$, $a_{272} := 0$ und $a_{271} := 0$ liefern die leere Menge.

Der Fall $a_{172} := 1$, $a_{171} := 0$ (d. h. $y \geq 2$, $x > 3$) ergibt gleichfalls die leere Menge. Für $a_{173} := 1$, $a_{172} := 0$, $a_{171} := 0$ (d. h. $y \leq -5$, $y < 2$, $x > 3$) erhalten wir

$$V_{13} = (3,6] \times [-6,-5].$$

Die Wahl von $a_{271} := 1$ (d. h. $x \leq 2$) oder $a_{272} := 1$ (d. h. $y \geq 1$) führt zu $V_{14} = \emptyset$, d. h., kein Anordnungspunkt kann für diese (partielle) Kombination gefunden werden. Im Fall $a_{273} := 1$, $a_{272} := 0$, $a_{271} := 0$ (d. h. $y \leq -6$, $x > 2$, $y < 1$) erhalten wir die nächste Menge von Anordnungspunkten:

$$U_4 := V_{14} = (3,6] \times [-6,-6].$$

Entsprechend dem vorgeschlagenen Verzweigungsschema ergeben sich mit $a_{274} := 1$, $a_{273} := 0$, $a_{272} := 0$, $a_{271} := 0$ die Ungleichungen $x \geq 6$, $y > -6$, $y < 1$, $x > -1$ und damit

$$U_5 = V_{14} = [6,6] \times (-6,-5].$$

Aus $a_{174} := 1$, $a_{173} := 0$, $a_{172} := 0$, $a_{171} := 0$ (d. h. $x \geq 7$, $y > -5$, $y < 2$, $x > 3$) resultiert $V_{13} = \emptyset$. Die Wahl $a_{262} := 1$, $a_{261} := 0$ (d. h. $y \geq 1$, $x > 6$) an Stelle von $a_{261} := 1$ führt zu $y = 1$ und

$$V_{12} = (6,7] \times [1,1].$$

Nur für $a_{174} := 1$ (d. h. $x \geq 7$) resultiert eine nichtleere Menge, die den isolierten Punkt $(7,1)$ enthält:

$$V_{13} = [7,7] \times [1,1].$$

Mit $a_{272} := 1$ (d. h. $y \geq 1$) finden wir den Anordnungspunkt

$$U_6 = \{(7,1)\}.$$

Im Fall $a_{274} := 1$ (d. h. $x \geq 6$, $y < 1$) ergibt sich wieder die leere Menge. Die Wahl von $a_{263} := 1$ (d. h. $y \leq -6$, $y < 1$, $x > 6$) führt zu $y = -6$ und

$$V_{12} = (6,7] \times [-6,-6].$$

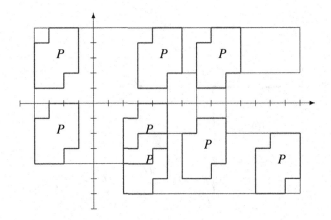

Abbildung 10.13: Mögliche Anordnungen

Für $a_{173} := 1$ (d. h. $y \leq -5$) und $a_{273} = 1$ ($y \leq -6$) erhalten wir eine weitere Menge von Anordnungspunkten:

$$U_7 = V_{14} = (6,7] \times [-6,-6].$$

Im Fall $a_{162} := 1$ (d. h. $y \geq 2, x > 7$) entsteht ein Widerspruch. Die Bedingungen $a_{163} := 1$, $a_{162} := 0$ und $a_{161} := 0$ (d. h. $y \leq -5, y < 2, x > 7$) bewirken eine Reduzierung der Menge der potentiellen Anordnungspunkte auf

$$V_{11} = (7,11] \times [-6,-5].$$

Mit $a_{263} := 1$ ($y \leq -6$), $a_{173} := 1$ ($y \leq -5$) und $a_{273} := 1$ ($y \leq -6$) erhalten wir

$$U_8 = (7,11] \times [-6,-6].$$

Dieser Prozess kann nun weitergeführt werden, bis alle $24^2 = 576$ möglichen Kombinationen analysiert sind. Schließlich finden wir noch

$$U_9 = [-4,2) \times [-4,1].$$

Einige der möglichen Anordnungen von P in R sind in der Abbildung 10.13 angegeben. Die Menge aller Anordnungspunkte u mit $P(u) \subset R$ ist schließlich in der Abbildung 10.14 dargestellt.

10.4 Algorithmen für Streifen-Packungsprobleme

Wir betrachten hier die Anordnung der Polygone P_i, $i \in I$, in einem Streifen R fester Breite W und minimaler Höhe H. Zur Konstruktion von Anordnungsvarianten mit klei-

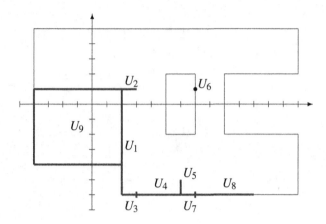

Abbildung 10.14: Menge aller Anordnungspunkte

ner Höhe, d. h. zur näherungsweisen Lösung des Optimierungsproblems, gibt es eine Vielzahl von Herangehensweisen. Dabei kann man rein-deterministische und mit stochastischen Elementen versehene Methoden unterscheiden. Unterschiede ergeben sich auch daraus, ob die Polygone sequentiell angeordnet werden oder ob alle Polygone gleichzeitig betrachtet werden. Bei sequentiellen Heuristiken werden mitunter entstehende Lücken für weitere Anordnungen betrachtet, zum Teil auch nicht.

Im Folgenden geben wir einige der Heuristiken überblicksmäßig an.

10.4.1 Sequentielles Anordnen

Bei diesen Methoden werden die Polygone einzeln nacheinander nach einer vorgegebenen Strategie angeordnet. Die bereits platzierten Teile $P_j(u_j)$, $j = 1, \ldots, i-1$, werden als fixiert betrachtet. Für das nächste anzuordnende Polygon P_i ist dann ein geeigneter Anordnungspunkt $u_i = (x_i, y_i)$ entsprechend der gewählten Strategie zu finden. Somit ist in jedem Schritt ein Enthaltenseinsproblem zu lösen, wobei ein Zielkriterium (z. B. minimale y-Koordinate des Anordnungspunktes) zu beachten ist.

Bei vielen Algorithmen wird eine dichte Anordnung von P_i an der *Kontur* κ_{i-1} realisiert, wobei die Kontur (auch *Profil* genannt) durch

$$\kappa_i(x) := \max\left\{0, \max\left\{y : (x,y) \in \bigcup_{j=1}^{i} P_j(u_j)\right\}\right\}, \quad x \in [0, W],$$

definiert ist. Durch die Kontur wird der Hodograph von P_i mit $\bigcup_{j=1}^{i-1} P_j(u_j) \cup R^*$ teilweise widergespiegelt.

In den Heuristiken mit sequentieller Anordnung werden folgende Grundsätze mit variierender Reihenfolge beachtet:

- Wähle so ein Teil als Teil i, dessen Hodograph geringste Ausdehnung in y-Richtung hat.
- Platziere das Teil i so, dass der neu erzeugte Abfall minimal ist.
- Wähle Teile mit großer Fläche zuerst.
- Wähle solche Teile, die die Anordnungshöhe minimieren.

Heuristiken, bei denen die Reihenfolge der Anordnung der Polygone fest vorgegeben ist (z. B. im BL-Algorithmus), arbeiten schneller als solche, bei denen in jedem Schritt geprüft wird, welches Teil am besten geeignet ist, um als nächstes angeordnet zu werden.

Um den Rechenaufwand zur Bestimmung des nächsten Anordnungspunktes zu reduzieren, wird zum Teil mit Diskretisierungen gearbeitet. Eine Variante besteht darin, dass ein Gitter mit fester Schrittweite in x- und y-Richtung definiert wird und nur Gitterpunkte als Anordnungspunkte betrachtet werden. Eine zweite Variante diskretisiert nur die y-Richtung (mit Schrittweite Δy), d. h., der Anordnungspunkt wird auf Linien $y = k \cdot \Delta y$, $k = 0, 1, 2, \ldots$, gesucht. Hat man auf diese Weise einen Anordnungspunkt gefunden, kann dieser gegebenenfalls noch durch Verschiebung von P_i verbessert werden.

Im Algorithmus nach Art (s. z. B. [Art66], [BDSW89]) ist das nächste Teil P_i zu ermitteln und mit einem Anordnungspunkt $u_i = (x_i, y_i)$ auf dem Hodographen von P_i mit $R^* \cup \bigcup_{j=1}^{i-1} P_j(u_j)$ zu platzieren. Bei dieser Heuristik werden keine Lücken durch nachfolgende Teile gefüllt. Die Anordnung geschieht im Prinzip durch Verschiebung in negativer y-Richtung aus einer hinreichend großen Höhe mit geeigneter horizontaler Position, bis eine Berührung mit bereits angeordneten Teilen oder der Streifenbasis erfolgt. Die Fläche unter der Kontur minus die Fläche der angeordneten Teile ist somit Abfall.

Diskrete Drehungen, die wir hier bisher nicht betrachtet haben, werden zusätzlich im Algorithmus von Albano/Supuppo (s. z. B. [AS80], [BDSW89]) berücksichtigt.

In den von Dowsland/Dowsland [DD93] vorgeschlagenen Heuristiken werden u. a. Gitterpunkte verwendet und es werden Polygone, falls möglich, in Lücken, d. h. in freie Anordnungsbereiche unterhalb der Kontur, platziert.

Eine Verschiebungstechnik wird in [ABJ90] vorgeschlagen. Die Verschiebungsrichtungen ergeben sich dabei aus der aktuellen Kontur.

Eine Heuristik, insbesondere für Anordnungsprobleme in der Textil-Industrie, wird in [MDL92] angegeben, bei der zunächst die großen Teile platziert und danach die kleineren in den Lücken untergebracht werden.

In der Vorgehensweise von Heckmann/Lengauer ([HL98]) werden die Teile in einer vorgegebenen Reihenfolge platziert. In jedem Schritt wird für das nächste Teil zufällig eine Orientierung bzw. ein Rotationswinkel gewählt. Dann werden für das entsprechend gedrehte Teil paarweise die freien Anordnungsräume bezüglich der bereits platziertem Teile und des Streifens bestimmt. Aus deren Durchschnitt wird dann ein Anordnungspunkt nach einem Zielkriterium gewählt.

10.4.2 Verbesserungsmethoden

Verbesserungsmethoden sind solche, die ausgehend von einer bekannten Anordnungsvariante versuchen, diese zu verbessern. Einige verlangen dabei zulässige Anordnungen als Startlösung, andere erlauben Überlappungen der Teile untereinander bzw. das unvollständige Enthaltensein im Streifen. Untersuchungen dazu findet man z. B. in [DD93, LM93, SNK96, SY98]. In der Regel werden dabei kleine Änderungen der Anordnungsvariante pro Schritt betrachtet.

Bei den sogenannten *Compaction*-Algorithmen ([LM93, MDL92]) wird das Einwirken von Kräften auf eine Anordnungsvariante simuliert und dadurch das *Verdichten* oder *Vergrößern von Lücken* erreicht.

Verbesserte Anordnungen können mittels *Linearer Optimierung* erhalten werden, wenn ausgehend von den Φ-Funktionen *aktive Restriktionen* (solche, die die Berührung mit einem anderen Teil oder dem Streifenrand repräsentieren) identifiziert werden. Unter Beibehaltung dieser Gleichungen kann eine gleichzeitige gegenseitige Verschiebung aller Teile realisiert und damit gegebenenfalls eine Verbesserung erreicht werden. Untersuchungen dazu findet man in [SNK96, SY98].

10.4.3 Metaheuristiken

Die Verfügbarkeit schneller Heuristiken erlaubt die Anwendung allgemeiner Prinzipien der Suche nach guten zulässigen Lösungen bei Optimierungsproblemen, die mit direkten Methoden nicht oder nur unbefriedigend behandelt werden können. Insbesondere Heuristiken, die eine feste Reihenfolge der Polygone verwenden, kommen innerhalb der Lösungsversuche mittels Metaheuristiken (Abschnitt 6.4.2) zum Einsatz.

Die Anwendung der *Simulated Annealing*-Strategie wird unter anderem in [CRSV87, MBS91, OF92, Dow93] untersucht.

Ein *Tabu Search*-Algorithmus wird in [BHW93] vorgestellt.

In der *Sequential Value Correction*-Methode (SVC), die in [SST97] auf das Streifenpackungsproblem angewendet wird, bestimmt man die Reihenfolge der Polygone für den nächsten Schritt deterministisch. Dabei wird auf der Grundlage der zuletzt ermittelten Anordnungsvariante eine Pseudo-Bewertung berechnet, die dann die neue Reihenfolge definiert.

10.4.4 Weiteres

Neben der Approximation von realen Objekten durch Polygone kommen auch solche zum Einsatz, die Kreisbögen mit verwenden. Ein sequentieller Algorithmus dafür ist in [BHKW07] beschrieben.

Auf Grund der Vielzahl unterschiedliche Ansätze werden in diesem Kapitel die Modellierung und gewisse Prinzipien der Algorithmen in den Vordergrund gestellt. In Abhängigkeit vom konkreten Anwendungsfall ist zu entscheiden, welche der Varianten zweckmäßig erscheint. Hilfreich dabei können Übersichtsartikel wie z. B. [DD95, DST97] sein.

Für effiziente Implementierungen sind neben der Wahl der Methode weitere Aspekte wesentlich. Dies betrifft die Repräsentation der Polygone im Computer (z. B. als doppeltverkettete Liste der Kanten) sowie die Möglichkeit der *lokalen* Auswertung des Hodographen bzw. der entsprechenden Φ-Funktion.

10.5 Aufgaben

Aufgabe 10.1
Gegeben seien drei konvexe Polygone P_i, definiert durch ihre Eckpunkte: v_{1k}: (0,0), (2,0), (0,2); v_{2k}: (0,0), (1,0), (0,1); v_{3k}: (1,0), (1,1), (0,1). Man bestimme für jedes Paar eine Φ-Funktion und skizziere den Hodographen bzw. das No Fit-Polygon.

Aufgabe 10.2
Man konzipiere einen Algorithmus zur Kollisionsüberprüfung, wenn das Polygon $P_j(u_j)$ in Richtung $d \in I\!R^2$ verschoben wird und gegebenenfalls auf $P_i(u_i)$ trifft. Welche Verschiebungslänge führt zur (ersten) Berührung?

Aufgabe 10.3
Man konstruiere ein Beispiel mit konvexen Polygonen, für welches der Bereich Ω der zulässigen Anordnungen exponentiell viele Zusammenhangskomponenten besitzt.

Aufgabe 10.4
Anhand eines Beispiels zeige man, dass folgende Annahme i. Allg. falsch ist: Alle Eckpunkte der Polygone seien ganzzahlig und alle Anstiegswinkel der begrenzenden Geraden seien ein ganzzahliges Vielfaches von $45°$. Dann sind die Koordinaten aller Anordnungspunkte in einer unten-links-bündigen Anordnung ganzzahlig.

Aufgabe 10.5
Man ermittle ein Rechteck mit minimalem Flächeninhalt, welches ein gegebenes Polygon umschließt.

Aufgabe 10.6
Man ermittle die Anordnungspunkte aller Teile im Beispiel 10.4 (Seite 268) für eine beliebige Reihenfolge, wenn die BL-Strategie angewendet wird.

Aufgabe 10.7
Man zeige die Gültigkeit der Formel (10.17) auf Seite 275.

Aufgabe 10.8
Man zeige die Gültigkeit der vereinfachten Darstellung von ϕ_{ij} und $\overline{U}_{ij}$ in Aussage 10.1 (Seite 265) für ein Paar Rechtecke, die in den Formeln (10.10) und (10.11) angegeben ist.

Aufgabe 10.9
Man ermittle ein flächenmaximales achsenparalleles Rechteck, welches in einem gegebenen konvexen Polygon angeordnet werden kann.

10.6 Lösungen

Zu Aufgabe 10.1.   Die gegebenen Polygone sind in der Abbildung 10.15 dargestellt. Als ϕ-Funktionen erhält man

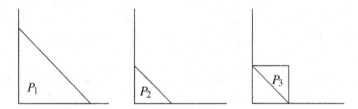

Abbildung 10.15: Polygone in Aufgabe 10.1

$$\phi_{12} = \max\{x+y-2, -x-1, -y-1, -x-y-1, x-2, y-2\}$$
$$\phi_{13} = \max\{x+y-1, -x-1, -y-1\}$$
$$\phi_{23} = \max\{x+y, -x-1, -y-1\}.$$

Die No Fit-Polygone und damit die Hodographen sind in der Abbildung 10.16 skizziert.

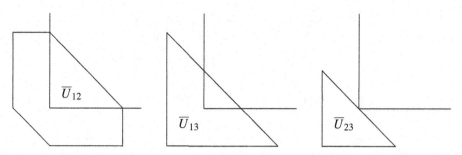

Abbildung 10.16: No Fit-Polygone in Aufgabe 10.1

Zu Aufgabe 10.2. Eine einfache Vorgehensweise ist folgende:

* Überprüfung, ob überhaupt eine Kollision erfolgt:
Dazu ermitteln wir Streifen S_i und S_j mit minimaler Breite in Richtung d, in denen $P_i(u_i)$ bzw. $P_j(u_j)$ vollständig enthalten sind. Es sei a ein Vektor senkrecht zu d. Dann gilt

$$S_i = \{u \in \mathbb{R}^2 : \min_{k \in K_i} a^T (v_{ik} + u_i) \leq a^T u \leq \max_{k \in K_i} a^T (v_{ik} + u_i)\},$$

$$S_j = \{u \in \mathbb{R}^2 : \min_{k \in K_j} a^T (v_{jk} + u_j) \leq a^T u \leq \max_{k \in K_j} a^T (v_{jk} + u_j)\}.$$

Gilt $\mathrm{int} S_i \cap S_j = \emptyset$, dann gibt es keine Kollision.

* Es sei

$$S := S_i \cap S_j = \{u \in \mathbb{R}^2 : \alpha \leq a^T u \leq \beta\} \quad \text{mit } \alpha < \beta.$$

Für jeden Eckpunkt v_{ik} von P_i mit $a^T (v_{ik} + u_i) \in [\alpha, \beta]$ und jeden Eckpunkt v_{jk} von P_j mit $a^T (v_{jk} + u_j) \in [\alpha, \beta]$ ist die maximale Verschiebungslänge, ohne dass eine Kollision (erstmals) erfolgt, zu ermitteln. Deren Minimalwert ist dann die maximal zulässige Verschiebungslänge.

Zweckmäßig für diese Vorgehensweise ist, die Kanten von $P_i(u_i)$ und $P_j(u_j)$ im gegenläufigen Sinne zu untersuchen. Der Fall, dass die Normalenvektoren einer Kante g_i und einer Kante g_j von $P_i(u_i)$ bzw. $P_j(u_j)$ senkrecht zu d sind und unterschiedliche Orientierung haben und dass die zu g_i und g_j gehörigen Geraden übereinstimmen, erfordert eine gesonderte Untersuchung.

Zu Aufgabe 10.3. Es seien $m \in \mathbb{N}$ und $W > 0$ gegeben. Als Teile T_i, $i = 1, \dots, m$ wählen wir die durch die drei Eckpunkte $(0,0)$, $(0,1)$ und (W,i) definierten Dreiecke. Die Begründung der exponentiellen Anzahl der Komponenten von Ω erfolgt nun wie im Beispiel 10.4.

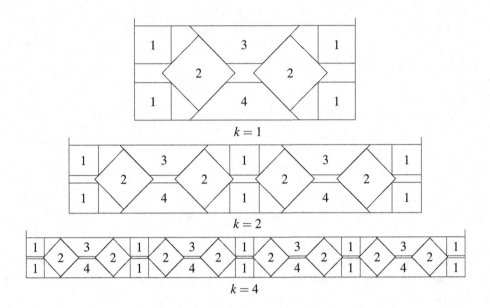

Abbildung 10.17: Beispiele zu Aufgabe 10.4

Zu Aufgabe 10.4. Wir zeigen anhand eines Beispiels: Obwohl alle Eingabedaten ganzzahlig sind, gibt es in einer optimalen Anordnung auch Anordnungspunkte mit y-Koordinate $(2k)^{-1}$ mit $k = 1, 2, \dots$. Es seien konvexe Polygone P_i durch ihre Eckpunkte gegeben:

- P_1: (0,0), (0,1), (1,1), (0,1)
- P_2: (1,0), (2,1), (1,2), (0,1)
- P_3: (1,0), (2,0), (3,1), (0,1)
- P_4: (0,0), (3,0), (2,1), (1,1)

Wir definieren eine Folge von Instanzen durch

$$E_k: \qquad W = 6k, \qquad b^k = (2k+2, 2k, k, k)^T, \qquad k = 1, 2, \dots,$$

wobei b_i^k die Anzahl der Polygone des Typs i bezeichnet, die anzuordnen sind. Die in der Abbildung 10.17 gezeigten Anordnungen besitzen die minimale Höhe

$$H_k^* = 2 + (2k)^{-1}.$$

Man beachte: Eine dichte Anordnung mit Höhe 2 in der Form

- $(k+1)$-mal zwei Polygone vom Typ 1 (übereinander),
- k-mal Polygone vom Typ 2 und

- k-mal abwechselnd ein Polygon vom Typ 3 oberhalb eines Polygons vom Typ 4 gefolgt von einem Polygon vom Typ 2

benötigt eine Streifenbreite mit $6k+1$ Einheiten.

Zu Aufgabe 10.5.   Ohne Beschränkung der Allgemeinheit kann vorausgesetzt werden, dass das einzuschließende Polygon konvex ist.

Bei der Ermittlung eines Rechtecks mit minimaler Fläche können wir annehmen, dass eine Situation wie in der Abbildung 10.18 vorliegt: Das Rechteck wird durch vier Eckpunkte des Polygons bestimmt. Diese seien mit $v_1, \ldots, v_4$ bezeichnet.

Das Polygon kann nun um den Schnittpunkt S der Verbindungsstrecken von v_1 nach v_3 und von v_2 nach v_4 gedreht werden. Der Drehwinkel φ unterliegt gewissen Einschränkungen, die sichern, dass die vier Punkte das einschließende achsenparallele Rechteck bestimmen. Damit kann $\varphi \in [\alpha, \beta]$ mit $\alpha \leq 0 \leq \beta$ angenommen werden. Weiterhin wer-

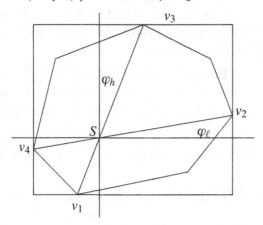

Abbildung 10.18: Beispiel-Polygon zu Aufgabe 10.5

de der Winkel (im mathematisch positiven Sinn) zwischen der vertikalen Achse und der Geraden durch v_1 und v_3 mit φ_h bezeichnet, und der Winkel zwischen der horizontalen Achse und der Geraden durch v_2 und v_4 mit φ_ℓ. In der Abbildung 10.18 ist somit $\varphi_h < 0$ und $\varphi_\ell > 0$. Offenbar gilt dann

$$|\varphi_h| + |\varphi_\ell| \leq \pi/2.$$

Mit $d_1 := ||v_3 - v_1||$ und $d_2 := ||v_4 - v_2||$ erhalten wir den Flächeninhalt $A(\varphi)$ als Produkt von Länge mal Höhe in Abhängigkeit vom Drehwinkel:

$$A(\varphi) = d_1 \cos(\varphi_h + \varphi) \cdot d_2 \cos(\varphi_\ell + \varphi).$$

Um nachzuweisen, dass $A(\varphi)$ stückweise konkav ist, bilden wir zunächst die erste Ableitung. Es gilt

$$A'(\varphi) = -d_1 d_2 \left\{ \sin(\varphi_h + \varphi) \cos(\varphi_\ell + \varphi) + \cos(\varphi_h + \varphi) \sin(\varphi_\ell + \varphi) \right\}.$$

Durch Anwendung eines Additionstheorems folgt

$$A'(\varphi) = -d_1 d_2 \sin(\varphi_h + \varphi_\ell + 2\varphi)$$

und damit

$$A''(\varphi) = -2 d_1 d_2 \cos(\varphi_h + \varphi_\ell + 2\varphi).$$

Im Fall $|\varphi_h + \varphi_\ell| < \pi/2$ ist die Funktion $A''(\varphi) < 0$ für den Winkel $\varphi = 0$. Die Funktion $A(\varphi)$ ist somit lokal konkav. Lokale Minima werden folglich am Rand der Intervalle $[\alpha, \beta]$ angenommen. Diese Winkel sind aber gerade dadurch determiniert, dass mindestens eine Seite des Polygons achsenparallel ist, da dann eine Änderung der das umschließende Rechteck definierenden Punkte eintritt.

Als Konsequenz ergibt sich: Ein flächenminimales umschließendes Rechteck erhält man, wenn man sukzessive jede Kante des Polygons als Basisseite eines umschließenden Rechtecks nimmt und von den $|I|$ so definierten Rechtecken ein flächenminimales auswählt.

Der Fall $|\varphi_h + \varphi_\ell| = \pi/2$ ist gesondert in analoger Weise zu betrachten und liefert das gleiche Ergebnis.

Zu Aufgabe 10.6.   Es sei $\pi = (\pi_0, \dots, \pi_m)$ eine Permutation von $0, \dots, m$. Wir bestimmen durch

$$a_0 := 0, \quad a_i := \begin{cases} a_{i-1}, & \text{falls } \pi_i < \pi_{i-1}, \\ a_{i-1} + 1, & \text{falls } \pi_i > \pi_{i-1}, \end{cases} \quad i = 1, \dots, m,$$

wie viele Teile k mit $\pi_k < \pi_{k-1}$ bis zum i-ten Teil angeordnet werden. Die durch die BL-Heuristik erhaltenen Anordnungspunkte sind

$$u_i = (0, i + a_i), \quad i = 0, 1, \dots, m.$$

Die zugehörige Streifenhöhe ist $\mathrm{BL}(\pi) = m + 2 + a_m$.

Zu Aufgabe 10.7.   Ohne Beschränkung der Allgemeinheit betrachten wir den Abstand eines Punktes $u = (x, y)$ zu dem Eckpunkt $v_{ik} = (x_{ik}, y_{ik})$ von P_i und es gelte

$$g_{ik}(u) = \rho \quad \text{mit } \rho > 0,$$

wobei g_{ik} in Hesse-Normalform vorliegt. Damit gelten

$$g_{ik}(x,y) = ax + by + c \quad \text{mit } a^2 + b^2 = 1$$

sowie

$$g_{ik}(v_{ik}) = 0 \quad \text{bzw.} \quad c = -(ax_{ik} + by_{ik}).$$

Mit der schwarzschen Ungleichung folgt wegen $\sqrt{a^2 + b^2} = 1$:

$$\rho = g_{ik}(u) = ax + by - ax_{ik} - by_{ik} = \begin{pmatrix} x - x_{ik} \\ y - y_{ik} \end{pmatrix} \cdot \begin{pmatrix} a \\ b \end{pmatrix} \leq \|u - v_{ik}\|.$$

Damit gilt: Besitzt u bezüglich $\overline{\Phi}_{ij}$ einen Abstand nicht kleiner als ρ zu P_i, dann ist der euklidische Abstand nicht kleiner als ρ.

Zu Aufgabe 10.8. Wir betrachten die Beziehung $\phi_{ij}(u) = \max_{k \in K_i} \min_{l \in K_j} g_{ik}(v_{jl} + u)$. Die Eckpunkte des Rechtecks P_j sind $v_{j1} = (0,0)$, $v_{j2} = (\ell_j, 0)$, $v_{j3} = (\ell_j, w_j)$, $v_{j4} = (0, w_j)$.

Für $g_{i1}(x,y) := x - \ell_i$ folgt

$$\min_{l \in K_j} g_{i1}(v_{jl} + (x,y)) = \min\{x - \ell_i, \ell_j + x - \ell_i\} = x - \ell_i.$$

Für $g_{i2}(x,y) := y - w_i$ folgt $\min_{l \in K_j} g_{i2}(v_{jl} + (x,y)) = y - w_i$.
Für $g_{i3}(x,y) := -x$ folgt $\min_{l \in K_j} g_{i3}(v_{jl} + (x,y)) = -\ell_j - x$.
Für $g_{i4}(x,y) := -y$ folgt $\min_{l \in K_j} g_{i4}(v_{jl} + (x,y)) = -y - w_j$.

Analog erhält man mit $v_{i1} = (0,0)$, $v_{i2} = (\ell_i, 0)$, $v_{i3} = (\ell_i, w_i)$, $v_{i4} = (0, w_i)$:

Für $g_{j1}(x,y) := x - \ell_j$ folgt

$$\min_{k \in K_i} g_{j1}(v_{ik} - (x,y)) = \min\{-x - \ell_j, \ell_i - x - \ell_j\} = -x - \ell_j.$$

Für $g_{j2}(x,y) := y - w_j$ folgt $\min_{k \in K_i} g_{j2}(v_{ik} - (x,y)) = -y - w_j$.
Für $g_{j3}(x,y) := -x$ folgt $\min_{k \in K_i} g_{j3}(v_{ik} - (x,y)) = x - \ell_i$.
Für $g_{j4}(x,y) := -y$ folgt $\min_{k \in K_i} g_{j4}(v_{ik} - (x,y)) = y - w_i$.

In beiden Fällen erhält man die gleichen Bedingungen, zusammengefasst in $\overline{U}_{ij} = \{(x,y) : -\ell_j \leq x \leq \ell_i, -w_j \leq y \leq w_i\}$.

Zu Aufgabe 10.9. Das konvexe Polygon P sei durch

$$P := \{(x,y) \in \mathbb{R}^2 : g_i(x,y) = a_i x + b_i y + c_i \leq 0, \, i \in I = \{1, \ldots, m\}\}$$

in Normallage gegeben und es gelte $\operatorname{int}P \neq \emptyset$. Die Eckpunkte von P bezeichnen wir mit $v_i = (x_i, y_i)$ und wir nehmen an, dass $g_i(v_i) = 0$ und $g_{i+1}(v_i) = 0$ für $i \in I$ gilt, wobei $g_{m+1} = g_1$ ist. Auf Grund der Normallage von P gilt $P \subseteq [0, X] \times [0, Y]$ mit $X := \max_{i \in I} x_i$ und $Y := \max_{i \in I} y_i$.

Offenbar kann ein einbeschriebenes achsenparalleles Rechteck nicht maximalen Flächeninhalt besitzen, falls höchstens einer seiner Eckpunkte auf dem Rand von P liegt. Wir bezeichnen mit (p, q) die linke untere Ecke und mit ℓ und w die Länge und Breite des gesuchten Rechtecks $R = \{(x, y) : p \leq x \leq p + \ell, q \leq y \leq q + w\}$. Weiterhin definieren wir den *unteren* und den *oberen Rand* von P durch

$$Y_u := \{(x, y) : y = \min\{s : (x, s) \in P\}, \ x \in [0, X]\},$$
$$Y_o := \{(x, y) : y = \max\{s : (x, s) \in P\}, \ x \in [0, X]\},$$

sowie den *linken* und den *rechten Rand* von P durch

$$X_l := \{(x, y) : x = \min\{s : (s, y) \in P\}, \ y \in [0, Y]\},$$
$$X_r := \{(x, y) : x = \max\{s : (s, y) \in P\}, \ y \in [0, Y]\}.$$

Zugehörig zu diesen Mengen verwenden wir Indexmengen I_u, I_o, I_l und I_r der Restriktionen, die den jeweiligen Abschnitt des Randes definieren. Damit gilt $I_u = \{i \in I : b_i < 0\}$, $I_o = \{i \in I : b_i > 0\}$, $I_l = \{i \in I : a_i < 0\}$ und $I_r = \{i \in I : a_i > 0\}$.

Notwendig für die Optimalität des achsenparallelen Rechtecks R sind somit die folgenden Bedingungen:

$$
\begin{aligned}
(p, q) \in Y_u &\qquad \vee \qquad (p + \ell, q) \in Y_u, \\
(p, q + w) \in Y_o &\qquad \vee \qquad (p + \ell, q + w) \in Y_o, \\
(p, q) \in X_l &\qquad \vee \qquad (p, q + w) \in X_l, \\
(p + \ell, q) \in X_r &\qquad \vee \qquad (p + \ell, q + w) \in X_r.
\end{aligned}
\tag{10.22}
$$

Ist eine der Bedingungen nicht erfüllt, so kann R in der jeweiligen Richtung vergrößert werden.

Für die vier Unbekannten p, q, ℓ und w erhält man aus (10.22) mindestens zwei, aber höchstens vier linear unabhängige Gleichungen.

Falls (10.22) nur zwei Gleichungen für gegenüberliegende Punkte von R liefert, dann kann man das Rechteck R, ohne dessen Ausdehnungen zu verringern, so weit verschieben, bis eine weitere Gleichung erfüllt wird.

Liefern die Bedingungen (10.22) vier linear unabhängige Gleichungsrestriktionen, dann ist R eindeutig bestimmt und keine Optimierung des Flächeninhalts möglich. Andernfalls, also falls drei linear unabhängige Gleichungen zu erfüllen sind, verbleibt *ein* freier

Parameter zur Maximierung. Zwei unterschiedliche Situationen, die hierbei auftreten können, werden in der Abbildung 10.19 gezeigt.

Im Weiteren beschreiben wir beispielhaft die Behandlung eines Falles, bei dem drei der Eckpunkte von R auf dem Rand von P liegen. Auf die Betrachtung der weiteren Fälle wird an dieser Stelle verzichtet, da dies in analoger Weise möglich ist. Wir betrachten eine Situation, wie sie in der Abbildung 10.19, rechtes Polygon, skizziert ist. Für jede Kante $g_i(x,y) = 0$ von P mit $\nabla g_i(x,y) < 0$, d. h. mit $i \in I_u \cap I_l$, ist das Intervall $[x_{i-1}, x_i]$ so in Teilintervalle $[\underline{x}, \overline{x}]$ zu zerlegen, dass für jedes x aus einem solchen Teilintervall die zwei Kanten, die von (x,y) mit $g_i(x,y) = 0$ ausgehend in horizontaler bzw. vertikaler Richtung geschnitten werden, eindeutig bestimmt sind. Diese beiden Kanten seien durch g_j und g_k beschrieben.

Gilt nun $\nabla g_j > 0$ oder $\nabla g_k > 0$, dann liegt ein durch diese drei Kanten bestimmtes Rechteck nicht vollständig in P. Wir nehmen also nun an, dass $a_j > 0$, $b_j \leq 0$ und $a_k \leq 0$, $b_k > 0$ gilt. Im betrachteten Fall erfüllen der Eckpunkt $(p,q) = (x,y)$ und die beiden benachbarten Ecken von R die Bedingungen $(x,y) \in Y_u \cap X_l$, $(x + \ell, y) \in Y_u \cap X_r$ und $(x, y + w) \in Y_o \cap X_l$. Die Länge ℓ und die Breite w des durch die drei Kanten bestimmten

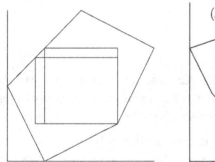 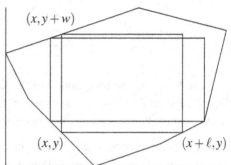

Abbildung 10.19: Beispiel-Polygone zu Aufgabe 10.9

Rechtecks sind von $x \in [\underline{x}, \overline{x}]$ abhängig und können aus dem linearen Gleichungssystem

$$g_i(x,y) = 0, \quad g_j(x + \ell, y) = 0, \quad g_k(x, y + w) = 0,$$

d. h. aus

$$a_i x + b_i y + c_i = 0, \quad a_j(x + \ell) + b_j y + c_j = 0, \quad a_k x + b_k(y + w) + c_k = 0$$

bestimmt werden. Man erhält

$$y(x) = -\frac{a_i x + c_i}{b_i}, \quad \ell(x) = -\frac{g_j(x, y(x))}{a_j}, \quad w(x) = -\frac{g_k(x, y(x))}{b_k}$$

und damit den Flächeninhalt $A(x)$:

$$A(x) = \ell(x)w(x) = \left[\left(\frac{a_i b_j - a_j b_i}{a_j b_i} \right) x + \frac{b_j c_i - b_i c_j}{a_j b_i} \right] \cdot \left[\left(\frac{a_i b_k - a_k b_i}{b_i b_k} \right) x + \frac{b_k c_i - b_i c_k}{b_i b_k} \right]$$

$$=: \frac{1}{a_j b_i^2 b_k} \left(\alpha x^2 + \beta x + \gamma \right)$$

mit

$$\alpha = (a_i b_j - a_j b_i)(a_i b_k - a_k b_i),$$

$$\beta = (a_i b_j - a_j b_i)(b_k c_i - b_i c_k) + (b_j c_i - b_i c_j)(a_i b_k - a_k b_i),$$

$$\gamma = (b_j c_i - b_i c_j)(b_k c_i - b_i c_k).$$

Aus der notwendigen Optimalitätsbedingung $A'(x^*) = 0$ erhält man die globale Maximumstelle $x^* = -\beta/(2\alpha)$, da α und damit $A''(x)$ negativ sind wegen $a_i < 0$, $b_i < 0$, $a_j > 0$, $b_j \leq 0$, $a_k \leq 0$ und $b_k > 0$:

$$\alpha = \underbrace{a_j b_i a_i b_k}_{>0} \underbrace{\left(\frac{a_i b_j}{a_j b_i} - 1 \right)}_{<0} \underbrace{\left(1 - \frac{a_k b_i}{a_i b_k} \right)}_{>0} < 0.$$

Ist $x^* \in [\underline{x}, \bar{x}]$, so liefert x^* die maximale Fläche für diesen Fall. Andernfalls ist auf Grund der Konkavität von $A(x)$ die Maximumstelle am Rand von $[\underline{x}, \bar{x}]$. Das vollständige Enthaltensein des ermittelten Rechtecks in P ist noch zu prüfen.

Durch gesonderte Untersuchung aller dieser unterschiedlichen $[\underline{x}, \bar{x}]$-Intervalle sowie die Betrachtung der anderen Situationen, bei denen der Punkt (x, y) nicht auf den Kanten von P liegt, kann die Bestimmung eines flächenmaximalen Rechtecks durch die Auswertung endlich vieler Funktionswerte erfolgen.

11 Kreis- und Kugelpackungen

In diesem Kapitel werden einige Problemstellungen und Lösungsstrategien beim optimalen Packen von Kreisen und Kugeln betrachtet.

11.1 Problemstellungen

Im Zusammenhang mit dem Problem der optimalen Anordnung von Kreisen werden unterschiedliche Aufgabenstellungen untersucht, von denen einige hier angegeben sind und die dann genauer analysiert werden:

1. *Packung von Kreisen in einem Kreis*
   Gegeben sind m Kreise K_i mit Radien r_i. Gesucht ist ein Kreis K mit minimalem Radius R, in dem alle Kreise K_i angeordnet werden können.

2. *Packung von Kreisen in einem Streifen*
   Gegeben sind m Kreise K_i mit Radien r_i und ein Streifen der Breite W und unbeschränkter Länge. Gesucht ist eine zulässige Anordnung aller Kreise in diesem Streifen, so dass eine minimale Länge belegt wird.

3. *Packung identischer Kreise in einem Kreis*
   Gegeben sind m Kreise mit Radius $r = 1$. Gesucht ist ein Kreis K mit minimalem Radius, in dem alle m Kreise überlappungsfrei angeordnet werden können. Diese Problemstellung ist unter anderem beim Zusammensetzen runder Kabel von Interesse.

4. *Packung identischer Kreise in einem Quadrat*
   Gegeben sind m Kreise mit Radius $r = 1$. Gesucht ist ein Quadrat Q mit minimaler Seitenlänge, in dem alle m Kreise überlappungsfrei angeordnet werden können.

5. *Packung identischer Kreise in einem Rechteck*
   Wie viele Kreise mit Radius r können höchstens auf einem Rechteck $L \times W$ überlappungsfrei angeordnet werden? Dieses Problem tritt z. B. bei der Beladung von Paletten mit zylindrischen Objekten auf.

Analoge Fragestellungen werden auch im dreidimensionalen Fall betrachtet. Einen populärwissenschaftlichen Einstieg in diese Problemstellungen findet man z. B. in [Ste99].

Eine umfangreiche Darstellung zahlreicher Anwendungsbereiche von Kreis- und Kugelpackungsproblemen wird in [CKP08] gegeben. Die Anordnung identischer Kreise in anderen Bereichen, z. B. in einem gleichseitigen Dreieck, ist gleichfalls von Bedeutung und wird in [BS07] untersucht.

11.2 Packung von Kreisen in einem Kreis

Die hier dargestellten Untersuchungen und Lösungsansätze sind nicht nur auf weitere Packungsprobleme mit Kreisen übertragbar, sondern auch auf Packungsprobleme mit nichtregulären Teilen.

11.2.1 Modellierung

Es bezeichne (x_i, y_i) den Mittelpunkt bzw. den Anordnungspunkt und r_i den Radius des Kreises K_i, $i \in I = \{1, \ldots, m\}$. Ohne Beschränkung der Allgemeinheit sei $(0,0)$ der Mittelpunkt des umschließenden Kreises K. Beim Problem der optimalen Anordnung von m Kreisen in einem Kreis mit minimalem Radius gibt es $2m + 1$ Variablen, nämlich die Mittelpunkte der anzuordnenden Kreise und den Radius R von K. Zur Abkürzung bezeichne

$$\underline{x} := (x_1, y_1, \ldots, x_m, y_m, R)^T \in I\!R^{2m+1}$$

den Vektor der Problemvariablen. Damit ergibt sich ein erstes Modell wie folgt:

Modell I zum Kreispackungsproblem

$R \to \min$ bei

$$\sqrt{(x_i - x_j)^2 + (y_i - y_j)^2} \geq r_i + r_j, \quad i, j \in I, \quad i < j, \tag{11.1}$$

$$\sqrt{x_i^2 + y_i^2} \leq R - r_i, \quad i \in I. \tag{11.2}$$

Die Restriktionen (11.1) sichern, dass sich die anzuordnenden Kreise nicht gegenseitig überlappen. Das Enthaltensein von K_i in K wird durch (11.2) gesichert. Das Modell I ist äquivalent zum zweiten Modell, in welchem andere Formulierungen der Restriktionen verwendet werden.

Modell II zum Kreispackungsproblem

$$f(\underline{x}) := R \to \min \qquad \text{bei} \qquad\qquad\qquad\qquad\qquad (11.3)$$

$$g_{ij}(\underline{x}) := (r_i + r_j)^2 - (x_i - x_j)^2 - (y_i - y_j)^2 \leq 0, \quad i, j \in I, \quad i < j, \qquad (11.4)$$

$$g_i(\underline{x}) := x_i^2 + y_i^2 - (R - r_i)^2 \leq 0, \quad i \in I, \qquad\qquad\qquad (11.5)$$

$$g_0(\underline{x}) := \max\{r_i : i \in I\} - R \leq 0. \qquad\qquad\qquad\qquad (11.6)$$

In dieser Formulierung muss explizit R durch (11.6) beschränkt werden, um die Lösbarkeit zu sichern. Wie die folgende Aussage zeigt, resultieren die Schwierigkeiten beim Lösen derartiger Probleme vor allem aus den Bedingungen (11.4), die die gegenseitige Lage der angeordneten Objekte beschreiben.

Aussage 11.1
Der durch die Restriktionen (11.5) und (11.6) definierte Bereich

$$G_0 := \{\underline{x} \in \mathbb{R}^{2m+1} : g_i(\underline{x}) \leq 0, \ i \in I \cup \{0\}\}$$

ist konvex.

Beweis: Zuerst wird gezeigt, dass die Menge

$$\widetilde{G}_i = \{(x, y, R)^T : \widetilde{g}_i(x, y, R) := x^2 + y^2 - (R - r_i)^2 \leq 0\} \quad \text{für } i \in I$$

konvex ist. Es seien $(x, y, R)^T \in \widetilde{G}_i$ und $(a, b, R')^T \in \widetilde{G}_i$. Dann bleibt zu zeigen, dass $t(x, y, R)^T + (1-t)(a, b, R')^T \in \widetilde{G}_i$ für alle $t \in (0, 1)$ gilt. Auf Grund der speziellen Struktur von $\widetilde{g}_i$ sind die folgenden Ungleichungen gültig:
$\left\| \begin{pmatrix} x \\ y \end{pmatrix} \right\| \leq R - r_i$, $\left\| \begin{pmatrix} a \\ b \end{pmatrix} \right\| \leq R' - r_i$, sowie mit der Cauchy-Schwarz-Ungleichung,
$xa + yb \leq |xa + yb| = |\begin{pmatrix} x \\ y \end{pmatrix}^T \begin{pmatrix} a \\ b \end{pmatrix}| \leq \left\| \begin{pmatrix} x \\ y \end{pmatrix} \right\| \cdot \left\| \begin{pmatrix} a \\ b \end{pmatrix} \right\| \leq (R - r_i)(R' - r_i).$
Für $t(x, y, R)^T + (1-t)(a, b, R')^T$ und $t \in (0, 1)$ gilt dann:

$$(tx + (1-t)a)^2 + (ty + (1-t)b)^2 - (tR + (1-t)R' - r_i)^2$$

$$= (tx + (1-t)a)^2 + (ty + (1-t)b)^2 - (t(R - r_i) + (1-t)(R' - r_i))^2$$

$$= t^2 \underbrace{(x^2 + y^2 - (R - r_i)^2)}_{=\widetilde{g}_i(x,y,R) \leq 0} + (1-t)^2 \underbrace{(a^2 + b^2 - (R' - r_i)^2)}_{=\widetilde{g}_i(a,b,R') \leq 0}$$

$$+ 2t(1-t) \underbrace{(xa + yb - (R - r_i)(R' - r_i))}_{\leq 0} \leq 0.$$

Mit $\tilde{G}_i$ ist auch die Menge $\overline{G}_i := \{\underline{x} \in I\!\!R^{2m+1} : g_i(\underline{x}) \leq 0\}$ konvex. Die Restriktion $g_0(\underline{x}) \leq 0$ ist linear. Die Menge $\overline{G}_0 := \{\underline{x} \in I\!\!R^{2m+1} : g_0(\underline{x}) \leq 0\}$ ist somit auch konvex. Als Durchschnitt konvexer Bereiche ist G_0 konvex. $\blacksquare$

Offensichtlich können alle Kreise in einem Kreis mit Radius $R_{max} := \sum_{i \in I} r_i$ angeordnet werden, so dass der zulässige Bereich G durch

$$G := G_0 \cap G_1 \cap K_{max}$$

beschrieben werden kann, wobei

$$G_1 := \{\underline{x} \in I\!\!R^{2m+1} : g_{ij}(\underline{x}) \leq 0, i, j \in I, i < j\}, \quad K_{max} := \{\underline{x} \in I\!\!R^{2m+1} : R \leq R_{max}\}.$$

Der Bereich G ist beschränkt, aber nicht konvex. Da die Zielfunktion linear ist, reicht es aus, Minimallösungen am Rand von G zu suchen. Wegen der Nichtkonvexität von G kann es eine Vielzahl lokaler Extremstellen geben.

Beispiel 11.1
Wir betrachten die Anordnung zweier Kreise mit Radius 10 und von $m - 2$ Kreisen mit Radius $r_i = 3 + \varepsilon_i$ mit $|\varepsilon_i| \leq 1$, $i = 3, \dots, m$.

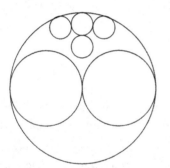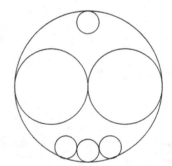

Abbildung 11.1: Nichtkonvexität von G

Falls m nicht zu groß ist, wie in der Abbildung 11.1, können alle Kreise in dem Umkreis mit Radius 20 angeordnet werden. Jede unterschiedliche Verteilung der $m - 2$ kleinen Kreise ergibt dann eine optimale Anordnung. Die Verbindungsstrecke in $I\!\!R^{2m+1}$ zwischen den beiden skizzierten Anordnungen enthält aber unzulässige Punkte. Die Unzulässigkeit ist durch die Verletzung der Restriktionen (11.1) bzw. (11.4) bedingt. Der zulässige Bereich ist also nichtkonvex.

Vergrößert man die Anzahl m derart, dass nicht alle Kreise im Umkreis mit Radius 20 angeordnet werden können, dann erhält man lokale Minimallösungen, die i. Allg. keine globale Lösung sind, insbesondere falls $\varepsilon_i \neq 0$ für alle i gilt. $\qquad\square$

Um die *Rotationssymmetrie* der Lösung sowie *Spiegelungen* auszuschließen, verwenden wir im Folgenden die zusätzlichen Restriktionen

$$x_1 \geq 0, \quad y_1 = 0, \quad y_2 \geq 0. \tag{11.7}$$

Da die Anzahl der lokalen Lösungen auch bei Verwendung von (11.7) i. Allg. exponentiell mit m wächst, werden in der Regel (Meta-)Heuristiken eingesetzt, um aus einer Menge zulässiger Lösungen eine beste auszuwählen.

Es besteht jedoch die Möglichkeit, durch Anwendung geeigneter Methoden der nichtlinearen kontinuierlichen Optimierung zumindest lokale Lösungen zu ermitteln.

11.2.2 Ermittlung einer lokalen Minimumstelle

Wir betrachten das Modell II zum Kreispackungsproblem. Eine notwendige Bedingung für lokale Extrema erhält man aus den Kuhn-Tucker-Bedingungen zum Problem (11.3) – (11.6), vgl. [GT97]. Ist $\underline{x}$ eine lokale Extremstelle, dann existieren *duale* Variable u_i und u_{ij} derart, dass die folgenden Bedingungen erfüllt sind:

$$\nabla f(\underline{x}) + \sum_{i,j \in I, i < j} u_{ij} \nabla g_{ij}(\underline{x}) + \sum_{i \in I \cup \{0\}} u_i \nabla g_i(\underline{x}) = 0,$$

$$u_{ij} g_{ij}(\underline{x}) = 0, \, i,j \in I, \, i < j, \quad u_i g_i(\underline{x}) = 0, \, i \in I \cup \{0\},$$

$$u_{ij} \geq 0, \, i,j \in I, \, i < j, \quad u_i \geq 0, \, i \in I \cup \{0\},$$

$$g_{ij}(\underline{x}) \leq 0, \, i,j \in I, \, i < j, \quad g_i(\underline{x}) \leq 0, \, i \in I \cup \{0\}.$$

Zur Überprüfung, ob eine zulässige Lösung $\underline{x}$ lokale Extremstelle ist, ermittelt man zunächst die *nichtaktiven* Restriktionen, d. h. diejenigen mit $g_i(\underline{x}) < 0$ bzw. $g_{ij}(\underline{x}) < 0$, und setzt die zugehörigen dualen Variablen auf 0.

Sind genau $2m+1$ Restriktionen aktiv und sind die Gradienten der aktiven Restriktionen linear unabhängig (im Fall der Regularität der Jacobi-Matrix der aktiven Restriktionen), dann erhält man die restlichen u-Werte durch Lösen eines linearen Gleichungssystems. Es verbleibt die Überprüfung der Vorzeichenbedingungen.

Liegt die Unabhängigkeit der aktiven Restriktionen nicht vor, dann sind geeignete Techniken für den *Entartungsfall* anzuwenden (s. z. B. [SY04]). Für den Fall, dass weniger als $2m+1$ Restriktionen *aktiv* sind, sind gleichfalls angepasste Methoden einzusetzen.

Eine durch eine Heuristik erhaltene zulässige Lösung $\underline{x}$ ist i. Allg. keine lokale Extremstelle, d. h., es existiert kein $\underline{u} \in I\!\!R_+^{\overline{m}}$ mit $\overline{m} = m(m-1)/2 + m + 1$, so dass die notwendigen Optimalitätsbedingungen (Kuhn-Tucker-Bedingungen) erfüllt sind.

Um zu einer verbesserten Lösung zu gelangen, sind unterschiedliche Vorgehensweisen anwendbar. Es bezeichne $J = \{(i,j) : i,j \in I, i < j\}$ die Indexmenge aller Restriktionen in (11.4). Weiterhin seien $J_0 = \{(i,j) \in J : g_{ij}(\underline{x}) = 0\}$ und $I_0 := \{i \in I \cup \{0\} : g_i(\underline{x}) = 0\}$ Indexmengen der aktiven Restriktionen zu $\underline{x}$. Gilt $|I_0| + |J_0| < 2m + 1$, dann kann man durch Lösen des Ersatzproblems

$$R \to \min \quad \text{bei} \quad g_{ij}(\underline{x}) = 0, \ (i,j) \in J_0, \ g_i(\underline{x}) = 0, \ i \in I_0 \tag{11.8}$$

gegebenenfalls eine verbesserte Lösung finden. Die Anwendung (z. B.) der *Straffunktions-Methode* (s. [GT97]) auf das Problem (11.8) entspricht einer freien Minimierung der Funktion

$$z_t(\underline{x}) := R + t \left(\sum_{(i,j) \in J_0} g_{ij}^2(\underline{x}) + \sum_{i \in I_0} g_i^2(\underline{x}) \right) \to \min,$$

wobei der Strafparameter t hinreichend groß gewählt werden muss. Bei dieser Vorgehensweise sind die Restriktionen, die nicht zu J_0 und I_0 gehören, simultan auf Erfülltsein zu prüfen.

Weitere Methoden der nichtlinearen kontinuierlichen Optimierung sind anwendbar, die jedoch alle i. Allg. nur lokale Extrema liefern.

Einer zulässigen Lösung $\underline{x}$ kann ein ungerichteter Graph $G = (V, E)$ mit der Knotenmenge $V := I \cup \{0\}$ und der Kantenmenge E zugeordnet werden, der die gegenseitige Lage der Kreise charakterisiert. Eine Kante (i,j) mit $i,j \in I$, $i < j$ ist genau dann in E, wenn $g_{ij}(\underline{x}) = 0$, sowie $(0,i) \in E$ genau dann, wenn $g_i(\underline{x}) = 0$. Der Graph G repräsentiert also die aktiven Restriktionen zu $\underline{x}$.

Die gegenseitige Lage von drei Kreisen i,j,k ist (bis auf Spiegelung und Drehung) eindeutig fixiert, falls $(i,j) \in E$, $(i,k) \in E$ und $(j,k) \in E$. Um zu geänderten Lösungen gelangen zu können, ist folglich mindestens eine der drei aktiven Restriktionen als inaktiv aufzufassen.

11.2.3 Überwindung lokaler Minima

Eine naheliegende und häufig angewendete Strategie besteht darin, mittels Heuristiken weitere zulässige (Start-)Lösungen zu generieren und ausgehend von diesen neue lokale Minima zu ermitteln. Dies ist die Vorgehensweise bei der Methode *Multi-Start Local Search*, wie sie im Abschnitt 6.4 beschrieben ist.

Eine andere Vorgehensweise besteht darin, unterschiedliche Koordinaten bei der Modellierung zu verwenden, da ein lokales Extremum bez. *kartesischer Koordinaten* i. Allg. kein lokales Extremum bez. *Polarkoordinaten* ist und umgekehrt ([MPU03]).

Es bezeichnen (ρ_i, ϕ_i) die Polarkoordinaten der Mittelpunkte von $K_i(x_i, y_i)$, $i \in I$, d. h. es gilt $x_i = \rho_i \cos \phi_i$ und $y_i = \rho_i \sin \phi_i$. Weiterhin sei $\underline{\chi} = (\rho_1, \phi_1, \ldots, \rho_m, \phi_m, R)^T$ der Vektor der Problemvariablen bezüglich der Formulierung in Polarkoordinaten. Ein mathematisches Modell zum Problem der optimalen Anordnung von Kreisen in einem Kreis ist dann

Modell III zum Kreispackungsproblem

$$\widetilde{f}(\underline{\chi}) = R \to \min \quad \text{bei}$$

$$\widetilde{g}_{ij}(\underline{\chi}) := (r_i + r_j)^2 - \rho_i^2 - \rho_j^2 + 2\rho_i\rho_j \cos(\phi_i - \phi_j) \leq 0, \quad i, j \in I, \quad i < j,$$

$$\widetilde{g}_i(\underline{\chi}) := \rho_i + r_i - R \leq 0, \quad i \in I,$$

$$\rho_i \geq 0, \quad \phi_i \in [0, 2\pi], \quad i \in I.$$

Entsprechend (11.7) kann zusätzlich $\phi_1 = 0$ und $\phi_2 \in [0, \pi]$ zur Vermeidung (rotations-) symmetrischer Anordnungen gefordert werden.

Hat man nun ein lokales Extremum bez. dieser Formulierung bestimmt, kann zu kartesischen (oder anderen) Koordinaten übergegangen werden und erneut nach einem Extremum gesucht werden (jetzt mit besserem Startpunkt).

Eine weitere Strategie zur Überwindung lokaler Extrema wird in [SY04] für den Fall $|I_0| + |J_0| = 2m + 1$ vorgeschlagen. Für ein Paar Kreise (i, j) mit $r_i > r_j$ werden die Radien in einem Hilfsproblem als Variable R_i und R_j angesehen. Zusätzlich werden die Restriktionen

$$R_i + R_j = r_i + r_j, \quad r_j \leq R_i \leq r_i,$$

betrachtet. Durch die Hinzunahme zweier Variablen und nur einer Gleichung erhält man im Prinzip einen neuen Freiheitsgrad. Gilt $R_i = r_j$ in einer Lösung des Hilfsproblems

$$R \to \min \quad \text{bei}$$
$$g_{ij}(\underline{x}) = 0, \ (i, j) \in J_0, \ g_i(\underline{x}) = 0, \ i \in I_0, \ R_i + R_j = r_i + r_j, \ r_j \leq R_i \leq r_i,$$

welches $2m + 3$ Variablen und $2m + 2$ Restriktionen hat, und damit $R_j = r_i$, dann liefert die Vertauschung von K_i mit K_j gegebenenfalls einen verkleinerten Radius R. Die angepasste Behandlung der Fälle $|I_0| + |J_0| \neq 2m + 1$ wird gleichfalls in [SY04] diskutiert. Anzumerken ist, dass diese Vorgehensweise i. Allg. verbesserte lokale Minima, jedoch nicht notwendig ein globales Minimum liefert.

11.2.4 Weitere Heuristiken

Neben der bereits dargestellten Vorgehensweise, die mit der Ermittlung einer lokalen Lösung gleichfalls eine Heuristik darstellt, da i. Allg. keine globale Lösung gefunden wird, sind auch einfachere konstruktive Heuristiken verfügbar.

Beim *sequentiellen Anordnen* werden die bereits angeordneten Kreise als fixiert angesehen und der jeweils nächste Kreis entsprechend einer Strategie bestmöglich platziert. Eine einfache Variante besteht darin, die Kreise in einer vorgegebenen Reihenfolge so zu packen, dass der jeweilige Umkreisradius minimal ist ([HM07]). Der aktuell anzuordnende Kreis wird so platziert, dass er zwei andere bereits angeordnete Kreise berührt oder dass ein Kreis und der Umkreis tangiert werden.

Eine aufwendigere Vorgehensweise, die jedoch i. Allg. bessere Ergebnisse liefert, wird in [HLLX06] betrachtet. Der nächste anzuordnende Kreis wird aus der Menge der noch nicht angeordneten Kreise nach einem Zielkriterium ermittelt. Das Kriterium modelliert dabei das Füllen freier Anordnungsräume.

In [WHZX02] wird eine vereinfachte Problemstellung betrachtet. Gegeben ist ein Kreis K_0 in Ursprungslage mit Radius R_0. Das Entscheidungsproblem *„Können die m Kreise K_i überlappungsfrei in K_0 angeordnet werden?"* wird näherungsweise mit dem Gradientenverfahren (s. [GT97]) gelöst. Auf Grund der Nichtkonvexität des Problems erhält man i. Allg. nur eine gesicherte Aussage, falls eine zulässige Anordnung gefunden wird. Andernfalls kann nicht gefolgert werden, dass keine Anordnung möglich ist. Die zufällige Anordnung der m Kreise (z. B. ohne Beachtung von (11.4)) ergibt in der Regel eine Verletzung gewisser Restriktionen. Diese kann durch die Straffunktionen

$$\theta_{ij}(\underline{x}) := \max\{0, g_{ij}(\underline{x})\}, \quad \theta_i(\underline{x}) := \max\{0, g_i(\underline{x})\}, \quad i, j \in I, \, i < j,$$

erfasst werden. Damit kann das freie Minimierungsproblem

$$U(\underline{x}) := \sum_{i \in I} \theta_i(\underline{x}) + \sum_{i, j \in I, i < j} \theta_{ij}(\underline{x}) \to \min$$

betrachtet werden. Gesucht wird eine lokale Minimumstelle $\underline{x}$ mit $U(\underline{x}) = 0$. Diese Vorgehensweise wird u. a. in [ZD05] und [HC06] angewendet. Falls eine zulässige Anordnung gefunden wird, kann natürlich versucht werden, für ein verkleinertes R_0 gleichfalls eine zulässige Anordnung zu finden. Durch Verwendung einer Intervallhalbierungstechnik kann auf diese Weise eine lokale Lösung ermittelt werden.

11.3 Streifenpackungen

Beim *Streifen-Packungsproblem mit Kreisen* sind m Kreise K_i mit Radien r_i, $i \in I = \{1,\dots,m\}$ in einem Streifen gegebener Breite W und minimaler Länge L überlappungsfrei anzuordnen. Somit gibt es wieder $2m+1$ Problemvariable: die m Mittelpunkte (x_i, y_i) und die Länge L.

Modell zum Streifen-Packungsproblem mit Kreisen

$$L \to \min \quad \text{bei} \tag{11.9}$$

$$g_{ij}(\underline{x}) := (r_i + r_j)^2 - (x_i - x_j)^2 - (y_i - y_j)^2 \le 0, \quad i,j \in I, \quad i < j,$$

$$g_i(\underline{x}) := \max\{r_i - x_i,\ x_i + r_i - L,\ r_i - y_i,\ y_i + r_i - W\} \le 0, \quad i \in I \tag{11.10}$$

Die Restriktionen (11.10) können natürlich auch als jeweils vier affin-lineare Bedingungen formuliert werden. Wie die Abbildung 11.2 zeigt, gibt es i. Allg. nicht zusammenhängende Komponenten im Bereich der zulässigen Anordnungsvarianten. Deren Anzahl kann exponentiell mit der Anzahl m der anzuordnenden Kreise wachsen.

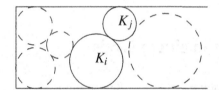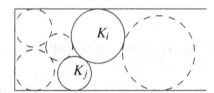

Abbildung 11.2: Nichtkonvexität des zulässigen Bereiches

Auf Grund der affinen Linearität in (11.10) kann der zulässige Bereich G aller Anordnungen wie in der Abbildung 11.3 illustriert werden. Wegen der Linearität der Zielfunktion (11.9) ist es nun möglich, sich bei der Bestimmung lokaler Lösungen auf die Eckpunkte E_k von G zu beschränken.

Eine auf der *Aktive-Mengen-Strategie* basierende Vorgehensweise zur Lösung des Modells (11.9) – (11.10) wird in [SY98] und [SY04] untersucht. Sequentielle Heuristiken zur Konstruktion zulässiger Anordnungen findet man in [HM04].

Ein *Simulated Annealing*-Algorithmus wird in [ZLC04] genutzt, um das zugehörige Entscheidungsproblem *„Passen alle m Kreise in ein Rechteck $L \times W$?"* zu beantworten. Wie beim Kreispackungsproblem kann in dem Fall, dass keine zulässige Anordnung gefunden wird, i. Allg. jedoch nicht gefolgert werden, dass keine solche existiert.

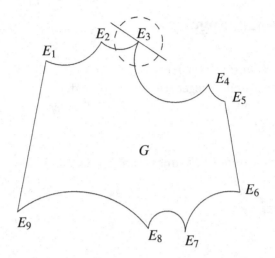

Abbildung 11.3: Zulässiger Bereich und Extrempunkte

Neben dem Streifen-Packungsproblem werden auch andere polygonale Bereiche und andere Zielstellungen untersucht. In [Bes02] und [BMV04] wird z. B. die Anordnung von zwei maximalen Kreisen in einem Polygon betrachtet.

11.4 Packung identischer Kreise in einem Kreis

Neben der im Abschnitt 11.1 formulierten Problemstellung, n Kreise mit Radius $r = 1$ in einem Kreis mit minimalem Radius R_n anzuordnen, wird auch eine umgekehrte Fragestellung betrachtet: Für welchen maximalen Radius r_n gibt es eine zulässige Anordnung von n identischen Kreisen im Einheitskreis (Radius 1)? Offenbar gilt zwischen den beiden Optimalwerten die Beziehung

$$r_n \cdot R_n = 1, \quad n = 1, 2, \ldots$$

Eine weitere äquivalente Fragestellung ist die nach dem Maximum a_n des minimalen Abstandes zweier Punkte aus einer Menge von n Punkten, die alle im Einheitskreis liegen. Hier gilt

$$a_n = \frac{2r_n}{1 - r_n} \quad \text{bzw.} \quad r_n = \frac{a_n}{2 + a_n}, \quad n = 2, 3, \ldots$$

Die Tabelle 11.1, die aus [GLNÖ98]) entnommen ist, enthält für $n \leq 12$ den Maximalwert a_n sowie für $13 \leq n \leq 40$ untere Schranken für a_n. Weiterhin sind auch die Anzahl

b_n der beweglichen Punkte (Kreise), die Anzahl c_n der aktiven Restriktionen sowie die Dichte $d_n := nr_n^2$ in der zugehörigen Anordnung angegeben. Bemerkenswert ist, dass keine Regelmäßigkeiten (außer der Monotonie von a_n) zu beobachten sind, was auch für größere n der Fall ist. In [GLNÖ98]) findet man neben den Abbildungen der Anordnungsvarianten auch weitere Ergebnisse für $41 \leq n \leq 65$. In den Abbildungen 11.4 und

Tabelle 11.1: Maximaler minimaler Abstand von n Punkten im Einheitskreis

n	a_n	b_n	c_n	d_n	n	a_n	b_n	c_n	d_n
1		0	1	1.000000	21	0.470332	2	38	0.761233
2	2.000000	0	3	0.500000	22	0.450479	0	44	0.743481
3	1.732051	0	6	0.646171	23	0.440024	0	46	0.747985
4	1.414214	0	8	0.686292	24	0.429954	2	44	0.751379
5	1.175571	0	10	0.685210	25	0.420802	1	48	0.755401
6	1.000000	0-5	10-14	0.666667	26	0.414235	2	48	0.765434
7	1.000000	0	18	0.777778	27	0.407631	0	54	0.773960
8	0.867767	1	14	0.732502	28	0.398809	2	52	0.773919
9	0.765367	1	16	0.689408	29	0.389211	4	50	0.769590
10	0.710978	0	20	0.687797	30	0.384783	0	60	0.781006
11	0.684040	0	23,24	0.714460	31	0.377964	0	84	0.783164
12	0.660153	0	24	0.739021	32	0.368361	1	62	0.774106
13	0.618034	0	26	0.724465	33	0.364518	0	66	0.784271
14	0.600884	0	29	0.747253	34	0.356445	2	66	0.777947
15	0.567963	0	30	0.733759	35	0.351051	2	66	0.780342
16	0.553185	0	32	0.751098	36	0.348023	3	66	0.790884
17	0.527421	0	35	0.740302	37	0.347296	0	90	0.809965
18	0.517638	0,1	41-44	0.760919	38	0.335464	3	70	0.784025
19	0.517638	0	48	0.803192	39	0.330148	2	74	0.782917
20	0.485164	1	38	0.762248	40	0.326592	4	72	0.788190

11.5 sind optimale Anordnungen von n identischen Kreisen für $n \leq 12$ dargestellt.

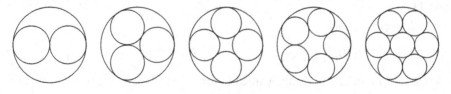

Abbildung 11.4: Optimale Anordnungen für $n \leq 7$

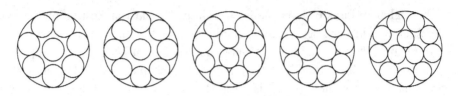

Abbildung 11.5: Optimale Anordnungen für $8 \leq n \leq 12$

11.5 Packung von Kreisen in einem Quadrat

11.5.1 Modellierung

Eine häufig untersuchte Fragestellung ist die, wie viele identische Kreise mit Radius r in ein Quadrat mit Kantenlänge ℓ angeordnet werden können. Offensichtlich kann dieses Problem auch wie folgt formuliert werden: Gegeben sind ein Quadrat mit Kantenlänge 1 und eine natürliche Zahl n. Welcher maximale Radius r_n erlaubt die überlappungsfreie Anordnung von n Kreisen mit Radius r_n im Einheitsquadrat?

In einer weiteren, oft verwendeten Umformulierung des Problems werden n Punkte im Einheitsquadrat gesucht, deren minimaler Abstand a_n maximal ist. Ist a_n oder r_n bekannt, so erhält man den anderen Wert durch

$$r_n = \frac{a_n}{2(1+a_n)} \quad \text{bzw.} \quad a_n = \frac{2r_n}{1-2r_n}, \quad n = 2, 3, \ldots$$

11.5.2 Untere Schranken

Für das Maximum des minimalen Abstandes zwischen n Punkten im Einheitsquadrat wird in [SCCG00] die folgende Aussage angegeben. Wir bezeichnen mit

$$d_{ij} := \sqrt{(x_j - x_i)^2 + (y_j - y_i)^2}$$

den euklidischen Abstand der Punkte (x_i, y_i) und (x_j, y_j).

Aussage 11.2
Es sei $n \geq 2$. Weiterhin sei

$$S_n := \{(x_i, y_i) \in [0,1] \times [0,1] : d_{ij} > 0, \ i < j, \ i, j \in I := \{1, \ldots, n\}\}$$

eine Menge von n Punkten im Einheitsquadrat und S_n^* sei die Gesamtheit derartiger Mengen. Dann gilt

$$\max_{S_n \in S_n^*} \min_{i,j \in I : i < j} d_{ij} \geq \max\{L_1(n), L_2(n), L_3(n), L_4(n), L_5(n)\},$$

wobei

$$L_1(n) := 1/(\lceil\sqrt{n}\rceil - 1),$$
$$L_2(n) := 1/(\lceil\sqrt{n+1}\rceil - 3 + \sqrt{2+\sqrt{3}}),$$
$$L_3(n) := 1/(\lceil\sqrt{n+2}\rceil - 5 + 2\sqrt{2+\sqrt{3}}),$$
$$L_4(n) := \begin{cases} (k^2 - k - \sqrt{2k})/(k^3 - 2k^2), & \text{falls } n = k(k+1), k \in \mathbb{N}, \\ 0 & \text{sonst,} \end{cases}$$
$$L_5(n) := \begin{cases} \sqrt{\dfrac{1}{p^2} + \dfrac{1}{q^2}}, & \text{falls } \begin{array}{l} n = \lceil(p+1)(q+1)/2\rceil, \\ p^2 \le 3q^2, \ q^2 \le 3p^2, p,q \in \mathbb{N}, \end{array} \\ 0 & \text{sonst.} \end{cases}$$

Der Beweis dieser Aussage basiert auf speziellen Anordnungsvarianten und auf der Tatsache, dass eine untere Schranke für n auch eine untere Schranke für n_0 mit $n_0 < n$ liefert.

11.5.3 Obere Schranken

Eine erste obere Schranke $U_1(n)$ erhält man als Folgerung aus einem Satz von Oler ([Ole61]).

Satz 11.3 (Oler)
Ist X eine kompakte und konvexe Teilmenge der Ebene, dann ist die Anzahl der Punkte in X, deren Abstand nicht kleiner als 1 ist, nicht größer als

$$\frac{2}{\sqrt{3}}F(X) + \frac{1}{2}U(X) + 1,$$

wobei $F(X)$ die Fläche und $U(X)$ den Umfang von X bezeichnen.

Ist X ein Quadrat mit Seitenlänge s, so erhält man aus der Forderung

$$\frac{2}{\sqrt{3}}s^2 + \frac{1}{2}4s + 1 \ge n$$

und Normierung auf das Einheitsquadrat:

$$a_n \le U_1(n) := \frac{1 + \sqrt{1 + 2(n-1)/\sqrt{3}}}{n-1},$$

wobei a_n den maximalen Minimalabstand zwischen zwei Punkten bezeichnet.

Eine zweite obere Schranke $U_2(n)$ für a_n wird in [CGSC00] angegeben:

$$U_2(n) := \frac{2}{\sqrt{n\pi + C_n(\sqrt{3} - \frac{\pi}{2}) + (4\lfloor\sqrt{n}\rfloor - 2)(2 - \frac{\pi}{2}) - 2}},$$

wobei

$$C_n = \begin{cases} n - 2, & \text{für } 3 \leq n \leq 6, \\ n - 1, & \text{für } 7 \leq n \leq 9, \\ 3\lfloor n/2 \rfloor - 5 + n \bmod 2, & \text{für } n \geq 10. \end{cases}$$

11.5.4 Optimale Anordnungen

Notwendig für die Optimalität einer Anordnung von $n \geq 2$ Punkten im Einheitsquadrat ist folgende Bedingung: Ist $\{P_1, \ldots, P_n\}$ eine Verteilung von n Punkten mit maximalem minimalen Abstand zwischen zwei Punkten, dann liegt auf jeder Quadratseite mindestens ein Punkt aus $\{P_1, \ldots, P_n\}$.

Analog zu den beiden Abschnitten 11.2 und 11.3 erweist sich der Nachweis der Optimalität einer gefundenen Lösung als eigentliche Herausforderung. In [Mel94] wird die Beweisführung für den Fall $n = 6$ beschrieben. Wir geben hier die Methodik der Beweisführung an, wie sie in [Pei94] benutzt wird, um den Optimalitätsnachweis für a_n, $n = 10, \ldots, 20$, zu führen. Für festes n sind die folgenden vier Schritte auszuführen:

1. Finde eine gute untere Schranke a für a_n. Dies kann mit Heuristiken geschehen.
2. Grenze die Menge der Anordnungen von n Kreisen mit Durchmesser a auf eine Menge von $2n$-dimensionalen Intervallen ein. Dies geschieht durch eine *Eliminationsprozedur*, die auf einer ausgedehnten Fallunterscheidung basiert.
3. Ermittle eine lokale Lösung bezüglich des ermittelten Intervalls.
4. Verifiziere, dass die erhaltene lokale Lösung auch globale Lösung bezüglich des ermittelten Intervalls ist.

Es ist offensichtlich, dass diese Art der Beweisführung nur mit Hilfe eines Computers durchgeführt werden kann. Die Vielzahl der zu betrachtenden lokalen Lösungen setzt dabei relativ enge Grenzen für n.

Die Tabelle 11.2 (entnommen aus [SCCG00]) enthält neben a_n auch die Anzahl b_n der beweglichen Punkte (Kreise), die Anzahl c_n der aktiven Restriktionen sowie die Dichte $d_n := n\pi r_n^2$ in der optimalen Anordnung. Bemerkenswert ist wieder, dass keine Regelmäßigkeiten (außer der Monotonie von a_n) zu beobachten sind, was auch für größere n der Fall ist.

Tabelle 11.2: Maximaler minimaler Abstand von n Punkten im Einheitsquadrat

n	a_n	b_n	c_n	d_n	n	a_n	b_n	c_n	d_n
1		0	4	0.785365	21	0.271812	2	39	0.753358
2	1.414214	0	5	0.539012	22	0.267958	1	43	0.771680
3	1.035276	0	7	0.609645	23	0.258819	0	56	0.763631
4	1.000000	0	12	0.785398	24	0.254333	0	56	0.774963
5	0.707107	0	12	0.673765	25	0.250000	0	60	0.785398
6	0.600925	0	13	0.663957	26	0.238735	2	56	0.758469
7	0.535898	1	14	0.669311	27	0.235850	0	55	0.772311
8	0.517638	0	20	0.730964	28	0.230536	1	56	0.771854
9	0.500000	0	24	0.785398	29	0.226883	1	65	0.778906
10	0.421280	0	21	0.690036	30	0.224503	0	65	0.792019
11	0.398207	2	20	0.700742	31	0.217547	4	54	0.777297
12	0.388730	0	25	0.738468	32	0.213082	3	63	0.776004
13	0.366096	1	25	0.733265	33	0.211328	1	64	0.788852
14	0.348915	1	32	0.735679	34	0.205605	0	80	0.776649
15	0.341081	0	36	0.762056	35	0.202764	0	80	0.781227
16	0.333333	0	40	0.785398	36	0.200000	0	84	0.785398
17	0.306154	1	34	0.733550	37	0.196238	2	73	0.783303
18	0.300463	0	38	0.754653	38	0.195342	0	74	0.797041
19	0.289542	2	37	0.752308	39	0.194365	0	80	0.811179
20	0.286612	0	44	0.779494	40	0.188176	2	85	0.787979

11.6 Anordnung identischer Kreise in einem Rechteck

Beim Beladen von Paletten mit zylindrischen Gütern ist dieses Anordnungsproblem von Bedeutung. Häufig wird dabei auf regelmäßige Anordnungen zurückgegriffen, auch wenn diese nicht die maximal mögliche Anzahl realisieren. Wie beim Anordnen identischer Kreise in einem Quadrat ist die Ermittlung optimaler Varianten i. Allg. schwierig.

 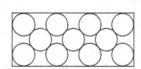

Abbildung 11.6: Regelmäßige Anordnungen

Günstige regelmäßige Anordnungen, wie sie in der Abbildung 11.6 gezeigt werden, sind bei Verwendung standardisierter Paletten einfach zu ermitteln ([Dow91, Ise91]). Kompliziertere Anordnungsvarianten, analog zum 2- oder 3-Format-Zuschnitt von Rechtecken im Abschnitt 4.5, werden z. B. in [Cui05, Cui06] zur Behandlung von Zuschnittproblemen in der metallverarbeitenden Industrie angewendet.

11.7 Kugelpackungen

Für die dreidimensionale Variante des Kreispackungsproblems gibt es analoge Fragestellungen und Modelle ([BS08b]). Die Anordnung von Kugeln mit unterschiedlichen Radien in einem Quader mit minimaler Höhe wird in [SYS03] untersucht. Zur Ermittlung lokaler Lösungen wird ein Gradientenverfahren verwendet.

Im Zusammenhang mit Kugelpackungen erlangte die *Kepler'sche Vermutung* zentrale Bedeutung.

Die Kepler'sche Vermutung ist eine Vermutung über die Packung von Kugeln im dreidimensionalen euklidischen Raum. Sie besagt, dass keine Anordnung gleich großer Kugeln eine größere mittlere Dichte hat als

$$\frac{\pi}{\sqrt{18}} \approx 0.74048.$$

Diese mittlere Dichte wird durch die Anordnung von Kugeln in Pyramidenform und durch die hexagonale Packung erreicht.

1998 gab T. Hales bekannt, dass er einen Beweis für die Kepler'sche Vermutung gefunden hätte. Hales' Beweis (s. [Hal05]) ist ein Beweis durch Fallunterscheidung, bei dem er viele unterschiedliche Fälle mittels komplexer Berechnungen am Computer untersucht hat. Auf Grund der computergestützten Beweisführung ist der Beweis noch umstritten.

Eine umfangreiche Übersicht zu (theoretischen) Ergebnissen auf dem Gebiet der Packung von d-dimensionalen Kugeln mit $d \geq 2$ wird von Bezdek in [Bez06] gegeben.

11.8 Aufgaben

Aufgabe 11.1
Man bestimme ein Rechteck kleinsten Flächeninhalts, auf dem ein Kreis mit dem Radius R und ein Kreis mit dem Radius r überlappungsfrei Platz finden.

Aufgabe 11.2
Gegeben seien drei Kreise $K_i(x_i, y_i)$ mit den Radien $r_i > 0$, $i = 1, 2, 3$, die sich paarweise *von außen* berühren. Ausgehend von den Mittelpunkten $(0,0)$ und $(r_1 + r_2, 0)$ der Kreise K_1 und K_2 bestimme man alle Punkte (x_3, y_3) so, dass sich die drei Kreise berühren.

Aufgabe 11.3

Es sei $m \geq 2$. Man zeige: Ist $\underline{x}$ eine zulässige Anordnung von m Kreisen in einem Kreis mit Radius R und $G = (V, E)$ der auf Seite 302 definierte zugehörige Graph, dann gilt:

a) Falls $|\{i \in I : (0, i) \in E\}| \leq 1$, dann ist $\underline{x}$ nicht optimal.

b) Gilt $R = r_i + r_j$ für zwei Indizes $i, j \in I, i \neq j$, dann ist $\underline{x}$ optimal.

Aufgabe 11.4

Für $n = 1, 2, \ldots, 7$ ermittle man maximale Radien r_n so, dass n identische Kreise in einem Kreis mit Radius 1 angeordnet werden können.

Aufgabe 11.5

Betrachtet werde die Anordnung von vier Kreisen mit Radius $r_i = 1$ in einem Kreis mit minimalem Radius R. Ausgehend von der Startanordnung $\underline{x}^0 = (1, 0, 0, \sqrt{3}, -1, 0, 0, -\sqrt{3}, \sqrt{3} + 1)^T$ löse man das Ersatzproblem

$$F(\underline{x}) := (g_{24}(\underline{x}))^2 \to \min \quad \text{bei}$$
$$g_{12}(\underline{x}) = 0, \ g_{23}(\underline{x}) = 0, \ g_{34}(\underline{x}) = 0, \ g_{14}(\underline{x}) = 0, \ g_2(\underline{x}) = 0, \ g_4(\underline{x}) = 0$$

mit einem geeigneten Verfahren.

Aufgabe 11.6

Gegeben sind zwei Kreise K_i mit Radius $r_i, i = 1, 2$. Man bestimme einen Kreis K in Ursprungslage mit minimalem Radius R und Anordnungspunkte (x_i, y_i) so, dass $K_1(x_1, y_1)$ und $K_2(x_2, y_2)$ in K enthalten sind und sich nicht überlappen.

Aufgabe 11.7

Gegeben sind drei Kreise K_i mit Radius $r_1 = r_2 = 1$ und $r_3 \in (0, \infty)$. Man bestimme einen Kreis $K(r_3)$ in Ursprungslage mit minimalem Radius $R(r_3)$ und Anordnungspunkte (x_i, y_i) so, dass alle drei Kreise in $K(r_3)$ enthalten sind und sich nicht überlappen.

11.9 Lösungen

Zu Aufgabe 11.1: Ohne Beschränkung der Allgemeinheit kann $R = 1 \geq r > 0$ angenommen werden. Es bezeichne $K(r)$ einen Kreis mit Radius r.

Fall 1: Für hinreichend kleines r, d. h. für $r \leq r_0$, können beide Kreise in einem Quadrat mit Seitenlänge 2 angeordnet werden. Aus der Gleichung $1 + r_0 + \sqrt{2}r_0 = \sqrt{2}$ erhält man den Radius $r_0 = (\sqrt{2} - 1)/(\sqrt{2} + 1) = (\sqrt{2} - 1)^2 = 3 - 2\sqrt{2}$. Für $r \leq r_0$ ist also 4 der Minimalwert (bzw. $4R^2$).

Fall 2: Es sei nun $r > r_0$.

Um minimalen Flächeninhalt zu erhalten, müssen sich die beiden Kreise berühren. Wir nehmen an, dass der Mittelpunkt von $K(1)$ im Ursprung und der Mittelpunkt von $K(r)$ auf der Geraden mit Anstieg $\tan \alpha$ im 1. Quadranten liegt. Dann hat das die Kreise $K(1)$ und $K(r)$ umschließende Rechteck die Länge $a(\alpha)$ und Höhe $b(\alpha)$ mit

$$a(\alpha) = 1 + \max\{1, (1+r)\cos\alpha + r\}, \quad b(\alpha) = 1 + \max\{1, (1+r)\sin\alpha + r\}.$$

Für den Flächeninhalt $A(\alpha) = a(\alpha) \cdot b(\alpha)$ erhält man somit die drei Fälle:

(i) $0 \leq \alpha \leq \alpha_0$, wobei sich $\alpha_0 = \arcsin(1-r)/(1+r)$ aus der Bedingung $b(\alpha) = 2$, d. h. $1 = r + (1+r)\sin\alpha_0$, ergibt:

$$A(\alpha) = 2a(\alpha) = 2(1 + (1+r)\cos\alpha + r).$$

Wegen $A'(\alpha) \leq 0$ ist A monoton fallend und nimmt in $[0, \alpha_0]$ das Minimum für $\alpha = \alpha_0$ an.

(ii) $\alpha_1 \leq \alpha \leq \pi/2$ mit $\alpha_1 = \pi/2 - \alpha_0$: (Symmetrie bez. der Winkelhalbierenden $\alpha = \pi/4$)

(iii) $\alpha_0 \leq \alpha \leq \alpha_1$: $A(\alpha) = (1 + (1+r)\cos\alpha + r)(1 + (1+r)\sin\alpha + r)$

$$
\begin{aligned}
A'(\alpha) &= -(1+r)\sin\alpha(1 + (1+r)\sin\alpha + r) + (1 + (1+r)\cos\alpha + r)(1+r)\cos\alpha \\
&= (1+r)^2(\cos^2\alpha + \cos\alpha - \sin^2\alpha - \sin\alpha) \\
&= (1+r)^2(\cos\alpha - \sin\alpha)(\cos\alpha + \sin\alpha + 1).
\end{aligned}
$$

Damit folgt $A'(\alpha) \geq 0$ für $\alpha_0 \leq \alpha \leq \pi/4$. Folglich nimmt A wieder das Minimum für $\alpha = \alpha_0$ an.

Die Betrachtung für $\pi/4 \leq \alpha \leq \alpha_1$ liefert die symmetrische Lösung $\alpha = \alpha_1$.

Der minimale Flächeninhalt ist somit $A(\alpha_0) = A(\alpha_1) = 2(1 + r + 2\sqrt{r})$.

Man beachte, die notwendige Bedingung $A'(\alpha) = 0$ liefert ein lokales Maximum.

Zu Aufgabe 11.2:   Wir nehmen an, dass $(x_1, y_1) = (0, 0)$ und $(x_2, y_2) = (r_1 + r_2, 0)$ gelten. Gesucht ist der Mittelpunkt (x, y). Mit

$$d_{12} := r_1 + r_2, \quad d_{13} := r_1 + r_3, \quad d_{23} := r_2 + r_3,$$

erhält man aus $x^2 + y^2 = d_{13}^2$ und $(d_{12} - x)^2 + y^2 = d_{23}^2$ eine lineare Gleichung für x und damit die zwei Lösungen:

$$x = (d_{12}^2 + d_{13}^2 - d_{23}^2)/(2d_{12}), \quad y = \pm\sqrt{d_{13}^2 - x^2}.$$

Zu Aufgabe 11.3:   a) Anschaulich ist klar, falls keine Restriktion aktiv ist, dann kann der Umkreis bei Beibehaltung des Mittelpunktes schrumpfen. Ist nur eine der den Umkreis definierenden Restriktionen aktiv, dann ist dieser Umkreis auch nicht minimal. Um diese Aussage genauer zu begründen, konstruieren wir ausgehend von der zulässigen Anordnung $\underline{x} = (x_1, y_1, \ldots, x_m, y_m, R_0)$ einen Umkreis mit kleinerem Radius. Ohne Beschränkung der Allgemeinheit nehmen wir an, dass der Kreis K_m den Umkreisradius R_0 determiniert und dass $x_m > 0$, $y_m = 0$ und damit $R_0 = x_m + r_m$ gilt. Wir verkleinern nun den Umkreisradius R bei gleichzeitiger Verschiebung des Mittelpunktes (x, y) so, dass stets $h_m(x, R) := x + R - x_m - r_m = 0$ und $y = 0$ gelten. Nach Voraussetzung gilt $h_i(0, R_0) < 0$ mit $h_i(x, R) := \sqrt{(x - x_i)^2 + y_i^2} - (R - r_i)$ für $i = 1, \ldots, m-1$. Wir betrachten also das Optimierungsproblem

$$R \to \min \quad \text{bei} \quad h_i(x, R) \leq 0,\ i = 1, \ldots, m-1,\ h_m(x, R) = 0.$$

Aus $h_m(x, R) = 0$ folgt $R = x_m + r_m - x$ und für $i \in \{1, \ldots, m-1\}$ folgt aus $h_i(x, R) \leq 0$

$$\sqrt{(x - x_i)^2 + y_i^2} \leq R - r_i \quad \text{und} \quad (x - x_i)^2 + y_i^2 \leq (x_m + r_m - r_i - x)^2.$$

Mit $x^2 - 2xx_i + x_i^2 + y_i^2 \leq (R_0 - r_i)^2 - 2x(R_0 - r_i) + x^2$ erhält man $2x \leq ((R_0 - r_i)^2 - x_i^2 - y_i^2)/(R_0 - r_i - x_i)$. Da R klein wird, wenn x möglichst groß wird, ergibt

$$x^* := \min_{i=1,\ldots,m-1} \frac{(R_0 - r_i)^2 - x_i^2 - y_i^2}{2(R_0 - r_i - x_i)}, \quad R^* := R_0 - x^*$$

wegen $x^* > 0$ eine zulässige Anordnung mit kleinerem Radius.

b) Da der minimale Umkreisradius mindestens so groß wie $\max\{r_i + r_j : i < j,\ i, j \in I\}$ sein muss, folgt die Optimalität.

Zu Aufgabe 11.4:   Wir betrachten die Anordnung zweier benachbarter Kreise am Rand des Einheitskreises. Die Mittelpunktskoordinaten des ersten Kreises seien mit $(a, b) := (\rho, 0)$ und die des zweiten Kreises mit $(c, d) := (\rho \cos \phi, \rho \sin \phi)$ in Polarkoordinaten gegeben, wobei ρ durch den gesuchten Radius $r = r(n)$ bestimmt ist: $\rho + r = 1$. Der Winkel ϕ ist abhängig von der Anzahl der identischen Kreise, die dicht am Rand liegen und sich paarweise berühren, d.h. $\phi = 2\pi/n$. Aus der Abbildung 11.7 folgt für $n > 2$: $(\rho \cos \phi - \rho)^2 + (\rho \sin \phi)^2 = (2r)^2$, $\rho = 1 - r$, woraus mit $R := 1 - \cos \phi$ folgt: $r^2(2 - R) + 2Rr - R = 0$ und damit $r = (\sqrt{2R} - R)/(2 - R)$. Man erhält $r(2) = 1/2$, $r(3) = 2\sqrt{3} - 3 \approx 0.4641$, $r(4) = \sqrt{2} - 1 \approx 0.4142$, $r(5) \approx 0.3702$ und $r(6) = 1/3$. Diese Anordnungen sind optimal. Für $n = 7$ erhält man die optimale Anordnung durch Hinzufügen des siebten Kreises mit Mittelpunktslage.

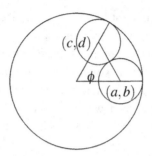

Abbildung 11.7: Bezeichnungen in Aufgabe 11.4

Zu Aufgabe 11.5:   Das globale Minimum ist bei $\underline{x} = (\sqrt{3}, 0, 0, 1, -\sqrt{3}, 0, 0, -1, 2)^T$, da $g_{24}(\underline{x}) = 0$. Der zugehörige Kreis mit Radius $R = 2$ ist unzulässig, da im Ersatzproblem die Restriktionen $g_1(\underline{x}) \leq 0$ und $g_3(\underline{x}) \leq 0$ außer Acht gelassen wurden.

Zu Aufgabe 11.6:   Offenbar ist die Lösung rotationssymmetrisch. Mit $R := r_1 + r_2$ gilt
$$x_1(\phi) = (R - r_1)\cos\phi, \; y_1(\phi) = (R - r_1)\sin\phi,$$
$$x_2(\phi) = -(R - r_2)\cos\phi, \; y_2(\phi) = -(R - r_2)\sin\phi.$$

Zu Aufgabe 11.7:   Für $r_3 \leq 2/3$ passen alle drei Kreise in einen einschließenden Kreis mit Radius $R = 2$. Für $r_3 > 2/3$ ist wegen der geforderten Mittelpunktslage des Umkreises das nichtlineare Gleichungssystem

$$x_i^2 + y_i^2 = (R - r_i)^2, \quad i = 1, 2, 3,$$
$$(x_i - x_j)^2 + (y_i - y_j)^2 = (r_i + r_j)^2, \quad 1 \leq i < j \leq 3,$$

zu lösen. Um die Rotationssymmetrie auszuschließen, wählen wir die folgende Anordnung: $x_1 = x_2 < 0$, $y_1 = 1$, $y_2 = -1$, $x_3 > 0$ und $y_3 = 0$. Damit erhält man zunächst das reduzierte Gleichungssystem

$$x_1^2 + 1 = (R - 1)^2, \; x_3 = R - r_3, \; x_3 - x_1 = \sqrt{(1 + r_3)^2 - 1} = \sqrt{r_3^2 + 2r_3}.$$

Durch Ersetzen von x_3 folgt $x_1 = R - a$ mit $a := r_3 + \sqrt{r_3^2 + 2r_3} \geq 2$. Damit kann x_1 eliminiert werden: $x_1^2 = (R - 1)^2 - 1 = (R - a)^2$, woraus $R = a^2/(2a - 2)$ folgt.

Abbildungsverzeichnis

Tabellenverzeichnis

Literaturverzeichnis

[ABJ90]   AMARAL, G., J. BERNARDO und J. JORGE: *Marker-Making Using Automatic Placement of Irregular Shapes for the Garment Industry*. Computers & Graphics, 14:41–46, 1990.

[AK89]   AARTS, E. und J. KORST: *Simulated Annealing and Boltzmann Machines*. John Wiley & Sons Ltd., 1989.

[AL97]   AARTS, E. und J. K. LENSTRA (Herausgeber): *Local Search in Combinatorial Optimization*. John Wiley & Sons, Chichester, 1997.

[Art66]   ART, R. C.: *An Approach to the Two Dimensional, Irregular Cutting Stock Problem*. Technischer Bericht, IBM Cambridge Scientific Center Report, 1966.

[AS80]   ALBANO, A. und G. SAPUPPO: *Optimal Allocation of Two–Dimensional Irregular Shapes Using Heuristic Search Methods*. IEEE Transactions on Systems, Man, and Cybernetics, 10(5):242–248, 1980.

[AVPT05]   ALVAREZ-VALDES, R., F. PARREÑO und J. M. TAMARIT: *A tabu search algorithm for the pallet loading problem*. OR Spektrum, 27:43–61, 2005.

[Bar79]   BARNES, F. W.: *Packing the Maximum Number of m x n Tiles in a Large p x q Rectangle*. Discrete Mathematics, 26:93–100, 1979.

[BCR80]   BAKER, B. S., E. G. COFFMAN und R. L. RIVEST: *Orthogonal Packings in Two Dimensions*. SIAM J. on Computing, 9(4):846–855, 1980.

[BDSW89]   BLAZEWICZ, J., M. DROZDOWSKI, B. SONIEWICKI und R. WALKOWIAK: *Two-dimensional cutting problem. Basic complexity results and algorithms for irregular shapes*. Found. Cont. Eng., 14(4):137–60, 1989.

[Bea85]   BEASLEY, J. E.: *Bounds for Two–Dimensional Cutting*. J. Oper. Res. Soc., 36(1):71–74, 1985.

[Bes02]   BESPAMYATNIKH, S.: *Packing two disks in a polygon*. Computational Geometry, 23(1):31–42, 2002.

[Bez06]   BEZDEK, K.: *Sphere packings revisited*. European Journal of Combinatorics, 27(6):864–883, 2006.

[BG98]   BORTFELDT, A. und H. GEHRING: *Ein Tabu Search-Verfahren für Containerbeladungsprobleme mit schwach heterogenem Kistenvorrat*. OR Spektrum, 20(4):237–250, 1998.

[BHKW07]   BURKE, E. K., R. S. R. HELLIER, G. KENDALL und G. WHITWELL: *Complete and robust no-fit polygon generation for the irregular stock cutting problem*. European Journal of Operational Research, 179(1):27–49, 2007.

[BHW93]   BLAZEWICZ, J., P. HAWRYLUK und R. WALKOWIAK: *Using a tabu search approach for solving the two-dimensional irregular cutting problem*. Annals of OR, 41(1-4):313–25, 1993.

[BJR95]   BISCHOFF, E. E., F. JANETZ und M. S. W. RATCLIFF: *Loading pallets with non-identical items*. European Journal of Operational Research, 84(3):681–692, 1995.

[BM90]   BISCHOFF, E. E. und M. D. MARRIOTT: *A Comparative Evaluation of Heuristics for Container Loading*. European Journal of Operational Research, 44(2):267–276, 1990.

[BM03]   BOSCHETTI, M. und A. MINGOZZI: *The two-dimensional finite bin packing problem. Part I: new lower bounds for the oriented case*. 4OR, 1:27–42, 2003.

[BM07]   BORTFELDT, A. und D. MACK: *A heuristic for the three-dimensional strip packing problem*. European Journal of Operational Research, 183(3):1267–1279, 2007.

[BMV04]   BOSE, P., P. MORIN und A. VIGNERON: *Packing two disks into a polygonal environment*. Journal of Discrete Algorithms, 2(3):373–380, 2004.

[Bor98]   BORTFELDT, A.: *Eine Heuristik für Multiple Containerladeprobleme*. Diskussionsbeiträge des Fachbereichs Wirtschaftswissenschaft 257, FernUniversität Hagen, 1998.

[Bor01]   BORGWARDT, K.-H.: *Optimierung, Operations Research, Spieltheorie*. Birkhäuser, Basel, 2001.

[Bor06]   BORTFELDT, A.: *A genetic algorithm for the two-dimensional strip packing problem with rectangular pieces*. European Journal of Operational Research, 172:814–837, 2006.

[Bos04]   BOSCHETTI, M. A.: *New lower bounds for the three-dimensional finite bin packing problem*. Discrete Applied Mathematics, 140(1–3):241–258, 2004.

[BR95]   BISCHOFF, E. E. und M. S. W. RATCLIFF: *Issues in the development of approaches to container loading*. OMEGA, 23(4):377–390, 1995.

[BRB98]   BHATTACHARYA, S., R. ROY und S. BHATTACHARYA: *An exact depth-first algorithm for the pallet loading problem*. European Journal of Operational Research, 110(3):610–625, 1998.

[Bro80]   BROWN, D. J.: *An Improved BL Lower Bound*. Information Processing Letters, 11(1):37–39, 1980.

[BS83]   BAKER, B. S. und J. S. SCHWARZ: *Shelf Algorithms for Two–Dimensional Packing Problems*. SIAM J. on Computing, 12(3):508–525, 1983.

[BS02]   BELOV, G. und G. SCHEITHAUER: *A Cutting Plane Algorithm for the One-Dimensional Cutting Stock Problem with Multiple Stock Lengths*. European Journal of Operational Research, 141(2):274–294, 2002.

[BS05]   BELOV, G. und G. SCHEITHAUER: *A New Model and Lower Bounds for Oriented Non-Guillotine Two-Dimensional Strip Packing*. In: PAL, L. (Herausgeber): *WSCSP2005 Workshop on Cutting Stock Problems 2005*, Seiten 19–27. Sapientia University of Miercurea Ciuc (Rum.), 2005.

[BS06]   BELOV, G. und G. SCHEITHAUER: *A branch-and-cut-and-price algorithm for one- and two-dimensional two-staged cutting*. European Journal of Operational Research, 171(1):85–106, 2006.

[BS07]   BELOV, G. und G. SCHEITHAUER: *Setup and Open-Stacks Minimization in One-Dimensional Stock Cutting*. INFORMS Journal on Computing, 19(1):27–35, 2007.

[BS08a]   BENNELL, J. A. und X. SONG: *A comprehensive and robust procedure for obtaining the nofit polygon using Minkowski sums*. Computers & Oper. Res., 35(1):267–281, 2008.

[BS08b]   BIRGIN, E. G. und F. N. C. SOBRAL: *Minimizing the object dimensions in circle and sphere packing problems*. Computers & Oper. Res., 35(7):2357–2375, 2008.

[BSM06]   BELOV, G., G. SCHEITHAUER und E. A. MUKHACHEVA: *One-Dimensional Heuristics Adapted for Two-Dimensional Rectangular Strip Packing*. Technischer Bericht Preprint MATH-NM-02-2006, Technische Universität Dresden, 2006.

[CCM07a]   CARLIER, J., F. CLAUTIAUX und A. MOUKRIM: *New reduction procedures and lower bounds for the two-dimensional bin packing problem with fixed orientation*. Computers & Oper. Res., 34:2223–2250, 2007.

[CCM07b]   CLAUTIAUX, F., J. CARLIER und A. MOUKRIM: *A new exact method for the two-dimensional bin-packing problem with fixed orientation*. OR Letters, 35:357–364, 2007.

[CCM07c]   CLAUTIAUX, F., J. CARLIER und A. MOUKRIM: *A new exact method for the two-dimensional orthogonal packing problem*. European Journal of Operational Research, 183(3):1196–1211, 2007.

[CGJ82]   CHUNG, F. R. K., M. R. GAREY und D. J. JOHNSON: *On Packing Two–Dimensional Bins.* SIAM J. Alg. Disc. Meth., 3(1):66–76, 1982.

[CGJ96]   COFFMAN, E. G., M. R. GAREY und D. S. JOHNSON: *Approximation Algorithms for Bin Packing: A Survey*, Seiten 46–93. In: Approximation Algorithms for NP-Hard Problems, PWS Publishing, Boston, 1996.

[CGJT80]   COFFMAN, E. G., M. R. GAREY, D. S. JOHNSON und R. E. TARJAN: *Performance Bounds for Level–Oriented Two–Dimensional Packing Algorithms.* SIAM J. on Computing, 9(4):808–826, 1980.

[CGSC00]   CASADO, L. G., D. I. GARCIA, P. G. SZABO und T. CSENDES: *Equal Circle Packing in a Square II – New Results for up to 100 Circles Using the TAMSASS-PECS Algorithm.* New Trends in Equilibrium Systems, Seiten 1–16, 2000.

[Cha83]   CHAZELLE, B.: *The Bottom–Left Bin–Packing Heuristic: An Efficient Implementation.* IEEE Transactions on Computers, 32(8):697–707, 1983.

[CKP08]   CASTILLO, I., F. J. KAMPAS und J. D. PINTER: *Solving Circle Packing Problems by Global Optimization: Numerical Results and Industrial Applications.* European Journal of Operational Research, 2008. (in Press).

[CL91]   COFFMAN JR., E. G. und G. S. LUECKER: *Probabilistic analysis of packing and partitioning algorithms.* John Wiley & Sons, New York et al, 1991.

[CN00]   CARLIER, J. und E. NÉRON: *A new LP-based lower bound for the cumulative scheduling problem.* European Journal of Operational Research, 127:363–382, 2000.

[CRSV87]   CASOTTO, A., F. ROMEO und A. SANGIOVANNI-VINCENTELLI: *A parallel simulated annealing algorithm for the placement of macro-cells.* IEEE Transactions on Computers, 6:838–847, 1987.

[CS88]   COFFMAN, E. G. und P. W. SHOR: *Packings in Two Dimensions: Average–Case Analysis of Algorithms.* Murray Hill, unveröffentlichtes Manuskript, 1988.

[Cui05]   CUI, Y.: *Dynamic programming algorithms for the optimal cutting of equal rectangles.* Applied Mathematical Modelling, 29(11):1040–1053, 2005.

[Cui06]   CUI, Y.: *Generating optimal multi-segment cutting patterns for circular blanks in the manufactoring of electric motors.* European Journal of Operational Research, 169:30–40, 2006.

[CW97]   CSIRIK, J. und G. J. WOEGINGER: *Shelf algorithms for on-line strip packing.* Information Processing Letters, 63:171–175, 1997.

[DB99]   DAVIES, A. P. und E. E. BISCHOFF: *Weight distribution considerations in container loading*. European Journal of Operational Research, 114(3):509–527, 1999.

[dC98]   CARVALHO, J. M. V. DE: *Exact Solution of Cutting Stock Problems Using Column Generation and Branch-and-Bound*. International Transactions in Operational Research, 5:35–44, 1998.

[dC02]   CARVALHO, J. M. V. DE: *LP models for bin packing and cutting stock problems*. European Journal of Operational Research, 141(2):253–273, 2002.

[dCSSM03] CASTRO SILVA, J. L. DE, N. Y. SOMA und N. MACULAN: *A greedy search for the three-dimensional bin packing problem: the packing static stability case*. International Transactions in Operational Research, 10(2):141–153, 2003.

[DD83]   DOWSLAND, K. A. und W. B. DOWSLAND: *A Comparative Analysis of Heuristics for the Two–Dimensional Packing Problem*. In: *Paper for EURO VI Conference*, 1983.

[DD93]   DOWSLAND, K. A. und W. B. DOWSLAND: *Heuristic approaches to irregular cutting Problems*, 1993. Working Paper EBMS/13. European Business Management School, UC Swansea, UK.

[DD95]   DOWSLAND, K. A. und W. B. DOWSLAND: *Solution approaches to irregular nesting problems*. European Journal of Operational Research, 84:506–521, 1995.

[DF92]   DYCKHOFF, H. und U. FINKE: *Cutting and packing in production and distribution*. Physica Verlag, Heidelberg, 1992.

[Dow84]   DOWSLAND, K. A.: *The Three–Dimensional Pallet Chart: An Analysis of the Factors Affecting the Set of Feasible Layouts for a Class of Two–Dimensional Packing Problems*. J. Oper. Res. Soc., 35(10):895–905, 1984.

[Dow91]   DOWSLAND, K. A.: *Optimising the palletisation of cylinders in cases*. OR Spektrum, 13:204–212, 1991.

[Dow93]   DOWSLAND, K. A.: *Some experiments with simulated annealing techniques for packing problems*. European Journal of Operational Research, 68:389–399, 1993.

[DST97]   DYCKHOFF, H., G. SCHEITHAUER und J. TERNO: *Cutting and Packing*. In: DELL'AMICO, M., F. MAFFIOLI und S. MARTELLO (Herausgeber): *Annotated Bibliographies in Combinatorial Optimization*, Kapitel 22, Seiten 393–412. John Wiley & Sons, Chichester, 1997.

[DW60]   DANTZIG, G. B. und P. WOLFE: *Dekomposition principle for linear programs*. Operations Research, 8(1): 101–111, 1960.

[Dyc81]   DYCKHOFF, H.: *A New Linear Approach to the Cutting Stock Problem.*
           Oper. Res., 29(6):1092–1104, 1981.

[Dyc90]   DYCKHOFF, H.: *A typology of cutting and packing problems.* European
           Journal of Operational Research, 44(2):145–159, 1990.

[Exe88]   EXELER, H.: *Das homogene Packproblem in der betriebswirtschaftlichen
           Logistik.* Heidelberg, 1988.

[Exe91]   EXELER, H.: *Upper bounds for the homogenous case of a two-
           dimensional packing problem.* Z. Oper. Res., 35:45–58, 1991.

[Far90]   FARLEY, A. A.: *A note on bounding a class of linear programming pro-
           blems, including cutting stock problems.* Oper. Res., 38(5):922–923, 1990.

[Fas99]   FASANO, G.: *Cargo analytical integration in space engineering: a three-
           dimensional packing model.* In: CIRIANI, GLIOZZI und JOHNSON (Her-
           ausgeber): *Operational Research in Industry.* Manhatten, 1999.

[FG87]   FRENK, J. B. G. und G. GALAMBOS: *Hybrid Next–Fit Algorithm for the
           Two–Dimensional Rectangle Bin–Packing Problem.* Computing, 39:201–
           217, 1987.

[FH02]   FLESZAR, K. und K. S. HINDI: *New heuristics for one-dimensional bin-
           packing.* Computers & Oper. Res., 29:821–839, 2002.

[Fre80]   FREDERICKSON, G. N.: *Probabilistic Analysis for Simple One– and Two–
           Dimensional Bin Packing Algorithms.* Information Processing Letters,
           5:156–161, 1980.

[FS04]   FEKETE, S. P. und J. SCHEPERS: *A general framework for bounds for
           higher-dimensional orthogonal packing problems.* Math. Methods of Ope-
           rations Research (ZOR), 60(2):311–329, 2004.

[FSvdV07] FEKETE, S. P., J. SCHEPERS und J. V. DER VEEN: *An exact algorithm
           for higher-dimensional orthogonal packing.* Oper. Res., 55(3):569–587,
           2007.

[GB96]   GEHRING, H. und A. BORTFELDT: *Ein Genetischer Algorithmus für das
           Containerbeladungsproblem.* Technischer Bericht FB Wirtschaftswissen-
           schaft 227, Fernuniversität Hagen, 1996.

[GB97]   GEHRING, H. und A. BORTFELDT: *A genetic algorithm for solving the
           container loading problem.* International Transactions in Operational Re-
           search, 4(5–6):401–418, 1997.

[GC95]   GRINDE, R. B. und T. M. CAVALIER: *A new algorithm for the minimum-
           area convex enclosing problem.* European Journal of Operational Rese-
           arch, 84:522–538, 1995.

[GC96]   GRINDE, R. B. und T. M. CAVALIER: *Containment of a single polygon using mathematical programming*. European Journal of Operational Research, 92:368–386, 1996.

[GC97]   GRINDE, R. B. und T. M. CAVALIER: *A new algorithm for the two-polygon containment problem*. Computers & Oper. Res., 24:231–251, 1997.

[GG61]   GILMORE, P. C. und R. E. GOMORY: *A linear programming approach to the cutting-stock problem (Part I)*. Oper. Res., 9:849–859, 1961.

[GG63]   GILMORE, P. C. und R. E. GOMORY: *A linear programming approach to the cutting-stock problem (Part II)*. Oper. Res., 11:863–888, 1963.

[GG65]   GILMORE, P. C. und R. E. GOMORY: *Multistage cutting stock problems of two and more dimensions*. Oper. Res., 13:94–120, 1965.

[GG66]   GILMORE, P. C. und R. E. GOMORY: *The theory and computation of knapsack functions*. Oper. Res., 14:1045–1075, 1966.

[GH99]   GUPTA, J. N. D. und J. C. HO: *A new heuristic algorithm for the one-dimensional bin-packing problem*. Production Planning & Control, 10(6):598–603, 1999.

[GJ79]   GAREY, M. R. und D. S. JOHNSON: *Computers and Intractability – A Guide to the Theory of NP-Completeness*. Freeman, San Francisco, 1979.

[GLNÖ98]   GRAHAM, R. L., B. D. LUBACHEVSKY, K. J. NURMELA und P. R. J. ÖSTERGÅRD: *Dense packings of congruent circles in a circle*. Discrete Mathematics, 181(1), 1998.

[GMM90]   GEHRING, H., K. MENSCHNER und M. MEYER: *A computer-based heuristic for packing pooled shipment containers*. European Journal of Operational Research, 44:277–288, 1990.

[GR80]   GEORGE, J. A. und D. F. ROBINSON: *A Heuristic for Packing Boxes into a Container*. Computers & Oper. Res., 7:147–156, 1980.

[GT97]   GROSSMANN, C. und J. TERNO: *Numerik der Optimierung*. Teubner, Stuttgart, 1997.

[Hae80]   HAESSLER, R. W.: *Multimachine Roll Trim–Problems and Solutions*. TAPPI, 63(1):71–74, 1980.

[Hah68]   HAHN, S. G.: *On the Optimal Cutting of Defective Sheets*. Oper. Res., 16(6):1100–1114, 1968.

[Hal05]   HALES, T. C.: *A proof of the Kepler conjecture*. Annals of Mathematics, 162:1065–1185, 2005.

[HC06]   HUANG, W. Q. und M. CHEN: *Note on: An improved algorithm for the packing of unequal circles within a larger containing circle.* Computers and Industrial Engineering, 50(3):338–344, 2006.

[Her72]   HERZ, J. C.: *Recursive computational procedure for two-dimensional stock cutting.* IBM J. of Research and Development, 16:462–469, 1972.

[HG05]   HAOUARI, M. und A. GHARBI: *Fast lifting procedures for the bin packing problem.* Discrete Optimization, 2:201–218, 2005.

[HL98]   HECKMANN, R. und T. LENGAUER: *Computing Closely Matching Upper and Lower Bounds on Textile Nesting Problems.* EJOR, 108:473–489, 1998.

[HLLX06]   HUANG, W. Q., Y. LI, C. M. LI und R. C. XU: *New heuristics for packing unequal circles into a circular container.* Computers & Oper. Res., 33(8):2125–2142, 2006.

[HM04]   HIFI, M. und R. M'HALLAH: *Approximate algorithms for constrained circular cutting problems.* Computers & Oper. Res., 31(5):675–694, 2004.

[HM07]   HIFI, M. und R. M'HALLAH: *A dynamic adaptive local search algorithm for the circular packing problem.* European Journal of Operational Research, 183(3):1280–1294, 2007.

[Hod82]   HODGSON, T. J.: *A Combined Approach to the Pallet Loading Problem.* IIE Transactions, 14(3):175–182, 1982.

[Ise87]   ISERMANN, H.: *Ein Planungssystem zur Optimierung der Palettenbeladung mit kongruenten rechteckigen Versandgebinden.* OR Spektrum, 9:235–249, 1987.

[Ise91]   ISERMANN, H.: *Heuristiken zur Lösung des zweidimensionalen Packproblems für Rundgefäße.* OR Spektrum, 13:213–223, 1991.

[Kan39]   KANTOROVICH, L. V.: *Mathematical methods of organising and planning production.* Management Sci., 6:366–422, 1939. (1939 russ., 1960 engl.).

[KLS75]   KÜPPER, W., K. LÜDER und L. STREITFERDT: *Netzplantechnik.* Physica, Würzburg – Wien, 1975.

[KPP04]   KELLERER, H., U. PFERSCHY und D. PISINGER: *Knapsack Problems.* Springer-Verlag, Berlin – Heidelberg, 2004.

[LA01]   LETCHFORD, A. und A. AMARAL: *Analysis of upper bounds for the pallet loading problem.* European Journal of Operational Research, 132(3):582–593, 2001.

[Lia80]   LIANG, F. M.: *A Lower Bound for On–Line Bin Packing.* Information Processing Letters, 10(2):76–79, 1980.

[LM93]   LI, Z. und V. MILENKOVIC: *The complexity of the compaction problem.* In: *5th Canadian Conf. On Comp. Geom., Univ. Waterloo*, 1993.

[LMM02]   LODI, A., S. MARTELLO und M. MONACI: *Two-dimensional packing problems: A survey.* European Journal of Operational Research, 141(2):241–252, 2002.

[LMV98]   LODI, A., S. MARTELLO und D. VIGO: *Neighborhood search algorithm for the guillotine non-oriented two-dimensional bin packing problem.* In: VOSS, S., S. MARTELLO, I. OSMAN und C. ROUCAIROL (Herausgeber): *Meta-Heuristics: Advances and Trends in Local Search Paradigms for Optimization*, Seiten 125–139. Kluwer Academic Publishers, Boston, 1998.

[LMV99a]   LODI, A., S. MARTELLO und D. VIGO: *Approximation algorithms for the oriented two-dimensional bin packing problem.* European Journal of Operational Research, 112(1):158–166, 1999.

[LMV99b]   LODI, A., S. MARTELLO und D. VIGO: *Heuristic and Metaheuristic Approaches for a Class of Two-Dimensional Bin Packing Problems.* INFORMS Journal on Computing, 11(4):345–357, 1999.

[LMV02]   LODI, A., S. MARTELLO und D. VIGO: *Heuristic algorithms for the three-dimensional bin packing problem.* European Journal of Operational Research, 141(2):410–420, 2002.

[LS03]   LENGAUER, T. und M. SCHÄFER: *Combinatorial Optimization Techniques for Three-Dimensional Arrangement Problems.* In: JÄGER, W. und H.-J. KREBS (Herausgeber): *Mathematics - Key Technology for the Future*, Seiten 63–73. Springer, Heidelberg, 2003.

[MA94]   MORABITO, R. und M. N. ARENALES: *An AND/OR graph approach to the container loading problem.* International Transactions in Operational Research, 1:59–73, 1994.

[MBKM99]   MUKHACHEVA, E. A., G. BELOV, V. M. KARTAK und A. S. MUKHACHEVA: *Linear One-Dimensional Cutting-Packing Problems.* Technischer Bericht, Aviation Univ. Ufa, 1999.

[MBS91]   MARQUES, V. M. M., C. F. G. BISPO und J. J. S. SENTIEIRO: *A system for the compactation of two-dimensional irregular shapes based on simulated annealing.* In: *IECON-91 (IEEE)*, Seiten 1911–1916, 1991.

[MD99]   MILENKOVIC, V. J. und K. DANIELS: *Translational Polygon Containment and Minimal Enclosure Using Mathematical Programming.* International Transactions in Operational Research, 6(5):525–554, 1999.

[MD07]   MARTINS, G. H. A. und R. F. DELL: *The minimum size instance of a Pallet Loading Problem equivalence class.* European Journal of Operational Research, 179(1):17–26, 2007.

[MDL92]   MILENKOVIC, V., K. DANIELS und Z. LI: *Placement and compaction of nonconvex polygons for clothing manufacture*. In: *4th Canadian Conf. On Comp. Geom., St. John's*, 1992.

[Mel94]   MELISSEN, H.: *Densest Packing of Six Equal Circles in a Square*. El. Math., 49:27–31, 1994.

[Mil02]   MILENKOVIC, V. J.: *Densest translational lattice packing of non-convex polygons*. Computational Geometry, 22(1–3):205–222, 2002.

[MM98]   MORABITO, R. und S. MORALES: *A simple and effective recursive procedure for the manufacturer's pallet loading problem*. J. Oper. Res. Soc., 49:819–828, 1998.

[MO05]   MOURA, A. und J. F. OLIVEIRA: *A GRASP Approach to the Container-Loading Problem*. IEEE Intelligent Systems, July/August 2005, 2005.

[Mon01]   MONACI, M.: *Algorithms for Packing and Scheduling Problems*. Doktorarbeit, Bologna, 2001.

[MPU03]   MLADENOVIC, N., F. PLASTRIA und D. UROSEVIC: *Reformulation descent applied to circle packing*. Working Paper, Belgrad, 2003.

[MPV00]   MARTELLO, S., D. PISINGER und D. VIGO: *The Three-Dimensional Bin Packing Problem*. Oper. Res., 48:256–267, 2000.

[MR06]   MUKHERJEE, I. und P. K. RAY: *A review of optimization techniques in metal cutting processes*. Computers and Industrial Engineering, 50(1-2):15–34, 2006.

[MT90]   MARTELLO, S. und P. TOTH: *Knapsack Problems*. Wiley, Chichester, 1990.

[Nau90]   NAUJOKS, G.: *Neue Heuristiken und Strukturanalysen zum zweidimensionalen homogenen Packproblem*. OR Proc., 1989:257–263, 1990.

[Nel94]   NELISSEN, J.: *Neue Ansätze zur Lösung des Palettenbeladungsproblems*. (Diss. RWTH Aachen) Verlag Shaker, Aachen, 1994.

[NM93]   NEUMANN, K. und M. MURLOCK: *Operations Research*. Hanser, München – Wien, 1993.

[NST99]   NITSCHE, C., G. SCHEITHAUER und J. TERNO: *Tighter Relaxations for the Cutting Stock Problem*. European Journal of Operational Research, 112/3:654–663, 1999.

[NW88]   NEMHAUSER, G. L. und L. A. WOLSEY: *Integer and Combinatorial Optimization*. John Wiley & Sons, New York, 1988.

[OF92]   OLIVEIRA, J. F. und J. S. FERREIRA: *An application of Simulated Anne-aling to the Nesting Problem*. In: *Paper Presented at the 34th ORSA/TIMS Joint National Meeting, San Francisco, CA*, 1992.

[Ole61]   OLER, N.: *An inequality in the geometry of numbers*. Acta Math., 105:19–48, 1961.

[Pad00]   PADBERG, M.: *Packing small boxes into a big box*. Math. Methods of Operations Research (ZOR), 52:1–21, 2000.

[Pei94]   PEIKERT, R.: *Dichteste Packungen von gleichen Kreisen in einem Quadrat*. El. Math., 49:16–26, 1994.

[Pis02]   PISINGER, D.: *Heuristics for the container loading problem*. European Journal of Operational Research, 141(2):382–392, 2002.

[PS07]   PISINGER, D. und M. SIGURD: *Using Decomposition Techniques and Constraint Programming for Solving the Two-Dimensional Bin-Packing Problem*. INFORMS Journal on Computing, 19(1):36–51, 2007.

[RA98]   RÖNNQVIST, M. und E. ASTRAND: *Integrated defect detection and optimization for cross cutting of wooden boards*. European Journal of Operational Research, 108:490–508, 1998.

[Rie03]   RIETZ, J.: *Untersuchungen zu MIRUP für Vektorpackprobleme*. Doktorarbeit, Technische Universität Bergakademie Freiberg, 2003.

[RST02a]   RIETZ, J., G. SCHEITHAUER und J. TERNO: *Families of Non-IRUP Instances of the One-Dimensional Cutting Stock Problem*. Discrete Applied Mathematics, (121):229–245, 2002.

[RST02b]   RIETZ, J., G. SCHEITHAUER und J. TERNO: *Tighter bounds for the gap and non-IRUP constructions in the one-dimensional cutting stock problem*. Optimization, 51(6):927 – 963, 2002.

[Sal47]   SALZER, H. E.: *The approximation of numbers as sums of reciprocals*. American Mathematics Monthly, 54:135–142, 1947.

[SCCG00]   SZABO, P. G., T. CSENDES, L. G. CASADO und D. I. GARCIA: *Equal Circle Packing in a Square I – Problem Setting and Bounds for Optimal Solutions*. New Trends in Equilibrium Systems, Seiten 1–15, 2000.

[Sch86]   SCHRIJVER, A.: *Theory of Linear and Integer Programming*. John Wiley, 1986.

[Sch94a]   SCHEITHAUER, G.: *On the MAXGAP problem for cutting stock problems*. J. Inform. Process. Cybernet. (EIK), 30:111–117, 1994.

[Sch94b]   SCHIERMEYER, I.: *Reserve-Fit: A 2-Optimal Algorithm for Packing Rectangles*. In: *Lecture Notes in Computer Science, Proc. Of the 2nd European Symposium on Algorithms*, Seiten 290–299, 1994.

[Sch95]   SCHEITHAUER, G.: *The solution of packing problems with pieces of variable length and additional allocation constraints*. Optimization, 34:81–96, 1995.

[Sch97]   SCHEITHAUER, G.: *LP-based bounds for the Container and Multi-Container Loading Problem*. Preprint MATH-NM-07-1997, Technische Universität Dresden, 1997.

[SGPS04]   STOYAN, Y. G., N. I. GIL, A. PANKRATOV und G. SCHEITHAUER: *Packing non-convex polytopes into a parallelepiped*. Preprint MATH-NM-06-2004, Technische Universität Dresden, 2004.

[SGR+00]   STOYAN, Y. G., N. GIL, T. ROMANOVA, J. TERNO und G. SCHEITHAUER: *Construction of a Φ−function for two convex polytopes*. Preprint MATH-NM-13-2000, Technische Universität Dresden, 2000.

[SGS+05]   STOYAN, Y. G., N. GIL, G. SCHEITHAUER, A. PANKRATOV und I. MAGDALINA: *Packing of convex polytopes into a parallelepiped*. Optimization, 54(2):215–235, 2005.

[SNK96]   STOYAN, Y. G., M. V. NOVOZHILOVA und A. V. KARTASHOV: *Mathematical model and method of searching for a local extremum for the non-convex oriented polygons allocation problem*. EJOR, 92:193–210, 1996.

[SP99]   STOYAN, Y. G. und A. V. PANKRATOV: *Regular packing of congruent polygons on the rectangular sheet*. European Journal of Operational Research, 113(3):653–675, 1999.

[SP00]   STOYAN, Y. G. und V. N. PATSUK: *A method of optimal lattice packing of congruent oriented polygons in the plane*. European Journal of Operational Research, 124(1):204–216, 2000.

[SS98]   SCHEITHAUER, G. und U. SOMMERWEISS: *4-Block heuristic for the rectangle packing problem*. European Journal of Operational Research, 108(3):509–526, 1998.

[SSGR02]   STOYAN, Y. G., G. SCHEITHAUER, N. GIL und T. ROMANOVA: *Φ-function for complex 2D objects*. 4OR, 2(1):69–84, 2002.

[SST97]   SERGEYEVA, O. Y., G. SCHEITHAUER und J. TERNO: *The value correction method for packing of irregular shapes*. In: *Decision Making under Conditions of Uncertainty (Cutting-Packing Problems)*, Seiten 261–269. Ufa State Aviation Technical University, 1997.

[ST88]   SCHEITHAUER, G. und J. TERNO: *Guillotine Cutting of Defective Boards*. Optimization, 19(1):111–121, 1988.

[ST92]   SCHEITHAUER, G. und J. TERNO: *About the gap between the optimal values of the integer and continuous relaxation one-dimensional cutting stock problem*. In: *Operations Research Proceedings*, Seiten 439–444, Springer Verlag, Berlin, Heidelberg, 1992.

[ST94] SHARIR, M. und S. TOLEDO: *External polygon containment problems.* Computational Geometry, 4(2):99–118, 1994.

[ST96] SCHEITHAUER, G. und J. TERNO: *The G4-heuristic for the pallet loading problem.* Journal of the Operational Research Society, 47:511–522, 1996.

[ST97] SCHEITHAUER, G. und J. TERNO: *The Properties IRUP and MIRUP for the Cutting Stock Problem.* In: *Decision Making under Conditions of Uncertainty (Cutting-Packing Problems)*, Seiten 16–31. Ufa State Aviation Technical University, 1997.

[ST99] SCHEITHAUER, G. und J. TERNO: *Optimale Positionierung beim Vollholzzuschnitt durch automatisierte Fehlererkennung.* Wiss. Z. TU Dresden, 48(2):78–81, 1999.

[Ste99] STEWART, I.: *Wie viele kreisförmige Kekse passen auf ein Kuchenblech?* Spektrum der Wissenschaft, 3:112–114, 1999.

[Sto83] STOYAN, Y. G.: *Mathematical Methods for Geometric Design.* In: ELLIS, T. M. R. und O. J. SEMENKOC (Herausgeber): *Advances in CAD/CAM, Proceedings of PROLAMAT 82, Leningrad*, Seiten 67–86. Amsterdam, 1983.

[SW05] SEIDEN, S. S. und G. J. WOEGINGER: *The Two-dimensional cutting stock problem revisited.* Mathematical Programming, Ser. A, 102:519–530, 2005.

[SY98] STOYAN, Y. G. und G. N. YASKOV: *Mathematical Model and Solution Method of Optimization Problem of Placement of Rectangles and Circles Taking into Account Special Constraints.* International Transactions in Operational Research, 5(1):45–57, 1998.

[SY04] STOYAN, Y. G. und Y. YASKOV: *A mathematical model and a solution method for the problem of placing various-sized circles into a strip.* EJOR, 156(3):590–600, 2004.

[SYS03] STOYAN, Y. G., Y. YASKOV und G. SCHEITHAUER: *Packing of various radii solid spheres into a parallelepiped.* CEJOR, 11(4):389–408, 2003.

[Tar92] TARNOWSKI, A. G.: *Exact polynomial algorithm for special case of the two-dimensional cutting stock problem: a guillotine pallet loading problem.* Report 9205, Belarussian State University, 1992.

[TLS87] TERNO, J., R. LINDEMANN und G. SCHEITHAUER: *Zuschnittprobleme und ihre praktische Lösung.* Verlag Harri Deutsch, Thun und Frankfurt/Main, 1987.

[TSSR00] TERNO, J., G. SCHEITHAUER, U. SOMMERWEISS und J. RIEHME: *An efficient approach for the multi-pallet loading problem.* European Journal of Operational Research, 123(2):372–381, 2000.

[TTS94]   TARNOWSKI, A. G., J. TERNO und G. SCHEITHAUER: *A polynomial time algorithm for the guillotine pallet loading problem.* INFOR, 32:275–287, 1994.

[Twi99]   TWISSELMANN, U.: *Cutting Rectangles Avoiding Rectangular Defects.* Applied Mathematics Letters, 12:135–138, 1999.

[VNKLS99]   VASKO, F. J., D. D. NEWHART und JR. K. L. STOTT: *A hierarchical approach for one-dimensional cutting stock problems in the steel industry that maximizes yield and minimizes overgrading.* European Journal of Operational Research, 114:72–82, 1999.

[Vol91]   VOLKMANN, L.: *Graphen und Digraphen.* Wien, New York, Springer, 1991.

[vV95]   VLIET, A. VAN: *Lower and Upper Bounds for On-Line Bin Packing and Scheduling Heuristic.* Doktorarbeit, Erasmus University, Rotterdam, Netherlands, 1995.

[Wan83]   WANG, P. Y.: *Two algorithms for constrained two-dimensional cutting stock problems.* Oper. Res., 31:573–586, 1983.

[WHS04]   WÄSCHER, G., H. HAUSSNER und H. SCHUMANN: *An Improved Typology of Cutting and Packing Problems.* Working Paper 24, Otto-von-Guericke-Universität Magdeburg, 2004.

[WHZX02]   WANG, H., W. HUANG, Q. ZHANG und D. XU: *An improved algorithm for the packing of unequal circles within a larger containing circle.* European Journal of Operational Research, 141:440–453, 2002.

[ZD05]   ZHANG, D. F. und A. S. DENG: *An effective hybrid algorithm for the problem of packing circles into a larger containing circle.* Computers & Oper. Res., 32(8):1941–1951, 2005.

[ZLC04]   ZHANG, D. F., Y. LIU und S. CHEN: *Packing Different-sized Circles into a Rectangular Container Using Simulated Annealing Algorithm*, Seiten 388–391. Nummer 1. In: ENFORMATIKA, 2004.

Sachverzeichnis